An der Philosophie des Geistes scheiden sich die Geister. Die Auseinandersetzung um das Verhältnis von Gehirn und Bewusstsein beschäftigt Philosophen und empirische Wissenschaftler seit Jahrhunderten. Entsprechend unübersichtlich ist die Diskussionslage. Michael Pauen gibt eine systematische, problemorientierte Darstellung der wichtigsten Positionen, Debatten und Argumente der letzten Jahrzehnte und unterscheidet dabei auch zwischen aussichtsreichen und weniger aussichtsreichen Vorschlägen. Berücksichtigt werden außerdem die Ergebnisse der empirischen Forschung sowie die möglichen Konsequenzen für unser Selbstverständnis als bewusster, frei handelnder Subjekte.

Michael Pauen, geboren 1956, ist Professor für Philosophie an der Otto-von-Guericke-Universität Magdeburg. Arbeiten zur Philosophie des Geistes sowie zur Kultur- und Geschichtsphilosophie. Veröffentlichungen u. a.: *Das Rätsel des Bewusstseins. Eine Erklärungsstrategie* (1999), *Neurowissenschaft und Philosophie. Eine Einführung* (Hg., gemeinsam mit G. Roth, 2001), *Phänomenales Bewusstsein: Rückkehr der Identitätstheorie?* (Hg., gemeinsam mit Achim Stephan, 2001), *Ästhetik des Ähnlichen. Zur Poetik und Kunstphilosophie der Moderne* (Hg., gemeinsam mit G. Funk und G. Mattenklott, 2001), *Dithyrambiker des Untergangs. Gnostisches Denken in Ästhetik und Philosophie der Moderne* (1994), *Pessimismus. Geschichtsphilosophie, Metaphysik und Moderne von Nietzsche bis Spengler* (1997).

Unsere Adresse im Internet: www.fischer-tb.de

Michael Pauen

Grundprobleme der Philosophie des Geistes

Eine Einführung

Fischer Taschenbuch Verlag

3. Auflage: Februar 2002

Originalausgabe
Veröffentlicht im Fischer Taschenbuch Verlag,
ein Unternehmen der S. Fischer Verlag GmbH,
Frankfurt am Main, Juli 2001

Satz: Pinkuin Satz und Datentechnik, Berlin
Druck und Bindung: Clausen & Bosse, Leck
Printed in Germany
ISBN 3-596-14568-6

Inhalt

Einleitung

An der Philosophie des Geistes scheiden sich die Geister: Kann diese Disziplin wirklich ernsthaft zur Lösung der in ihrem Bereich anstehenden Probleme beitragen, oder handelt es sich hier nicht um eines jener Gebiete, in denen die philosophischen Spekulationen so lange geduldet werden, bis die ›harten Wissenschaften‹ zu sicheren Erkenntnissen gekommen sind? Wird also die Philosophie des Geistes ein ebenso unrühmliches Schicksal erleiden wie die Naturphilosophie, die rationale Psychologie oder gar die Kosmologie, die heute in der Tat längst durch die empirischen Wissenschaften verdrängt worden sind?

Was, vor allem, wird aus den Problemen, mit denen sich die Philosophen jahrhundertelang mehr oder weniger erfolglos herumgeschlagen haben: Werden wir einsehen müssen, dass all die Diskussionen über das Verhältnis von Geist und Gehirn, über die Willensfreiheit, das Selbst oder die qualitativen Gehalte von Empfindungen und Gefühlen nur unnützes Gerede waren, ja dass es sich bei den Gegenständen dieser Auseinandersetzung oft um bloße Illusionen handelte, die nur so lange Bestand haben konnten, bis die wahren materiellen Zusammenhänge entdeckt wurden?

Umso bedrohlicher klingen diese Fragen, als in der letzten Zeit häufiger die baldige Lösung der ›Rätsel des Bewusstseins‹ durch die Neuro- und Kognitionswissenschaften prognostiziert wird. Warum also sollte man sich dann heute überhaupt noch mit der Philosophie des Geistes und ihren Themen befassen?

Nun können keine Zweifel daran bestehen, dass die empirischen Wissenschaften in den letzten Jahren erhebliche Fortschritte gemacht haben. Doch wie sollte *›die‹* Lösung *›der‹* Rätsel des Bewusstseins aussehen? Worin genau bestehen diese Rätsel, und welche Bedingungen müsste eine Theorie erfüllen, um als eine Lösung dieser Rätsel akzeptiert zu werden?

Es scheint so, als handelte es sich hierbei um philosophische Fragen; Zweifel an der Prognose, dass die Lösung der ›Rätsel des Bewusstseins‹ ausschließlich von den empirischen Wissenschaften zu erwarten sind und dass die Philosophie des Geistes über kurz oder lang nur noch historisches Interesse beanspruchen kann, dürften also angebracht sein. Bezüglich der Problematik des Bewusstseins sind wir eben gerade *nicht* in der Situation, dass nur noch einige Detailprobleme innerhalb eines im Großen und Ganzen feststehenden Rahmens zu lösen wären. Vielmehr sind sowohl der *Gegenstand* als auch die *Methoden* eines solchen Vorhabens noch unklar.

Es ist daher auch nicht weiter verwunderlich, dass es in radikalem Gegensatz zu den oben beschriebenen Hoffnungen auch ganz entschieden pessimistische Prognosen zu unseren Aussichten gibt, die ›Rätsel des Bewusstseins‹ in absehbarer Zeit zu lösen; einige Autoren bestreiten sogar, dass diese Rätsel *überhaupt* zu lösen seien.

Die Konflikte, die hier sichtbar werden, sind nicht nur ein Beweis für die Streitlust der Philosophen. Die Hintergrundannahmen, die – zumindest unausgesprochen – die empirische Forschung bestimmen, sind kaum weniger gegensätzlich als die Positionen, die die philosophische Diskussion beherrschen. Tatsächlich bringt die Philosophie häufig nur Annahmen zum Ausdruck, die auch von vielen empirischen Wissenschaftlern geteilt werden. Gerade dadurch aber, dass diese Annahmen ausgesprochen und möglichst genau formuliert werden, lassen sich überhaupt erst ihre Konsequenzen absehen und gegebenenfalls auch kritisieren.

Überblick

Es sieht also so aus, als hätten wir es hier vielleicht doch mit genuin philosophischen Problemen zu tun. Fraglich ist allerdings, ob die Philosophie auch bei der *Klärung* dieser Probleme weiterhelfen kann. Der erste Schritt dürfte in einer Verständigung darüber bestehen, was wir überhaupt meinen, wenn wir von *Bewusstsein* sprechen. Selbstverständlich ist hier keine Definition im strengen Sinne zu erwarten. Wünschenswert wäre allerdings ein möglichst charakteristisches Merkmal, durch das sich Bewusstseinszustände von nicht bewussten Prozessen abgrenzen lassen. Es wird sich herausstellen, dass es zumindest *ein* solches Merkmal gibt: Bewusstseinsprozesse unterscheiden sich nämlich von allen anderen Objekten, Sachverhalten und Ereignissen dadurch, dass sie in einer privilegierten Weise aus der Perspektive der ersten Person erfahrbar sind. Ich habe einen Zugang zu meinen eigenen bewussten Zuständen, der jeder anderen Person verschlossen ist.

Hilfreich wäre allerdings auch ein genauerer Überblick über die verschiedenen Verwendungsweisen des Wortes. So sprechen wir manchmal einfach davon, dass wir ›bei Bewusstsein‹ sind, in anderen Fällen sagen wir, wir hätten ein ›Bewusstsein von …‹, außerdem stellen auch Gedanken, Empfindungen und Gefühle Formen von Bewusstsein dar, schließlich gibt es noch das ›Selbst-Bewusstsein‹ – offenbar ist es erforderlich, sich über Gemeinsamkeiten und Differenzen dieser ganz unterschiedlichen Arten von Bewusstsein zu verständigen.

Eine solche Verständigung kann jedoch nur einen ersten Schritt darstellen. Wir wollen schließlich nicht nur wissen, was *gemeint* ist, wenn von Bewusstsein und seinen unterschiedlichen Erscheinungsformen gesprochen wird; wir wollen zweitens auch wissen, was Bewusstsein ›*tatsächlich ist*‹. Festzustehen scheint immerhin, dass Bewusstsein in entscheidendem Maße von Prozessen in unserem Gehirn abhängt. Dank der Neurobiologie wissen wir mittlerweile einiges darüber, wie einzelne Nervenzellen im Gehirn funktionieren, wir beginnen zu verstehen, wie Verbände solcher Zellen intern organisiert sind und wie sie mit anderen Verbänden zusammenwirken; schließlich gewinnen wir dank neuer Untersuchungsmethoden immer mehr Einblick darin, wie die Aktivität einzelner Areale des Gehirns mit Funktionen wie dem Sprechen, dem Sehen oder der Kontrolle der Feinmotorik zusammenhängt.

Es scheint daher sinnvoll, genau hier anzusetzen: Wie bestimmt man also das *Verhältnis* der Gegenstände der Neurobiologie zu unserem Bewusstsein? Haben wir es hier mit *zwei* völlig unterschiedlichen Prozessen zu tun, mit Hirnaktivitäten auf der einen Seite und mit davon unabhängigen geistigen Vorgängen auf der anderen? Wenn ja: Wie erklärt sich der Einfluss, den das Bewusstsein offensichtlich auf unser Verhalten ausübt, und wie ist es möglich, dass umgekehrt das Gehirn eine entscheidende Rolle für unsere Bewusstseinsprozesse spielt? Wenn es *nicht* so ist, wenn wir es also in beiden Fällen nur mit *einem* Gegenstand zu tun haben: Wie ist es dann möglich, dass sich neuronale Prozesse so radikal von den geistigen Zuständen unterscheiden, mit denen sie identisch sein sollen? Wie kann man sich davon überzeugen, dass die Identitätsbehauptung tatsächlich zutrifft?

Alle diese Fragen sind von der Philosophie des Geistes in der Nachkriegszeit ausführlich diskutiert worden. Zwar ist ein Einvernehmen über eine Lösung noch nicht in Sicht, dennoch scheint es möglich, zwischen plausiblen und weniger plausiblen Vorschlägen zu unterscheiden; bei einigen Optionen sind die Schwierigkeiten so groß, dass sie kaum als ernsthafte Alternative gelten können.

Die philosophischen Auseinandersetzungen über diese grundsätzlichen Probleme des Zusammenhangs von Gehirn und Bewusstsein haben sich immer wieder an ganz bestimmten Einzelfragen entzündet: Lassen sich mentale Prozesse unterschiedlich *realisieren*, haben geistige Ereignisse einen Einfluss auf physische Geschehnisse, und wie ist es möglich, dass einfache, graue Neuronen die unterschiedlichen Farbempfindungen, Geruchswahrnehmungen und Klangerfahrungen hervorbringen, die einen wichtigen Aspekt unserer bewussten Erfahrung ausmachen? Vielfach hat man sich hier nicht nur auf theoretische Schlussfolgerungen und empirische Erkenntnisse berufen; in der Philosophie des Geistes spielen vielmehr Gedankenexperimente eine entscheidende Rolle: Kann uns eine vollständige Theorie über die neuronalen Prozesse im Gehirn von Fledermäusen auch eine Vorstellung von den mentalen Zuständen dieser Lebewesen verschaffen, und was wäre, wenn wir alles über die Neurobiologie des menschlichen Farbensehens wüssten, selbst aber noch nie eine Farbempfindung gehabt hätten? Würden wir etwas Neues lernen, sobald wir die ersten farbigen Objekte sähen?

Wichtig ist die Erörterung solcher Einzelfragen auch, weil damit die Konsequenzen deutlich werden, die sich aus unseren Stellungnahmen zu den Grundsatzfragen ergeben. Hier spielen Probleme des Selbstbewusstseins und der Willensfreiheit eine wichtige Rolle: Es scheint nämlich so, als würde uns die dualistische Unterscheidung von Gehirn und Bewusstsein wesentlich bessere Ausgangsbedingungen verschaffen, wenn wir daran festhalten wollen, dass wir Personen sind, die nicht nur ein eigenes Ich, sondern auch einen freien Willen haben. Wo soll umgekehrt das Ich bleiben, wenn es sich bei all unseren Bewusstseinsprozessen ›in Wirklichkeit‹ nur um die Aktivitäten einfacher Neuronen handelt; wie kann man noch von Willensfreiheit sprechen, wenn sich doch unser Handeln letztlich auf naturgesetzlich beschreibbare Prozesse im

Gehirn zurückführen lässt? Würden wir also nicht unser Selbstverständnis als verantwortlich handelnder Subjekte aufgeben müssen, wenn wir die grundsätzliche Unterscheidung von Gehirn und Bewusstsein verwerfen?

Zielsetzung

Die folgende Einführung wendet sich an alle, die sich mit den Grundproblemen der Philosophie des Geistes vertraut machen wollen, an Studenten, an empirische Wissenschaftler, aber auch an Laien, die sich für die philosophische Diskussion in diesem Bereich interessieren. Bei der Darstellung werde ich mich um Klarheit und Verständlichkeit bemühen, ohne dabei die grundlegenden Schwierigkeiten zugunsten einer oberflächlichen Plausibilität zu vernachlässigen. Die Darstellung wird sich um Objektivität bemühen, doch sie wird nicht neutral sein. Dies gilt nicht nur, weil Neutralität nur schwer zu erreichen ist. Wichtiger noch ist die Überzeugung, dass nicht alles und jedes, was jemals dem Mund oder der Feder eines Philosophen entkommen ist, den gleichen Anspruch darauf hat, der Nachwelt überliefert und dabei auch noch ehrfurchtsvoll kommentiert zu werden.

Hieraus ergeben sich zwei Konsequenzen: Zum einen wird es hier nicht um ein historisches Referat des Diskussionsverlaufes gehen, sondern um eine problemorientierte, systematische Darstellung der wichtigsten in der Nachkriegszeit vertretenen Positionen. Historische Zusammenhänge werden dabei nur insofern berücksichtigt, als sie für den heutigen Diskussionsstand von Bedeutung sind. Immerhin erleichtert die vergleichsweise stringente Entwicklung der Philosophie des Geistes in der Nachkriegszeit die Einbindung von historischen Gesichtspunkten in die systematische Darstellung. Zuweilen werden bestimmte systematische Positionen sogar erst aus dem konkreten Entstehungszusammenhang verständlich; in solchen Fällen werden die historischen Zusammenhänge selbstverständlich berücksichtigt.

Zum Zweiten bedeutet dies, dass hier kein Überblick über sämtliche heute vertretenen Positionen beabsichtigt sein kann. Auch in der Philosophie des Geistes gibt es mehr oder minder sinnvolle Ansätze, wegweisende Arbeiten auf der einen Seite und Sackgassen auf der anderen. Auch die Auseinandersetzung mit abwegigen Positionen kann zuweilen lehrreich sein; in der Regel werde ich mich bei der Auswahl der vorzustellenden Theorien jedoch an deren Erklärungspotential und an ihrer Bedeutung für die neuere Diskussion orientieren. Es versteht sich von selbst, dass dabei neben den Stärken eines Ansatzes auch die wichtigsten Einwände zu Wort kommen, die gegen ihn erhoben worden sind. Dabei werde ich in einigen Fällen auch eigene Lösungsvorschläge machen, selbstverständlich ohne dabei mögliche Gegenargumente zu verschweigen.

Besondere Aufmerksamkeit wird dem Zusammenhang zwischen philosophischen Einsichten und empirischen Erkenntnissen gelten. Dabei wird es nicht nur um die Bedeutung gehen, die Ergebnisse der Neuro- und Kognitionswissenschaften bei der Beantwortung der oben skizzierten Grundprobleme haben. Gefragt werden soll auch, wie die Philosophie dazu beitragen kann, jene Probleme so zu formulieren, dass sie für empirische Untersuchungen zugänglich werden. Schließlich wird zu zeigen sein, welche Rolle philosophische Überlegungen bei der Interpretation empirischer Erkenntnisse spielen können.

Dabei wird sich die Erwartung, die grundsätzlichen philosophischen Probleme ließen sich kurzerhand auf empirischem Wege lösen, als verfehlt herausstellen. Zwar muss nicht eigens betont werden, dass die Berücksichtigung empirischer Erkenntnisse konstitutiv für eine adäquate Auseinandersetzung mit den hier besprochenen Problemen ist. Genauso wenig kann man jedoch die theoretischen Schwierigkeiten außer Acht lassen – andernfalls wirft man mit großer Sicherheit neue Probleme auf. Als fragwürdig wird sich indessen die Behauptung herausstellen, die Bemühungen der empirischen Wissenschaften müssten notwendigerweise an einem unlösbaren ›Rätsel des Bewusstseins‹ scheitern. Selbstverständlich ist hier nicht der Ort für einen detaillierten Lösungsvorschlag.[1] Zeigen möchte ich allerdings, dass die Annahme, eine solche Lösung sei *prinzipiell* unmöglich, auf schwachen Füßen steht. Schließlich soll hier auch deutlich gemacht werden, dass es nach Lage der Dinge zur Zeit keinen konkreten Grund für die Befürchtung gibt, die Erkenntnisse der Neuro- und Kognitionswissenschaften würden über kurz oder lang die fundamentalen Konstituentien unseres Selbstverständnisses in Frage stellen oder gar ›widerlegen‹. Es sieht nicht so aus, als müsste man sich in phantasievolle Interpretationskunststücke flüch-

1 vgl. hierzu jedoch Pauen 1999.

ten, um Bewusstsein, Subjektivität und Willensfreiheit gegen die Erkenntnisse der ›harten Wissenschaften‹ zu verteidigen. Vielmehr erweisen sich viele dieser spektakulären Prognosen auch unter theoretischen Gesichtspunkten als äußerst anfechtbar. Tatsächlich spricht auf dem heutigen Stand des theoretischen und empirischen Wissens relativ wenig dafür, dass wir irgendwann einmal unser Selbstverständnis als bewusster, verantwortlich handelnder Subjekte aufgeben müssen.

Erster Teil
Grundsatzfragen

I. Begriffliche Probleme

Eigenschaften, Ereignisse, Entitäten und das Problem der Reduktion

Es scheint sinnvoll, mit einer Klärung der wichtigsten Termini zu beginnen. Erforderlich ist dies insbesondere für Begriffe wie ›Eigenschaft‹, ›Ereignis‹, ›Zustand‹ und ›Entität‹.

Eine EIGENSCHAFT wird hier verstanden als ein Merkmal oder eine Gruppe von Merkmalen, die Objekten oder Ereignissen zugeschrieben werden können. Dabei ist es in der Regel möglich, dass mehrere unterschiedliche Objekte die gleiche Eigenschaft besitzen: Die Eigenschaft, rot zu sein, kann an Tomaten, Blumen und Verkehrsampeln auftreten.

EREIGNISSE sollen im Anschluss an Jaegwon Kim als kurzfristige, ZUSTÄNDE als längerfristige Exemplifikationen von Eigenschaften verstanden werden.[1] Die Grenze ist zweifellos unscharf; für die hier verfolgten Zwecke dürfte es jedoch ausreichen, Ereignisse auf die Frist von wenigen Minuten zu beschränken und alle Fälle eines länger anhaltenden Auftretens von Eigenschaften als ZUSTÄNDE zu bezeichnen. Es wäre also ein Ereignis, wenn ich angesichts einer peinlichen Situation plötzlich rot würde, ein Zustand, wenn mein Gesicht diese Eigenschaft aufgrund eines Sonnenbrandes gleich für mehrere Tage annähme. Schließlich sollen als ENTITÄTEN unterschiedslos Ereignisse, Eigenschaften und auch Objekte bezeichnet werden.

Sehr unterschiedlich wird der Begriff der REDUKTION vor allem in der deutschsprachigen Diskussion verwendet. Oft wird in einem unspezifischen, zuweilen auch polemischen Sinne von ›reduktionistischen‹ Theorien gesprochen. Gemeint sind damit in der Regel materialistische Posi-

1 Dabei wird im Gegensatz zu Kim unterstellt, dass *ein* Ereignis auch mehrere Eigenschaften exemplifizieren kann. Dies scheint nicht nur plausibel, weil ein Ereignis, wie z. B. ein plötzliches Erröten mit einer Zunahme der Herzfrequenz, einem Schweißausbruch etc. verbunden sein mag. Gleichzeitig ist die Annahme notwendig, um innerhalb der Philosophie des Geistes nicht von vornherein solche Theorien auszuschließen, die – wie der Epiphänomenalismus – Ereignisse postulieren, die neben neuronalen auch mentale Eigenschaften instantiieren. Vgl. Bieri 1992.

tionen, die die Realität höherstufiger, also mentaler, moralischer oder sozialer Eigenschaften zugunsten der zugrunde liegenden physischen Prozesse in Frage stellen und damit der Komplexität der zu beschreibenden Phänomene nicht gerecht werden. Reduktion wird hier also im Sinne von ›Verkürzung‹ oder ›Verringerung‹ gebraucht.

Im Gegensatz dazu orientiert sich ein wissenschaftlich-terminologischer Gebrauch an der ursprünglichen Bedeutung von ›*reductio*‹, nämlich ›Zurückführung‹. Dabei geht es im Allgemeinen um die Zurückführung von Theorien oder Theoriebestandteilen auf andere, in der Regel grundlegendere Theorien zum Zwecke der Erklärung und Vereinheitlichung. Das ursprünglich u. a. von Carnap (1931) formulierte Ziel einer physikalischen Einheitswissenschaft, in deren UNIVERSALSPRACHE alle sinnvollen Sätze übersetzt werden können, ist aber mittlerweile praktisch aufgegeben worden, da sich die Zurückführung der Gesetze und Begriffe aller Spezialdisziplinen auf die physikalische Basiswissenschaft als undurchführbar erwiesen hat.[2]

Reduktion

(1) Eine Reduktionsbeziehung ist eine Beziehung zwischen zwei Theorien, typischerweise zwischen einer spezifischen, höherstufigen Theorie und einer grundlagenorientierten, erklärungsmächtigeren Theorie

(2) Dabei werden Erkenntnisse der höherstufigen Theorie auf Erkenntnisse der grundlagenorientierten Theorie zurückgeführt (›reduziert‹) und damit in einen weiteren Erklärungskontext einbezogen

(3) Dazu ist zumindest erforderlich, dass
   a. alle Begriffe der reduzierten, höherstufigen Theorie durch ›Brückengesetze‹ mit Begriffen der reduzierenden, allgemeinen Theorie verbunden werden
   b. alle Gesetze der reduzierten Theorie aus den Gesetzen der reduzierenden Theorie abgeleitet werden

Dennoch ist das Konzept der INTERTHEORETISCHEN REDUKTION durchaus sinnvoll. Dabei geht es um die *Zurückführung* der Gesetze und Ausdrücke einer Theorie, beispielsweise einer höherstufigen Theorie wie der Psychologie, auf die Gesetze und Ausdrücke einer anderen, etwa ei-

2 vgl. Suppes 1993; Fodor 1975, 9–26.

ner eher grundlagenorientierten Wissenschaft wie der Neurobiologie oder der Physik. Im Gegensatz zu einer immer noch weit verbreiteten Auffassung besteht der Zweck eines solchen Unternehmens nicht etwa darin, die höherstufige Theorie zu eliminieren. In der Regel sollen vielmehr die Ressourcen der grundlagenorientierten Theorie für zusätzliche und umfassendere Erklärungen genutzt werden. Die höherstufige Theorie kann selbstverständlich ›trotz‹ der Reduktion weiter existieren, ja vermag hierdurch sogar zusätzliches Erklärungspotential zu gewinnen. Völlig verfehlt wäre insbesondere die Erwartung, eine Reduktionsbeziehung von Psychologie und Neurowissenschaften würde die Existenz der von der Psychologie beschriebenen Phänomene in Gefahr bringen, also zu einer Elimination des Mentalen führen.

Der klassischen, mittlerweile allerdings umstrittenen Auffassung zufolge, wie sie vor allem Ernest Nagel (1961) entwickelt hat, ist es für eine Reduktion erforderlich, die Begriffe der alten Theorie mit Hilfe von Brückengesetzen so auf die Begriffe der neuen zu beziehen, dass die Gesetze der alten aus den Gesetzen der neuen Theorie abgeleitet werden können.

Als Beispiel einer gelungenen Reduktion wird vielfach das Verhältnis der phänomenologischen Thermodynamik zur statistischen Mechanik genannt. Nach dieser Auffassung können beispielsweise die thermodynamischen Größen ›Druck‹ und ›Temperatur‹ so in Aussagen über die mittlere kinetische Energie von Molekülen übertragen werden, dass sich thermodynamische Gesetze aus den Theoremen der statistischen Mechanik ableiten lassen. Es spricht mittlerweile allerdings viel dafür, dass die Reduktionsbeziehung auch in diesem Fall wesentlich komplizierter ist.

Zuweilen wird auch von ›Eigenschaftsreduktion‹ gesprochen, wenn eine höherstufige Eigenschaft eines Systems mit Hilfe allgemeiner Gesetze auf Basiseigenschaften dieses Systems zurückgeführt wird. Genau genommen sind es jedoch auch hier nicht die Eigenschaften selbst, sondern theoretische Annahmen *über* höherstufige Systemeigenschaften, die auf Theorien über die Basiseigenschaften, z. B. der Moleküle dieses Systems, reduziert werden. So lässt sich etwa die ›alltagsphysikalische‹ Annahme, dass Wasser bei Temperaturen unter 0° C friert, auf mikrophysikalische Theorien über die Entstehung bestimmter Bindungen zwischen den Molekülen zurückführen oder eben ›reduzieren‹. Ist eine solche Zurückführung nicht möglich, spricht man von einer EMERGENTEN Eigenschaft.

Die Bedeutung solcher Überlegungen für die Bewusstseinsphilosophie ist nicht schwer zu erkennen: Natürlich interessiert uns die Frage, ob sich alltagspsychologische Annahmen über mentale Prozesse auf naturwissenschaftliche Erkenntnisse über neuronale Aktivitäten zurückführen lassen. Wäre dies möglich, dann könnten wir die naturwissenschaftlichen Theorien zur Erklärung psychischer Phänomene nutzen.

Bislang sind die Erfolgsaussichten eines solchen Unternehmens höchst ungewiss. Umstritten ist zudem, welche Konsequenzen ein Fehlschlag dieser Versuche hätte. Während vielfach angenommen wird, dass Reduktionen im strengen Sinne hier weder realisierbar noch erforderlich sind, behaupten insbesondere die Vertreter des ELIMINATIVEN MATERIALISMUS, dass unsere Überzeugungen bezüglich der Realität mentaler Phänomene revidiert werden müssten, weil es uns nicht gelingen werde, diese Phänomene auf neuronale Prozesse zurückzuführen. Damit wird der Gegensatz zwischen der alltagssprachlichen und der wissenschaftlichen Verwendungsweise des Reduktionsbegriffes besonders deutlich: Zweifellos bildet der ELIMINATIVE MATERIALISMUS eine Extremform des Reduktionismus im alltagssprachlichen Sinne. Reduktionistisch im wissenschaftlichen Sinne ist er aber gerade *nicht*, schließlich geht er davon aus, dass die Reduktion der Psychologie auf die Neurobiologie scheitern wird – nur deshalb soll es ja zur Elimination unseres mentalistischen Vokabulars kommen.

Bewusstsein

Der zentrale und zugleich am schwierigsten zu bestimmende Begriff ist zweifellos der des *Bewusstseins*. Beispiele für bewusste Prozesse sind Wunschvorstellungen, Glaubenszustände, Gedanken, Schmerzen, visuelle Wahrnehmungen und Geruchsempfindungen. Derartige Zustände *müssen* allerdings nicht bewusst sein; es gibt auch unbewusste Wünsche und Wahrnehmungen. Es erscheint daher sinnvoll, *Bewusstsein* als eine *Eigenschaft* aufzufassen, genauer: als eine Eigenschaft von Zuständen oder Ereignissen, die auch auftreten können, ohne diese Eigenschaft zu exemplifizieren. Die Beschreibung von Bewusstsein als einer Eigenschaft vermeidet zudem die Festlegung auf eine bestimmte Grundsatzannahme bezüglich des Zusammenhangs mit physischen Prozessen. Eine solche Festlegung würde sich insbesondere dann ergeben, wenn man den Geist als eine eigenständige Substanz wie etwa eine Seele auffassen würde. In diesem Falle würde bereits die Terminologie eine Festlegung auf den Dualismus implizieren, schließlich ist eine geistige Substanz ihrem Wesen nach mental und nicht etwa physisch: Materialistische Optionen wären damit von vornherein ausgeschlossen. Die vorgeschlagene Sprachregelung lässt dagegen offen, ob es geistige Substanzen gibt; schließlich kann man diese im Anschluss an Descartes[3] dadurch bestimmen, dass man ihnen Bewusstsein als *wesentliche Eigenschaft* zuschreibt.

Für diesen Vorschlag spricht auch, dass er es erlaubt, den erstmals bei Christian Wolff auftretenden Begriff ›Bewusstsein‹ auf die Substantivierung des Adjektivs ›bewusst‹ zurückzuführen, ebenso wie man das ›Rotsein‹ oder ›Warmsein‹ aus den entsprechenden Adjektiven ableiten kann. Insofern scheint es gerechtfertigt, im Folgenden nicht immer ausdrücklich von der ›Eigenschaft des Bewusstseins‹ zu sprechen, sondern auch bei der Kurzform ›Bewusstsein‹ vorauszusetzen, dass es sich hier um die Zuschreibung einer Eigenschaft handelt.

Dass der damit erreichte Erkenntnisfortschritt nicht allzu eindrucksvoll ist, wird spätestens dann klar, wenn man sich um eine genauere inhaltliche Bestimmung des Begriffs ›Bewusstsein‹ bemüht. Hier versagen jene Strategien, die ansonsten bei der Verständigung über einen Begriff benutzt werden können. Das gravierendste Problem dürfte wohl darin bestehen, dass es nichts gibt, was ›so ähnlich wie‹ oder ›etwas anders als‹ Bewusstsein wäre, ohne dass man bei seiner Beschreibung selbst schon wieder auf eben *die* Eigenschaft zurückgreifen müsste, die man doch gerade bestimmen wollte. Natürlich gibt es Übergangszustände, in denen unser Bewusstsein langsam erwacht oder allmählich abnimmt, doch auch hier benötigen wir schon zuvor eine Kenntnis des Begriffs, wenn wir beschreiben wollen, *was* denn vergeht oder zunimmt. Ja, selbst die Gemeinsamkeiten von Zuständen, die nun sicherlich nichts mit Bewusstsein zu tun haben, lassen sich nur benennen, indem man sich – wie gerade geschehen – zur Abgrenzung doch wieder *ex negativo* auf diesen Begriff bezieht.

Eine nichtzirkuläre Definition scheint also kaum möglich; man muss offenbar bei der Verständigung über den Begriff des Bewusstseins schon eine unmittelbare Vertrautheit mit dem Phänomen selbst unterstellen. Immerhin scheint dies eine Voraussetzung zu sein, die von den Lesern eines Buches zur Einleitung in die Philosophie des Geistes gemeinhin er-

3 vgl. Descartes 1644/1953, 595.

füllt wird. Tatsächlich fällt es uns normalerweise sehr leicht zu sagen, ob wir zu einem bestimmten Zeitpunkt bei Bewusstsein waren oder nicht.

Ein Merkmal des Mentalen

Statt nach einer Definition könnte man daher nach einem Merkmal fragen, das alle Bewusstseinszustände *de facto* gemeinsam haben. In der Vergangenheit hat man eine ganze Reihe von Vorschlägen für ein so genanntes ›Merkmal des Mentalen‹ gemacht. Die meisten dieser Vorschläge sind jedoch offenbar unzulänglich. So könnte man Zustände des Bewusstseins mit Descartes als ›nicht räumlich‹ bezeichnen, doch Zahlen und Regeln sind ebenfalls nicht räumlich, obwohl sie sicherlich nicht als Bewusstseinszustände aufgefasst werden können. Ein anderer Vorschlag leitet sich ab von der Behauptung, wir könnten uns hinsichtlich unserer bewussten Zustände und *nur* hinsichtlich dieser Zustände nicht irren. Auch hieran kann man jedoch zweifeln. Verweisen lässt sich zum einen auf Unsicherheiten, die bei diffusen oder schwach ausgeprägten Empfindungen entstehen.[4] So ist kaum auszuschließen, dass wir uns zuweilen irren, wenn wir meinen, wir spürten einen schwachen Schmerz. Es kommt hinzu, dass wir unter bestimmten Bedingungen widersprüchliche Angaben über den Ablauf von Ereignissen machen können, obwohl diese uns aus der Perspektive der ersten Person zugänglich waren.[5] Genauso können wir uns hinsichtlich der für unsere Handlungen maßgeblichen Motive irren.[6] Da das Kriterium der Irrtumsfreiheit zudem nicht sehr aussagekräftig ist, scheint es als Lösung des skizzierten Problems ebenfalls nicht in Frage zu kommen.

Umstritten ist schließlich auch das im Allgemeinen auf Franz von Brentano zurückgeführte Kriterium, demzufolge mentale Zustände sich durch ihre INTENTIONALITÄT auszeichnen. Im Gegensatz zu der alltagssprachlichen Verwendung von ›Intention‹ geht es hier nicht um Absichten, gemeint ist vielmehr die Gerichtetheit eines mentalen Zustandes auf externe Sachverhalte. Ein Gedanke ist im Allgemeinen ein Gedanke *über* etwas, ein Wunsch kann sich auf den Besitz eines Objektes beziehen, ein Gefühl des Ärgers sich gegen eine Person richten etc. Zweifellos gibt es

4 vgl. Kim 1996, 18.
5 vgl. Dennett 1991, 1992.
6 vgl. Dennett 1991, 1992; Nisbett & Wilson 1977.

auch andere Formen der Bezugnahme, etwa wenn man einen Baum fällt oder ein Gebäude fotografiert. Charakteristisch für intentionale Zustände ist es, dass sie auch auf nicht existierende Gegenstände gerichtet sein können: Ich kann an Yetis und an das Ungeheuer von Loch Ness denken oder mir wünschen, dass es doch ein *Perpetuum mobile* geben solle; nichtintentionale Formen der Bezugnahme sind in diesen Fällen dagegen nicht möglich: So kann ich keines dieser Objekte fotografieren. Als generelles Merkmal des Mentalen ist Intentionalität aber ungeeignet, weil nicht alle bewussten Zustände intentionalen Charakter haben. Vor allem bei Stimmungen kann die geforderte Bezugnahme fehlen: Ich muss nicht über etwas melancholisch sein, meine freudige Stimmung muss sich nicht auf einen konkreten Anlass beziehen. Es wird sich allerdings herausstellen, dass Intentionalität charakteristisch ist zumindest für eine sehr wichtige Gruppe mentaler Zustände.

Es gibt allerdings noch einen weiteren Vorschlag. Führt man sich die oben genannten Beispiele für Bewusstseinszustände noch einmal vor Augen, dann fällt auf, dass sie sich von vermutlich allen anderen Ereignissen, Eigenschaften oder Objekten dadurch unterscheiden, dass sie in einer privilegierten Weise aus der Perspektive der ersten Person zugänglich sind. Von einem ›Privileg‹ kann hier insofern gesprochen werden, als jede Person zu ihren eigenen bewussten Zuständen und *nur* zu diesen Zuständen einen Zugang hat, der für keinen anderen in Frage kommt. Ich spüre meine Schmerzen und erlebe meine Freude in einer Weise, wie dies niemand anderem möglich ist. Im Gegensatz dazu stehen äußere, physische Ereignisse wie der Fall einer Kugel, das Zerbrechen einer Glasscheibe oder das Auftreten einer Spur in einer Nebelkammer einer nicht begrenzten Zahl von Beobachtern in prinzipiell der gleichen Weise offen.[7]

7 Einwände gegen diese Auffassung finden sich u. a. bei Beckermann 1999, 11. Mit Recht wendet sich Beckermann u. a. gegen die Annahme, die Privatheit mentaler Zustände lasse sich mit der Privatheit körperlicher Prozesse wie etwa einer Grippe vergleichen. Gegen die hier vertretene Auffassung, derzufolge sich mentale Zustände durch einen privilegierten epistemischen Zugang aus der Perspektive der ersten Person auszeichnen, wendet er jedoch nur ein, es sei »fraglich, ob es für alle mentalen Zustände in derselben Weise gilt« (1999, 11). Leider nennt Beckermann keine Gegenbeispiele; doch selbst wenn man akzeptierte, dass unterschiedliche mentale Zustände in einem unterschiedlichen Sinne privat wären, wäre damit das Kriterium so lange nicht entwertet, wie es keine nicht-mentalen Prozesse gibt, für die sich eine dieser Formen der Privatheit in Anspruch nehmen ließe. Auch Kim (1996, 16) behauptet, dass es kein gemeinsames ›Merkmal des Mentalen‹ gebe, bringt aber bei der Diskussion des privilegierten Zugangs aus der Perspektive der ersten Person kein Argument, das gegen die Verwendung dieses Merkmals spricht. (1996, 17; vgl. 1996, 19, 23).

Der entscheidende Unterschied scheint darin zu liegen, dass der Zugang zu den eigenen Bewusstseinszuständen nicht durch *andere* Prozesse vermittelt ist. Dies schließt nicht aus, dass es Bestandteile von Bewusstsein gibt wie kognitive Prozesse oder theorieähnliche Verallgemeinerungen, die als solche nicht bewusst werden: Tatsächlich ist die Existenz solcher vorbewussten Bestandteile mittlerweile empirisch gut belegt. Ganz abgesehen davon ist auch gar nicht zu erwarten, dass ein Bewusstseinszustand ein Wissen um all die Teilzustände einschließt, aus denen er sich *de facto* zusammensetzt. Dennoch kann man zumindest insofern von ›Unmittelbarkeit‹ sprechen, als der Zugang zu eigenen Bewusstseinszuständen nicht durch andere Prozesse wie Wahrnehmungen, Empfindungen oder zusätzliche Überlegungen vermittelt ist. Sprachfähige Wesen sind daher auch imstande, ohne weitere Schlussfolgerungen über ihre eigenen Bewusstseinszustände zu berichten.

Wollen wir dagegen wissen, was eine *andere* Person gerade denkt, dann müssen wir dazu auf Prozesse zurückgreifen, die weder als Teilzustände des eigenen Bewusstseins noch als Bestandteile des Bewusstseins der beobachteten Person begriffen werden können. Eine wichtige Rolle dürfte dabei das Verhalten dieser Person spielen, unsere Wahrnehmung ihres Verhaltens, die Schlüsse, die wir aus diesen Wahrnehmungen ableiten können, und schließlich Erinnerungen an entsprechende eigene Erfahrungen. Ähnliches gilt auch für die Zustände des eigenen Körpers wie Verletzungen oder die Berührung mit anderen Objekten. Auf den ersten Blick könnte man allerdings vermuten, wir besäßen auch hier einen direkten Zugang aus der Perspektive der ersten Person. Tatsächlich sind es jedoch abermals psychische Ereignisse wie Schmerzen oder taktile Empfindungen, die den Zugang zu unserem Körper vermitteln, und nur zu diesen mentalen Prozessen haben wir einen privilegierten Zugang. Außerdem kann es zumindest prinzipiell nicht ausgeschlossen werden, dass eine andere Person beispielsweise durch eine Übertragung von Schmerzimpulsen die Verletzung in meiner Hand empfinden kann – auch wenn solche Szenarien sehr nach Science-Fiction klingen.

Gegen diesen Vorschlag scheint auch zu sprechen, dass der privilegierte Zugang nicht für vergangene oder zukünftige Bewusstseinszustände gilt. Eine Psychologin mag über den Wutanfall, der mich in fünf Minuten überfallen wird, weit besser Bescheid wissen als ich selbst. Außerdem verfüge ich über Erinnerungen oder Erwartungen, zu denen ich derzeit ebenfalls keinen privilegierten Zugang habe, weil sie mir gar nicht präsent sind: Dennoch würden wir in diesem Zusammenhang von mentalen Zuständen sprechen. Diese Schwierigkeit lässt sich jedoch lösen, wenn wir den privilegierten Zugang nur für die *aktuell bewussten* Zustände in Anspruch nehmen. Von ihnen lassen sich solche Zustände unterscheiden, die im Moment zwar unbewusst sind, die aber potenziell bewusst werden können, also beispielsweise eine Erinnerung, eine derzeit unbewusste Wahrnehmung oder eine Erwartung. Ich werde im Folgenden von BEWUSSTSEIN nur im Zusammenhang mit *aktuell bewussten* Zuständen sprechen; als MENTAL werde ich dagegen alle diejenigen Prozesse bezeichnen, die zumindest *potenziell* bewusst werden können. Dieser Begriff ist also umfassender: Alle Bewusstseinszustände sind mentale Zustände, aber nicht alle mentalen Zustände sind bewusst.

Festhalten lässt sich, dass es zumindest *eine* Besonderheit gibt, die spezifisch ist für Bewusstseinszustände: Sie sind privilegiert aus der Perspektive der ersten Person zugänglich. Mentale Prozesse dagegen können aktuell auch unbewusst sein, doch sie sind zumindest potenziell aus der Perspektive der ersten Person erfahrbar. Im Gegensatz dazu haben wir zu nicht-mentalen und insbesondere zu physischen Prozessen, Ereignissen und Sachverhalten einen Zugang nur aus der Perspektive der dritten Person, einen Zugang also, der im Prinzip für sämtliche Beobachter verfügbar ist.

Offen bleiben muss dagegen vorerst, ob es zu psychischen Prozessen zusätzlich zu dem privilegierten Zugang nicht auch einen nichtprivilegierten Zugang aus der Perspektive der dritten Person gibt. Dies wäre dann der Fall, wenn mentale Prozesse gleichzeitig neuronale Prozesse wären. Die vorgeschlagene Beschreibung schließt die Identifikation von mentalen und neuronalen Prozessen nicht aus, sie nimmt sie aber auch nicht vorweg. Eine derartige Identifikation würde bedeuten, dass es unter den physischen Prozessen, die ganz allgemein aus der Perspektive der dritten Person beschrieben werden können, einige gibt, die außerdem noch – aktuell oder potenziell – in einer privilegierten Weise aus der Perspektive der ersten Person zugänglich sind.

Physisches und Physikalismus

Diese Bestimmung des Unterschiedes von physischen und psychischen Prozessen umgeht gleichzeitig einige Probleme, die im Allgemeinen dann auftauchen, wenn man den Begriff des PHYSISCHEN auf die Physik oder die Naturwissenschaften allgemein stützt. Festhalten möchte ich zuerst, dass die häufig geübte Praxis, von PHYSIKALISCHEN oder MATERIELLEN Gegenständen oder Eigenschaften zu sprechen, zumindest irreführend ist. PHYSIKALISCH sind Theorien oder Beschreibungen, nicht aber die Gegenstände, auf die sich diese Theorien beziehen. Nicht sehr sinnvoll erscheint es auch, von MATERIELLEN Phänomenen zu sprechen, schließlich kennt die moderne Physik mittlerweile eine ganze Reihe von Gegenständen wie etwa elektromagnetische Felder, die man nicht mehr als MATERIELL bezeichnen würde.

Doch was ist mit dem Begriff des PHYSISCHEN; lässt er sich nicht doch durch den Bezug auf die Naturwissenschaften, insbesondere auf die Physik, genauer bestimmen? Die Schwierigkeiten, die mit einem solchen Versuch verbunden sind, hat kürzlich Barbara Montero (1999) erläutert. Ein grundsätzliches Problem ergibt sich hier insofern, als die Naturwissenschaften in einem ständigen Umbruch begriffen sind. Wir müssen daher davon ausgehen, dass die Physik, so wie wir sie heute kennen, zumindest in Teilen revisionsbedürftig ist. Gleichzeitig ist auch die weitere Entwicklung dieser Wissenschaft heute noch nicht abzusehen.

Hieraus ergibt sich ein Dilemma, das schon von Carl Hempel beschrieben worden ist: Wollten wir unsere Bestimmung des Physischen von der Physik in ihrer heutigen Form abhängig machen, dann würden wir einen vermutlich revisionsbedürftigen Begriff verwenden. Wir wüssten daher noch gar nicht genau, was wir behaupten, wenn wir eine Entität als PHYSISCH oder NICHT-PHYSISCH bezeichnen. Würden wir uns dagegen auf die Physik berufen, ›so wie sie einmal sein wird‹, dann bliebe unser Begriff des Physischen völlig unklar, schließlich haben wir keinerlei genauere Erkenntnisse über diese ›endgültige Physik‹ – falls es sie denn jemals geben sollte. Zwar könnte man sie als diejenige Theorie bestimmen, die die definitiven Prinzipien der Realität enthält und uns so eine beliebig genaue Erklärung willkürlich herausgegriffener Phänomene ermöglichte. Wir könnten dann als PHYSISCH bezeichnen, was entweder direkt in dieser Theorie erwähnt wird oder sich aus den in dieser Theorie erwähnten Prinzipien ableiten lässt. Bei näherer Betrachtung zeigt sich aber, dass auch dies uns nicht weiterhilft: Da die Theorie qua Voraussetzung ja mit einem alles umfassenden Erklärungsanspruch auftritt, wird sie sich notwendigerweise auch auf mentale Phänomene erstrecken. Die physikalistische These, mentale Phänomene seien physisch, wäre damit trivialerweise wahr.

Wenig sinnvoll wäre schließlich der Versuch, den Bereich des Physischen durch seinen Gegensatz zu NICHTPHYSISCHEN Eigenschaften oder Objekten zu bestimmen. Zwar wird man auf den ersten Blick kaum daran zweifeln, dass Geister oder telepathische Phänomene nicht zum Bereich physischer Erscheinungen gehören. Bei näherer Betrachtung sieht es jedoch so aus, als würde unsere Sicherheit hier nur auf der stillschweigenden Überzeugung beruhen, dass es derartige Phänomene gar nicht gibt. Wäre es auf der anderen Seite möglich, telepathische Prozesse oder die Aktivitäten von Geistern, wie auch immer diese aussehen mögen, empirisch nachzuweisen, dann würden wir uns vermutlich auch um deren Erklärung bemühen. Wir würden damit den Bereich naturwissenschaftlich erklärbarer Phänomene um diese Entitäten erweitern, so wie es bislang auch in vielen anderen Fällen, etwa bei elektromagnetischen Feldern, geschehen ist.

Genau dies könnte auch im Zusammenhang mit mentalen Prozessen geschehen: Selbst wenn sich der Dualismus bewahrheitete und mentale Prozesse von neuronalen Zuständen unterschieden werden müssten, könnten wir zu dem Schluss kommen, dass es sich bei ersteren um eine neue Art physischer Phänomene handelt. In diesem Falle müsste allerdings das oben vorgeschlagene Kriterium der Unterscheidung zwischen mentalen und neuronalen Prozessen insofern modifiziert werden, als wir es nun ja mit physischen Prozessen zu tun hätten, die *als physische Prozesse* aus der Perspektive der ersten Person beschrieben werden könnten. Umgekehrt könnte man auch davon sprechen, dass diese Prozesse als mentale Prozesse gleichzeitig Gegenstände einer naturwissenschaftlichen Theorie sind – es wird unten noch zu klären sein, unter welchen Bedingungen sich eine solche Schlussfolgerung als sinnvoll erweisen könnte.

Festzuhalten bleibt in jedem Falle, dass eine weitere Konkretisierung der oben skizzierten Unterscheidung zwischen psychischen und physischen Prozessen offenbar nicht möglich ist: Unter den gegenwärtigen

Umständen[8] bleibt es dabei, dass sich psychische Zustände gegenüber physischen Prozessen dadurch auszeichnen, dass sie privilegiert aus der Perspektive der ersten Person zu beschreiben sind.

Eine wesentliche Rolle wird im Folgenden schließlich auch der Begriff des PHYSIKALISMUS spielen. Konstitutiv für diese Position ist zunächst die Annahme, dass es für beliebige positive[9] Fakten prinzipiell auch eine naturwissenschaftliche Erklärung gibt, wobei sich die Vorstellungen von zureichenden naturwissenschaftlichen Erklärungen im Laufe der Zeit verändern können. Die fraglichen Erklärungen müssen insbesondere nicht auf deterministischen Verlaufsgesetzen basieren. Genauso wenig wird damit ausgeschlossen, dass Erklärungen anderer, höherstufiger Wissenschaften wie etwa der Psychologie, der Geschichtswissenschaft oder der Soziologie in bestimmten Kontexten aufschlussreicher sind: Eine physikalische Erklärung für den ›Prager Fenstersturz‹[10] wäre relativ uninteressant, weit fruchtbarer dürfte eine historische Erklärung sein, welche die Vorgeschichte dieses Ereignisses sowie seine Bedeutung für den Beginn des Dreißigjährigen Krieges verständlich machte. Der Vertreter des Physikalismus hätte hiermit keine Schwierigkeiten, solange nicht behauptet würde, transzendente, wissenschaftlich nicht erfassbare Kräfte hätten bei diesem Ereignis ihre Hand im Spiel gehabt.

Eine für die meisten Autoren akzeptable nähere Bestimmung des PHYSIKALISMUS kann sich auf zwei Prinzipien berufen. Zum einen auf das sogenannte PRINZIP DER KAUSALEN GESCHLOSSENHEIT der physischen Wirklichkeit. Eine Minimalversion dieses Prinzips würde ausschließen, dass zur Erklärung physikalisch beschreibbarer Prozesse andere Prozesse herangezogen werden müssen, die ihrerseits nicht physikalisch beschreibbar sind. Verletzt wäre die kausale Geschlossenheit also dann, wenn man mit den Katholiken jener Zeit behaupten würde,

8 D. h. so lange, wie es nicht zu der skizzierten Erweiterung der Physik kommt. Auch dann könnte man dieses Kriterium jedoch weiterhin zur Unterscheidung zwischen psychischen und *neuronalen* Prozessen verwenden.

9 Ausgeschlossen werden damit Fakten, die über negative Existenzaussagen bestimmt werden können. Zur Erklärung der Tatsache, dass es keine Engel gibt, könnte man sich nämlich auch auf die nicht-naturwissenschaftliche Tatsache berufen, dass Gott sich eben so entschieden habe.

10 Gemeint ist eigentlich der zweite Prager Fenstersturz: Am 23. Mai 1618 wurden die kaiserlichen Statthalter Jaroslaw von Martinitz und Wilhelm von Slavata von Vertretern des böhmischen Adels aus einem Fenster des Hradschin geworfen. Das Ereignis gilt als Beginn des Dreißigjährigen Krieges.

die Gottesmutter höchstpersönlich und nicht ein zufälligerweise im Burggraben befindlicher Misthaufen habe den Sturz der kaiserlichen Statthalter aus fünfzehn Metern Höhe gebremst und ihnen damit das Leben gerettet. Wichtig ist zweitens das PRINZIP DER PHYSISCHEN DETERMINATION. Es besagt, dass alle positiven Fakten auf dieser Welt durch physische Fakten determiniert werden. Veränderungen, die wir in einer beliebigen nicht-physikalischen Sprache beschreiben können, müssen daher in jedem Falle eine Entsprechung in physikalisch beschreibbaren Veränderungen haben: Wenn ein bestimmter Ton in der Aufführung einer Violinsonate besonders laut ist, dann muss dies u. a. eine Entsprechung in der Amplitude der Schallwellen haben. Solche Entsprechungen sind zum Teil schwer zu finden; verletzt wäre das Prinzip der physischen Determination, wenn sie prinzipiell nicht zu finden wären, etwa weil wir es mit den Gedanken oder Handlungen transzendenter Wesen zu tun hätten, die sich völlig unabhängig von physikalisch beschreibbaren Prozessen vollziehen.[11]

Verschiedene Formen von Bewusstsein

Doch selbst wenn man das vorgeschlagene Kriterium zur Unterscheidung von mentalen und nicht-mentalen Prozessen akzeptiert, wäre man immer noch weit von einer genaueren, inhaltlich befriedigenden Charakterisierung bewusster Zustände entfernt: Der Verweis auf den privilegierten Zugang aus der Perspektive der ersten Person verrät uns über Bewusstseinszustände ungefähr genauso viel, wie die Bestimmung ›federloser Zweibeiner‹ über Menschen aussagt. Ein wesentlicher Grund scheint zu sein, dass wir damit noch nichts über die nur schwer übersehbare Vielfalt bewusster Zustände gesagt haben. Immerhin gibt es eine ganze Reihe von Vorschlägen für die Unterscheidung zwischen den wichtigsten Typen von Bewusstseinszuständen. So werden häufig die eher kognitiv-rationalen Formen bewusster Prozesse, zu denen man insbesondere Gedanken, Wünsche und Absichten zählen kann, den ›qualitativen‹ Varianten gegenübergestellt, zu denen Geruchsempfindungen, Wahrnehmungen und Emotionen gehören. Bei näherer Betrachtung

11 Aufgrund der oben (S. 26) skizzierten Probleme bei der Unterscheidung zwischen physischen und nichtphysischen Entitäten könnte sich dieses Kriterium jedoch als weniger scharf erweisen, als es auf den ersten Blick erscheinen mag.

zeigt sich, dass die Vielfalt noch größer ist. In Anlehnung an einen Vorschlag, den Peter Lanz vor einiger Zeit gemacht hat, lassen sich hier insgesamt vier verschiedene Formen unterscheiden:

1.) Bewusstsein als Wachheit (bei Bewusstsein sein)
2.) kognitives oder intentionales Bewusstsein (glauben, *dass* …; wünschen, *dass* …)
3.) phänomenales Bewusstsein (die Erfahrung, *wie* etwas aussieht, *wie* es schmeckt, *wie* es sich anhört etc.)
4.) Selbstbewusstsein (Bewusstsein seiner selbst als ein und derselben Entität über die Zeit hinweg)[12]

Erläutern lassen sich die genannten Formen anhand von Beispielen: Über BEWUSSTSEIN ALS WACHHEIT im Sinne von (1.) verfügen wir, wenn wir uns nicht in einer Narkose oder einem traumlosen Tiefschlaf befinden. Dieses Bewusstsein kann sehr intensiv sein, wenn wir uns auf eine bestimmte Situation konzentrieren, es kann aber auch unter dem Einfluss von Drogen oder Müdigkeit stark abgeschwächt werden, bis es schließlich in Bewusstlosigkeit übergeht. Gemeint ist also Bewusstsein in einem ganz allgemeinen, nicht auf einen bestimmten Gegenstand oder Sachverhalt bezüglichen Sinne. Über diese Form des Bewusstseins, die häufig auch als VIGILANZ bezeichnet wird, verfügen wir bereits dann, wenn wir uns nur einer Stimmung überlassen oder, ohne einen konkreten Gedanken zu fassen, einfach nur wach sind.

Im Gegensatz dazu sind mit dem KOGNITIVEN BEWUSSTSEIN unter (2.) solche Formen angesprochen, die sich auf einen bestimmten Sachverhalt, ein Objekt oder eine Eigenschaft beziehen. Hier trifft also das oben erwähnte Merkmal der Intentionalität zu, man kann daher von INTENTIONALEM BEWUSSTSEIN sprechen. Dabei geben wir im Allgemeinen auch an, *wie* wir uns auf diese Gehalte beziehen: Wir *wissen,* dass Peter nach Berlin gefahren ist, wir *wünschen,* dass Maria gut erholt aus dem Urlaub zurückkehrt, und wir *hoffen,* dass es in dieser Woche nicht ständig regnen wird. Im Allgemeinen steht dabei das Verb des Hauptsatzes – in den obigen Beispielen also ›wissen‹, ›wünschen‹ und ›hof-

12 vgl. Lanz 1996, 75; der hier gemachte Vorschlag weicht teilweise von demjenigen Lanz' ab.

fen‹ – für die PROPOSITIONALE EINSTELLUNG, während der Nebensatz die PROPOSITION enthält, auf die sich diese Einstellung bezieht. Propositionale Einstellung und Proposition können sich unabhängig voneinander verändern: Wir können nicht nur *wissen*, sondern auch *hoffen* oder *glauben*, dass Peter nach Berlin gefahren ist; auf der anderen Seite kann sich die propositionale Einstellung ›Wissen‹ auf ganz unterschiedliche Propositionen beziehen: Unser besser informierter Nachbar könnte also bereits wissen, dass Maria gut erholt zurückgekehrt ist. Selbstverständlich beschreiben wir Akte des kognitiven Bewusstseins häufig in ganz anderer Form, so könnte ich etwa sagen: ›*Ich hoffe auf Glück in einer bevorstehenden Prüfung.*‹ Solche Sätze können jedoch in der Regel in die obige Form umgewandelt werden. Ich könnte also sagen: ›*Ich hoffe darauf, dass ich in der bevorstehenden Prüfung Glück haben werde.*‹[13]

Eine besondere Rolle wird im Folgenden das unter (3.) genannte PHÄNOMENALE BEWUSSTSEIN spielen. Offensichtlich haben viele Bewusstseinszustände neben ihrem diskursiv beschreibbaren Inhalt noch einen qualitativen Aspekt. Anders als im Falle des kognitiven Bewusstseins, würde man hier nicht mehr von dem ›Bewusstsein, *dass p*‹ sprechen, vielmehr haben wir es mit einem ›Bewusstsein *von x*‹ zu tun; häufig ist hier auch die Rede von dem ›Bewusstsein, *wie es ist*, im Zustand *x* zu sein‹.[14] Solche qualitativen Aspekte treten beispielsweise bei Schmerzen, Farbempfindungen oder Geruchswahrnehmungen auf, insbesondere aber im Zusammenhang mit Stimmungen und Emotionen. Sprachlich sind sie im Allgemeinen nur recht ungenau zu erfassen. Zwar wissen wir, *wie es ist*, in diesen Zuständen zu sein, doch auch eine beliebig genaue Beschreibung würde jemandem, der diese Zustände nicht aus eigener Erfahrung kennt, kaum weiterhelfen.

Die Gründe für diese Probleme dürften zum einen darin bestehen, dass Zustände des phänomenalen Bewusstseins nicht an die Verfügung über ein bestimmtes Vokabular gebunden sind: Auch wenn man keinen Begriff von Schmerzen hat, kann man Schmerzen spüren. Hinzu kommt zweitens, dass die Privatheit dieser Zustände die Verständigung über sie erschwert: Ich kann meine phänomenalen Zustände nicht meiner

13 vgl. Lanz 1996, 77.
14 Lanz 1996, 79.

Gesprächspartnerin zeigen, um zu überprüfen, ob mein Sprachgebrauch mit ihrem übereinstimmt. Bei kognitiven Zuständen ist eine solche Verständigung normalerweise möglich, weil diese Zustände in der Regel an die Verfügung über Begriffe gebunden sind: Unser Glaube, dass Autos zur Luftverschmutzung beitragen, setzt unter anderem voraus, dass wir einen Begriff von Autos und einen Begriff von Luftverschmutzung haben. Hierauf können wir auch bei der Beschreibung des entsprechenden kognitiven Aktes zurückgreifen. Eine andere Person wird eine solche Beschreibung üblicherweise auch dann verstehen können, wenn sie selbst sich noch nie in einem ähnlichen Zustand befunden hat: Auch wer sich noch nie Sorgen über die Luftverschmutzung gemacht hat, weiß, was ein Umweltschützer meint, der von solchen Sorgen spricht. Im Gegensatz dazu scheinen wir bei phänomenalen Zuständen nur an die Erfahrungen unseres Gesprächspartners appellieren zu können: Wer noch niemals Schmerzen verspürt hat, dem scheint auch die genaueste Beschreibung nicht sagen zu können, wie es ist, einen heftigen Schmerz zu verspüren.

Die letzte wichtige Variante stellt das SELBSTBEWUSSTSEIN (4.) dar. In einem Akt des Selbstbewusstseins bezieht sich ein Subjekt nicht nur *de facto* auf sich selbst bzw. seine eigenen Eigenschaften und Erfahrungen, vielmehr muss es in diesem Akt auch wissen, *dass* es sich auf sich selbst bezieht. Es muss sich also auf sich selbst *als sich selbst* beziehen.

Generell ist zu beachten, dass es sich hier um terminologische Festlegungen handelt. Dies bedeutet, dass diese Beschreibungen einander nicht ausschließen. Ein mentaler Zustand wird im Allgemeinen unter mehrere der genannten Rubriken fallen: Der Gedanke, *dass* der letzte Sommer sehr schön war, ist nicht nur ein Akt des kognitiven Bewusstseins (2.), vielmehr setzt er gleichzeitig Wachheit (1.) voraus und wird in der Regel außerdem eine spezifische Qualität haben, also auch phänomenales Bewusstsein (3.) einschließen.

Bewusstsein

(1) Bewusstsein ist eine Eigenschaft von Ereignissen, die auch ohne diese Eigenschaft auftreten können

(2) Subjekte bewusster Ereignisse haben zu diesen Ereignissen einen privilegierten Zugang aus der Perspektive der ersten Person

(3) Sprachfähige Subjekte bewusster Ereignisse können ohne weitere Schlussfolgerungen von diesen Ereignissen berichten

(4) Eine erste Einteilung kann vier verschiedene Formen von Bewusstsein unterscheiden:
   a. Wachheit
   b. Kognitives (intentionales) Bewusstsein
   c. Phänomenales Bewusstsein
   d. Selbstbewusstsein

(5) Nicht alle Ereignisse, derer wir uns bewusst werden *können*, sind aktuell bewusst: Ereignisse, die Gegenstände von Bewusstsein zu werden vermögen, heißen ›mentale Ereignisse‹

II. Gehirn und Bewusstsein

Die Tatsache, dass es sich bei Bewusstseinszuständen um Phänomene handelt, die in einer besonderen Weise aus der Perspektive der ersten Person zugänglich sind, liefert nicht nur den Ansatzpunkt für eine begriffliche Verständigung. Gleichzeitig ergeben sich hieraus auch charakteristische Probleme. Sie betreffen zum einen das Verhältnis von Gehirn und Bewusstsein *selbst*, man kann daher auch von ONTOLOGISCHEN FRAGEN sprechen. Daneben geht es aber auch um das Verhältnis unserer *Erkenntnisse über* das Gehirn zu unseren *Erkenntnissen über* das Bewusstsein; hier handelt es sich in erster Linie um ERKENNTNISTHEORETISCHE Probleme.[1] Im Folgenden möchte ich mich mit den ontologischen Fragen auseinander setzen; erkenntnistheoretische Fragen werden weiter unten (S. 164 ff.) im Zusammenhang mit dem ERKLÄRUNGSLÜCKENARGUMENT diskutiert.

Im Kern handelt es sich bei den ontologischen Fragen um das berühmte LEIB-SEELE-PROBLEM. Da der Begriff der SEELE nicht nur starke theologische Konnotationen hat, sondern beispielsweise in der Lebensphilosophie in einen ausdrücklichen Gegensatz zum Geist gebracht worden ist,[2] scheint dessen Verwendung hier genauso wenig sinnvoll wie die des Begriffes LEIB, der zu ähnlichen Problemen führen kann. Nicht ganz treffend erscheint es mir aber auch, stattdessen von einem KÖRPER-GEIST-PROBLEM zu sprechen: Zum einen verführt die Rede von *dem* Geist sehr leicht zu einer substantialistischen, verdinglichenden Denkweise, zum Zweiten geht es nicht in erster Linie um den Körper, sondern um das Gehirn. Insofern ist es besser, ausgehend von den obigen Überlegungen zum Eigenschaftsstatus des Bewusstseins, von der Beziehung zwischen GEHIRN und BEWUSSTSEIN oder, besser noch, zwi-

1 Zur Einteilung siehe Churchland 1992; Beckermann 1999, 1.

2 So schon im Titel des Hauptwerkes von Ludwig Klages (1929), *Der Geist als Widersacher der Seele.*

schen NEURONALEN EIGENSCHAFTEN und BEWUSSTSEINSEIGENSCHAFTEN zu sprechen.

Zu einem Problem wird diese Beziehung vor allem aufgrund eines Dilemmas: Auf der einen Seite deuten unsere empirischen, insbesondere natürlich unsere neurobiologischen Erkenntnisse darauf hin, dass ein sehr enges Verhältnis zwischen diesen Eigenschaften besteht. Auf der anderen Seite ist jedoch schwer zu erkennen, was die Aktvitäten jener grauen, einförmigen Masse von Nervenzellen, mit der sich die Neurobiologie befasst, mit unserem inhaltlich und qualitativ höchst ausdifferenzierten Bewusstsein zu tun haben soll.

Rein schematisch gibt es hier zunächst zwei unterschiedliche Gruppen von Antworten: Während der MONISMUS glaubt, dass wir uns letztlich nur auf *einen* Typus von Prozessen beziehen, wenn wir von Aktivitäten in Gehirn und Bewusstsein sprechen, sieht der DUALISMUS hier *zwei* grundsätzlich differierende Arten von Zuständen, die auch unabhängig voneinander auftreten können. Von zentraler Bedeutung ist dabei die Frage, *ob* und gegebenenfalls *wie* diese Zustände einander beeinflussen. Während INTERAKTIONISTISCHE Dualisten wie Descartes oder Popper und Eccles hier einen wechselseitigen Einfluss postulieren, räumen die Vertreter des EPIPHÄNOMENALISMUS lediglich einen Einfluss physischer auf psychische Prozesse ein. Psychische Phänomene gelten dagegen als wirkungslose Begleiterscheinungen physischer Prozesse. Viele der klassischen Vertreter des Dualismus beschreiben den Unterschied von Gehirn und Bewusstsein als ein Verhältnis von SUBSTANZEN, neuere Ansätze sprechen dagegen von mentalen und neuronalen PROZESSEN oder EIGENSCHAFTEN. Typischerweise wird dabei unterstellt, dass bestimmte neuronale Prozesse neben ihren physischen zusätzlich auch noch mentale Eigenschaften besitzen; die Position wird daher in der Regel als EIGENSCHAFTSDUALISMUS bezeichnet.

Zwar glauben auch die Eigenschaftsdualisten, dass mentale Eigenschaften theoretisch unabhängig von den neuronalen Prozessen auftreten könnten, an die sie normalerweise gebunden sind. Allerdings denken sie dabei in der Regel weniger an unsterbliche Seelen als vielmehr an andere intelligente Systeme wie etwa Computer oder Lebewesen mit einem ganz anderen Nervensystem. Die prinzipielle Unabhängigkeit von Bewusstsein und Gehirn führt hier also nicht zu der Annahme, Bewusstsein könne als völlig selbständiger *Geist* auftreten, vielmehr begnügt man sich mit der Annahme, dass es auch als Eigenschaft ganz anderer Prozesse als der uns bekannten neuronalen Aktivitäten zu entstehen vermöge.

Im Gegensatz dazu unterstellt der MONISMUS die Existenz nur eines *einzigen* Gegenstandsbereiches; für die heute relevanten Formen des Monismus ist dies die physische Realität.[3] Die Vertreter des Monismus stimmen also darin überein, dass wir uns *de facto* immer auf physische Prozesse beziehen, wenn wir von Vorgängen des Bewusstseins sprechen. Die wichtigsten Unterschiede zwischen den einzelnen Varianten dieser Position betreffen den Status der Rede vom Bewusstsein: Während die Vertreter von LOGISCHEM BEHAVIORISMUS und ELIMINATIVEM MATERIALISMUS meinen, dass eine eigenständige Auseinandersetzung mit Problemen des Bewusstseins aus der Perspektive der empirischen Wissenschaften letztlich überflüssig sei, weil mentalistische Aussagen vollständig durch Aussagen über Verhaltensdispositionen bzw. über neuronale Prozesse ersetzt werden können, postuliert die IDENTITÄTSTHEORIE, dass das Bewusstsein ein ebenso wichtiger Gegenstand wissenschaftlicher Auseinandersetzung ist wie das Gehirn. Auch hier wird also nur *ein* Gegenstandsbereich akzeptiert, doch es gibt unterschiedliche Formen der Beschreibung oder des Zugangs, die prinzipiell gleichberechtigt sind.

Dualismus

Beginnen wir mit dem DUALISMUS. Die Vertreter dieser Position bestreiten nicht, dass die Neurobiologie wichtige Erkenntnisse liefern kann. Doch wenn wir von unserem Bewusstsein sprechen, dann meinen wir etwas, das mit den gegenwärtigen Methoden der Physiologie und der Physik überhaupt nicht zu erfassen ist: Das Bewusstsein ist den neuronalen Prozessen gegenüber AUTONOM. Nach dualistischer Auffassung handelt es sich bei Gehirn und Bewusstsein also um zwei völlig unterschiedliche Entitäten, die unabhängig voneinander auftreten können und zwei verschiedenen Gegenstandsbereichen angehören.

Uneinigkeit herrscht unter den Dualisten hinsichtlich der Frage, wie das Verhältnis von Gehirn und Bewusstsein zu beschreiben ist. Dies be-

3 Ein Monismus, der allein die Existenz geistiger Phänomene akzeptiert, spielt heute keine Rolle mehr.

trifft zum einen den bereits erwähnten Dissens, ob es sich hier um ein Verhältnis von SUBSTANZEN oder von EIGENSCHAFTEN handelt. Differenzen bestehen zum Zweiten in der Frage, ob es Kausalbeziehungen zwischen geistigen und neuronalen Prozessen gibt: Während der klassische PSYCHOPHYSISCHE PARALLELISMUS solche Beziehungen generell bestreitet, betrachtet der EPIPHÄNOMENALISMUS mentale Prozesse zwar als Produkte physischer Vorgänge, schließt aber umgekehrt aus, dass psychische Zustände ihrerseits kausal wirksam werden. Dagegen postuliert der INTERAKTIONISTISCHE Dualismus eine WECHSELWIRKUNG von Geist und Gehirn. Dieser wohl am weitesten verbreiteten Variante des Dualismus zufolge beeinflussen mentale Ereignisse wie Willensakte die neuronale Aktivität; auf der anderen Seite wirken sich physische Prozesse wie die Reizungen unserer Sinnesorgane auf das Bewusstsein aus.

Nehmen wir also an, ein herabfallender Dachziegel würde mich am Kopf treffen, ich verspürte einen Schmerz und würde mich entschließen, möglichst schnell das Weite zu suchen. Der interaktionistische Dualist würde hier physische und mentale Ereignisfolgen unterscheiden. Stark vereinfacht könnte seine Beschreibung etwa folgendermaßen aussehen: Am Beginn steht eine Kette physischer Ereignisse, die mit dem Fall des Ziegels beginnt, sich fortsetzt über die Verletzung meiner Kopfhaut sowie die Aktivierung von Schmerzrezeptoren und vorläufig in einer Erregung der Schmerzzentren in meinem Gehirn endet. Dieser neuronale Prozess würde auf der mentalen Ebene eine Schmerzerfahrung bewirken, einen autonomen geistigen Vorgang, der theoretisch auch in Abwesenheit jener physischen Ereignisfolge stattfinden könnte. Die Schmerzerfahrung führt ihrerseits zu einem weiteren geistigen Ereignis, nämlich meinem Entschluss zu flüchten. Dieser Entschluss bewirkt wiederum bestimmte neuronale und körperliche Aktivitäten, die schließlich zu meiner Flucht führen.

Interaktionistischer Dualismus

(1) Mentale Ereignisse sind keine physischen Ereignisse
(2) Mentale Ereignisse zählen zu den Ursachen physischer Ereignisse
(3) Mentale Ereignisse zählen zu den Ursachen jeweils anderer mentaler Ereignisse
(4) Mentale Ereignisse werden von physischen und mentalen Ereignissen verursacht

Intuitionen

Der interaktionistische Dualismus stimmt in vielen Punkten mit recht tiefsitzenden Intuitionen überein. In ethnologischen Studien zeigte sich, dass die Mehrzahl der Kulturen den Begriff einer ›Seele‹ kennt; in etwa der Hälfte der Fälle wurde zudem unterstellt, dass sich die Seele vom Körper trennen könne. Umfragen zufolge glauben 88 % aller Amerikaner und immerhin 61 % aller Europäer an die Existenz der menschlichen Seele.[4] Auch in den meisten vormodernen Theorien über die Grundlagen geistiger Prozesse spielt der Dualismus eine große Rolle, gleich ob es sich dabei um die indische Religionsphilosophie, den Platonismus oder aber die jüdisch-christliche Tradition handelt. Insofern dürfte Eccles (1996, 244) nur maßvoll übertreiben, wenn er von einem »natürlichen dualistischen Glauben an die Wechselwirkung zwischen Selbst und Gehirn« spricht.

Zugunsten des Dualismus spricht zum einen, dass er eine recht nahe liegende Erklärung für die Einheitlichkeit unserer Erfahrungen aus der Perspektive der ersten Person bietet. Dieses Problem hat in der gegenwärtigen Diskussion besondere Bedeutung (cf. Popper & Eccles 1989, Eccles 1996, Libet 1994) gewonnen. Auf der physischen Ebene steht nämlich einem einheitlichen Bewusstseinsakt eine kaum überschaubare Vielzahl von neuronalen Aktivitäten gegenüber. Es ist zumindest auf den ersten Blick nicht erkennbar, wie daraus eine einheitliche Bewusstseinserfahrung entstehen soll. Der Dualismus scheint hier über eine einfache Lösung zu verfügen, schließlich kann er sich auf die Integrationsleistung des freien Geistes berufen, der die disparaten neuronalen Prozesse zu einer einheitlichen Erfahrung zusammenfasst.

Ein zweiter wichtiger Vorzug dieser Theorie scheint darin zu bestehen, dass sie die Existenz des FREIEN WILLENS erklären kann, wie er sowohl für unser Selbstverständnis als verantwortlich handelnder Subjekte wie auch für unsere Rechtskultur zentral ist. Einer sehr weit verbreiteten Vorstellung zufolge setzt Freiheit die Autonomie eines Willensaktes gegenüber sämtlichen physischen Determinanten voraus. Unter diesen Bedingungen hätte ein physikalistischer Ansatz massive Probleme, während der Dualismus dem Geist die erforderliche Autonomie zu bieten scheint.

Drittens scheint für den Dualismus schließlich auch eine Überlegung zu sprechen, die das Verhältnis von Gehirn und Bewusstsein insgesamt

4 vgl. Gallup & Newport 1991; Blackmore 1999, 219.

betrifft: Die Behauptung monistischer Ansätze, dass die qualitativ vielfältigen Erfahrungen, die wir aus der Perspektive der ersten Person erleben, nichts anderes sein sollen als die qualitativ gleichförmige Aktivität einfacher Nervenzellen, klingt zunächst wenig plausibel. Wesentlich verständlicher ist da die dualistische Antwort, derzufolge wir es hier in der Tat mit zwei autonomen Typen von Prozessen, ja möglicherweise sogar mit unterschiedlichen Substanzen zu tun haben.

Eine philosophische Auseinandersetzung mit Problemen des Bewusstseins kann diese offenbar tief in unserem Denken verankerten Intuitionen nicht einfach übergehen; genauso wenig kann sie sie allerdings ohne weitere Befragung akzeptieren. Untersucht werden muss vielmehr, wie sich diese Intuitionen und damit auch der Dualismus insgesamt mit unseren übrigen Erkenntnissen und Überzeugungen über Gehirn, Bewusstsein und die Natur allgemein vertragen. Von entscheidender Bedeutung ist zudem, ob die empirischen Befunde für oder gegen den Dualismus sprechen, schließlich muss auch der explanatorische Wert dieser Konzeption geklärt werden: Welche Beobachtungen kann sie im Vergleich zu den möglichen Alternativen besser erklären, welche Probleme hilft sie besser zu verstehen, welche Lösungsmöglichkeiten eröffnet diese Position?

Ältere Ansätze

Wie bereits erwähnt, hat der Dualismus eine sehr lange Tradition, auch wenn den älteren Traditionen die cartesianische Gegenüberstellung eines immateriellen Geistes mit einem rein mechanisch funktionierenden, geistlosen Körper völlig fremd ist. So gesteht schon die indische Religionsphilosophie der Seele einen besonderen Status zu. Die um 800 vor Christus entstehenden ältesten Upanishaden betrachten die Seele, das *Atman*, als das Lebensprinzip, welches sämtlichen materiellen Prozessen und Objekten zugrunde liegt. Dennoch gilt die Materie hier nicht als tot, die Seele nicht als immateriell, sondern als eine besonders feine Form der Materie, die sich unserer sinnlichen Wahrnehmung entzieht.[5]

5 »In den ältesten Upanishaden war … der Atman zwar schon als ein Geistiges erfasst, eine prinzipielle Verschiedenheit zwischen Geistigem und Stofflichem wurde hingegen noch nicht gemacht: das Grobstoffliche um uns ist verdichteter Geist, das Denken, Bewusstsein usw. in uns ein feiner, unsichtbarer Stoff. In den mittleren Upanishaden werden Geist und Materie in zunehmendem Maße als so gegensätzlich empfunden, dass man ihrem Verhält-

In den mittleren Upanishaden, die etwa zur Zeit des Sokrates entstehen, wird der Unterschied zu einem Gegensatz verschärft. Die Vorstellung, dass die Seele aus einer besonders feinen Form der Materie bestehe, wird jedoch nicht einfach vergessen, sie ist auch in der griechischen Antike noch lebendig: *Psyche* (ψυχή) bedeutet unter anderem auch ›Atem‹; eine ähnliche Vorstellung findet sich auch im Alten Testament. In der biblischen Tradition schließt der materielle Charakter der Seele allerdings nicht den Gegensatz zum Körper aus. Der Leib, so berichtet die Genesis, wird von Gott aus Erde geschaffen, die Seele dagegen ist der göttliche *Hauch*, der Lebensatem, den Gott selbst dem von ihm geschaffenen ersten Menschen einbläst.[6] Dieser Gegensatz wird dann später von Augustin, vermutlich unter dem Einfluss manichäischer Lehren, zu einem Dualismus verschärft.[7]

Während die Seele in der vorsokratischen Tradition vielfach noch an eines der Elemente gebunden wird, unterscheidet Platon zwischen einem unsterblichen Teil der Seele auf der einen Seite sowie dem Körper und den sterblichen Teilen der Seele auf der anderen: Während letztere in seinem Dialog *Timaios* von den unteren Göttern geschaffen werden, ist die unsterbliche Seele das Werk des Weltenschöpfers selbst, sie kann daher im Tod auch wieder vom Körper getrennt werden, ohne dass sie selbst sich änderte.[8] Um sie gegen den Einfluss der unteren Vermögen zu schützen, findet sie ihren Sitz im Kopf und wird durch die Verengung des Halses getrennt von den im Unterleib befindlichen Begierden und dem Mut, der seinen Ort im Herz hat.[9] Auch Aristoteles kennt unterschiedliche Vermögen der Seele: den Geist, die Wahrnehmung und die vegetativen Funktionen. Er hält fest an der Unterscheidung zwischen Leib und Seele;[10] gleichzeitig be-

nis zueinander nicht mehr in der Weise gerecht zu werden glaubte, wenn man die groben Elemente direkt aus dem Atman hervorgehen ließ. Vielmehr nahm man jetzt an, dass die groben Elemente, aus denen unsere empirische Welt sich aufbaut, nur die letzten Stufen eines Prozesses darstellen, der vom reinen Geist über eine Reihe von feinstofflichen psychischen Substanzen schließlich zur sichtbaren Materie führt.« Glasenapp 1985, 156.

6 Genesis 2,7.

7 »Und siehe, fasse ich mich selbst ins Auge, stehen da ihrer zwei, Leib und Seele, er draußen, sie drinnen. … Besser ist doch, was innen ist.« Augustinus 397/1982, 252.

8 Platon, Gorgias 524b–c.

9 Platon, Timaios 69c–e.

10 »Was man in der Seele also Geist nennt, … ist nichts von den Gegenständen in der Wirklichkeit, bevor er denkt. Darum ist es auch nicht anzunehmen, dass er mit dem Körper vermischt sei.« Aristoteles, De Anima 428b.

müht er sich um die Relativierung dieses Unterschieds. Die Seele ist das Prinzip des Lebens, das zumindest in seinen unteren, vegetativen Erscheinungsformen unmittelbar mit dem lebendigen Körper verbunden ist.[11]

Interaktionstheorie

Descartes

Seine für die neuzeitliche Philosophie entscheidende Fassung erhält das Problem bei Descartes, der den immateriellen Geist und die unbeseelte Materie als zwei unterschiedliche SUBSTANZEN auffasst. Substanzen besitzen in Descartes' Augen stets ein zentrales Merkmal, in dem ihr Wesen zum Ausdruck kommt.[12] Im Falle des Geistes, der RES COGITANS, ist es das Denken. Es gehöre, so argumentiert Descartes, »durchaus nichts anderes zu meiner Natur oder Wesenheit, ... als allein, dass ich ein denkendes Ding bin«.[13] Im Gegensatz dazu besteht die wesentliche Eigenschaft des Körpers, der RES EXTENSA, darin, ausgedehnt zu sein.[14] Descartes' zentrales Argument für die Unterscheidung von Geist und Körper leitet sich nun aus einer zweiten generellen Eigenheit von Substanzen ab: Sie können nämlich unabhängig von allen anderen Objekten existieren.[15] Während also die rötliche Farbe meiner Haut eine akzidentelle Eigenschaft ist, die stets einen Träger benötigt, ist mein Körper eine Substanz, die auf keinen Träger angewiesen ist.

11 »Wir sagen also ... dass das Beseelte und das Unbeseelte sich durch das Leben unterscheiden. ... Das Leben besteht also durch dieses Prinzip [die Seele; M. P.] für die Lebewesen überhaupt.« Aristoteles, De Anima 413a.

12 Descartes 1644/1953, 595: »Aber obwohl jedes Attribut ausreicht, um eine Substanz zu kennen, so gibt es doch in jedem Falle eines, das ihre Natur und ihr Wesen ausmacht, und von dem alle anderen abhängen. So konstituiert nämlich die Ausgedehntheit in der Länge, Breite und Tiefe die Natur der körperlichen Substanz; und das Denken konstituiert die Natur der Substanz, die denkt.« (Princ. phil. I 53).

13 Descartes 1641/1953, 323 (VI. Meditation).

14 »Nun gibt es aber *gewisse* Accidentien, die man als *körperliche* bezeichnet, wie Größe, Figur, Bewegung und alles andere, was sich nicht ohne örtliche Ausdehnung denken lässt und die Substanz, der sie einwohnen, nennen wir Körper. Es liegt aber nur *eine* Substanz der Figur, Bewegung usw. zugrunde; denn alle diese Accidentien (actus) stimmen in dem gemeinsamen Begriff der Ausdehnung überein.« Descartes 1641/1953, 159.

15 Descartes 1644/1953, 594 : »Wenn wir uns eine Substanz denken, dann denken wir ausschließlich an eine Sache, die so existiert, dass sie nur sich selbst benötigt, um zu existieren.« (Princ. phil. I 51).

Akzeptiert man außerdem Descartes' Prämisse, dass alles, was man klar und deutlich erkennt, auch *möglich* ist, dann ist sein Argument für die Unterscheidung von Geist und Körper durchaus plausibel. Descartes zeigt nämlich, dass man an der Existenz alles Materiellen ohne weiteres zweifeln kann; dies betrifft nicht nur die Außenwelt, es betrifft vielmehr auch den eigenen Körper. Im Gegensatz dazu ist ein ernsthafter Zweifel an der Existenz meiner eigenen Bewusstseinsakte nicht möglich, schließlich ist der Akt des Zweifelns selbst schon ein solcher Akt des Bewusstseins. Ich erkenne also klar und deutlich, dass ich existieren kann, ohne einen Körper zu haben, und so muss es unter der oben genannten Voraussetzung auch real möglich sein, dass die RES COGITANS, der Geist, unabhängig von der RES EXTENSA, dem Körper, auftritt, genauso wie es Körper gibt, die unabhängig vom Geist existieren können. Dies bedeutet, dass es sich hier um zwei verschiedene Substanzen handeln muss – die Unterscheidung zwischen einer körperlichen und einer geistigen Substanz scheint daher gerechtfertigt.[16]

Es ist in der Tat schwer zu bestreiten, dass Descartes einen entscheidenden Beitrag zum genaueren Verständnis des Verhältnisses von Geist und Gehirn geleistet hat. Dies gilt nicht nur für die begriffliche Bestimmung dieses Verhältnisses, sondern ebenso für die Frage, welche Beziehungen zwischen Geist und Gehirn bestehen. Aus der Diskussion, die damit angestoßen wurde, sind unterschiedliche Varianten des Dualismus hervorgegangen, die unten noch kurz vorgestellt werden sollen.

Descartes selbst ist ein Vertreter des sogenannten INTERAKTIONISTISCHEN DUALISMUS, der auch in der heutigen Diskussion noch eine größere Rolle spielt. Wie schon erwähnt, beeinflussen diesem Ansatz zufolge mentale Ereignisse wie Willensakte die neuronale Aktivität; auf der anderen Seite wirken sich physische Prozesse wie beispielsweise Reizungen der Sinnesorgane auf den Geist aus.

Descartes verortet die Wechselwirkung von Geist und Materie in der Zirbeldrüse (Epiphyse). Sie ist für diese Aufgabe vor allem deshalb prä-

16 »Daraus erkannte ich, daß ich eine Substanz bin, deren ganzes Wesen oder deren Natur nur darin besteht, zu denken und die zum Sein keines Ortes bedarf, noch von irgendeinem materiellen Dinge abhängt, so daß dieses Ich, d. h. die Seele, durch die ich das bin, was ich bin, völlig verschieden ist vom Körper, ja daß sie sogar leichter zu erkennen ist als er, und daß sie, selbst wenn er nicht wäre, doch nicht aufhörte, alles zu sein, was sie ist.« Descartes 1637/1960, 27.

destiniert, weil sie im Gehirn nur einmal vorhanden ist. Aus diesem Grund kann sie die Einheitlichkeit z. B. der visuellen Wahrnehmung sichern, indem sie die von beiden Augen kommenden Reize zu einem einheitlichen Bild integriert.[17] Bei den anderen Hirnarealen wäre dies nicht möglich, da sie auf *beiden* Seiten des Gehirns vorhanden sind. Die Zirbeldrüse wird also einerseits durch den Geist, insbesondere den Willen, bewegt und steuert ihrerseits die Bewegung sehr kleiner Partikel, so genannter ›Lebensgeister‹ (*esprits animaux*), die u.a. die Muskeln aktivieren;[18] zum anderen empfängt sie die von den Sinnesorganen aufgenommenen und von den Nerven und den Lebensgeistern übertragenen Wahrnehmungsreize und leitet sie an den Geist weiter. Dabei stellt sich Descartes vor, dass etwa die Umrisse visuell wahrgenommener Objekte topologisch genau auf der Außenseite der Zirbeldrüse abgebildet wer-

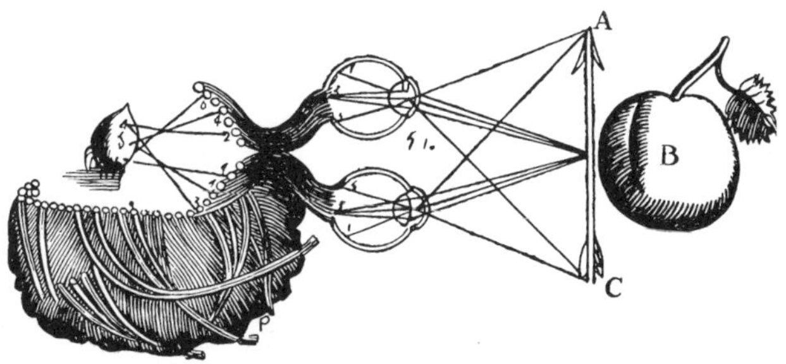

Visuelle Wahrnehmung nach Descartes; oben links befindet sich die Zirbeldrüse (Aus: Descartes, Traité de l'Homme)

17 »Der Grund, der mich überzeugt, daß die Seele keine andere Stelle im ganzen Körper haben kann als diese Drüse, wo sie unmittelbar ihre Funktion ausüben kann, liegt darin, daß alle anderen Teile unseres Gehirns doppelt vorhanden sind, so wie wir auch zwei Augen, zwei Hände, zwei Ohren haben, und überhaupt alle unsere äußeren Sinnesorgane doppelt vorhanden sind. Damit wir also nur einen einzigen und einfachen Gedanken von der gleichen Sache und zur gleichen Zeit haben, ist es notwendig, daß es eine Stelle gibt, wo die zwei Bilder, die von den Augen kommen oder zwei andere Eindrücke, die von einem einzigen Gegenstand durch die doppelten Organe der anderen Sinne kommen, sich zu einem verbinden können, bevor sie zur Seele gelangen. ...« Descartes 1649/1984, 53 f.

18 »Alle Tätigkeit der Seele besteht aber darin, daß allein dadurch, daß sie irgendetwas will, sie bewirkt, daß die kleine Hirndrüse, mit der sie eng verbunden ist, sich in der Art bewegt, wie erforderlich ist, um die Wirkung hervorzurufen, die diesem Willen entspricht.« Descartes 1649/1984, 69.

den, wobei die Intensität des Reizes die Lichtstärke, die Qualität des Reizes die Farbe repräsentiert.[19]

Das Abhängigkeitsverhältnis zwischen Geist und Körper ist zwar wechselseitig, jedoch nicht symmetrisch. Der Geist ist dominant, er beherrscht den Körper. Descartes scheint damit einer für die abendländisch-christliche Kultur zentralen Intuition gerecht zu werden: Der Vorstellung nämlich, dass wir so etwas wie einen ›freien Willen‹ haben, der unsere Handlungen zu bestimmen vermag und uns damit auch in die Lage versetzt, die Verantwortung für dieses Handeln zu übernehmen.

Zweifellos macht Descartes eine Reihe von Annahmen, die wir heute nicht mehr ohne weiteres akzeptieren. Dies betrifft seine nachweislich falsche Auffassung, die psychophysische Interaktion vollziehe sich durch eine Bewegung der Zirbeldrüse, es betrifft aber auch die Frage, ob es sinnvoll sein kann, den Geist als eine selbständige Entität aufzufassen, die völlig unabhängig von jeder physischen Basis existieren kann. Problematisch erscheint darüber hinaus Descartes' Bestimmung der RES EXTENSA, weil – wie oben bereits erwähnt – nicht alle physischen Entitäten ausgedehnt sind. Etwas schwerer fällt die Antwort auf Descartes' Behauptung, die *reale* Unterscheidung von mentalen und physischen Substanzen lasse sich durch die *Vorstellbarkeit* einer solchen Unterscheidung rechtfertigen. Dieses Argument spielt in einer weiterentwickelten Version bis heute eine wichtige Rolle: Saul Kripke hat es als Basis für einen Einwand gegen die Identifikation von mentalen und neuronalen Prozessen benutzt. Ich werde Kripkes Überlegungen weiter unten (S. 60 ff.) etwas ausführlicher darstellen. Schon hier möchte ich jedoch bemerken, dass es schwerwiegende Einwände gegen diese Argumentation gibt. Wie Christopher Hill (1997) im Anschluss an Thomas Nagel (1974) gezeigt hat, stellt der Nachvollzug geistiger Prozesse einen ganz anderen Typ psychischer Vorgänge dar als die Vorstellung neuronaler Aktivitäten. Damit lässt sich erklären, dass man diese beiden Vorstellungsakte unabhängig voneinander vollziehen kann, ohne dass daraus irgendwelche Schlussfolgerungen hinsichtlich einer realen Autonomie von mentalen und neuronalen Prozessen abzuleiten wären.

19 Descartes unterstellt also, wie er in der *Dioptrique* ausdrücklich betont, keine direkte Ähnlichkeitsbeziehung zwischen Objekt und Abbild. Dies führe nämlich dazu, dass man zur Wahrnehmung der Abbilder wieder Augen innerhalb des Gehirns voraussetzen müsste. Vgl. Descartes 1637/1953, 217 (Dioptrique VI).

Das zentrale Problem des Cartesianischen Ansatzes betrifft jedoch die psychophysische Interaktion. Descartes unterstellt wie gesagt, dass die Seele über die Bewegung der Zirbeldrüse die Aktivität des Gehirns mitbestimmt, andererseits aber auch selbst unter dem Einfluss von Hirnprozessen steht. Damit entsteht ein Konflikt mit den im Prinzip auch von Descartes selbst akzeptierten Energieerhaltungssätzen.[20] Der Konflikt ist nicht dadurch zu umgehen, dass man den Einfluss des Geistes auf bloße Steuerungsfunktionen beschränkt. Zwar lässt Descartes' Physik in gewissen Fällen eine Richtungsänderung ohne Veränderung des Energiebetrages zu, nämlich dann, wenn die Bahn eines leichten Gegenstandes durch die Kollision mit einem schwereren verändert wird.[21] Es ist jedoch leicht zu erkennen, dass damit das Problem nicht gelöst wäre: Abgesehen davon, dass Descartes seine Bemerkungen ausdrücklich nur auf Körper bezieht,[22] geht es bei der psychophysischen Interaktion um eine *spezifische Steuerung* der Bewegung der Zirbeldrüse. Dazu ist in jedem Falle Energie erforderlich. Dabei ändert auch die bloße Verringerung des Betrages der notwendigen Energie, hierauf hat bereits Rainer Specht (1966, 65) verwiesen, nichts an dem grundsätzlichen Konflikt.

Dieser Konflikt wird auch dann nicht aufgehoben, wenn man mit Descartes psychophysische Wechselwirkungen von den Erhaltungssätzen ausnimmt. Es bleibt dann nämlich völlig unklar, wie dem Geist als einer Substanz, die doch gerade durch ihren grundsätzlichen *Gegensatz* zu physischen Entitäten definiert ist, eine paradigmatische Eigenschaft physischer Systeme zukommen kann, nämlich die Fähigkeit, Einfluss auf andere physische Prozesse auszuüben. Nicht weniger rätselhaft ist es, wie umgekehrt der Körper über die Zirbeldrüse Einfluss auf eine immaterielle Substanz wie die Seele nehmen soll.

Genau hier scheint die eigentliche Schwierigkeit zu liegen. Descartes selbst gibt zu, dass eine Erklärung der Interaktion gar nicht möglich sei; es handle sich vielmehr um den Gegenstand einer unmittelbaren, ratio-

20 vgl. Descartes 1644/1953, 632 f., 636 (Princ. Phil. § 36, 40). Descartes schließt hier zwar eine Beeinflussung der Materie durch mentale Prozesse nicht aus, er zeigt allerdings nicht, wie dieser Einfluss aussehen soll.

21 vgl. Descartes 1644/1953, 636 f. (Princ. Phil. § 40–41).

22 Descartes 1644/1953, 636 (Princ. Phil. § 40). Immerhin ließe sich damit, wie Carrier & Mittelstraß 1989, 19 zeigen, die Steuerung der Bewegung der Lebensgeister durch die Zirbeldrüse erklären, allerdings handelt es sich dabei nicht um eine psychophysische, sondern um eine rein physische Interaktion.

nal nicht weiter zugänglichen Erfahrung.[23] Eine zufrieden stellende Antwort wird man hierin schwerlich erkennen können, das Problem der psychophysischen Interaktion bleibt also ungelöst.

Okkasionalismus

Nicht zuletzt aufgrund dieser grundsätzlichen Schwierigkeiten sehen sich Descartes' unmittelbare Nachfolger zur Suche nach Alternativen veranlasst, die ohne das Postulat einer psychophysischen Wechselwirkung auskommen. Eine dieser Alternativen ist der OKKASIONALISMUS. Diese unter anderem von Geulincx und Malebranche vertretene Konzeption gesteht dem Geist keinen direkten Einfluss auf die physische Wirklichkeit zu, vielmehr wird die Wirksamkeit mentaler Prozesse durch ein Eingreifen Gottes vermittelt, der die physischen Prozesse *bei Gelegenheit* der geistigen Akte entsprechend lenkt. Wille und Intellekt stellen also nur den *Anlass* (*occasio*), nicht aber die eigentliche *Ursache* der aus ihnen scheinbar folgenden physischen Prozesse dar. Wenn ich mich also in dem obigen Beispiel zur Flucht entschließe, nachdem ich von einem Ziegelstein getroffen wurde, dann kann dieser Willensakt erst physisch wirksam werden, nachdem Gott durch einen direkten Eingriff bestimmte Hirnareale oder Muskeln aktiviert hat. Der Okkasionalismus rekurriert damit auf die scholastische Vorstellung, dass Gott die Welt auch nach der Schöpfung durch ständige Eingriffe erhalte (*concursus dei*) – diese Vorstellung ist jedoch wissenschaftlich ebenso unhaltbar wie der Okkasionalismus insgesamt; tatsächlich spielt er in der gegenwärtigen Diskussion auch keine Rolle mehr.

23 »Jedenfalls, daß die Seele, die körperlos ist, den Körper bewegen kann, dies wird uns weder durch irgendwelche Überlegungen gezeigt noch durch Vergleiche mit irgend etwas anderem, sondern durch eine völlig gewisse und offensichtliche Erfahrung, die wir jederzeit machen können; dies ist eine der Sachen, die wir durch sie selbst kennen und die wir nur verdunkeln würden, wenn wir versuchen sie durch andere erklären zu wollen.« Descartes, Brief an Arnauld, 29. 7. 48; vgl. das Gespräch mit Burman, Descartes 1953, 1379.

Psychophysischer Parallelismus

Die dritte wichtige Option ist die des PSYCHOPHYSISCHEN PARALLELISMUS. Nicht alle Theorien, die unter diesem Begriff zusammengefasst werden, beruhen wirklich auf einer dualistischen Unterscheidung zwischen Geist und Gehirn. In der ursprünglichen Form des Parallelismus bei Leibniz besteht diese Unterscheidung jedoch – Leibniz beruft sich dabei auf das Cartesianische Argument, demzufolge man an der Existenz des Körpers, nicht aber an der der Seele zweifeln könne.[24]

Ebenso wie der Okkasionalismus umgeht auch der Parallelismus das Problem der psychophysischen Interaktion, indem er einen gegenseitigen Einfluss von Geist und Gehirn ausschließt. Trotz dieser Unabhängigkeit besteht jedoch eine direkte Korrespondenz zwischen der psychischen und der physischen Ebene, so dass ein bestimmtes physisches Ereignis immer parallel mit dem passenden psychischen Ereignis eintritt und umgekehrt ein bestimmtes psychisches stets zusammen mit dem korrespondierenden physischen Ereignis: Gleichzeitig mit einem Willensakt würde dann immer genau *die* neuronale Aktivität stattfinden, die zur physischen Realisierung des Willensaktes nötig ist.

Zwar ist damit das Problem einer Kausalbeziehung zwischen Geist und Materie umgangen, gleichzeitig taucht jedoch die Frage auf, wie denn die Korrespondenz zwischen psychischen und physischen Prozessen gewährleistet werden kann. Leibniz glaubt dieses Problem durch die Berufung auf Gott lösen zu können: In seiner Allwissenheit und Allmacht hat er im Schöpfungsakt selbst eine PRÄSTABILIERTE HARMONIE von mentalen und physischen Prozessen etabliert. Psyche und Körper sind so genau aufeinander abgestimmt, dass sich der – sachlich unzutreffende – Eindruck einer Wechselwirkung ergibt:

> Die Seele folgt ihren eigenen Gesetzen und ebenso der Leib den seinigen; sie treffen zusammen kraft der Harmonie, welche unter allen Substanzen prästabiliert ist, da sie sämtlich Vorstellungen einer und derselben Welt sind.[25]

Leibniz illustriert diese Beziehung durch den Vergleich des Körpers mit einem Automaten, dessen Konstrukteur genauestens darüber Bescheid weiß, welche Wünsche der Besitzer des Geräts in Zukunft äußern wird.

24 Leibniz 1965, 21 (Distinctio mentis et corporis).
25 Leibniz 1714/1979, 32 (Monadologie § 78).

Der Konstrukteur richtet den Automaten daher so ein, dass dieser von sich aus genau das tut, was der Besitzer verlangen wird, ohne dass dessen Wünsche irgendeinen Einfluss auf das Verhalten des Automaten nehmen müssen.[26] Genauso hat Gott, dem alle künftigen Regungen meiner Seele bekannt sind, meinen Körper so eingerichtet, dass dieser aufgrund seines internen Mechanismus stets genau das tun wird, was meine Seele verlangt. Dies geschieht wohlgemerkt ohne eine psychophysische Interaktion, also ohne den Einfluss einer Willensäußerung auf den Körper.

Wenn ich mich also nach der Verletzung durch einen herabfallenden Dachziegel zur Flucht entschließe, dann ist nicht mein Willensakt die Ursache der Flucht, vielmehr ist mein Gehirn durch Gott von vornherein so eingerichtet worden, dass es völlig unabhängig von meinen Bewusstseinsprozessen zu genau diesem Zeitpunkt einen Fluchtimpuls hervorbringt. Psychische und physische Prozesse, so argumentiert Leibniz (1965, 239 ff.) an anderer Stelle, verhalten sich zueinander wie zwei genau synchron laufende Uhren, deren Übereinstimmung auf ihre perfekte Konstruktion, nicht aber auf eine gegenseitige Abhängigkeit zurückgeht.

Nur im Vorübergehen möchte ich bemerken, dass Leibniz' Theorie auf einem radikalen Determinismus beruht: Möglich ist die prästabilierte Harmonie nur dann, wenn der gesamte Ablauf der Welt im Schöpfungsprozess bis in die kleinsten Details vorherbestimmt werden kann – andernfalls müssten die Uhren sehr bald voneinander abweichen. Doch auch unabhängig von diesem Problem erweist sich das System der prästabilierten Harmonie spätestens in dem Moment als unhaltbar, wo die theologische Voraussetzung eines allwissenden und allmächtigen Schöpfers entfällt: Nur dieser Gott vermag schließlich die Harmonie zu garantieren. Spätere Versionen des psychophysischen Parallelismus, wie sie sich etwa bei Fechner oder Mach finden, geben daher die dualistische Prämisse des Leibnizschen Ansatzes auf. Sie erklären die Korrespondenz von mentalen und neuronalen Prozessen nicht mehr durch das Eingreifen Gottes, sondern dadurch, dass mentale und neuronale Phänomene nur ZWEI ASPEKTE eines einzigen Vorganges seien. Insofern handelt es sich hier um Varianten der Identitätstheorie; ich werde auf diese Ansätze daher weiter unten kurz eingehen.

26 Leibniz 1710/1968, 136 f., 138 (Theodizee § 63, § 66).

Neuere dualistische Ansätze

Popper und Eccles

Angesichts der Tatsache, dass weder der Okkasionalismus noch der psychophysische Parallelismus eine ernsthafte Alternative zum interaktionistischen Dualismus darstellen, ist es nicht weiter verwunderlich, dass es bis in die jüngste Vergangenheit immer wieder Versuche gegeben hat, die Probleme der Interaktionstheorie zu überwinden. Einer der wohl bekanntesten – und gleichzeitig umstrittensten – Versuche in dieser Richtung dürfte die von Karl Popper und John Eccles entwickelte Konzeption sein. Sie wurde in einem gemeinsamen Buch beider Autoren (Popper & Eccles 1989) dargelegt; Eccles hat seine Theorie nachher noch in Aufsätzen und Büchern (u.a. Eccles 1996) ausgebaut und in einem wichtigen Punkt auch modifiziert.

Eine zentrale Prämisse dieser Theorie ist die auf Popper zurückgehende Unterscheidung zwischen drei unterschiedlichen Ebenen der Wirklichkeit, Popper spricht hier von drei ›*Welten*‹.[27] *Welt 1*, ich werde sie im Folgenden als die *physische Welt* bezeichnen, umfasst den Bereich der physischen Gegenstände, also Körper, elektrische Felder, aber auch das Gehirn als einen physikalisch bzw. neurobiologisch beschreibbaren Gegenstand. Zur *Welt 2* zählen alle mentalen Prozesse; von dieser Welt werde ich im Folgenden als der *psychischen Welt* sprechen. Schließlich postuliert Popper noch die Existenz einer *Welt 3*, die die ›Produkte‹ des Bewusstseins enthalten soll: Hier finden sich die Logik, die Mathematik, die Künste, jeweils als ideelle Entitäten betrachtet; *Welt 3* soll hier als die *ideelle Welt* bezeichnet werden.

Ein Objekt kann durchaus unterschiedlichen Welten zugerechnet werden. So würde etwa Caspar David Friedrichs *Mönch am Meer* als Gegenstand von einer bestimmten Größe und einem bestimmten Gewicht, der sich derzeit im Charlottenburger Schloss in Berlin befindet, zur physischen *Welt 1* gehören. Das Bild unterscheidet sich in dieser Hinsicht nicht von den Mauern des Schlosses oder den Stühlen, auf denen die Aufsichtsbeamten sitzen. Die Überlegungen, Stimmungen und Vorstellungen des Malers, aus denen das Bild entstand, sind nach Popper der psychischen *Welt 2* zuzuordnen; schließlich würde das Bild als Gegen-

27 Popper & Eccles 1989, 63.

stand der Kunst- und Ideengeschichte auch noch zur ideellen *Welt 3* zählen.

Man mag sich fragen, ob es notwendig ist, hier gleich von unterschiedlichen *Welten* zu sprechen. An sich jedoch erscheint Poppers Unterscheidung durchaus plausibel: Offensichtlich meinen wir etwas ganz anderes, je nachdem ob wir von dem Bild als einem physischen Gegenstand, einem Gegenstand der Imagination eines Malers oder als einem Objekt der Kunstgeschichte sprechen.

Poppers zentrales Argument stützt sich nun darauf, dass es eine Wechselwirkung zwischen der ideellen und der physischen Welt gibt. So könnte Friedrichs Gemälde in mir den Wunsch zu einer Reise nach Berlin wecken. Der Wunsch würde sich nicht auf das Bild als physischen Gegenstand beziehen, sondern auf das, was wir als die ideellen Qualitäten des Werkes bezeichnen können. Eine Erklärung für meine Reise würde sich daher nicht auf das Gewicht, die Größe oder die chemische Zusammensetzung der Farben berufen, sondern beispielsweise auf die Bedeutung des Bildes in der Kunstgeschichte. Mit ganz ähnlichen Phänomenen hat man zu tun, wenn man daran denkt, dass mathematische Probleme zur Einberufung von Kongressen führen oder religiöse Inhalte Kriege auslösen können.

Popper glaubt hieraus ableiten zu können, dass die physische *Welt 1* unter dem Einfluss der *Welt 3* steht. Da dieser Einfluss in der Regel durch das menschliche Bewusstsein vermittelt werde, bedeute dies gleichzeitig, dass auch die psychische *Welt 2* Einfluss auf die physische Wirklichkeit haben müsse:[28] Nur weil mir die Bedeutung des Gemäldes von Caspar David Friedrich *bewusst* ist, kann ich den *Wunsch* entwickeln, dieses Bild einmal direkt zu sehen, und erst dieser *Wunsch* als ein Phänomen der *Welt 2* führt dann schließlich zu meiner Fahrt nach Berlin, also zu einem Ereignis in *Welt 1*. Eine rein physikalische Erklärung hält Popper in diesem wie in vielen anderen Fällen nicht für möglich, schließlich gehen meiner Fahrt nach Berlin zunächst Bewusstseinsprozesse wie Willensakte und Wunschvorstellungen voraus, also Prozesse aus der *Welt 2*. Es kommt hinzu, dass sich diese Willensakte nicht etwa auf ein physisches Phänomen richten, sondern auf das Bild als einen ideellen Gegenstand, also auf ein Objekt der *Welt 3*. Hieraus ergibt sich für Popper, dass diese Kette von Ereignissen durch einen physikalisti-

28 Popper & Eccles 1989, 68, 74 f.

schen Ansatz nicht mehr erklärt werden kann, schließlich scheint dieser auf die Phänomene der *Welt 1* beschränkt zu sein.

Im Gegensatz zu Descartes fasst Popper das Bewusstsein nicht als eine Substanz, sondern als einen Prozess auf. Da es sich allerdings ausdrücklich um ein nicht-physisches Phänomen handeln soll, kommt es zu einem Konflikt mit den Grundsätzen des Physikalismus, insbesondere mit dem PRINZIP DER KAUSALEN GESCHLOSSENHEIT. Tatsächlich besteht Popper ganz ausdrücklich auf der OFFENHEIT der physischen Welt, also auf ihrer Beeinflussbarkeit durch Prozesse, die wie die Phänomene aus *Welt 2* und *Welt 3* nicht physikalisch zu erklären und zu beschreiben sind.

Popper und auch Eccles, der Popper hier folgt, müssen sich daher mit dem oben skizzierten Problem der psychophysischen Interaktion befassen. Sie suchen es zum einen dadurch zu lösen, dass sie die Interaktion als Steuerung bestimmen. Damit scheint gemeint zu sein, dass der Geist nicht das Maß der neuronalen Aktivität selbst, sondern nur die *Richtung* bestimmt, in der diese Aktivität wirkt. Zweitens berufen sich die Autoren darauf, dass die physische Welt nicht so deterministisch sei, wie es etwa der Materialismus des 19. Jahrhunderts oder die Theorie von Laplace postuliert hatten; dies ergebe sich schon aus der Quantenphysik.[29] Diese ›Lücken‹ im Determinismus sollen dann den Raum für die Interaktion zwischen Geist und Gehirn schaffen.

Doch wie soll diese Interaktion genau aussehen? Lösungsvorschläge hat im Rahmen des gemeinsamen Unternehmens, aber auch in späteren Publikationen der Neurophysiologe John Eccles gemacht. Grundsätzlich wird dabei der Geist mit einem Scheinwerfer[30] verglichen, der einen bestimmten Bereich neuronaler Aktivitäten ›abtastet‹ und deren Inhalte damit zum Gegenstand des Bewusstseins macht. Gleichzeitig greift der Geist etwa bei der physischen Umsetzung von Willensakten verändernd in das neuronale Geschehen ein. Schließlich soll er auch noch eine integrative Funktion besitzen und die Vielfalt der neuronalen Prozesse zur Einheit bewusster Erfahrung organisieren. Die in all diesen

29 Popper & Eccles 1989, 57 ff.

30 »Eine Analogie [zum selbstbewussten Geist; M.P.] stellt ein Scheinwerfer dar, in der Weise, wie Jung … und Popper … es vorgeschlagen haben. Eine bessere Analogie wäre vielleicht eine multiple Abtast- und Sondierungsvorrichtung, die aus den ungeheuren und vielfältigen Aktivitätsmustern in der Großhirnrinde herausliest und selektiert und diese selektierten Komponenten integriert, sie so zu der Einheit bewusster Erfahrung organisierend.« Popper & Eccles 1989, 437.

Fällen notwendige psychophysische Interaktion vollzieht sich nach Eccles' Ansicht in einem bestimmten Hirnareal, dem sogenannten ›Liaison-Gehirn‹, in den funktional höchsten Regionen der linken Hälfte des Kortex. Zwar bewirkt der Geist auch hier nur leichte Abweichungen vom ›normalen‹ Ablauf des Geschehens; zusammengenommen seien sie jedoch ausreichend, um einen substanziellen Einfluss beispielsweise von Willensakten auf das Gehirn zu ermöglichen.[31]

In einer späteren Publikation hat Eccles sich um eine Konkretisierung dieser Behauptung bemüht. Er postuliert dabei die Existenz so genannter ›Psychonen‹. Hierbei soll es sich um die kleinsten Elemente mentaler Zustände handeln, von denen es nach Eccles im menschlichen Kortex mehrere Millionen gibt. Jedes Psychon ist direkt mit einem der Millionen von Dendriten-Bündeln verknüpft, die aus den Pyramidenzellen des Kortex aufsteigen, und vermag dessen Aktivität zu beeinflussen. Dies geschieht jedoch nicht in Form eines Impulses, der eine direkte Reaktion der betreffenden Zelle hervorrufen würde, vielmehr postuliert Eccles, dass die Aktivität von Psychonen lediglich die *Wahrscheinlichkeit* für das Ausschütten von Transmittersubstanzen verändere. Aus diesem Grund sieht er hier auch keine Probleme mit anerkannten physikalischen Prinzipien: Die durch die Psychonen verursachten Modifikationen lägen im Bereich quantenphysikalisch zu erwartender Abweichungen (Eccles 1996, 210).

Festzuhalten ist zunächst, dass Eccles sich mit dieser Theorie wieder dem Substanzdualismus annähert. Psychonen stellen keine Eigenschaften dar, die beispielsweise einen neuronalen Träger benötigen; es scheint sich vielmehr um autonome Entitäten zu handeln, die Bewusstsein instantiieren. Eccles beruft sich – wie auch Popper – zum einen darauf, dass nur der Dualismus die menschliche Willensfreiheit sichern könne, zum Zweiten führt er das ebenfalls schon bekannte Argument an, demzufolge die Einheitlichkeit der Perspektive der ersten Person nur durch das Eingreifen eines bewussten Geistes, nicht jedoch durch den Rekurs auf neuronale Prozesse erklärt werden könne. Beide Argumente werden im weiteren Verlauf noch zu untersuchen sein. Dabei wird sich heraus-

31 »Es wird vorgeschlagen, dass der selbstbewusste Geist aktiv damit beschäftigt ist, nach Hirnereignissen zu suchen, die gegenwärtig in seinem Interesse liegen, die Operation der Aufmerksamkeit, doch er verkörpert auch das integrierende Agens, indem er die Einheit der bewussten Erfahrung aus all der Vielfalt der Hirnereignisse aufbaut. Sogar noch wichtiger ist, dass ihm die Rolle zugeteilt ist, Gehirnereignisse gemäß seinem Interesse oder Wunsch aktiv zu modifizieren.« Popper & Eccles 1989, 449.

stellen, dass es mittlerweile konkrete neurobiologische Vorschläge zur Lösung dieses sogenannten ›Bindungsproblems‹ gibt.

Eccles bringt jedoch auch empirische Belege. So verweist er beispielsweise auf Experimente von Benjamin Libet, die zeigen, dass schwache Hautreize zwar erst nach 0,5 Sekunden registriert werden, dass sie aber, nachdem sie einmal bemerkt worden sind, wieder auf etwa den Zeitpunkt zurückdatiert werden, an dem sie tatsächlich stattgefunden haben. Nach Eccles ist dieser Befund allein auf die »Fähigkeit des selbstbewussten Geistes zurückzuführen, geringfügige zeitliche Anpassungen vorzunehmen, das heißt zeitliche Tricks auszuführen« (Popper & Eccles 1989, 438 f.). Daneben zitiert er Untersuchungen von Kornhuber sowie von Roland, in denen gezeigt wurde, dass neuronale Aktivitäten in vollständiger Abwesenheit physischer Stimuli allein durch mentale Prozesse bewirkt werden können. Roland et al. zeigten, dass bereits die bloße Vorstellung eines komplizierten Bewegungsmusters einen signifikanten Anstieg der neuronalen Aktivität verursachen kann. Eccles glaubt, dass diese Ergebnisse nur als Wirkungen mentaler Prozesse zu erklären seien. Er betrachtet daher die genannten Untersuchungen als

> überzeugende Beweise dafür, … dass das Selbst durch pure Vorstellung … erfolgreich ausgewählte Bereiche der Hirnrinde … aktiviert. Diese mentale Kontrolle der zerebralen Tätigkeit … ist so umfassend, dass wir eine vollständige Herrschaft des Selbst über das Gehirn annehmen können. … Materialistische Erklärungen zum Geist-Gehirn-Problem, wie zum Beispiel die Identitätstheorie, lassen sich jetzt als unwissenschaftlich und sogar als Aberglaube entlarven, der schon zu lange geherrscht hat (Eccles 1996, 244 sq.).

Eccles geht mit dieser Behauptung recht weit; es fragt sich daher, ob die von ihm und Popper vorgebrachten theoretischen und empirischen Belege derartige Schlussfolgerungen erlauben. Unklar ist zum einen, ob man die – unbestrittenen – Wirkungen der ideellen *Welt 3* in der physischen *Welt 1* nur erklären kann, wenn man die Existenz autonomer mentaler Prozesse unterstellt. Zweifellos hat eine Oper Wirkungen in der physischen Welt, fraglich ist allerdings, ob man daraus die Autonomie von *Welt 2* und *Welt 3* ableiten kann.

Unzulässig wäre eine solche Schlussfolgerung in jedem Falle dann, wenn ein Glas in meinem Schrank zerspringt, weil meine Nachbarin sich im Operngesang übt. Doch wie ist es, wenn die Entdeckung eines neuen mathematischen Verfahrens 500 Anhänger dieser Wissenschaft dazu veranlasst, sich mitten im Winter in einer verlassenen und überdies erbärmlich kalten Ecke Lapplands zu treffen? Die Einwirkungen auf den Energiehaushalt speziell dieser Region werden vermutlich beträchtlich sein, doch wäre dies nur zu erklären, wenn wir hierzu auf autonome Welten zurückgriffen? Ein Gegner des Dualismus könnte darauf verweisen, dass auch die ideellen Phänomene von *Welt 3* stets eine physische Basis benötigen, wenn sie wirksam werden sollen. Die bloße Entdeckung einer neuen Methode wird die Mathematiker nicht zusammenführen können; notwendig ist dazu vielmehr eine Vermittlung durch physische Prozesse: Ankündigungen in Fachzeitschriften, Plakate, die in den Instituten aushängen, oder eine Bekanntmachung im Internet. Doch nicht nur die Übertragungswege lassen sich physikalisch beschreiben, dasselbe gilt für die Entdeckung des Verfahrens selbst. Der Materialist wird behaupten, dass auch die mentalen Prozesse der Mathematikerin, die schließlich zu dem neuen Verfahren geführt hätten, neuronal realisiert gewesen seien. Diese Prozesse hätten die Wissenschaftlerin zu bestimmten sprachlichen Äußerungen am Telefon oder in einem Brief veranlasst, die schließlich auf mehr oder minder verschlungenen Wegen zur Organisation des Kongresses führten. Wie oben anlässlich der Darstellung des Physikalismus bereits erwähnt, kann der Monist problemlos zugeben, dass es interessantere Erklärungen für diese Geschehnisse gibt als diejenigen, die die Naturwissenschaften anzubieten haben. Er wird jedoch darauf bestehen, dass alle Ereignisse, von denen in den genannten Beispielen die Rede ist, eine physikalisch beschreibbare Ursache haben, sie seien daher selbstverständlich auch einer physikalischen Erklärung zugänglich.

Ein Problem für den Monisten und damit gleichzeitig ein Beleg für die Position von Popper und Eccles würde sich erst dann ergeben, wenn die Suche nach physischen Ursachen vergeblich wäre, wenn wir also beispielsweise auf neuronale Prozesse stießen, für die es keine physische Ursache gäbe. Zu denken wäre hier etwa an neurobiologisch nicht zu erklärende Wirkungen bewusster Willensakte. Erst solche Befunde würden die Position des Monisten erschüttern, erst hieraus ließen sich Belege für die Interaktion zwischen einer autonomen *Welt 2* und der physischen *Welt 1* in dem von Popper und Eccles postulierten Sinne ableiten und damit gleichzeitig die kausale Geschlossenheit der physischen Welt in Frage stellen.

Wie bereits gesehen, behauptet Eccles, über solche Daten zu verfügen.

Bei näherer Betrachtung erweist sich jedoch, dass Eccles' Schlussfolgerungen aus den Untersuchungen von Libet, Roland et al. und Kornhuber von seinem materialistischen Gegenspieler nur schwerlich akzeptiert werden dürften. Als Produkte *autonomer* mentaler Prozesse können die gemessenen neuronalen Aktivitäten ja nur dann gewertet werden, wenn physische Ursachen ausgeschlossen werden können. Es ist jedoch nicht zu sehen, wie ein solcher Ausschluss erfolgen sollte. Die bloße Tatsache, dass solche Ursachen bislang nicht bekannt sind, reicht dazu genauso wenig hin wie die von Eccles betonte Abwesenheit äußerer Stimuli in der Versuchssituation. Da das Gehirn die Fähigkeit hat, Aktivitäten über längere Zeit auch in Abwesenheit äußerer Reize aufrecht zu erhalten,[32] lassen sich auch scheinbar ›spontane‹ Reaktionen neurobiologisch erklären. In dem gegebenen Falle kann der Monist zudem darauf hinweisen, dass schon durch die Instruktion der Versuchspersonen neuronale Prozesse ausgelöst worden seien, die letztlich dann zu den beobachteten Reaktionen beigetragen hätten. Die Existenz autonomer mentaler Prozesse ist aus diesen Experimenten also nicht abzuleiten.

Problematisch erscheint auch Eccles' Interpretation der Experimente von Libet zur Zurückdatierung von leichten Hautreizen: Wie MacKay (1978, 604) gezeigt hat, versäumt es Eccles auch hier, neurobiologische Erklärungsalternativen auszuschließen. Es ist jedoch nicht zu erkennen, warum die erforderliche Modifikation der zeitlichen Kodierung nicht auf neuronaler Basis möglich sein soll. Vergleichbare Einwände lassen sich, wie MacKay gezeigt hat, auch gegenüber den anderen von Eccles angeführten Experimenten geltend machen. Er schließt daher, »dass Eccles' empirische Evidenz keine Notwendigkeit für sein interaktionistisches Modell des Menschen begründet« (MacKay 1978, 605). Den verlangten Beleg für seine Position könnte Eccles vielmehr erst dann geben, wenn Lücken im physiologisch beschreibbaren Ablauf nachweisbar wären, die nur durch die Interaktion autonomer mentaler Prozesse zu schließen wären. Die von Eccles zitierten Untersuchungen können diesen Nachweis jedoch nicht erbringen.

Doch selbst wenn die skizzierten empirischen Belege unbefriedigend sind, so scheint es doch, als gäbe es theoretische Argumente und Intuitionen, die sich zugunsten dieser Theorie anführen lassen. Erinnern wir

32 vgl. Taylor 1998.

uns: Zum einen wurde behauptet, der Dualismus biete wesentliche Vorzüge, wenn es darum geht, den integrativen, einheitlichen Charakter von Bewusstseinszuständen zu erklären. Zweitens scheint es so, als könne nur der Dualismus die Existenz freier Handlungen verständlich machen. Schließlich scheint der Dualismus auch bessere Voraussetzungen zu bieten, wenn es darum geht, die Entstehung des Bewusstseins ganz allgemein zu erklären. Die Behauptung monistischer Ansätze, dass all die vielfältigen bewussten Erfahrungen, wie wir sie aus der Perspektive der ersten Person erleben, nichts anderes sein sollen als die völlig gleichförmige Aktivität einfacher Nervenzellen, klingt zunächst wenig plausibel; wesentlich verständlicher erscheint da die dualistische Antwort, derzufolge wir es hier in der Tat mit zwei autonomen Prozessen zu tun haben.

Sehen wir uns zunächst das erste Argument etwas näher an. Bietet der Dualismus also wesentliche Vorzüge, wenn es darum geht, den einheitlichen Charakter unserer Bewusstseinsprozesse zu erklären, so wie wir sie aus der Perspektive der ersten Person erfahren? Angesichts der Probleme, eine neurobiologische Antwort auf dieses Problem zu finden, wird man die Frage auf den ersten Blick bejahen wollen, und in der Tat sind sowohl Popper und Eccles als auch Benjamin Libet (1994) der Ansicht, dass der Dualismus den konkurrierenden Ansätzen in diesem Punkt massiv überlegen ist.

Bei näherer Betrachtung werden hier jedoch erhebliche Schwierigkeiten erkennbar. Es ist nämlich völlig unklar, wie ein neuronalen Prozessen gegenüber autonomes Bewusstsein diese Integrationsleistungen erbringen soll. Welchen nichtphysikalischen Gesetzmäßigkeiten unterliegt es, welche Mechanismen sind hier wirksam, welche Prozesse spielen hierbei eine Rolle und wo könnte überhaupt unsere Suche beginnen? Es sieht so aus, als würde uns der Verweis auf das autonome Bewusstsein überhaupt nicht weiterhelfen. Der Dualist scheint keinen konkreten Forschungsgegenstand zu haben, an dem seine Untersuchungen ansetzen können. Dies gilt unter anderem deshalb, weil die Integrationsleistungen nicht bewusst ablaufen; es fragt sich daher, mit welchem Recht wir überhaupt von Tätigkeiten des autonomen Bewusstseins sprechen können. Im Gegensatz dazu haben monistische Ansätze mit dem Gehirn ein Objekt, dessen Funktionsweise zumindest teilweise bekannt ist und das weiter nach Hinweisen auf jene Integrationsfunktion überprüft werden kann.

Diese Suche ist zudem alles andere als aussichtslos. Es gibt nämlich ernst zu nehmende neurobiologische Lösungsansätze für dieses Problem, das mittlerweile als BINDUNGSPROBLEM bezeichnet wird: Wolf - Singer und seine Mitarbeiter[33] haben Belege dafür erbracht, dass die Verbindung zwischen Aspekten *eines* Objektes, die durch die Aktivität unterschiedlicher Neuronenverbände repräsentiert werden, durch synchrones Feuern dieser Neuronen zustande kommt. Neuronenverbände, die ein *anderes* Objekt repräsentieren, feuern dagegen in einem anderen Rhythmus.[34] Auf den ersten Blick mag diese Theorie nicht allen Erwartungen entsprechen, die man mit der Repräsentation von ›Einheit‹ verbinden mag. Tatsächlich ist es jedoch genauso wenig notwendig, dass die neuronale Repräsentation von Einheitlichkeit, aus der Außenperspektive betrachtet, einheitlich erscheint, wie es notwendig ist, dass die neuronale Repräsentation einer Rotempfindung selbst rot ist. Es ist zudem nicht von entscheidender Bedeutung, ob sich die Theorie von Singer letztlich als zutreffend erweisen wird. In jedem Falle wird hier deutlich, dass es Möglichkeiten gibt, den integrativen Charakter unserer Erfahrung neurobiologisch zu erklären. Auf diesem Gebiet bietet der Dualismus also keine prinzipiellen Vorteile.

Gravierende Einwände ergeben sich zudem bei einer genaueren Untersuchung der dualistischen Konzeption der Willensfreiheit. Ich werde diese Probleme weiter unten im Einzelnen erläutern; entscheidend ist, dass die zentralen Schwierigkeiten beim Verständnis der Willensfreiheit durch das Postulat eines autonomen Geistes nur verlagert werden. Für den Dualisten wiederholen sich auf der mentalen Ebene genau die Probleme, mit denen sein monistischer Gegenspieler im Bereich der physischen Realität zu kämpfen hat. Da sich auch der autonome Geist kaum selbst geschaffen haben kann, ist er in seinen Handlungen oder Entscheidungen abhängig von den Eigenschaften und Charakterzügen, die er aus dem Akt der Entstehung mitbringt bzw. nach diesem Akt von außen erworben hat – es sei denn, sein Tun wäre aus bloßem Zufall zustande gekommen. Der Dualist gerät damit in das gleiche Dilemma, das auch dem Monisten zu schaffen macht. Im Gegensatz zu einer weit verbreiteten Auffassung kann sich der Dualismus

33 vgl. Engel et al. 1999.

34 Eccles erwähnt diese Theorie beiläufig, verwirft sie aber mit der Bemerkung, es handle sich nur um einen ›Anfang‹, und kommt dann sofort wieder auf seine dualistische Hypothese zurück. Eccles 1996, 258.

also nicht auf Vorteile bei der Lösung des Problems der Willensfreiheit berufen.

Doch wie verhält es sich mit der Frage nach der Entstehung des Bewusstseins? Ist der Dualismus nicht zumindest hier überlegen? Tatsächlich erscheint die monistische Behauptung, die Aktivität simpler Neuronen sei identisch mit einem so komplexen Phänomen wie den Prozessen unseres Bewusstseins, schwer verständlich. Für den Dualisten stellt sich dieses Problem erst gar nicht, schließlich behauptet er ja die Autonomie mentaler Prozesse gegenüber neuronalen Aktivitäten.

In Wirklichkeit kommt es aber auch hier wieder nur zu einer Verlagerung: Wenn der Dualist eine Erklärung für die Entstehung von Bewusstsein geben will, dann kann er nicht mehr auf Theorien über neuronale Prozesse zurückgreifen, sondern muss sich auf Prozesse jenseits dieses Bereiches berufen. Es ist jedoch völlig unklar, wo er hier ansetzen kann. Welche Methoden stehen für die Entschlüsselung der hier wirksamen Mechanismen zur Verfügung? Die Behauptung, eine immaterielle Substanz besitze die Fähigkeit, Bewusstsein hervorzubringen, ist genauso rätselhaft wie die These, materielle Prozesse besäßen diese bemerkenswerte Eigenschaft. Das Rätsel würde nicht geringer, wenn man den Geist kurzerhand durch seine Fähigkeit, Bewusstsein hervorzubringen, definierte. Hieraus würde sich nur eine bloße Scheinerklärung ergeben, die nicht weiter reichte als der Erkenntnisgewinn, den wir hätten, wenn wir außergewöhnliche Leistungen im Schachspiel auf eine ›Schachspielfähigkeit‹ zurückführen würden.

Zwar bereitet die Frage nach der Entstehung des Bewusstseins auch dem Monisten großes Kopfzerbrechen; immerhin besitzt er aber einen Untersuchungsgegenstand und mit der Neurobiologie auch ein Forschungsprogramm, von dem in etwa bekannt ist, in welche Richtung es sich weiterentwickeln muss, um neue und relevante Erkenntnisse zu ermöglichen. Ich werde weiter unten die Diskussion zu diesem Thema sowie einen Lösungsansatz vorstellen, der sich auf bereits vorliegende neurobiologische und psychologische Erkenntnisse beruft. Das Problem ist also für den Monisten nicht unüberwindlich.

Es ist daher höchst fraglich, ob die dualistische Interaktionstheorie prinzipielle Vorteile gegenüber monistischen Ansätzen besitzt, vielfach ist sogar behauptet worden, diese Theorie müsse schon allein deshalb aufgegeben werden, weil sie nicht mit naturwissenschaftlichen Prinzipien zu vereinbaren sei. Abgesehen davon, dass es schwer fällt, die behauptete psychophysische Wechselwirkung genauer zu beschreiben, scheinen auch die zentralen Prinzipien des Physikalismus gegen einen derartigen Zusammenhang zu sprechen. Nimmt man mit dem Dualismus an, dass psychische Eigenschaften keine neuronalen Eigenschaften sind, dann verstößt die Interaktionstheorie offenbar gegen beide zentralen Prinzipien des Physikalismus, also gegen das PRINZIP DER KAUSALEN GESCHLOSSENHEIT und gegen das PRINZIP DER PHYSISCHEN DETERMINATION.

Greifen wir noch einmal zurück auf das obige Beispiel von dem Ziegelstein, der mich am Kopf trifft und damit eine Schmerzerfahrung hervorruft, die mich schließlich zur Flucht veranlasst. Unter den Prämissen des interaktionistischen Dualismus würde hier das Prinzip der kausalen Geschlossenheit verletzt. Wir könnten nämlich bei der Erklärung der Fluchtreaktion nicht mehr durchgängig auf physikalisch beschreibbare Ereignisse zurückgreifen, schließlich wäre diese Reaktion von einem Willensakt, also einem autonomen mentalen Ereignis abhängig. Verletzt wäre aber auch das Prinzip der physischen Determination; der Willensakt als mentales Ereignis hätte nämlich keine Entsprechung in physikalisch beschreibbaren Ereignissen, schließlich soll er sich ja unabhängig von den neuronalen Prozessen in meinem Gehirn vollziehen.

Ein weiterer Einwand gegen den Dualismus kann sich auf das PRINZIP DER ONTOLOGISCHEN SPARSAMKEIT stützen. Dieses Prinzip, das häufig auch als ›*Ockhams Rasiermesser*‹ bezeichnet wird, besagt, dass die von einer Theorie zur Erklärung herangezogenen Entitäten nicht ohne Not vermehrt werden dürfen. Wenn also in dem obigen Beispiel aus der Geschichte des Dreißigjährigen Krieges der im Schlossgraben befindliche Misthaufen ausreicht, das Überleben der kaiserlichen Statthalter zu erklären, wäre eine zusätzliche Bezugnahme auf das Eingreifen der Gottesmutter nicht mehr statthaft. Aus der Sicht eines Monisten macht der Dualismus genau diesen Fehler: Mit dem autonomen Geist bringt er eine zusätzliche Entität ins Spiel, die für die Erklärung der in unserer Welt zu beobachtenden Veränderungen völlig unnötig ist. Besonders engagiert ist dieser Vorwurf von Gilbert Ryle vertreten worden, auf dessen Theorie ich weiter unten noch eingehen werde.

Probleme erwachsen dem interaktionistischen Dualismus schließlich auch insofern, als die von ihm postulierte Interaktion gegen den Energieerhaltungssatz zu verstoßen scheint: Wie bereits in der Auseinandersetzung mit Descartes angedeutet, kann der Geist offenbar nur dann

Einfluss auf einen physischen Prozess nehmen, wenn er dessen Energiezustand veränderte – genau das scheint jedoch dem Energieerhaltungssatz zu widersprechen.[35]

Sind der interaktionistische Dualismus und Physikalismus also grundsätzlich nicht miteinander zu vereinbaren? Dies wäre insbesondere dann der Fall, wenn der Dualismus *zwangsläufig* gegen die beiden zentralen Prinzipien des Physikalismus verstoßen müsste, also gegen die kausale Geschlossenheit und die physische Determination. Zweifellos gibt es eine ganze Reihe von dualistischen Konzeptionen, die nicht mit diesen Prinzipien vereinbar sind. Dies gilt für diejenigen Varianten der Interaktionstheorie, die den Geist als eine nichtphysische Eigenschaft oder gar Substanz begreifen, insbesondere natürlich für Descartes' Gegenüberstellung von ausgedehnten, physischen und immateriellen, denkenden Substanzen.

Der Dualismus kann diesen Problemen jedoch aus dem Wege gehen, wenn er das Bewusstsein nicht als immaterielle SUBSTANZ, sondern als eine neuronalen Aktivitäten gegenüber autonome EIGENSCHAFT begreift und gleichzeitig plausibel machen kann, dass das Bewusstsein trotz dieser Unabhängigkeit von den bislang bekannten neuronalen Prozessen eine besondere, neue Art PHYSISCHER Eigenschaften darstellt. Akzeptabel könnte diese Hypothese vor allem dann erscheinen, wenn sie Ereignisse erklären könnte, die ansonsten unverständlich blieben. Dies wäre etwa dann der Fall, wenn sich autonome mentale Prozesse als wirksam gegenüber bestimmten neuronalen Vorgängen erweisen würden, so dass wir die neuronalen Prozesse nicht mehr erklären könnten, ohne auf die autonomen mentalen Prozesse Bezug zu nehmen. Zu berücksichtigen ist allerdings, dass wir damit auch zu einer methodischen Erweiterung der Naturwissenschaften gezwungen wären, schließlich hätten wir es nun erstmals mit physischen Prozessen zu tun, zu denen es einen privilegierten Zugang aus der Perspektive der ersten Person gäbe. Zweifellos würde man solche tiefgreifenden Veränderungen nur dann akzeptieren, wenn es sehr gute Gründe dafür gäbe. Dennoch hat es solche methodischen und inhaltlichen Erweiterungen in der Geschichte der Naturwissenschaften immer wieder gegeben, es ist nicht zu sehen, warum dies im Falle des Bewusstseins ausgeschlossen sein sollte.

35 vgl. Beckermann 1999, 52.

Libets ›bewusste mentale Felder‹

Festzuhalten ist in jedem Falle, dass zumindest diese Variante des Dualismus mit dem Physikalismus vereinbar wäre. Demonstrieren lässt sich das an einem Vorschlag, den Benjamin Libet (1994) vor wenigen Jahren mit seiner CMF-HYPOTHESE (CONSCIOUS MENTAL FIELD HYPOTHESIS) gemacht hat. Libet stellt dabei eine Parallele zwischen dem Bewusstsein und magnetischen Feldern her. Seiner Hypothese zufolge lassen sich Prozesse des Bewusstseins als BEWUSSTE MENTALE FELDER beschreiben. Libet postuliert also nicht etwa die Existenz einer autonomen geistigen ›Substanz‹; das bewusste mentale Feld scheint sich eher als ein Prozess bestimmen zu lassen, der von neuronaler Aktivität kausal abhängig ist, so wie ein magnetisches Feld vom Stromfluss in einer Spule hervorgerufen werden kann, ohne mit diesem Stromfluss identisch zu sein. Ähnlich wie Popper und Eccles geht Libet zudem davon aus, dass das bewusste mentale Feld die vielfältigen neuronalen Aktivitäten zu einer einheitlichen Erfahrung bündeln kann und gleichzeitig mit physischen Prozessen, insbesondere mit den Sprachzentren der linken Hemisphäre, zu interagieren vermag.

Doch wird nicht auch Libets Vorschlag von den beiden oben genannten grundsätzlichen Vorbehalten gegen den Dualismus getroffen? Festzuhalten ist zunächst, dass der Vorschlag mit den beiden Prinzipien des Physikalismus vereinbar ist: Wenn autonome mentale Eigenschaften gleichzeitig als physische Eigenschaften begriffen werden können, dann können sie so wie andere physische Eigenschaften auch in physikalischen Erklärungen verwendet werden. Verletzt würde also weder das Prinzip der kausalen Geschlossenheit noch das der physischen Determination. Dies würde auch bedeuten, dass es hier nicht notwendigerweise zu einem Verstoß gegen den Energieerhaltungssatz kommen muss, schließlich würden mentale und neuronale Prozesse zusammen als geschlossenes System betrachtet, in dem es lediglich zu Umwandlungen von Energie kommt; für das bewusste mentale Feld könnte man etwa von einer spezifischen Form der Feldenergie sprechen.

Fraglich bleibt jedoch, ob wir hiermit nicht dennoch gegen das Prinzip der ontologischen Sparsamkeit verstoßen. Hier kann sich der Dualist nicht nur darauf berufen, dass dieses Prinzip keineswegs unumstritten ist und außerdem mit dem nicht minder wichtigen PRINZIP DER METHODOLOGISCHEN SIMPLIZITÄT konkurriert. Weit wichtiger dürfte es allerdings sein, dass das Prinzip der ontologischen Sparsamkeit nur dann den Verzicht auf eine Entität rechtfertigen kann, wenn dieser Verzicht nicht die Erklärungskraft der zur Diskussion stehenden Theorie verringert. Eine solche Beeinträchtigung wäre jedoch unschwer nachzuweisen, wenn wir – wie oben angenommen – über empirische Erkenntnisse verfügen würden, die nur durch die Berücksichtigung autonomer mentaler Phänomene zu erklären wären.

Empirische Überprüfung des Dualismus

Auch unter diesen Bedingungen dürfte die dualistische Hypothese für viele Physikalisten schwer akzeptabel sein; Libets Theorie der bewussten mentalen Felder erscheint reichlich spekulativ, und sie hätte sehr weitreichende Konsequenzen. Dennoch sieht es so aus, als müsste der Vertreter einer solchen ›physikalistischen‹ Variante des Dualismus keine *grundsätzlichen* Einwände gegen seine Position befürchten, sofern er auf die entsprechenden empirischen Resultate verweisen kann. Bei der Entscheidung für oder gegen diese Variante des Dualismus hätten wir es also mit einem empirischen Problem zu tun; der Ausgang dieser Entscheidung dürfte davon abhängen, ob dieser Ansatz die vorliegenden experimentellen Daten besser erklären kann als konkurrierende Theorien. Wenn der Dualismus also beansprucht, eine empirische, wissenschaftliche Theorie zu sein, dann muss er experimentell bestätigt oder gegebenenfalls auch falsifiziert werden können – auch wenn es hier nicht das *eine,* entscheidende Experiment geben wird. Dennoch wird die Glaubwürdigkeit der interaktionistischen Varianten des Dualismus nicht zuletzt davon abhängen, ob es gelingt, die behauptete psychophysische Interaktion empirisch nachzuweisen.

Libet selbst hat im Rahmen seines eigenen dualistischen Ansatzes ein Experiment vorgeschlagen, das einen solchen Nachweis ermöglichen soll. Seine Grundüberlegung ist recht einfach: Wenn es die behauptete psychophysische Interaktion gibt, dann müsste die Aktivität eines neuronalen Areals, das direkt auf das bewusste mentale Feld einwirkt, auch dann noch zu Bewusstsein kommen, wenn das Areal zwar funktionsfähig, neurobiologisch aber vollständig vom restlichen Gehirn isoliert ist. Da Bewusstseinsakte außerdem Gegenstand direkter Berichte aus der Perspektive der ersten Person sind, müsste sich die Versuchsperson verbal über die resultierenden mentalen Zustände äußern können.

Eine zentrale Schwierigkeit des Experimentes besteht in der Isolation des neuronalen Areals. Libet glaubt, dass dies durch geeignete Chemikalien erreicht werden könne; möglich sei aber auch eine chirurgische Abtrennung etwa anlässlich einer operativen Entfernung des entsprechenden Areals aus medizinischen Gründen. Die zu überprüfende Vorhersage würde in jedem Falle lauten, dass die Versuchsperson eine Stimulation dieses Areals nicht nur bewusst erfahren, sondern auch in der Lage sein müsste, hierüber trotz der vollständigen neuronalen Isolation zu berichten. Sie würde also verbale Reaktionen auf neuronale Aktivitäten zeigen, die auf der physischen Ebene keine Verbindung mehr zu den restlichen Teilen des Gehirns und insbesondere zu den Sprachzentren hat. Als Erklärung dafür, dass das neuronal isolierte Areal des Kortex die Sprachzentren zu aktivieren vermag, käme dann nur noch das bewusste mentale Feld in Frage: Libets Hypothese wäre damit experimentell gestützt.

Es ist mehr als unklar, ob sich dieses Experiment angesichts der damit verbundenen technischen und vor allem ethischen Probleme jemals durchführen lassen wird. Dennoch zeigt Libets Vorschlag, dass ein empirischer Nachweis für die behauptete psychophysische Interaktion zumindest im Prinzip möglich sein müsste, dass es also gelingen könnte, physische Phänomene zu finden, die nur durch das behauptete Einwirken autonomer mentaler Prozesse zu erklären sind. Dies bedeutet allerdings nicht nur, dass empirische Belege für die Interaktionstheorie möglich sind, es bedeutet auch, dass ein Ausbleiben solcher Belege *gegen* diese Theorie sprechen würde.

Ein anderes, besonders charakteristisches Beispiel für die psychophysische Interaktion stellen Willensakte dar: Wenn wir behaupten, dass Bewusstseinsprozesse Einfluss auf die physische Realität besitzen, dann meinen wir damit nicht zuletzt die Möglichkeit einer Umsetzung bewusster Willensakte. Hiervon wird man freilich nur dann sprechen können, wenn die entsprechenden körperlichen Aktivitäten auch direkt von den bewussten Entschlüssen abhängen.

Eine Serie von bekannten Experimenten, die ebenfalls von Benjamin Libet (1985) durchgeführt wurde, könnte allerdings Zweifel aufwerfen, ob eine solche Abhängigkeit zwischen bewusstem Entschluss und körperlicher Aktivität existiert. Die unten (S. 292 ff.) noch etwas genauer darzustellenden Untersuchungen lassen sich nämlich so interpretieren, als würden bestimmte einfache Handlungen auf der neuronalen Ebene bereits eingeleitet, *bevor* der entsprechende Willensakt stattgefunden hat. In diesem Falle wären sie *nicht* von diesem Willensakt abhängig. Die Interpretation der Experimente Libets ist ebenso umstritten wie die Experimente selbst: Vieles spricht dagegen, dass Libet in seinen Experimenten wirklich Willensakte gemessen hat. Dennoch stützen diese Experimente die Annahme, dass empirische Erkenntnisse von großer Bedeutung für die Entscheidung über den interaktionistischen Dualismus sind. Sollte sich die skizzierte Interpretation also doch als haltbar erweisen, dann würde sie zu einem gravierenden Einwand *gegen* die dualistische Interaktionstheorie führen, schließlich hätten sich deren Prognosen in einem geradezu paradigmatischen Fall als falsch herausgestellt.

Entscheidend ist also, ob die behauptete psychophysische Interaktion durch empirische Befunde bestätigt wird: Sollte es entsprechende experimentelle Belege geben, dann wäre dieser Ansatz damit gestützt, gibt es die Belege nicht, dann spräche dies gegen diese Variante des Dualismus.

Epiphänomenalismus

Die zuletzt genannten Befunde Libets werden zuweilen auch als Belege für eine einseitige Abhängigkeit des Bewusstseins von physischen Prozessen interpretiert: Immerhin scheint der bewusste Willensakt ja das Resultat neuronaler Aktivität zu sein, ohne dass er seinerseits eine Wirkung auf die nachfolgenden physischen Prozesse hätte.

Dies ist die Position des EPIPHÄNOMENALISMUS, einer vierten Variante des Dualismus. Sie folgt den anderen Spielarten dieses Ansatzes nicht nur in der prinzipiellen Unterscheidung von mentalen und neuronalen Ereignissen, sondern auch in der Annahme, dass mentale Ereignisse von neuronalen Ereignissen verursacht werden können. Anders als die interaktionistischen Dualisten unterstellen die Vertreter des Epiphänomenalismus jedoch, dass mentale Ereignisse ihrerseits völlig wirkungslos seien, und zwar gegenüber neuronalen Prozessen ebenso wie gegenüber anderen mentalen Ereignissen. Psychische Prozesse sind also reine Begleiterscheinung physischer Vorgänge.[36]

In dem obigen Beispiel wäre also meine Schmerzempfindung direkt

36 vgl. Broad 1925, 118; Birnbacher 1990, 68 f.

durch neuronale Aktivität in den Schmerzzentren des Gehirns und indirekt durch den herabfallenden Dachziegel verursacht; die Empfindung selbst hätte jedoch keinerlei Auswirkungen auf das weitere Geschehen: Der Willensakt ginge ebenso wie mein weiteres Verhalten ausschließlich aus neuronalen Prozessen hervor.

Epiphänomenalistische Theorien finden sich schon im 18. Jahrhundert, beispielsweise bei dem schweizerischen Naturforscher und Philosophen Charles Bonnet. Größere Bedeutung gewinnt diese Position im 19. Jahrhundert. Ein prominenter Vertreter ist hier der englische Zoologe Thomas H. Huxley. Bei ihm heißt es:

> Alle unsere Bewusstseinszustände ... werden unmittelbar von molekularen Veränderungen in der Hirnsubstanz verursacht. Ich glaube daher, dass es bei Menschen ebenso wenig wie bei Tieren Beweise dafür gibt, dass irgendein Bewusstseinszustand der Grund einer Veränderung in der Bewegung der Materie des Organismus ist. Wenn diese Annahmen zutreffen, dann bedeutet dies, dass unsere mentalen Zustände lediglich bewusste Symbole von Veränderungen sind, die sich selbsttätig im Organismus vollziehen, und dass, um eine außergewöhnliche Illustration zu verwenden, das Gefühl, dass wir einen Entschluss nennen, nicht die Ursache der Handlung ist, sondern das Symbol eines Gehirnzustandes, der die unmittelbare Ursache dieser Handlung ist.[37]

Huxley bringt in diesem Zusammenhang auch den berühmten Vergleich des Bewusstseins mit der Pfeife einer Dampflokomotive: Die Pfeife kündigt die Bewegung der Lokomotive an, ohne doch selbst zur Entstehung dieser Bewegung beizutragen.[38] Wie aus dem obigen Zitat deutlich wird, stützt sich Huxley dabei darauf, dass es keinen Beleg für einen Einfluss mentaler Zustände auf Gehirnprozesse gebe. Dabei scheint er – wie viele andere Vertreter des Epiphänomenalismus – zu unterstellen, dass Bewusstsein nur dann wirksam werden könne, wenn es eine ›Lücke‹ in der Abfolge physischer Prozesse gibt. Ein bewusster Willensakt kann unter dieser Voraussetzung also nur dann Einfluss auf das Verhalten nehmen, wenn die Kette physischer Ereignisse unterbrochen wird, so dass dieser mentale Akt gleichsam *›anstelle‹* eines physischen Ereignisses wirksam werden kann. Da es keine empirischen Belege für die Existenz solcher Lücken gebe, könne Bewusstsein auch nicht kausal wirksam sein.

37 Huxley 1874, 243 f.
38 Huxley 1874, 240.

In der Tat gibt es die geforderten Belege nicht, doch es ist fraglich, ob die Voraussetzung zutrifft, auf der dieses Argument basiert, das in der neueren Diskussion als das KONTINUITÄTSARGUMENT (NO GAP ARGUMENT) bezeichnet wird.[39] Mentale Prozesse können nämlich nicht nur – so wie es der interaktionistische Dualismus postuliert – dann wirksam werden, wenn sie ›*an die Stelle*‹ neuronaler Prozesse treten. Wie im Folgenden noch genauer zu zeigen sein wird, wäre es auch möglich, dass zwischen mentalen und bestimmten neuronalen Prozessen eine Identität besteht. Mentale Prozesse wären dann einfach kraft ihrer Identität mit neuronalen Prozessen kausal wirksam; eine Lücke in der physischen Kausalkette wäre zur Sicherung der Wirksamkeit mentaler Zustände nicht nötig.

Ein Beispiel kann zur Verdeutlichung dieses Einwands dienen: Offenbar muss der gegenwärtige Bundeskanzler nicht zeitweise entmachtet werden, damit Gerhard Schröder Einfluss auf die Politik der Bundesregierung nehmen kann; Schröder besitzt diesen Einfluss vielmehr kraft seiner Identität mit dem gegenwärtigen Bundeskanzler. Dies gibt uns die Möglichkeit, eine bestimmte Entscheidung auf den Einfluss Gerhard Schröders oder auf den des gegenwärtigen Bundeskanzlers zurückzuführen. Zwar wirft die Identitätstheorie ihrerseits eine ganze Reihe von Problemen auf, doch solange diese Option nicht auszuschließen ist, vermag sich der Epiphänomenalismus nicht auf das Kontinuitätsargument zu stützen.

Epiphänomenalismus

(1) Mentale Ereignisse sind keine physischen Ereignisse
(2) Mentale Ereignisse zählen nicht zu den Ursachen physischer Ereignisse
(3) Mentale Ereignisse zählen nicht zu den Ursachen jeweils anderer mentaler Ereignisse
(4) Mentale Ereignisse werden ausschließlich von physischen Ereignissen verursacht

39 McLaughlin 1999, 1994.

Eigenschaftsdualistische Varianten des Epiphänomenalismus

In jüngerer Zeit sind allerdings eine ganze Reihe weiterer Argumente für den Epiphänomenalismus vorgebracht worden. Dabei lässt sich eine Beobachtung wiederholen, die oben bereits im Zusammenhang mit dem interaktionistischen Dualismus gemacht wurde: An die Stelle des traditionellen Substanzdualismus treten nämlich prozess- oder eigenschaftsdualistische Konzeptionen. Diese Entwicklung scheint den Epiphänomenalismus zu stützen: Aus der Sicht des Eigenschaftsdualismus liegt der Verzicht auf psychophysische Wechselwirkungen nämlich insbesondere deshalb nahe, weil diese Position damit auch für Vertreter des Physikalismus akzeptabel zu werden scheint: Es sieht nämlich so aus, als würde die epiphänomenalistische Variante des Eigenschaftsdualismus jene Konflikte mit dem PRINZIP DER KAUSALEN GESCHLOSSENHEIT und dem PRINZIP DER PHYSISCHEN DETERMINATION vermeiden, die nach Ansicht vieler Autoren grundsätzlich gegen den interaktionistischen Dualismus sprechen.[40]

Gleichzeitig scheint dieser Ansatz der MULTIPLEN REALISIERBARKEIT mentaler Eigenschaften besser gerecht zu werden als eine rein materialistische Konzeption wie beispielsweise die Identitätstheorie. Diese kann nämlich *eine* bestimmte mentale Eigenschaft immer nur mit genau *einer* einzigen neuronalen Eigenschaft identifizieren. Man muss nicht gleich daran denken, dass mentale Eigenschaften bei Marsmenschen oder hochentwickelten Computern auf einer ganz anderen physischen Basis entstehen könnten, um die Probleme zu erkennen, die diese Festlegung aufwirft. Auch bei einer einzigen Person könnten solche Unterschiede auftreten, etwa dann, wenn nach der Verletzung eines Hirnareals der ursprünglich dort realisierte mentale Zustand von der Aktivität eines anderen Areals realisiert wird. Es scheint, als würden in all diesen Fällen einem Typus mentaler Aktivitäten mehrere Typen neuronaler Prozesse gegenüberstehen, eine Identifikation wäre damit nicht mehr möglich.[41]

Doch was meinen die Eigenschaftsdualisten, wenn sie mentale und neuronale Eigenschaften voneinander unterscheiden und gleichzeitig behaupten, allein die neuronalen Eigenschaften seien kausal wirksam,

40 Wie oben bereits gezeigt, kann man jedoch mit guten Gründen bezweifeln, dass dieser Konflikt wirklich alle Formen eines dualistischen Interaktionismus betrifft.

41 Eine ausführlichere Diskussion dieses Problems findet sich unten S. 163 ff.

bei den mentalen Eigenschaften handle es sich dagegen um bloße Begleiterscheinungen? Verweisen können die Vertreter dieser Position darauf, dass wir es auch im Alltag immer wieder mit Ereignissen zu tun haben, die längst nicht mit all ihren Eigenschaften kausal wirksam sind. Nehmen wir an, der Aufprall eines Balles führte zum Zerbrechen einer Fensterscheibe. Eine Kausalerklärung würde vermutlich die Masse, die Geschwindigkeit und die Elastizität des Balls sowie die Bruchfestigkeit des Glases berücksichtigen. Vielleicht kämen noch die Umgebungstemperatur sowie die Festigkeit des Fensterrahmens in Betracht; dagegen wird das beim Aufprall entstehende Geräusch kaum eine nennenswerte Rolle spielen: Es zählt nicht zu den kausal wirksamen Eigenschaften, obwohl es eine notwendige Folge oder eben eine Begleiterscheinung des Aufpralls darstellt.

Ganz ähnlich stellen sich die Epiphänomenalisten auch die Rolle mentaler Eigenschaften vor: Diese sind zwar eine notwendige Begleiterscheinung der zugrunde liegenden neuronalen Prozesse, kausal sind sie jedoch irrelevant. Zur *Erklärung* eines beliebigen Tuns kommen allein neuronale, nicht jedoch mentale Eigenschaften in Betracht.

Leistungen des Epiphänomenalismus

Auf den ersten Blick stellt der eigenschaftsdualistische Epiphänomenalismus also eine recht attraktive Position dar: Er scheint der multiplen Realisierbarkeit, aber auch der Eigenständigkeit mentaler Eigenschaften gerecht zu werden, ohne sich dabei auf anspruchsvolle Forderungen wie der nach geistigen Substanzen einlassen zu müssen. Im Unterschied zur Identitätstheorie ist er auch nicht zu der scheinbar schwer verständlichen Behauptung gezwungen, Bewusstseinsprozesse seien ›nichts anderes‹ als die elektrochemischen Reaktionen einfacher Neuronen. Stattdessen lässt er es zu, dass eine bestimmte geistige Eigenschaft auf der Basis von unterschiedlichen Typen physischer Aktivitäten entsteht. Anders als der dualistische Interaktionismus vermeidet er aber auch diejenigen Probleme, die das Postulat der psychophysischen Interaktion aufwirft, schließlich scheint er außerdem mit den Befunden Libets zur Entstehung einfacher Willkürbewegungen vereinbar zu sein.

Probleme und Einwände

Auch hier ergeben sich bei näherer Betrachtung gravierende Einwände.[42] Zum einen sprechen die Untersuchungen von Libet keineswegs so eindeutig für den Epiphänomenalismus, wie dies seine Befürworter annehmen (vgl. Birnbacher 1990, 1995). Libet räumt außerdem selbst die Möglichkeit ein, dass die geplante Handlung auch nach dem Aufbau des Bereitschaftspotentials noch durch ein bewusstes Veto verhindert werden kann: Damit könnte der Bewegungsablauf doch bewusst gesteuert werden.[43]

Doch selbst wenn man die Möglichkeit eines Vetos außer Acht ließe und Libets Befunde ansonsten akzeptierte, wäre daraus keineswegs ein eindeutiges Argument für den Epiphänomenalismus abzuleiten: Nichts spricht gegen die Annahme, dass der Willensakt, der nach der Einleitung der Bewegung auftritt, identisch mit einem neuronalen Prozess ist. Zwar würde sich aus den Resultaten Libets ergeben, dass dieses psychophysische Ereignis keinen Einfluss auf die zu diesem Zeitpunkt bereits eingeleitete Bewegung besitzt. Ansonsten kann es aber durchaus gewisse physische Wirkungen besitzen, beispielsweise hinsichtlich der Anlage von Gedächtnisspuren für eine nachträgliche Erinnerung an diesen Vorgang:[44] Insofern stellen die Experimente von Libet einen nur sehr unzulänglichen Beleg für den Epiphänomenalismus dar.

Die meisten Einwände gegen diesen Ansatz leiten sich allerdings eher aus theoretischen Überlegungen ab. So verweist etwa Popper (Popper & Eccles 1989) auf evolutionstheoretische Probleme des Epiphänomenalismus: Es ist nämlich völlig unklar, welchen Selektionsvorteil das Bewusstsein gehabt haben soll, wenn es doch keinerlei physische Wir-

42 vgl. hierzu ausführlicher Pauen 2000a.

43 Der Versuch von Libet lässt keine endgültigen Aussagen über das Verhältnis mentaler und neuronaler Prozesse zu. Auch das bewusste Veto könnte noch epiphänomenal, dualistisch oder identitätstheoretisch interpretiert werden; wie schon erwähnt, spricht jedoch auch eine eher zurückhaltende Interpretation der Befunde Libets gegen eine dualistische Interaktionstheorie.

44 Hieraus ergibt sich kein Widerspruch zu den oben erhobenen Einwänden gegen den Dualismus, die sich ebenfalls auf die Untersuchungen Libets stützten: Die Interaktionstheorie ist an *bestimmte* Annahmen bezüglich der Wirksamkeit von Bewusstseinszuständen gebunden. Der Dualist muss sich auf unsere alltägliche Erfahrung von der Wirksamkeit mentaler Zustände berufen; diese Erfahrung ist jedoch nicht vereinbar mit der Annahme, dass z.B. meine bewusste Entscheidung, in die Küche zu gehen, lediglich eine nachträgliche Erinnerung an diesen Willensakt bewirkt, mit der Ausführung der eigentlichen Handlung jedoch nichts zu tun hat.

kungen besitzt und also die Überlebenschancen von bewusstseinsfähigen Organismen nicht erhöhen konnte.

Vertreter des Epiphänomenalismus haben hierauf geantwortet, dass bestimmte intelligente Prozesse möglicherweise nur zusammen mit Bewusstsein entstehen konnten. Es gibt allerdings keinerlei unabhängige Belege, die diese Antwort stützen würden. Theoretische Argumente für die Notwendigkeit der Verknüpfung von mentalen und neuronalen Eigenschaften sind nicht zu erkennen, empirische Erkenntnisse über psychophysische Zusammenhänge wären unzureichend: Wenn wir stabile psychophysische Korrelationen auf unserer Welt damit erklären wollen, dass solche Korrelationen eben auftauchen *müssen,* dann können wir diese Notwendigkeit nicht daraus ableiten, dass es solche Zusammenhänge auf unserer Welt gibt. Gegen eine solche Notwendigkeit spricht überdies die epiphänomenalistische Unterscheidung von mentalen und neuronalen Eigenschaften. Hieraus ergibt sich, wie die meisten Epiphänomenalisten selbst einräumen, zumindest eine theoretische Möglichkeit, dass diejenigen neuronalen Prozesse, die *de facto* mit Bewusstsein verbunden sind, auch ohne Bewusstsein auftreten *könnten.* Insofern scheint es, als besäße der Epiphänomenalismus kein überzeugendes Argument gegen den evolutionstheoretischen Einwand.

Ein weiteres Problem dieser Position besteht darin, dass sie gegen eine tief verwurzelte Annahme verstößt, nämlich gegen die Vorstellung, dass mentale Zustände kausal wirksam sind. Willensakte sind hier nur ein besonders charakteristisches, keineswegs aber das einzige Beispiel. Wir glauben im Allgemeinen nämlich, dass unsere Empfindungen unter den Ursachen dafür sind, dass wir über diese Empfindungen sprechen, unsere Gedanken zu den Ursachen für die Entstehung von Gedächtnisspuren zählen, die es uns ermöglichen, uns an diese Gedanken zu erinnern, und schließlich unterstellen wir auch, dass unsere Überzeugungen mit verantwortlich dafür sind, dass wir diesen Überzeugungen entsprechend entscheiden und handeln. Vor allem aber dürften die meisten von uns nur sehr ungern akzeptieren, dass die Welt genauso sein könnte, wie wir sie vorfinden, auch wenn es kein Bewusstsein geben würde. Genau dies muss der Epiphänomenalist jedoch behaupten, schließlich sollen mentale Eigenschaften ja keinerlei physische Konsequenzen besitzen. Auch ihre Abwesenheit bliebe daher völlig folgenlos.

Selbstverständlich können sich auch tief verwurzelte Annahmen als falsch herausstellen. Doch solange es Theorien gibt, die mit ihnen verträglich sind, erscheinen Konzeptionen wie der Epiphänomenalismus, die uns zur Aufgabe dieser Annahmen zwingen, als nicht besonders attraktiv. Dies dürfte noch deutlicher werden, wenn man sich die Konsequenzen dieser Position noch etwas genauer vor Augen führt.

Zunächst könnte der Eigenschaftsdualist das zuletzt skizzierte Problem einer Welt ganz ohne Bewusstsein als hypothetisch und letztlich völlig unrealistisch abtun. In unserer eigenen Welt gebe es schließlich Bewusstsein, es gebe bewusste Willensakte und auch Empfindungen: Dies zeige nicht nur die persönliche Erfahrung, dies zeigten vor allem wissenschaftliche Untersuchungen über Korrelationen von mentalen und neuronalen Prozessen.

Es ist jedoch fraglich, ob empirische Erkenntnisse über stabile psychophysische Korrelationen unter den Prämissen des Epiphänomenalismus tatsächlich die Möglichkeit eines Auseinanderfallens von mentalen und neuronalen Prozessen ausschließen können. Trivialerweise kann ein empirischer Test eine Hypothese nur dann bestätigen, wenn er negativ ausfallen würde, sofern die Hypothese falsch wäre. Ein Experiment, das unabhängig von der Richtigkeit der Ausgangshypothese immer ein positives Ergebnis bringt, kann nicht als wirklicher Test und daher auch nicht als ernst zu nehmender Beleg für die zur Diskussion stehende Hypothese akzeptiert werden.

Genau dies trifft jedoch auf den vorliegenden Fall zu. Zwar scheint zunächst nichts dagegen zu sprechen, die Aussage einer Versuchsperson, sie verspüre einen heftigen Schmerz, als Beleg für die Existenz des entsprechenden mentalen Zustandes zu akzeptieren. Macht man sich jedoch die Prämissen des Epiphänomenalismus zu Eigen und fragt nach den Konsequenzen für die oben genannte hypothetische Annahme, dann ändert sich das Bild. Dem Epiphänomenalismus zufolge hängt die verbale Äußerung ausschließlich von neuronalen Prozessen ab. Zwar sollten diese Prozesse normalerweise auch die Entstehung der entsprechenden mentalen Eigenschaften bewirken, doch *muss* dies auch nach Auffassung der meisten Epiphänomenalisten nicht so sein. Im gegebenen Fall kann dies vor allem deshalb nicht unterstellt werden, weil dieser Zusammenhang hier ja gerade überprüft werden soll.

Was würde also passieren, wenn der hypothetische Fall einträte und die mentalen Prozesse ausblieben? Offenbar könnte dies keinerlei von außen erkennbare Konsequenzen haben. Da mentale Zustände ja kausal irrelevant sind, kann sich ihre Abwesenheit nicht auf physische Prozesse auswirken. Sofern also die normalerweise für eine Schmerzerfahrung notwendige neuronale Aktivität vorliegt, muss sich eine Versuchsperson genauso verhalten und sich genauso äußern, wie sie es in Anwesenheit der Schmerzerfahrung tun würde. Eine Versuchsperson würde also auch dann von ihren Schmerzen *sprechen*, wenn ihr die korrespondierende bewusste Erfahrung fehlte – vorausgesetzt nur, die entsprechenden neuronalen Aktivitäten liegen vor. Dies würde umgekehrt bedeuten, dass solche empirischen Tests unter den Prämissen des Epiphänomenalismus nicht geeignet wären, eine Dissoziation von neuronalen und mentalen Zuständen auszuschließen.

Es kommt hinzu, dass sich diese Schwierigkeiten nicht nur auf den Zugang Dritter zu den mentalen Zuständen einer Person auswirken würden; vielmehr stellten sie auch die Basis der Erinnerung an eigene mentale Zustände in Frage. Solche Erinnerungen setzen die Existenz von neuronalen ›Gedächtnisspuren‹ voraus – wie auch immer diese beschaffen sein mögen. Die Anlage solcher Spuren ist offenbar ein physischer Vorgang, der kausal von dem erinnerten Ereignis abhängt. Dieser Vorgang *kann* daher gar nicht von der Abwesenheit kausal irrelevanter mentaler Eigenschaften betroffen sein. Unter den genannten Bedingungen müsste ich also glauben, mich an eine Bewusstseinserfahrung zu erinnern, die ich in Wirklichkeit niemals gemacht habe.

Schlimmer noch: Nehmen wir an, ich wäre eine Versuchsperson und könnte mich davon überzeugen, dass im Moment bei mir die neuronalen Aktivitäten vorliegen, die gewöhnlich mit einer Schmerzerfahrung korrelieren. Gleichzeitig würde ich jedoch – ebenso wie die oben genannte Person – keinerlei Schmerz verspüren. Normalerweise würde man annehmen, dass ich unter diesen Voraussetzungen zutiefst irritiert sein müsste, an der Zuverlässigkeit der Untersuchungsmethoden zweifeln und vielleicht sogar den Versuch abbrechen würde. Ich glaube in der Tat, dass dies eintreten würde; der Epiphänomenalist müsste allerdings zu einem ganz anderen Ergebnis kommen.

Irritationen, Zweifel und Beschwerdeabsichten sind mentale Akte, die nach den Voraussetzungen des Epiphänomenalismus eine physische Basis benötigen, also einen konkreten neuronalen Prozess, der diesen mentalen Akten zugrunde liegt. Doch wenn die Abwesenheit meiner Schmerzerfahrung keine physischen Wirkungen hervorzubringen vermag, dann können sich auch die für die Irritation, den Zweifel und die

Beschwerde erforderlichen neuronalen Reaktionen nicht einstellen. Solche neuronalen Aktivitäten und damit auch die von ihnen abhängigen psychischen Reaktionen könnten auch dann nicht entstehen, wenn es wiederholt zu derartigen Ausfällen käme, ja selbst dann nicht, wenn ich ›mein‹ gesamtes bisheriges Leben verbracht hätte, ohne jemals bei Bewusstsein gewesen zu sein.

Offenbar kann der Epiphänomenalismus diese Möglichkeit genauso wenig ausschließen, wie die Äußerungen über mentale Zustände, die gar nicht existieren bzw. existiert haben. Der Grund ist immer der gleiche: Da geistige Zustände kausal irrelevant sind, kann auch ihre Abwesenheit keinen Unterschied bewirken.

Damit bringt der Epiphänomenalismus unsere Überzeugungen über die Existenz mentaler Zustände in Gefahr. Weder die üblichen wissenschaftlichen Untersuchungen noch die Erinnerungen an Bewusstseinserfahrungen aus der Perspektive der ersten Person können unter den Voraussetzungen dieser Theorie als zuverlässige Indizien für die Realität von Bewusstseinsprozessen angesehen werden. Hält man an diesen Überzeugungen fest, dann wird man den Epiphänomenalismus schwerlich als eine wirklich attraktive Theorie ansehen können.

Vermeiden lassen sich die abwegigen Konsequenzen dieser Position nur durch die Forderung, dass mentale Phänomene kausal wirksam sein müssen. Dies bedeutet nicht nur, dass sie irgendwelche Wirkungen haben müssen, vielmehr müssen diese Wirkungen *spezifisch* für den jeweiligen Typ mentaler Phänomene sein. Wenn Schmerzerfahrungen sich in ihren Kausaleigenschaften nicht von Glücksempfindungen unterscheiden würden, hätten sie die gleichen Wirkungen auf Verhalten und Gedächtnis. Wir wären dann außerstande, diese Zustände in Erinnerung und Verhalten voneinander zu unterscheiden. Es könnte also geschehen, dass wir uns an Glücksempfindungen zu erinnern meinen, obwohl wir *de facto* Schmerzen empfunden haben.

Bewusste Entscheidungen, Schmerzerfahrungen und Überzeugungen müssen also unter den Ursachen dafür sein, dass wir über diese Zustände reden, uns an sie erinnern oder uns ihnen entsprechend verhalten: Nur unter dieser Voraussetzung können wir Berichte über Schmerzen oder Erinnerungen an Furchtzustände als empirische Belege für die Existenz dieser Erfahrungen ansehen. Erfüllt werden diese Voraussetzungen durch den interaktionistischen Dualismus, erfüllt werden sie aber auch von der Identitätstheorie.

Fazit

Der Epiphänomenalismus ist nicht die einzige Variante des Dualismus, gegen die gravierende theoretische Einwände erhoben werden können. Auch der Substanzdualismus, der Okkasionalismus sowie der dualistische Parallelismus werfen schwere Probleme auf. Hieraus ergibt sich indessen keine generelle Zurückweisung des Dualismus: Zumindest die ›physikalistische‹ Variante der Interaktionstheorie wird von solchen theoretischen Einwänden nicht getroffen.

Allerdings hatten sich auch die theoretischen Argumente, die häufig *zugunsten* des Dualismus ins Feld geführt werden, als nicht sehr tragfähig erwiesen: Der Dualismus bietet keine wesentlichen Vorteile, wenn es um die Begründung der Willensfreiheit, die mentale Verursachung oder aber die Erklärung der Einheitlichkeit mentaler Zustände geht. Der Monismus kann offenbar in allen genannten Fällen mit zumindest gleichrangigen Erklärungen aufwarten. Zuweilen, etwa bei der Erklärung der Einheitlichkeit mentaler Zustände, scheint seine Ausgangsposition sogar günstiger zu sein als die des Dualisten.

Letztlich bestätigt sich jedoch die Vermutung, dass die Entscheidung über den Dualismus von empirischen Erkenntnissen abhängt – auch wenn Attraktivität und Glaubwürdigkeit möglicher Alternativen eine wichtige Rolle spielen. Entscheidend wird dabei sein, ob dem interaktionistischen Dualismus der bislang ausstehende Nachweis der behaupteten Wirksamkeit autonomer mentaler Ereignisse gelingt. Findet sich ein solcher Nachweis, dann wäre dies ein entscheidender Punkt *für* diese Position, wären solche Belege nicht zu finden oder könnte gar in typischen Fällen mentaler Verursachung das Eingreifen eines autonomen Geistes ausgeschlossen werden, dann wäre dies ein wichtiges Argument *gegen* den Dualismus.

Monismus

Wie bereits erwähnt, sind die meisten ernsthaften Alternativen zum interaktionistischen Dualismus MONISTISCH. Die Unterscheidung von monistischen und dualistischen Positionen ist indessen heute längst nicht mehr so unproblematisch wie innerhalb eines Cartesianischen Bezugssystems, das mit zwei völlig unterschiedlichen Substanzen operiert: materiellen, ausgedehnten Substanzen auf der einen Seite und geistigen, also denkenden Substanzen auf der anderen. Von dieser klaren Gegenüberstellung hatte nicht nur der Dualist profitiert, sondern ebenso sein monistischer Gegenspieler. Während der Dualist die Existenz *beider* Substanzen behauptete, gab es dem Monisten zufolge nur eine einzige Art von Substanzen, nämlich materielle. Gleichzeitig konnte er davon ausgehen, dass bestimmte hochkomplexe Konfigurationen dieser materiellen Substanzen nicht nur intelligentes Verhalten hervorbringen, sondern auch einen privilegierten Zugang zu den kognitiven Prozessen ermöglichen, die dem intelligenten Verhalten zugrunde liegen: Materielle Prozesse bringen also Bewusstsein hervor. Im Prinzip ließ sich diese Ordnung auch dann noch halten, nachdem man die Rede von Substanzen aufgegeben hatte, und statt dessen zwischen physischen und geistigen Eigenschaften unterschied: Während der Dualist unter diesen Voraussetzungen die Existenz beider Typen von Eigenschaften behaupten konnte, akzeptierte der Monist nur die Existenz physischer Eigenschaften.

Weniger übersichtlich wird die Lage allerdings, sobald man dem Dualisten die Möglichkeit einräumt, auch für mentale Prozesse den Status physischer Eigenschaften in Anspruch zu nehmen. Ich möchte noch einmal das zentrale Argument wiederholen, das sich zugunsten dieses Zugeständnisses anführen lässt: Der Bereich der physikalisch beschreibbaren Entitäten ist nicht scharf umgrenzt; wir wissen zudem, dass dieser Bereich in der Geschichte der Wissenschaften immer wieder erweitert worden ist, sobald Sachverhalte bekannt wurden, die mit den bislang als physisch akzeptierten Entitäten nicht zu erklären waren: Die Einführung von magnetischen Feldern ist ein Beispiel für eine solche Erweiterung. Sollte es sich also herausstellen, dass autonome mentale Prozesse physikalisch beschreibbare Wirkungen besitzen, die nicht durch den Verweis auf neuronale Prozesse zu erklären sind, dann könnten wir uns gezwungen sehen, autonome mentale Ereignisse als eine neue Art physischer Prozesse zu begreifen.

Die bloße Option einer solchen Erweiterung des Bereichs physischer Entitäten stellt die obige Ordnung insofern in Frage, als sich nun die dualistische Unterscheidung von neuronalen und mentalen Prozessen nicht mehr mit der Differenz von physischen und nicht-physischen Prozessen decken würde. Konnte der Dualist zuvor einfach behaupten, physische Prozesse seien keine mentalen und mentale keine physischen

Prozesse, so wird er nun darauf bestehen, dass mentale Prozesse sehr wohl physische, nicht aber neuronale Prozesse sind.

Auf den ersten Blick könnte es so aussehen, als würde er damit die Position des Monisten übernehmen: Der hatte schließlich immer schon behauptet, dass mentale Prozesse physische Prozesse seien. Bei näherer Betrachtung zeigt sich hier jedoch, dass die Unterscheidung zwischen Monismus und Dualismus angesichts grundsätzlicher Differenzen weiterhin gerechtfertigt ist; allerdings müssen die Grenzen neu bestimmt werden. Entscheidend ist dabei die Unterscheidung zwischen mentalen und neuronalen Prozessen; dies fällt angesichts der eingangs gegebenen Verständigung über den Unterschied zwischen diesen beiden Typen von Ereignissen auch nicht weiter schwer: Nach wie vor gilt nämlich, dass wir zu mentalen Prozessen einen privilegierten Zugang aus der Perspektive der ersten Person haben, während neuronale Prozesse prinzipiell *jedem* Beobachter aus der Perspektive der dritten Person zugänglich sind.

Selbst wenn der Dualist also mentale Prozesse als physische Entitäten begreifen würde, müsste er sie nicht mit den aus der Perspektive der dritten Person beschreibbaren neuronalen Prozessen identifizieren. Auch die Unterscheidung zwischen einem Magnetfeld und der elektrischen Aktivität in einer Spule wird trivialerweise nicht dadurch aufgehoben, dass man beide als physische Phänomene bezeichnet. Der ›physikalistische‹ Dualist kann also mentalen und neuronalen Prozessen den Status physischer Entitäten zubilligen, ohne sie miteinander zu identifizieren. Außerdem kann er daran festhalten, dass wir nur zu einem dieser beiden Typen von Zuständen einen privilegierten Zugang aus der Perspektive der ersten Person besitzen.

Im Gegensatz zu dem Dualisten würde der Monist die Identität von mentalen und neuronalen Prozessen behaupten. In seinen Augen hätten wir also zu mentalen Zuständen einen privilegierten Zugang aus der Perspektive der ersten Person und außerdem, kraft der Identität mit neuronalen Prozessen, einen nichtprivilegierten Zugang aus der Perspektive der dritten Person.

Zuzugeben ist allerdings, dass der Geltungsbereich der Begriffe ›Monismus‹ und ›Dualismus‹ dabei ganz entschieden eingeschränkt wird. Sie sagen nun nichts mehr darüber aus, welche Substanzen es insgesamt in unserer Welt gibt; ihre Bedeutung beschränkt sich vielmehr auf das Verhältnis von neuronalen und mentalen Prozessen. In diesem nunmehr eingeschränkten Geltungsbereich ist die Unterscheidung zwischen Monismus und Dualismus aber weiterhin klar und bedeutsam, beide Positionen lassen sich also eindeutig voneinander trennen.

Ebenso wie der Dualismus tritt auch der Monismus in einer ganzen Reihe unterschiedlicher Varianten auf. Ich werde mich auch hier auf die systematisch bedeutsamsten Ansätze und Fragestellungen beschränken. Zunächst sollen zwei Konzeptionen vorgestellt werden, die man als ›radikal materialistisch‹ bezeichnen kann, weil sie der physikalistischen Perspektive der dritten Person einen klaren Primat gegenüber der mentalistischen Perspektive der ersten Person einräumen. Zum einen handelt es sich hier um den LOGISCHEN BEHAVIORISMUS. Er geht davon aus, dass Aussagen über mentale Prozesse vollständig in Aussagen über neuronale Prozesse oder Verhaltensdispositionen übersetzbar sind. Vertreten worden ist diese Position von Ryle, Carnap und Hempel. Weiter noch geht der sogenannte ELIMINATIVE MATERIALISMUS: Er postuliert, dass wir früher oder später zu der Überzeugung gelangen würden, dass es eigentlich gar keine mentalen Prozesse wie Wünsche oder Glaubensvorstellungen gibt.

Im Gegensatz zu den radikalen Materialisten behandeln die Vertreter der IDENTITÄTSTHEORIE die Perspektive der ersten Person und die Perspektive der dritten Person als gleichrangig. Diese Theorie lässt sich bis auf Spinoza und den psychophysischen Parallelismus an der Wende vom 19. zum 20. Jahrhundert zurückverfolgen.

Die erste wichtige Variante dieser Position in der Nachkriegszeit war die klassische Theorie der TYPENIDENTITÄT. Sie behauptet, dass sämtliche mentalen Zustände eines bestimmten Typs gleichzeitig Zustände eines bestimmten neuronalen Typs sind und umgekehrt: Alle Schmerzzustände sind also Aktivitäten des neuronalen Typs *N*[45] und alle neuronalen Aktivitäten dieses Typs sind Schmerzen. Nach einem ersten Höhepunkt in den fünfziger Jahren, geriet diese Theorie zunächst für einige Zeit ins Hintertreffen, da sie keine Antwort auf einige wichtige Einwände zu besitzen schien: Vor allem die bereits erwähnte MULTIPLE REALISIERBARKEIT mentaler Zustände machte den Vertretern der Identitätstheorie schwer zu schaffen.

Als Reaktion auf diese Probleme entstand dann in den sechziger und siebziger Jahren die Theorie der TOKENIDENTITÄT. Auch diese Theorie

45 Nach derzeitigem Kenntnisstand liegen menschlichen Schmerzempfindungen Aktivitäten u. a. im somatosensorischen Kortex und im vorderen Teil des Gyrus cinguli zugrunde; vgl. hierzu Rainville et al. 1997; Roland 1992; Melzack & Wall 1988.

unterstellt die Identität von mentalen und physischen Zuständen, allerdings geht sie davon aus, dass die Zustände eines mentalen Typs durch physische Prozesse *unterschiedlicher* Typen realisiert werden können: Schmerzzustände wären also nicht nur durch neuronale Aktivitäten des Typs *N* realisiert, sondern könnten etwa im Gehirn von Marsmenschen oder in intelligenten und empfindungsfähigen Computern auch auf einer ganz anderen Grundlage entstehen. Die bekannteste Variante der Tokenidentitätstheorie war der FUNKTIONALISMUS. Ihm zufolge lässt sich ein mentaler Zustand durch seine Funktion im Verhältnis zu Reizen, Reaktionen und anderen mentalen Zuständen bestimmen; dabei wird angenommen, dass eine Funktion auf der physischen Ebene ganz unterschiedlich realisiert werden kann.

In den letzten Jahren lässt sich allerdings eine gewisse Wiederbelebung der ursprünglichen Theorie der TYPENIDENTITÄT beobachten. Bei der Diskussion dieser Entwicklung wird daher die Frage eine Rolle spielen, ob die Vertreter dieser Auffassung mittlerweile überzeugende Lösungen für das Problem der multiplen Realisierbarkeit gefunden haben, das bei der Abwendung von der Typenidentitätstheorie eine wichtige Rolle gespielt hatte.

Die Behauptung, dass mentale Prozesse materielle Prozesse sind, ist keine Erfindung der Nachkriegszeit: Zwar wäre es verfehlt, wollte man bereits antike Theorien wie etwa die milesische Naturphilosophie, den Atomismus Demokrits oder die Lehre von Epikur als ›materialistisch‹ bezeichnen. Spätestens seit dem Ende des siebzehnten Jahrhunderts bildet sich jedoch in der Absetzung vom Cartesianischen Dualismus die Vorstellung aus, dass es nur materielle Substanzen gebe: Geistige Prozesse müssen also in irgendeiner Weise auf materielle Prozesse zurückgeführt werden. Die Position findet zunächst Zulauf in England und vor allem in Frankreich; einer ihrer wichtigsten Vertreter ist der französische Arzt und Philosoph Julien Offray de La Mettrie (1709-1751), der in seinem Hauptwerk *L'homme machine* eine entschieden materialistische Position vertritt. Ähnliche Vorstellungen finden sich aber auch bei Diderot, d'Holbach und Helvétius, später dann bei dem Physiologen Pierre-Jean-Georges Cabanis, der das Bewusstsein zu einem ›Sekret des Gehirns‹ erklärte.[46]

46 Cabanis 1844, 138; vgl. Wittich 1971, LXIII; Lange 1873, 599. Der Satz scheint auf eine Bemerkung Friedrichs II. gegenüber Voltaire zurückzugehen; vgl. Dubois-Reymond 1872/1974, 257.

In Deutschland gewinnt der Materialismus erst im 19. Jahrhundert größere Bedeutung. Vertreten wird er hier von Ludwig Büchner, Jacob Moleschott und Carl Vogt, der in Anlehnung an Cabanis das Verhältnis von Gehirn und Seele mit dem der Nieren zum Urin vergleicht. Eine etwas differenziertere Position nimmt der Berliner Physiologe Emil Dubois-Reymond ein. Er schließt sich in seinem berühmten Vortrag *Über die Grenzen des Naturerkennens* zwar im Grundsatz der materialistischen Position an, weist aber gleichzeitig auf prinzipielle Grenzen dieses Ansatzes hin: Ausgeschlossen sei insbesondere eine materialistische Erklärung für die Entstehung des phänomenalen Bewusstseins. Ich werde auf diese Frage noch weiter unten im Zusammenhang mit dem so genannten ERKLÄRUNGSLÜCKENPROBLEM eingehen.

Neben den ›radikalen‹ Materialisten, die – wie Vogt – der Physiologie einen eindeutigen Primat zubilligen, indem sie behaupten, mentale Prozesse seien ›in Wirklichkeit‹ neuronale bzw. physische Vorgänge, gibt es auch gemäßigtere Vertreter des Materialismus, die sich bemühen, der Realität mentaler und physischer Phänomene *gleichermaßen* gerecht zu werden. Diese Versuche werden häufig auch dem ASPEKTDUALISMUS zugerechnet; dieser Begriff ist allerdings insofern etwas irreführend, als er fälschlicherweise eine Nähe zum Dualismus suggeriert. Einige Vertreter dieser Position, die sich bis auf Spinoza und Schelling zurückführen lässt, rechnen sich selbst auch einer monistischen Variante des bereits erwähnten PSYCHOPHYSISCHEN PARALLELISMUS zu. Dies gilt insbesondere für Gustav Theodor Fechner und Ernst Mach, der sich ganz explizit für den Monismus ausspricht. Bei ihm heißt es:

> Die in der Erfahrung vorgefundenen Elemente, deren Verbindung wir untersuchen, sind immer *dieselben*, nur von *einerlei Art* und treten nur je nach der Art ihres Zusammenhanges bald als physische, bald als psychische Elemente auf (Mach 1918, 50).

Logischer Behaviorismus

Carnap und Hempel

In der Zwischenkriegszeit gewinnt dann eine Position an Bedeutung, die im Allgemeinen als ›LOGISCHER BEHAVIORISMUS‹ bezeichnet wird; treffender erscheint mir allerdings die von Ansgar Beckermann verwendete

Bezeichnung ›SEMANTISCHER PHYSIKALISMUS‹.[47] Charakteristisch für diese Position ist die Auffassung, dass sich Sätze über psychische Phänomene vollständig in *bedeutungsgleiche* Sätze über physische Phänomene übersetzen lassen oder genauer, dass empirisch gehaltvolle Sätze über mentale Zustände als Sätze über ein bestimmtes Verhalten bzw. die Disposition dazu interpretiert werden können. So heißt es bei Carnap:

> So genannte psychologische Sätze, mögen sie nun konkrete Sätze über Fremdpsychisches, über vergangenes Eigenpsychisches oder über gegenwärtiges Eigenpsychisches sein, sind stets in die physikalische Sprache übersetzbar. Und zwar bezieht jeder psychologische Satz sich auf physikalische Vorgänge am Leib der betreffenden Person(en). Daher ist die Psychologie ein Teilgebiet der Einheitswissenschaft auf physikalischer Basis (Carnap 1932, 142).

Ganz ähnlich behauptet Carl Hempel, dass Sätze über psychische Zustände (›Paul spürt Zahnschmerzen‹) ohne Bedeutungsverlust in Sätze transformiert werden können, die keine psychologischen Begriffe mehr enthalten. Konkret sind damit auch bei Hempel vor allem Beschreibungen von äußerlich sichtbarem Verhalten gemeint:[48] Wenn ich also einer Person Zahnschmerzen zuschreibe, dann meine ich damit nichts anderes, als dass diese Person jammern wird, dass sie auf Befragen von ihren Zahnschmerzen berichten wird, dass ihr Blutdruck und ihre Reaktionsgeschwindigkeit sich in einer charakteristischen Weise verändern werden und dass schließlich ganz bestimmte neuronale Prozesse im Gehirn dieser Person stattfinden.

Beide Autoren stützen sich dabei auf eine wichtige Voraussetzung. Ihr zufolge wird der Gehalt eines empirischen Satzes bestimmt durch die Bedingungen seiner Verifikation, konkret also durch die Testverfahren, durch die der Satz bestätigt oder falsifiziert werden kann: »Ein Satz besagt nicht mehr als das, was an ihm nachprüfbar ist« (Carnap 1932, 116). Gibt es kein Testverfahren, dann ist der Satz sinnlos, können zwei Sätze durch dasselbe Verfahren bestätigt werden, dann sind sie in ihrem Gehalt gleich.

Genau dies gilt nun nach der Ansicht von Hempel und Carnap für das oben skizzierte Beispiel. Entscheidend ist dabei, dass man Behaup-

47 siehe Beckermann 1999, 63 ff.

48 vgl. Hempel 1980, 18. Der Aufsatz stammt ursprünglich aus dem Jahr 1935; Hempel distanziert sich in einer kurzen Vorbemerkung dieser späteren Veröffentlichung ausdrücklich von der dort vertretenen Form des Physikalismus.

tungen über Pauls psychische Zustände nicht durch eine direkte Beobachtung dieser Zustände selbst, sondern eben nur durch die Beobachtung seines Verhaltens bestätigen kann, also durch genau die Beobachtungen, auf die sich auch die zweite Gruppe von Sätzen bezieht. Da die Verfahren der Verifikation gleich sind, scheint auch einer bedeutungserhaltenden Übersetzung nichts mehr im Wege zu stehen. Würde man einen psychologischen Satz dagegen als einen Satz über einen nicht zu beobachtenden inneren Vorgang auffassen, also als einen Satz über ein privates mentales Ereignis, dann würde er sinnlos, schließlich wäre er dann nicht mehr zu verifizieren.

Logischer Behaviorismus (Carnap, Hempel)
(1) Mentale Ereignisse sind physische Ereignisse
(2) Mentalistische Aussagen lassen sich in bedeutungsgleiche nichtmentalistische Aussagen etwa über Verhaltensdispositionen übersetzen
(3) Alle physischen Ereignisse sind ausschließlich von physischen Ereignissen verursacht

Ryle

Eine den Vorstellungen von Carnap und Hempel ganz eng verwandte Auffassung ist in der Nachkriegszeit dann ausführlich von Gilbert Ryle in seinem 1949 erschienenen Buch *The Concept of Mind* vertreten worden.

Ryle setzt an bei den grundsätzlichen Verwirrungen, die seiner Meinung nach durch den interaktionistischen Substanzdualismus von Descartes und seinen Nachfolgern angerichtet worden sind. Ryle bezeichnet diese Lehre auch als den CARTESIANISCHEN MYTHOS, der nach wie vor die ›offizielle Lehre‹ darstelle. Die zentralen Bestandteile dieser Lehre sind der Dualismus von geistigen und physischen Substanzen, die Vorstellung, dass nur der Körper Gegenstand der öffentlichen Beobachtung sei, während wir zum Geist einen privaten und unmittelbaren Zugang hätten, die etwas fragwürdige Annahme, dass nur der Körper räumlich sei, dass aber dennoch der Geist in irgendeiner Weise ›im‹ Körper existiere, und schließlich die ebenfalls nicht unproblematische Behauptung, zwar sei nur der Körper den Kausalgesetzen unterworfen, dennoch könne der Geist Einfluss auf die Bewegungen des Körpers nehmen.

Wir hatten bereits gesehen, dass die grundsätzlichen Probleme, die den interaktionistischen Dualismus in seiner ursprünglichen Form belasten, durch gewisse Modifikationen dieser Position vermieden werden können. Die Auseinandersetzung mit Ryle lohnt dennoch: Zum einen macht er auf Schwierigkeiten aufmerksam, die nicht nur bestimmte Lesarten des interaktionistischen Dualismus, sondern auch andere Ansätze einschließlich der Identitätstheorie betreffen. Zweitens hat Ryles Ansatz großen Einfluss auf die zeitgenössische Diskussion ausgeübt – auch wenn er für die gegenwärtige Entwicklung keine unmittelbare Bedeutung mehr besitzt.

Ryles Buch gilt als ein Muster an Verständlichkeit, dennoch ist seine zentrale These bis heute umstritten: Häufig wird seine Polemik gegen den CARTESIANISCHEN MYTHOS und das von diesem erfundene GESPENST IN DER MASCHINE so verstanden, als wolle Ryle die Existenz mentaler Zustände generell leugnen.[49] Hierbei handelt es sich jedoch um ein Missverständnis. Ryle bestreitet lediglich die Existenz einer autonomen geistigen Substanz, so wie sie die cartesianische Tradition postuliert, er versteigt sich jedoch nicht dazu, die Existenz von Bewusstseinszuständen in Abrede zu stellen. Seine These ist nur, dass man Aussagen über mentale Zustände direkt in Aussagen über Verhaltensdispositionen übersetzen kann.[50]

Kategorienfehler

Ryle macht zunächst darauf aufmerksam, dass die ›offizielle Lehre‹ einen Parallelismus von Körper und Geist unterstellt. Diese Lehre postuliert also, dass wir neben unserem öffentlich sichtbaren Leben noch eine nur uns selbst zugängliche, geistige Schattenexistenz führen. Problema-

49 vgl. Hasted 1988, 98.

50 Ryle nimmt den diskutierten Vorwurf ausdrücklich vorweg: »Wenn ich also im Weiteren versuchen werde, diesen [cartesianischen; M.P.] Mythos zu vernichten, wird man mich wahrscheinlich dahin missverstehen, dass ich wohlbekannte Tatsachen des menschlichen Geisteslebens abstreiten wolle, und meine Verteidigung, ich wolle nur die Logik der Geistestätigkeitsbegriffe richtig stellen, wird wahrscheinlich als eine bloße Ausflucht abgetan werden« (Ryle 1969, 14). An anderer Stelle betont er noch einmal ausdrücklich die Realität mentaler Zustände: »Ich leugne z.B. nicht, dass sich geistige Vorgänge abspielen. Dividieren von großen Zahlen ist ein geistiger Vorgang und Witzemachen ist es auch. Aber ich behaupte, dass der Ausdruck, ›ein geistiger Vorgang hat sich abgespielt‹ nicht dieselbe Art von Behauptung aufstellt wie ›ein physischer Vorgang hat sich abgespielt‹, und dass es daher sinnlos ist, die beiden mit dem Worte ›und‹ zu verbinden« (Ryle 1969, 22).

tischer noch, dass der Geist, der doch wesensverschieden vom Körper sein soll, in Wirklichkeit eher als das negative Abbild des Körpers begriffen wird. Der Geist gilt als ein Ding, aber eben als Ding von einer ganz anderen Art. Er soll nicht den Gesetzen der Mechanik unterliegen, dennoch beeinflusst er den Körper, so wie es andere Körper auch tun. Der Geist soll nicht räumlich sein, dennoch befindet er sich merkwürdigerweise *innerhalb* des Körpers, er ist angeblich nicht wahrzunehmen, dennoch ist er Gegenstand einer mysteriösen INTROSPEKTION. Der Geist, so folgert Ryle, werde damit zu einem GESPENST IN DER MASCHINE, das unter den Gesetzen einer geheimnisvollen PARAMECHANIK steht.

Angesichts dieser Diagnose ist es nicht weiter verwunderlich, dass Ryles Urteil über diese ›offizielle Lehre‹ nicht sehr schmeichelhaft ausfällt:

> Ich werde oft mit absichtlicher Geringschätzung von ihr als dem ›Dogma von dem Gespenst in der Maschine‹ sprechen. Ich hoffe zu zeigen, dass sie ganz und gar falsch ist, nicht nur in Einzelheiten, sondern grundsätzlich. Sie ist nicht nur eine Ansammlung einzelner Fehler. Sie besteht aus einem einzigen großen Irrtum, einem Irrtum von ganz besonderer Art, nämlich einer Kategorienverwechslung. Sie stellt die Tatsachen des Geisteslebens so dar, als gehörten sie zu einem bestimmten logischen Typ oder einer Kategorie, … während sie in Wirklichkeit zu einer andern gehören (Ryle 1969, 13).

Was meint Ryle, wenn er von einem KATEGORIENFEHLER spricht? Grundlegend ist hier die Annahme, dass ein sprachlicher Ausdruck jeweils nur in einem bestimmten Kontext verwendet werden kann. So können wir beispielsweise den Ausdruck ›hat die Farbe Rot‹ in Zusammenhang mit Gartenmöbeln, Blumen oder der Haut einer Person verwenden, die zu lange in der Sonne gelegen hat. Im Gegensatz dazu würden wir die Behauptung ›ist in sich schlüssig‹ eher in Zusammenhang mit Theorien, Ausreden oder Romanhandlungen verwenden. Ein Zeichen dafür, dass zwei Ausdrücke zu unterschiedlichen Kontexten gehören, besteht daher darin, dass Unsinn entsteht, wenn ein Ausdruck durch den anderen ersetzt wird. So kann ich eine Blume als ›rot‹ oder als ›blau‹, nicht aber als ›schlüssig‹ bezeichnen. ›Rot‹ und ›blau‹ gehören also offenbar der gleichen, ›schlüssig‹ aber einer anderen Kategorie an. Ein weiteres Kennzeichen für die Zugehörigkeit zu unterschiedlichen Kontexten besteht darin, dass man Unsinn erhält, wenn man in sich sinnvolle Teilsätze, die diese Ausdrücke enthalten, mit einer Konjunktion verbindet. So kann man sagen: ›Sie kam heim in einer Flut von Tränen‹, man kann auch sagen: ›Sie kam heim in einer Sänfte‹, es wäre jedoch unsinnig zu sagen: ›Sie kam heim in einer Flut von Tränen und in einer Sänfte‹.[51]

Einen KATEGORIENFEHLER begeht man nun, wenn man einen Ausdruck in einem falschen Kontext verwendet, also dann, wenn man von einer ›schlüssigen Blume‹ oder von einer ›blauen Theorie‹ spricht. Einen typischen Kategorienfehler würde sich zuschulden kommen lassen, wer die Bibliothek, die Hörsäle und das Verwaltungsgebäude einer Universität kennen gelernt hat und dann verlangen würde, auch noch ›die Universität selbst‹ zu sehen. Offenbar übersieht er, dass der Ausdruck ›Universität‹ nicht demselben Kontext angehört wie die Ausdrücke für die Bibliothek, die Hörsäle und das Verwaltungsgebäude. Zwar sind solche Fehler im Alltag nicht weiter gravierend, ja sie mögen sich sogar als eine *façon de parler* einbürgern; verhängnisvolle Konsequenzen können sie jedoch in theoretischen Zusammenhängen haben.

Dies, so lautet Ryles zentrale These, gilt nun insbesondere für die traditionelle dualistische Theorie des Geistes. Sie begeht einen solchen Kategorienfehler, indem sie voraussetzt, dass man von geistigen Vorgängen im gleichen Kontext sprechen kann wie von physischen Prozessen. Die Verwirrung besteht nach Ryle also darin, dass Descartes und seine Anhänger glauben, ›Geist‹ und ›Gehirn‹ verhielten sich so zueinander wie ›Bibliotheksgebäude‹ und ›Hörsaalgebäude‹: Wenn man die Bibliothek gesehen hat, kann man mit Recht noch nach dem Hörsaalgebäude fragen. Genauso unterstellt die cartesianische Tradition, dass man von geistigen Prozessen ebenso sprechen könne wie von körperlichen Vorgängen. Hieraus erklärt sich die bereits erwähnte Vorstellung, geistige Vorgänge würden sich parallel zu den körperlichen Prozessen vollziehen und stellten daher die eigentliche, aus der Perspektive der dritten Person allerdings nicht erkennbare Ursache des äußerlich sichtbaren Verhaltens dar.

In Ryles Augen handelt es sich bei den Bezeichnungen für mentale und physische Vorgänge jedoch um Ausdrücke, die ganz unterschiedlichen Kategorien angehören. Es sei daher sinnlos, von ›gleichzeitig‹ stattfindenden mentalen und physischen Ereignissen zu sprechen. Abwegig

51 Ryle 1969, 22.

sei auch die Erwartung, man könne den Geist als eine autonome Entität jenseits der bloßen Physiologie beschreiben, so als würde sich eben in der Maschine unseres Körpers noch ein Gespenst namens ›Geist‹ verstecken.

Ryle weist auf eine Reihe konkreter Probleme hin, mit denen die traditionelle Theorie konfrontiert ist. Zum einen sei es völlig unklar, wie die ›paramechanischen‹ geistigen Prozesse Einfluss auf physische Ereignisse nehmen sollen.[52] Wie oben bereits gezeigt, besteht hier in der Tat eine zentrale Schwäche der Cartesianischen Theorie. Ryle weist zweitens auf einen Regress hin, in den sich die ›offizielle Lehre‹ verwickle. Wenn nämlich nur solche Handlungen als intelligent beurteilt werden können, die aus einer intelligenten Schattenhandlung hervorgehen, dann gilt das auch für die Schattenhandlung selbst: Sie müsste ihrerseits wieder auf eine intelligente Schattenhandlung zweiter Ordnung zurückgeführt werden und so weiter.[53]

Ein ganz ähnliches Problem tritt auf, wenn Willenshandlungen auf der Basis der ›offiziellen Lehre‹ analysiert werden. Dieser Auffassung zufolge sollen geistige Willensakte die Zurechenbarkeit und Freiheit einer Handlung gewährleisten; dies gilt nicht nur für äußerlich sichtbare Handlungen, sondern auch für mentale Prozesse. Doch wie ist es mit den Willensakten selbst? Da es sich hier ebenfalls um mentale Prozesse handelt, könnten sie unter den genannten Voraussetzungen nur dann als ›frei‹ bezeichnet werden, wenn sie ihrerseits das Produkt eines Willensaktes zweiter Ordnung wären, für den sich dann wiederum das gleiche Problem stellen würde – auch hier droht also ein Regress (Ryle 1969, 85).

Es kommt hinzu, dass es allen Sprachgepflogenheiten widersprechen würde, wollte man Willensakte wirklich als zeitlich und räumlich bestimmbare Ereignisse behandeln: Wir sagen eben nicht, dass wir zu einer bestimmten Zeit mit der Ausführung eines Willensaktes beschäftigt gewesen seien oder innerhalb einer gewissen Zeitspanne zwei oder drei Willensakte vollzogen hätten (Ryle 1969, 81). Es ist zudem nach wie vor unklar, wie ein autonomer Willensakt Einfluss auf äußerlich sichtbares Verhalten gewinnen soll, schließlich wären auch abgesicherte Aussagen über die Freiwilligkeit und Zurechenbarkeit von Handlungen unmöglich: Angesichts der Privatheit mentaler Akte wäre niemals klar, ob das

52 Ryle 1969, 64.
53 Ryle 1969, 34.

Tun einer anderen Person auf einen freien Willensakt zurückzuführen ist und daher der Person auch zugerechnet werden kann (Ryle 1969, 83).

Dispositionen

Ryle sucht nun zweitens zu zeigen, dass sich diese Probleme vermeiden lassen, wenn man mentalistische Aussagen nicht als Aussagen über die Ereignisse in einem mysteriösen, paramechanischen Schattenreich, sondern als Aussagen über das öffentlich zu beobachtende Tun versteht. Ryle behauptet also,

> dass wir bei der Charakterisierung von Leuten mit Hilfe von geistigen Prädikaten nicht unprüfbare Schlüsse auf geisterhafte Vorgänge ziehen, die sich in jedweden Besuchern unzugänglichen Bewusstseinsströmen abspielen; vielmehr beschreiben wir die Arten, auf die diese Leute Teile ihres vorwiegend öffentlichen Tuns abwickeln (Ryle 1969, 62 f.).

Dabei geht es allerdings nicht in erster Linie um das Verhalten, das eine Person zu einer bestimmten Zeit an einem bestimmten Ort zeigt, sondern um DISPOSITIONEN zu solchem Verhalten. Der Kategorienfehler von Descartes und seinen Anhängern habe also darin bestanden, dass sie derartige Dispositionen in eine eigene Klasse paramechanischer Ereignisse verzauberten.

Beispiele für Dispositionen sind die Löslichkeit von Zucker oder die Zerbrechlichkeit von Glas. Im Gegensatz zu Ereignissen finden Dispositionen nicht an einem bestimmten Ort zu einer bestimmten Zeit statt; man kann nicht sagen ›Dieses Stück Zucker war gestern um halb acht in meinem Glas löslich‹. Wenn wir einem Gegenstand eine Disposition zuschreiben, dann meinen wir damit, dass er sich unter bestimmten Bedingungen in einer bestimmten Weise verhalten wird: Wenn also ein Glas von einem Ball getroffen wird, dann wird es zerbrechen; wenn ein Stück Zucker mit Wasser in Berührung kommt, wird es sich auflösen.

Genauso glaubt Ryle nun auch mentale Ausdrücke verstehen zu können: Petras Glaube, dass es regnet, ist also nur eine abgekürzte Ausdrucksweise für ihre Neigung, die Fenster zu schließen oder einen Schirm mitzunehmen, falls sie das Haus verlässt; ihre Liebe zur Musik lässt sich ausdrücken als die Disposition, Musikalienhandlungen und Opernhäuser zu betreten, und Petras Intelligenz ist nichts weiter als die Fähigkeit, neu auftauchende Probleme schnell und ökonomisch zu lösen.

Ryle glaubt, trotz seines Verzichtes auf den cartesianischen Dualismus an der Zurechenbarkeit von Handlungen festhalten zu können: Schuldhaft ist ein gegen moralische Normen verstoßendes Tun in seinen Augen genau dann, wenn der Urheber dieses Tuns angesichts seiner persönlichen Fähigkeiten und der äußeren Umstände die objektive Möglichkeit hatte, dieses Tun auch zu unterlassen bzw. die moralisch geforderte Handlung zu vollziehen. Auch hier können wir uns also Spekulationen über rätselhafte innere Handlungen ersparen und uns stattdessen an eindeutigen, der öffentlichen Beobachtung zugänglichen Kriterien orientieren (Ryle 1969, 90 f.).

Vorzüge und Probleme

Ryles Theorie hat zwei wesentliche Vorzüge: Zum einen macht sie gravierende Schwachpunkte traditioneller dualistischer Ansätze deutlich. Dies gilt für das oben bereits erwähnte Problem der mentalen Verursachung, das in der Tat vor allem für nichtphysikalistische Varianten des Dualismus wie etwa die Ecclessche Psychonentheorie nur schwer zu lösen ist. Auf Ansätze dieses Typs trifft außerdem Ryles Vorwurf der ›Paramechanik‹ zu: Obwohl die Psychonen ausdrücklich als nichtphysische Entitäten beschrieben werden, sollen sie doch eine der charakteristischsten Eigenschaften physischer Prozesse besitzen, nämlich die, einen spezifischen Einfluss auf andere physische Zustände auszuüben. Dabei bleibt jedoch in der Regel völlig unklar, welchen Gesetzen die psychischen Prozesse selbst unterliegen und wie sie ihren Einfluss auf neuronale Prozesse geltend machen können.

Attraktiv ist Ryles Theorie zweitens aber auch deshalb, weil sie eine vergleichsweise klare Lösung oder besser wohl: *Auflösung* des Gehirn-Bewusstseins-Problems erlaubt. Wir müssen uns nicht mehr mit den geheimnisvollen Beziehungen zwischen mentalen und neuronalen Prozessen herumschlagen, ja wir können vollständig auf eine separate Auseinandersetzung mit mentalen Prozessen und ihren tatsächlichen oder mutmaßlichen Wirkungen verzichten und uns stattdessen auf das äußerlich sichtbare und vergleichsweise einfach zu erfassende Verhalten konzentrieren.

Damit würde nicht zuletzt eine Verständigung über die ansonsten schwer zu beschreibenden Zustände des phänomenalen Bewusstseins möglich. Es mag schwer zu entscheiden sein, was ›Liebe‹ bedeutet, doch die Neigung einer Person, ständig lange Briefe auf rosafarbenem, parfümiertem Papier zu schreiben oder ausgedehnte Ferngespräche zu führen, lässt sich im Allgemeinen problemlos verifizieren und mit anderen, mehr oder minder stark ausgeprägten Vorkommnissen dieses dispositionalen Zustands vergleichen. Schließlich sieht es so aus, als würde Ryle auch zeigen, dass wir eine Person für ihre Handlungen verantwortlich machen können, ohne dass wir uns dabei mit den schwer lösbaren Problemen von Willensfreiheit und Determination oder gar mit der Frage der psychophysischen Interaktion befassen müssten.

Bietet Ryle also tatsächlich eine Lösung der Probleme, die der Philosophie des Geistes zu schaffen machen? Ich glaube nicht, dass dies der Fall ist. Ryles Theorie ist mit einer ganzen Reihe von gravierenden Schwierigkeiten belastet, die neben seiner Kritik an der ›offiziellen Lehre‹ vor allem seinen eigenen Vorschlag betreffen, mentalistische Ausdrücke durch Dispositionsanalysen zu ersetzen.

Zum einen, so hat Jerry Fodor (1975, 2–9) gezeigt, ist es mehr als fraglich, ob Ryles dispositionale Erklärungen wirklich eine zureichende Antwort auf die von ihm gestellten Fragen geben. Wenn wir beispielsweise wissen wollen, was ein bestimmtes Verhalten zu einem intelligenten Verhalten macht, dann kann man natürlich – mit Ryle – auf genau *die* öffentlich beobachtbaren Merkmale verweisen, die uns dazu geführt haben, das Verhalten als ›intelligent‹ zu klassifizieren. Genauso gut könnten wir aber auch wissen wollen, was die *Ursachen* dieses Verhaltens sind. In diesem Falle wäre Ryles Antwort unzureichend. Will man eine adäquate Antwort geben, dann kämen dafür sehr wohl mentale Prozesse wie etwa kognitive Operationen in Betracht. Keineswegs ist man dabei auf die von Ryle zu Recht kritisierte ›Paramechanik‹ angewiesen: Vor allem der Identitätstheoretiker kann darauf verweisen, dass mentale Prozesse kraft ihrer Identität mit physischen Prozessen den ganz gewöhnlichen Gesetzen der Physik unterliegen.

Doch auch ein dualistischer Ansatz muss nicht in jedem Falle Zuflucht bei den Mysterien der ›Paramechanik‹ suchen: Wie oben gezeigt, sind physikalistische Varianten des Dualismus denkbar, die die Beziehung von mentalen und neuronalen Prozessen als einen besonderen Fall von physikalischer Kausalität beschreiben könnten. Zwar bedarf es hier einer Erweiterung der Physik, doch solche Erweiterungen hat es wie gesagt immer wieder gegeben.

Immerhin scheint es so, als könnte Ryle unter diesen Bedingungen gegen Identitätstheoretiker und Dualisten gleichermaßen den Vorwurf erheben, sie würden einen KATEGORIENFEHLER begehen, schließlich machen sie ja in bestimmten Fällen genau das, was Ryle kritisiert: Sie berufen sich auf innere Ereignisse, um äußerlich sichtbares Verhalten zu erklären, und verwenden dabei tatsächlich bestimmte Ausdrücke außerhalb ihres gewöhnlichen Kontextes.

Hierbei handelt es sich allerdings um eine auch in anderen Bereichen häufig geübte und offenbar harmlose Praxis – man denke etwa an Ausdrücke wie ›Schnittstelle‹ oder ›Datenautobahn‹. Tatsächlich sind denn auch gegen Ryles Umgang mit dem Begriff ›Kategorienfehler‹ gravierende Einwände erhoben worden. Es ist nämlich keineswegs immer verfehlt, einen Begriff außerhalb seines normalen Kontexts zu verwenden; Metaphern bilden hier ein wichtiges Beispiel. Natürlich akzeptiert Ryle den Gebrauch von Metaphern, doch er verfügt über kein brauchbares Kriterium, zwischen erlaubten Metaphern und kritikwürdigen Kategorienfehlern zu unterscheiden. Es kommt hinzu, dass – wie Mertens (1996) gezeigt hat – schon die Alltagssprache selbst, auf die sich Ryle ja beruft, im Zusammenhang mit mentalen Prozessen insbesondere visuelle Metaphern in einer Weise gebraucht, die den Bereich dessen, was Ryle für unverfänglich hält, weit überschreitet. Wir sprechen davon, dass uns etwas ›einleuchtet‹, wir machen uns etwas ›klar‹, ›sehen etwas ein‹ oder ›blicken zurück‹. Tatsächlich ist der Gebrauch dieser Metaphorik, die sich übrigens auch bei Ryle selbst findet, nicht nur unvermeidlich, sondern auch unproblematisch.

Ein letzter wichtiger Einwand, der neben Ryle auch die anderen Vertreter des semantischen Physikalismus betrifft, richtet sich gegen die dispositionale Analyse von mentalistischen Ausdrücken. Der entscheidende Punkt ist dabei, dass der Gehalt mentalistischer Ausdrücke einfach nicht in Dispositionsanalysen erfassbar ist. Wenn wir von unseren eigenen Schmerzen sprechen, dann *meinen* wir damit im Allgemeinen zunächst eine bestimmte Erfahrung, die uns in einer privilegierten Weise zugänglich ist. Es wird sich noch zeigen, dass solche Erfahrungen in der Tat bestimmte Verhaltensdispositionen einschließen können, doch wenn ich sage, ›ich habe gerade fürchterliche Kopfschmerzen‹, dann meine ich damit zunächst die Schmerzerfahrung selbst und nicht etwa meine Disposition, eine Schmerztablette einzunehmen, mich über die Kopfschmerzen zu beschweren, meine Termine für heute abzusagen oder gereizt zu reagieren, wenn ich nach den Gründen für meine schlechte

Laune gefragt werde. Es kommt hinzu, dass es völlig unmöglich ist, hier zu einer vollständigen Liste zu kommen – die aber wäre notwendig, wenn die Bedeutung des mentalistischen Ausdrucks tatsächlich in der Dispositionsanalyse erfasst werden soll. Vollständigkeit ist hier schon allein deshalb nicht zu erwarten, weil schon eine leichte Variation der Ausgangsbedingungen meine Reaktion völlig verändern kann: Wenn mich jemand mit sichtlicher Anteilnahme nach meinem Zustand fragt, werde ich ganz anders reagieren als bei einer Frage, in der sich ein Vorwurf zu verstecken scheint.

Abgesehen davon ist es immer möglich, dass ich eine bestimmte Disposition nicht habe, obwohl ich in dem entsprechenden mentalen Zustand bin: Auch wenn mir vollauf bewusst ist, dass es draußen regnet, kann ich den Schirm zu Hause lassen – etwa dann, wenn ich glaube, dass ein Sommerregen gesund ist. Genauso kann ich trotz meiner Liebe zur Musik Musikaliengeschäfte meiden, da ich derzeit keine Noten kaufen möchte.

Nur auf den ersten Blick scheint es so, als ließen sich die Unklarheiten durch eine genauere Bestimmung der Situation umgehen. Sicherlich würde ich den Schirm mitnehmen, wenn ich nicht *glaubte*, dass Sommerregen gesund ist, genauso wenig würde ich Musikaliengeschäfte meiden, wenn ich Noten kaufen *wollte.* Tatsächlich handelt man sich mit dieser Strategie ein neues Problem ein: Jeder der beiden Sätze enthält nämlich wieder einen mentalistischen Ausdruck und verfehlt damit das Ziel, mentalistische Sätze durch Dispositionsanalysen zu ersetzen.

Es sieht also so aus, als wäre dieses Vorhaben undurchführbar. Es wird weiter unten noch zu zeigen sein, dass es insbesondere bei Zuständen des phänomenalen Bewusstseins prinzipiell möglich ist, eine nachvollziehbare Beziehung zu einem nicht-mentalistischen Vokabular herzustellen. Der Versuch, die Bedeutung mentalistischer Ausdrücke in Dispositionsanalysen zu erfassen, ist jedoch offensichtlich nicht erfolgreich.

Eliminativer Materialismus

Tatsächlich gilt das Programm des semantischen Physikalismus heute als gescheitert, allerdings hat es unterschiedliche Reaktionen auf diesen Fehlschlag gegeben. Zum einen wurde versucht, die Dispositionsanalysen durch gewisse Zugeständnisse zu retten, insbesondere dadurch, dass man zusätzlich den Gebrauch mentalistischer Ausdrücke erlaubte. Dies war die Antwort des FUNKTIONALISMUS, auf den ich weiter unten noch ausführlicher eingehen werde. Zum Zweiten gibt es die bereits erwähnte Option der IDENTITÄTSTHEORIE. Sie hält daran fest, dass sich bestimmte neurobiologische Ausdrücke *de facto* auf genau die Prozesse beziehen, auf die wir auch in einer mentalistischen Sprache Bezug nehmen können, allerdings unterscheiden sich ihr zufolge beide Redeweisen in ihrer Bedeutung voneinander. Mentalistische und physiologische Termini verhalten sich so zueinander wie die Ausdrücke ›Abendstern‹ und ›Morgenstern‹: Sie differieren in ihrer Bedeutung, beziehen sich aber auf dasselbe Objekt, nämlich auf die Venus. Schließlich entwickelte sich drittens der ELIMINATIVE MATERIALISMUS. Er gab nicht nur die Forderung nach Bedeutungsgleichheit auf, sondern ging auch ab von der Behauptung, dass sich mentale und physiologische Ausdrücke auf die gleichen Entitäten beziehen: Während die physiologischen Ausdrücke auf neuronale Prozesse referieren, deren Existenz unabstreitbar ist, beziehen sich die mentalistischen Beschreibungen dem Eliminativen Materialismus zufolge auf etwas, das es nicht wirklich gibt.

Bewusstseinszustände sind nämlich in den Augen der Eliminativen Materialisten bloße Artefakte einer vorwissenschaftlichen Theorie. Diese Theorie, für die sich mittlerweile der Begriff ALLTAGSPSYCHOLOGIE (FOLK PSYCHOLOGY) eingebürgert hat, bemüht sich um Erklärungen und Prognosen des Verhaltens Dritter: Nur zu diesem Zweck hat sie die Existenz von Bewusstseinszuständen wie Wünschen, Absichten und Überzeugungen postuliert. Wenn wir den Eindruck haben, wir würden diese Zustände direkt erleben, dann liegt dies nur daran, dass wir uns vollständig an diese Postulate gewöhnt haben.

Ausführlich begründet wird die Vorstellung, dass unser scheinbar unmittelbares Erleben mentaler Zustände das Produkt theoretischer Verallgemeinerungen ist, von Wilfrid Sellars. Sellars (1956/1997) sucht zunächst zu zeigen, wie eine solche Theorie entstehen konnte, obwohl ihre Vertreter die postulierten mentalen Zustände nicht aus eigener Erfahrung kannten. Sellars entwirft zu diesem Zweck die Fiktion einer vorgeschichtlichen Gesellschaft, deren Mitglieder sich in Sprache und Vorstellung lediglich auf Verhaltensdispositionen und offene verbale Äußerungen, nicht jedoch auf eigene interne Zustände beziehen können. Erst in einem zweiten Schritt gehen sie dazu über, sich gegenseitig in Analogie zu ihren offenen Äußerungen stumme, interne Äußerungen, also ›Gedanken‹ zuzuschreiben. Diese internen Äußerungen – und damit mentale Zustände – werden der Erklärung von verbalem und nichtverbalem Verhalten zugrunde gelegt, so wie man zuvor das Verhalten aus expliziten Äußerungen erklärt hatte. Wenn also eine Person einen essbaren Gegenstand verzehrte, dann konnten ihre psychologisch interessierten Stammesgenossinnen dieses Verhalten als das Ergebnis stummer, interner Äußerungen von Sätzen wie ›Dieser Gegenstand ist essbar‹ erklären – obwohl sie selbst solche internen Zustände nicht aus der Perspektive der ersten Person kannten. Und wenn sie sahen, dass jemand plötzlich aus einem Wald hervorgelaufen kam, dann schrieben sie ihm eben interne Äußerungen wie ›Dieses Tier ist gefährlich‹ zu. Erst später wurde es üblich, diese alltagspsychologischen Erklärungen auch auf das eigene Verhalten anzuwenden. Wenn man also einen etwas weiter fortgeschrittenen vorzeitlichen Menschen gefragt hätte, warum er selbst aus dem Wald geflüchtet sei, hätte er mit dem Hinweis auf seine eigenen internen Äußerungen antworten können.

Wenn Sellars Recht hat, dann besitzen wir in der Tat keinen direkten Zugang zu unseren psychischen Zuständen. Unser Wissen über diese Zustände wäre vielmehr vermittelt durch die Alltagspsychologie, die mit darüber entscheidet, wie wir unser Verhalten und unsere Erfahrungen zu interpretieren und zu erklären haben. Ganz allgemein lässt sich die Alltagspsychologie als eine vorwissenschaftliche psychologische Theorie beschreiben, die eigenes und fremdes Verhalten durch die Bezugnahme auf psychische Zustände zu erklären und zu prognostizieren sucht. Zu dieser Theorie gehören Verallgemeinerungen wie: ›Wenn man den Wunsch nach einem Eis hat und an einem Eiscafé vorbeikommt, wird man dort vermutlich ein Eis kaufen.‹ Oder: ›Jemand, der Hunden grundsätzlich aus dem Weg geht, glaubt vermutlich, dass Hunde gefährlich sind.‹

Viele Autoren akzeptieren die Existenz einer Alltagspsychologie, umstritten ist jedoch deren Reichweite: Im einfachsten Fall würde man davon ausgehen, dass alltagspsychologische Verallgemeinerungen die Interpretation eigener und fremder psychischer Zustände nur *beeinflussen*. Vertreter des Eliminativen Materialismus gehen einen entscheidenden Schritt weiter: In ihren Augen ist die Alltagspsychologie auch für unsere Überzeugungen von der *Existenz* dieser mentalen Zustände verantwortlich.

Entwickelt worden ist der Eliminative Materialismus im Anschluss an Quine (1966) und den gerade vorgestellten Aufsatz von Sellars in den sechziger Jahren von Feyerabend (1963) und Rorty (1965; 1970); in den achtziger Jahren wurde er dann insbesondere von Patricia Churchland (1986) und Paul Churchland (1979; 1985; 1989) weiter ausgearbeitet; auf die Arbeiten von Paul Churchland werde ich mich im Folgenden konzentrieren.

Die zentrale These dieser Position ergibt sich aus der Annahme, mentale Zustände seien bloße Postulate der Alltagspsychologie: Unter dieser Voraussetzung ist anzunehmen, dass wir unsere Überzeugungen über die Existenz von Bewusstseinszuständen aufgeben werden, sobald die Alltagspsychologie durch eine bessere Alternative ersetzt worden ist, die ohne diese Postulate auskommt. Eine solche weit überlegende Theorie des menschlichen Verhaltens sei über kurz oder lang von den Neuro- und Kognitionswissenschaften zu erwarten. Diese würden uns nicht nur wesentlich genauere Prognosen und Erklärungen des Verhaltens *anderer* liefern, sondern auch einen erheblich differenzierteren Zugang zu unseren *eigenen* internen Zuständen. Infolgedessen würden wir die Alltagspsychologie auf die Dauer zugunsten der neuen wissenschaftlichen Theorie aufgeben, genauso wie wir frühere vorwissenschaftliche Theorien wie die Alchemie oder die Phlogiston-Theorie verworfen haben. ›Eliminiert‹ würde damit allerdings nicht nur die Alltagspsychologie selbst, ›eliminiert‹ würden auch die mentalen Zustände, deren Existenz die Alltagspsychologie postuliert hatte. Wir würden dann also nicht mehr von Schmerzen oder Furcht, von Wünschen oder Überzeugungen sprechen, sondern nur noch von den neuronalen Prozessen, die unsere neue, naturwissenschaftliche Theorie als die ›eigentliche‹ Ursache unseres Verhaltens ausgemacht hat. Doch unter welchen Umständen sollten wir uns zu einem so schwerwiegenden Schritt entschließen? Churchland zufolge kommt es hier vor allem darauf an, ob die Alltagspsychologie auf eine vollständige neurowissenschaftliche Theorie REDUZIERBAR sein wird.

Der oben (S. 17 f.) gegebenen Erläuterung zufolge kann von einer solchen Reduktion in der Regel dann gesprochen werden, wenn es gelingt, die Gesetze einer spezifischen, höherstufigen Theorie mit Hilfe von Begriffsverknüpfungen aus den Gesetzen einer grundlagenorientierten Theorie abzuleiten. Nur wenn eine solche Reduktion gelingt, so behauptet Churchland, können die von der spezifischeren und im Allgemeinen auch älteren Theorie postulierten Gegenstände weiterhin als Bestandteile einer wissenschaftlich respektablen Ontologie betrachtet werden. Es gibt jedoch Fälle, in denen die Reduktion misslingt. Wir wären dann nicht nur gezwungen, auf die alte Theorie zu verzichten, vielmehr müssten wir auch die Entitäten aufgeben, deren Existenz diese Theorie postuliert hatte. Dies geschah beispielsweise beim Übergang von der Phlogiston-Theorie zur modernen Chemie.

Churchland glaubt nun, dass auch die Alltagspsychologie dieses Schicksal erleiden werde. Es handle sich dabei nämlich um eine oberflächliche, konfuse und fehlerhafte Theorie, an der der wissenschaftliche Fortschritt längst vorbeigegangen sei. Paul Churchland (1989, 6 ff.) verweist auf drei Punkte, um deutlich zu machen, dass wir auf die Dauer nicht an der Alltagspsychologie festhalten können.

Zum einen versage die Alltagspsychologie vor vielen zentralen Problemen ihres Gegenstandsbereiches. Unerklärbar seien aus ihrer Sicht z. B. Entstehung und Dynamik psychischer Krankheiten, die Fähigkeit zu schöpferischer Imagination und die Ursachen von Intelligenzunterschieden. Zweitens bestehe keine Aussicht, dass die Alltagspsychologie diese Mängel in absehbarer Zeit beheben werde – im Gegenteil. Es handle sich um eine stagnierende, ja degenerierende Theorie. In primitiven Kulturen sei die Reichweite der Alltagspsychologie noch wesentlich größer gewesen; hier habe man ihre Erklärungen sogar auf Naturphänomene angewandt: Der Wind konnte ›ärgerlich‹ sein, der Mond ›eifersüchtig‹ und der Fluss ›großzügig‹. Aus diesen Bereichen habe sich die Alltagspsychologie mittlerweile zurückgezogen, doch auch in ihrem Kernbereich, also bei der Erklärung und Prognose menschlichen Verhaltens, sei seit der griechischen Antike kein Fortschritt zu entdecken. Schließlich führe die Alltagspsychologie drittens ein ›Mauerblümchendasein‹, das ihre Integration in das sich abzeichnende naturwissenschaftliche Gesamtbild der Wirklichkeit ausschließe:

> Wir müssen feststellen, dass die Alltagspsychologie mit ihren Erklärungen auf ganzer Breite versagt hat, dass sie seit zweieinhalb Jahrtausenden stagniert und dass ihre Begriffe (bislang) unvereinbar mit den Begriffen der physikalischen Hintergrundtheorien zu sein scheinen, deren langfristiger Anspruch, das menschliche Verhalten zu erklären, kaum zu bestreiten ist.[54]

Churchland betont zwar, dass es von der weiteren wissenschaftlichen Entwicklung abhänge, ob die Alltagspsychologie überwunden werden wird oder nicht. Angesichts der Fortschritte in den Neuro- und Kogni-

54 Churchland 1989, 8; cf. Churchland 1998.

tionswissenschaften einerseits und der gravierenden Mängel der Alltagspsychologie auf der anderen Seite scheint deren Elimination aber nahezu unausweichlich. Sobald wir also über eine adäquate wissenschaftliche Theorie unseres Verhaltens verfügen, dürfte sich die Alltagspsychologie kaum mehr halten lassen.

Paul Churchlands Auffassungen darüber, wie die wissenschaftliche Theorie aussehen wird, die an die Stelle der Alltagspsychologie treten soll, haben sich in den letzten Jahren etwas verändert. Während er ursprünglich davon ausging, dass es sich hier um einen rein neurobiologischen Ansatz handeln werde, setzt er mittlerweile[55] stärker auf die Neuroinformatik. Die Aussichten der Alltagspsychologie werden dadurch selbstverständlich nicht verbessert; auf die mentalistischen Postulate dieser Theorie werden spätere Generationen genauso mitleidig zurückblicken, wie wir heute auf die Essenzen der Alchimie:

> Wenn wir es also schließlich schaffen, eine adäquate Theorie neuronaler Aktivität aufzustellen, dann wird diese Theorie ihre primitive Vorläuferin einfach ersetzen. Die Alltagspsychologie[56] wird eliminiert werden, so wie es falschen Theorien ergeht, und die vertraute Ontologie der mentalen Zustände des gesunden Menschenverstandes wird dasselbe Schicksal erleiden wie das stoische Pneuma, die Essenzen der Alchimie, das Phlogiston, der Wärmestoff und der lichtleitende Äther.[57]

Einen eindeutigen Fortschritt gegenüber der Alltagspsychologie würde eine vollständige wissenschaftliche Erklärung der Gehirnprozesse schon allein deshalb mit sich bringen, weil sie uns bessere Prognosen und Erklärungen unseres Verhaltens ermöglichte. Gleichzeitig würden wir aber auch mehr über uns selbst erfahren, wenn wir unsere internen Zustände auf der Basis einer adäquaten wissenschaftlichen Theorie beschreiben würden; verbessern würden sich schließlich auch unsere Möglichkeiten, pathologische Erscheinungen zu diagnostizieren und zu bekämpfen. Neuerdings behauptet Churchland (1995, 309–314) sogar, dass die Verbrechensbekämpfung von der Elimination der Alltagspsychologie profitieren könne.

55 vgl. Churchland 1995.

56 Churchland spricht hier noch nicht direkt von ›folk psychology‹, sondern von einer ›P-theory‹. Die Übersetzung scheint dennoch gerechtfertigt, weil es sich hier ganz eindeutig um jene vorwissenschaftliche Alltagspsychologie handelt, für die Churchland später den Begriff ›folk psychology‹ verwenden wird.

57 Churchland 1979, 114.

Während die bislang skizzierten Auffassungen Churchlands als weitgehend repräsentativ für den Eliminativen Materialismus betrachtet werden können, herrscht Uneinigkeit bezüglich der Frage, ob das Vokabular der Alltagspsychologie auch aus der Alltagssprache verschwinden wird. Churchland bejaht diese Frage. Er zeigt sich überzeugt, dass wir aufhören werden, von mentalen Zuständen zu sprechen, sobald die Neuro- und Kognitionswissenschaften die unserem Verhalten zugrunde liegenden neuronalen Prozesse zufrieden stellend erklären können. Stattdessen werden wir direkt auf jene Prozesse Bezug nehmen, die unser Verhalten – den Angaben der Neurobiologie bzw. der Neuroinformatik zufolge – verursachen.[58] Akzeptiert man die von Sellars und Churchland postulierte Abhängigkeit von Theorie und Erfahrung, dann müssten unsere Nachfahren über kurz oder lang zu der Auffassung kommen, sie erführen ihre internen neuronalen Zustände in eben der Unmittelbarkeit, wie wir dies heute von Bewusstseinsprozessen behaupten.

Andere Autoren schwächen diese Position insofern ab, als sie die Elimination auf den *wissenschaftlichen* Gebrauch der Alltagspsychologie beschränken. Im alltäglichen Umgang können wir dagegen die vertraute Rede über mentale Zustände beibehalten. Auf diese Weise soll u. a. der kulturelle Bruch vermieden werden, der sich ergeben würde, wenn spätere Generationen aufgrund einer Elimination der Alltagspsychologie unser mentalistisches Vokabular nicht mehr verstünden. Sie würden den Zugang zu unserer Literatur und den meisten anderen Kulturzeugnissen verlieren, in denen das mentalistische Idiom eine zentrale Rolle spielt.[59]

In den Wissenschaften dagegen, so sucht etwa Kathy Wilkes zu zeigen, haben die Begriffe der Alltagspsychologie und insbesondere auch der Begriff des Bewusstseins selbst keinen Platz mehr: »Bewusstsein als solches ist kein Explanandum, das für ernsthafte WP [wissenschaftliche Psychologie; M. P.] geeignet wäre.«[60] Dennoch sei es unnötig, im täglichen Umgang auf die Alltagspsychologie zu verzichten, ja die Erwartung, die Wissenschaft könnte einen solchen Verzicht durchsetzen, sei geradezu ›absurd‹:

58 In den späteren Schriften ist in diesem Zusammenhang von einer neuroinformatischen Beschreibungssprache die Rede; vgl. Churchland 1995, 19.

59 So behauptet Tetens, dass der Verzicht auf die Alltagspsychologie den Zugang zu unserer eigenen Kultur und ihren Werten verstellen würde. Insofern sei »die Alltagspsychologie ... als kulturelle Lebensform faktisch und normativ unverzichtbar«. Tetens 1994, 143; vgl. 38. Im Gegensatz dazu jedoch Tetens 1986, 67.

60 Wilkes 1995, 119.

Die überwiegende Mehrzahl von Muttersprachlern wird … unbeeindruckt oder nur belustigt über die Vorschläge der ›Eliminativen Materialisten‹ sein, genau den Wortschatz über Bord zu werfen, mit dem wir unsere Kulturen geschaffen, errichtet, wiedererrichtet und mit neuem Leben erfüllt haben – und das seit bei weitem längerer Zeit als es das (ehrenwerte) Unternehmen WP überhaupt gibt. Der Hauptpunkt ist hier, dass die beiden – WP und AP [Alltagspsychologie; M.P.] – durchaus nebeneinander existieren können.[61]

Eliminativer Materialismus (Paul Churchland)

(1) Mentale Ereignisse sind Postulate der Alltagspsychologie
(2) Die Alltagspsychologie wird auf die Dauer durch die Neurobiologie eliminiert werden
(3) Es wird daher auch zu einer Elimination der Begriffe und Postulate der Alltagspsychologie, insbesondere der mentalen Ereignisse kommen
(4) Wir werden also auf die Dauer zu der Überzeugung kommen, dass es mentale Ereignisse nicht gibt, und bei Selbstzuschreibungen aus der Perspektive der ersten Person nur noch das Vokabular der Neurobiologie benutzen

Einschätzung

Obwohl er sich nur schwer mit vielen unserer zentralen Intuitionen verträgt, besitzt der Eliminative Materialismus einige klar erkennbare Vorzüge. So hat sich die Annahme, unser Verhältnis zu unseren eigenen internen Zuständen sei theorievermittelt, innerhalb der Psychologie als eine fruchtbare Forschungshypothese erwiesen. Es gibt mittlerweile überzeugende Belege dafür, dass eine THEORIE DES MENTALEN (THEORY OF MIND) konstitutive Bedeutung sowohl für den Zugang zu unseren eigenen mentalen Zuständen wie zu denen anderer Personen hat. Kleinkinder, die noch nicht über eine solche Theorie verfügen, machen daher charakteristische Fehler bei der Selbst- und Fremdzuschreibung von mentalen Zuständen. Ich werde auf diese Theorie sowie die sie stützenden Experimente unten (S. 266 f.) noch etwas genauer eingehen.

Mit seinem Rekurs auf die Neurobiologie bietet der Eliminative Materialismus außerdem einen Ansatzpunkt für eine klare und einheitliche Theorie unseres Verhaltens; ähnlich wie der semantische Physikalismus

61 Wilkes 1995, 124.

umgeht er das Gehirn-Bewusstseins-Problem, und schließlich verfügt er auch über eine Erklärung für die Entstehung unserer scheinbar unvermittelten Bewusstseinserfahrungen.

Träfe diese Theorie zu, dann hätten wir uns in Zukunft nicht mehr mit den schwierigen Zusammenhängen zwischen Verhalten, Bewusstsein und Gehirn zu plagen. Aufgrund der Elimination der Alltagspsychologie und der von ihr postulierten mentalen Zustände blieben uns die kniffligen Fragen nach dem Verhältnis psychologischer und neurobiologischer Ansätze oder gar die nach der Beziehung zwischen der Perspektive der ersten Person und der Perspektive der dritten Person erspart. Stattdessen könnten wir uns getrost den Neuro- und Kognitionswissenschaften widmen, die über kurz oder lang die notwendigen Erklärungen vorlegen würden.

Fraglich ist allerdings, ob der Preis, den die Eliminationstheorie für diese Vereinfachungen zahlt, nicht zu hoch ist. Zweifellos sind es nicht zuletzt intuitive Widerstände, die die Vorbehalte gegen den Eliminativen Materialismus motiviert haben: Es erscheint auf den ersten Blick intuitiv wenig glaubhaft, dass die offenbar direkt zugänglichen Bewusstseinszustände bloße Artefakte einer Alltagspsychologie sein sollen.

Nun ist die Berufung auf alltägliche Intuitionen auch in der Philosophie des Geistes nicht unproblematisch. Wir können nicht von vornherein unterstellen, dass unsere Berichte von geistigen Prozessen aus der Perspektive der ersten Person zutreffend sein müssen. Dennoch bürdet sich eine Position, die so entschieden wie der Eliminative Materialismus mit unseren alltäglichen Intuitionen bricht, eine hohe Beweislast auf. An Gewicht verlieren würde die Berufung auf die Perspektive der ersten Person nur dann, wenn der Vertreter des Eliminativen Materialismus zeigen könnte, warum die unmittelbare Gewissheit, die diesen Intuitionen zugrunde zu liegen scheint, trügerisch ist. Außerdem muss er deutlich machen, wie es zu den behaupteten falschen Intuitionen kommen kann. Und tatsächlich glauben die Vertreter des Eliminativen Materialismus ja, genau dies nachweisen zu können.

Probleme

Eine ernsthafte Auseinandersetzung wird sich also auf die entsprechenden Erklärungen der Eliminativen Materialisten beziehen müssen – insofern haben wir es hier mit einer Frage zu tun, die nicht allein durch den Rekurs auf Intuitionen entscheidbar ist, sondern die Auseinandersetzung mit Argumenten erfordert.

Festzuhalten ist zunächst, dass der Eliminative Materialismus Einwänden nicht mit der Behauptung begegnen kann, es gehe hier nicht um die *Existenz* mentaler Zustände, sondern lediglich um das *Vokabular*, in dem diese Prozesse *beschrieben* werden sollen. Bei näherer Betrachtung zeigt sich nämlich eine Abhängigkeit der Semantik von der Ontologie: Wir können die Frage nach einer adäquaten *Sprache über* die Wirklichkeit nicht unabhängig von unseren Überzeugungen darüber beantworten, wie diese Wirklichkeit *selbst* beschaffen ist.[62]

Erkennbar wird diese Abhängigkeit zum einen an den für die Eliminationstheorie grundlegenden Annahmen Sellars' über die Beziehung zwischen Wissen und Wahrnehmung. Wenn unsere Selbstwahrnehmung tatsächlich – so wie Sellars das behauptet – theorieimprägniert ist, dann muss die von den Eliminationstheoretikern prognostizierte wissenschaftliche Diskreditierung der Alltagspsychologie auch die Selbstwahrnehmung verändern, schließlich entfällt damit die theoretische Basis für die Erfahrung mentaler Zustände. Die – von einigen Eliminationstheoretikern vertretene – Vorstellung, eine wissenschaftlich überholte Alltagspsychologie könne in der Lebenswelt auf die Dauer Bestand haben, übersieht die vielfältigen Beziehungen zwischen Wissenschaft und Alltag. Genauso wenig wie wir heute in der Umgangssprache noch von den Essenzen der Alchimie sprechen, dürften wir an der Rede von den mentalen Zuständen festhalten, sobald zuverlässige und anerkannte wissenschaftliche Erkenntnisse gegen deren Existenz sprächen: Diese Abhängigkeit der Ontologie von den Erkenntnissen der

62 Dies gilt auch aus der Sicht des von Churchland und Sellars vertretenen WISSENSCHAFTLICHEN REALISMUS (SCIENTIFIC REALISM). Dieser Ansatz geht davon aus, dass die Ontologie bestimmt wird durch die Entitäten, deren Existenz unsere besten wissenschaftlichen Theorien behaupten: »Soweit es darum geht, die Welt zu beschreiben und zu erklären, ist die Wissenschaft das Maß aller Dinge – dessen, was existiert, und dessen, was nicht existiert« (Sellars 1956/1997, 83). Die Abhängigkeit der Sprache von der Ontologie bleibt unter diesen Bedingungen allein deshalb bestehen, weil es für das obige Argument irrelevant ist, wovon unsere ontologischen Existenzannahmen ihrerseits abhängen. Zumindest Churchland verpflichtet die Wissenschaften zudem auf eine sehr starke Vorstellung der Natur als einer Art ›Ding an sich‹: »Die Wissenschaft, … ist ein Unternehmen, dessen Geschichte von einem dramatischen Fortschritt bestimmt wird. Falsche Theorien werden regelmäßig entlarvt, um durch wahre Theorien oder zumindest durch Theorien ersetzt zu werden, die besser als die ersetzten sind. Wir haben nämlich die ultimative Autorität der Natur, die durch das Medium des Experimentes unsere Wahl von Theorien steuert.« Churchland 1995, 286 f.

Wissenschaft ist schließlich eine der Kernthesen des von Sellars und Churchland vertretenen WISSENSCHAFTLICHEN REALISMUS.[63] Sollte dagegen unsere Überzeugung, wir hätten einen direkten Zugang zu unseren mentalen Zuständen, eine eventuelle wissenschaftliche Diskreditierung der Alltagspsychologie überdauern, dann würde dies gegen den von Sellars und den Eliminativen Materialisten behaupteten massiven Einfluss der Alltagspsychologie auf unsere Selbstwahrnehmung sprechen.

Tatsächlich muss die Eliminationstheorie unterstellen, dass wir *Recht* haben, wenn wir auf das mentalistische Vokabular verzichten – es sei denn, sie würde sich auf den Relativismus der neueren Arbeiten von Rorty einlassen. Die meisten Eliminationstheoretiker, nicht zuletzt Paul und Patricia Churchland, erheben jedoch den Anspruch, den Verzicht auf die Terminologie der Alltagspsychologie *begründen* zu können. Dies setzt aber voraus, dass die von der Alltagspsychologie behaupteten Entitäten in der Tat nicht existieren. Wir hätten das Wort ›Phlogiston‹ kaum aus unserem Vokabular gestrichen, wenn wir nicht zu der Überzeugung gekommen wären, dass kein Phlogiston existiert. Dies würde bedeuten, dass wir auch die Rede von Bewusstseinszuständen nur dann eliminieren können, wenn wir uns überzeugt haben, dass es diese Zustände nicht gibt. Es geht also um eine ontologische und nicht einfach um eine sprachphilosophische These. Zur Diskussion steht nicht nur, wie wir *über* unsere mentalen Zustände *sprechen*; zur Diskussion steht auch, ob solche Zustände *de facto* existieren. Insofern ist es nur konsequent, dass Churchland ganz ausdrücklich von der ›vertrauten *Ontologie* der mentalen Zustände des gesunden Menschenverstandes‹ spricht.[64]

In Churchlands Augen handelt es sich hier im Wesentlichen um ein empirisches Problem: Abhängig von den ›endgültigen‹ wissenschaftlichen Erkenntnissen werde es entweder zu einer reduktionistischen oder, was Churchland für weitaus wahrscheinlicher hält, einer eliminativistischen Lösung kommen. Churchland unterstellt damit allerdings, dass es keine ernst zu nehmenden theoretischen Einwände gegen den Eliminativen Materialismus gibt. Genau dies lässt sich jedoch bezweifeln.

Ein erstes Problem ergibt sich hier insofern, als der Vertreter des Eli-

63 vgl. dazu oben Fußnote 62.
64 Churchland 1979, 114 (Herv. d. Vf.).

minativen Materialismus den Anspruch erheben muss, er *wisse* oder könne zumindest wissen, dass nur neuronale, nicht aber mentale Prozesse wie Wünsche, Überzeugungen, Glaubenszustände und Meinungen etc. existieren. Zieht man in Betracht, dass Wissen nach der am weitesten verbreiteten Auffassung als gerechtfertigte, wahre *Meinung* bestimmt werden kann,[65] dann wird hier ein performativer Widerspruch sichtbar. Soll es sich bei der obigen Behauptung des Eliminativen Materialisten tatsächlich um ein *Wissen* handeln, dann muss sie einerseits *wahr* sein: Es darf also keine Meinungen geben. Auf der anderen Seite impliziert der Wissensstatus jedoch, dass der Vertreter der Behauptung selbst der *Meinung* ist, der behauptete Sachverhalt treffe zu: Es müsste also doch Meinungen geben. Dies würde bedeuten, dass der Eliminative Materialismus selbstwidersprüchlich ist. Der Kern dieses Argumentes lautet also wie folgt:

1.) Der Eliminative Materialist behauptet, er *wisse,* dass es keine mentalen Zustände, also auch keine Meinungen gibt.
2.) Wissen impliziert Wahrheit: Wenn es das behauptete Wissen gibt, dann kann es keine Meinungen geben.
3.) Wissen impliziert Meinung: Wenn es das behauptete Wissen gibt, dann muss es Meinungen geben.
4.) Die Behauptung, man wisse, dass es keine mentalen Zustände gibt, ist also selbstwidersprüchlich.

Patricia Churchland gesteht den performativen Widerspruch zu, doch sie sieht hierin nur einen weiteren Beleg dafür, wie tief wir in den Vorstellungen der Alltagspsychologie befangen sind. Erst deren Überwindung werde es erlauben, die eliminativistische Position widerspruchsfrei zu formulieren.[66] Diese Antwort ist allerdings sehr unbefriedigend: Warum sollten wir die Alltagspsychologie zugunsten einer Position fallen lassen, die zumindest unter den gegenwärtigen Bedingungen selbstwidersprüchlich ist? Die Ankündigung, dieser Widerspruch werde schon überwunden, ist so lange wenig glaubhaft, wie es keine kon-

65 Ich kann hier nicht auf die berühmten Einwände von Gettier (1963) eingehen, die zeigen, dass es Fälle von gerechtfertigter wahrer Meinung gibt, die man nicht als Wissen akzeptieren würde. Es genügt hier, dass man offenbar an eine Theorie glauben muss, wenn man sie vertritt und für wahr hält.

66 P. S. Churchland 1986, 397; cf. Churchland 1998, 9.

kreten Hinweise darauf gibt, wie diese Überwindung aussehen könnte.[67]

Es gibt allerdings noch eine andere Antwort auf diesen Vorwurf. Paul und Patricia Churchland haben zu diesem Zweck ein Gegenbeispiel gebracht. Es soll zeigen, dass sich ein Gegner des Vitalismus zumindest aus der Sicht des Vitalisten in die gleichen Probleme verwickle. Da wir den Vitalismus nicht mehr akzeptieren, scheint also auch mit dem obigen Argument gegen die Eliminationstheorie etwas nicht zu stimmen. Churchlands Beispiel lautet wie folgt:

1.) Der Gegner des Vitalismus behauptet, es gebe keine Lebensgeister.
2.) Seine Behauptung kann nur dann eine sinnvolle Aussage sein, wenn er selbst lebendig ist, andernfalls stellt die vermeintliche Behauptung eine sinnlose Folge von Geräuschen dar.
3.) Leben setzt die Existenz von Lebensgeistern voraus.
4.) Die Behauptung, es gebe keine Lebensgeister, ist also selbstwidersprüchlich.

Bei näherer Betrachtung zeigt sich jedoch ein wichtiger Unterschied zwischen dem Argument gegen den Vitalismus und demjenigen gegen die Eliminationstheorie. Der Verteidiger des Vitalismus macht nämlich eine Voraussetzung, die ausschließlich auf der Basis seiner eigenen Theorie gilt: Nur dem Vitalismus zufolge setzt Leben nämlich – wie in (3.) behauptet – die Existenz von Lebensgeistern voraus.[68] Der Gegner des Vitalismus bestreitet dies nicht nur, vielmehr verfügt er über eine Alternativkonzeption, die zu erklären vermag, dass ein Organismus auch ohne Lebensgeister lebendig sein kann. Im Gegensatz dazu muss der Verteidiger der Alltagspsychologie keine Voraussetzung machen, die nur auf der Basis seiner eigenen Theorie gilt: Die Behauptung, dass Wissen Meinung impliziert, ist schließlich keine Erfindung der Alltagspsychologie, es ist überhaupt keine empirische These, sondern eine weitge-

67 Patricia Churchland (1986, 397) spekuliert beispielsweise, dass ein zukünftiger Eliminativist auf der Basis der endgültigen neurowissenschaftlichen Theorie die selbstwidersprüchliche Behauptung »Ich glaube, dass es keine Glaubenszustände gibt« durch die Aussage »Ich *gronkifiziere* Glaubenszustände« ausdrücken könne, wobei der Zustand der ›Gronkifikation‹ (*gronkification*) innerhalb der neuen Theorie definiert sein soll. Es fragt sich, ob derartige Spekulationen die Glaubwürdigkeit des Eliminativen Materialismus tatsächlich verbessern können.

68 Hierauf hat bereits Zoglauer 1998, 129 hingewiesen.

hend akzeptierte Implikation unseres Verständnisses von ›Wissen‹. Zwar ist nicht jede gerechtfertigte wahre Meinung schon ein Wissen, dennoch ist völlig unklar, wie man Wissen über einen Sachverhalt besitzen soll, ohne gleichzeitig an diesen Sachverhalt auch zu glauben. Tatsächlich verfügt der Eliminative Materialismus, anders als der Gegner des Vitalismus, über keine Alternativkonzeption, die plausibel machen könnte, wie man sich Wissen ohne Meinung vorstellen kann.

Keineswegs ist dies der einzige schwerwiegende Einwand gegen den Eliminativen Materialismus. Ein weiterer wesentlicher Schwachpunkt dieser Position betrifft das Problem der intertheoretischen Reduktion. Eliminiert werden soll die Alltagspsychologie ja vor allem deshalb, weil sie sich nicht auf die Neurobiologie reduzieren lässt. Robert McCauley (1986) hat jedoch gezeigt, dass das Scheitern eines solchen Versuches der Reduktion noch nicht die Elimination der Alltagspsychologie rechtfertigen würde. McCauley geht aus von der Unterscheidung wissenschaftlicher Erklärungsebenen. Dieser Unterscheidung zufolge setzen Wissenschaften wie die Physik oder die Chemie, die sich mit den Details physischer Prozesse befassen, auf einer vergleichsweise ›niedrigen‹[69] Erklärungsebene an, während Wissenschaften wie die Psychologie, die mit den höherstufigen Eigenschaften komplexer Systeme befasst sind, auf einer ›höheren‹ Erklärungsebene argumentieren. McCauley zeigt nun, dass der Fehlschlag einer Theorienreduktion nur dann zur Elimination führen kann, wenn die beiden miteinander unverträglichen Theorien auf *einer* Ebene der Erklärung konkurrieren, wie dies bei der Phlogiston-Theorie und der modernen Chemie der Fall ist. Im Gegensatz dazu setzen Neurobiologie und Alltagspsychologie auf völlig unterschiedlichen Ebenen an: Zum einen bezieht sich die Neurobiologie ausschließlich auf die Perspektive der dritten Person, während die Alltagspsychologie die Perspektive der ersten Person einzunehmen vermag; außerdem hat es die Neurobiologie mit einer Mikroerklärung der einzelnen Elemente zu tun, die die mentalen Zustände der Alltagspsychologie konstituieren. Unter diesen Umständen ist eine Reduktion der Alltagspsychologie auf die Neurobiologie von vornherein nicht zu er-

69 Es versteht sich von selbst, dass die Unterscheidung von mehr oder minder ›hohen‹ Niveaus kein Urteil über den explanatorischen Wert der betroffenen Theorien impliziert. Ganz im Gegenteil gehen viele Autoren davon aus, dass der explanatorische Wert basaler und allgemeiner Theorien wie der Physik höher ist als der höherstufiger und spezialisierter Theorien wie der Psychologie.

warten; aus dem Scheitern einer solchen Reduktion lässt sich daher kein Argument gegen die Alltagspsychologie gewinnen.

Es gibt zudem empirische Befunde, die dagegen sprechen, der Alltagspsychologie einen so tief greifenden Einfluss auf die Zustände des phänomenalen Bewusstseins zuzubilligen, wie dies der Eliminative Materialismus unterstellt. Untersuchungen an so genannten Split-Brain-Patienten haben nämlich gezeigt, dass insbesondere Gefühle sprachunabhängig sind, und damit auch vortheoretisch identifiziert werden können.

Bei Split-Brain-Patienten ist die Verbindung zwischen linker und rechter Hirnhälfte, das CORPUS CALLOSUM, weitgehend unterbrochen. Dies geschieht im Allgemeinen durch einen chirurgischen Eingriff, beispielsweise zur Bekämpfung schwerer epileptischer Anfälle. Infolgedessen hat die sprach- und bewusstseinsfähige DOMINANTE Hirnhälfte, die sich in der Regel auf der linken Seite befindet, praktisch keinen Zugriff mehr auf solche Prozesse, die ausschließlich in der NICHT DOMINANTEN, zumeist also der rechten Hälfte des Gehirns stattfinden. Dennoch können diese Patienten auf Reize reagieren, die ausschließlich auf der rechten Seite verarbeitet werden; sie haben allerdings keinen *bewussten* Zugang mehr zu diesen Reizen und Wahrnehmungen, obwohl diese ihr eigenes Verhalten bestimmen.[70]

Entscheidend für die hier zur Diskussion stehende Frage ist nun ein Befund von Gazzaniga & LeDoux (1978).[71] Die Autoren stellten fest, dass Split-Brain-Patienten auch dann korrekte[72] Auskünfte über ihre Emotionen geben konnten, wenn die ursprünglichen Reize allein der unbewussten rechten, nicht aber der bewussten und sprachfähigen linken Hirnhälfte zugänglich waren. Ein Rückgriff auf sprachlich kodierte Konventionen war bei der Interpretation der Reize also nicht möglich. Eine Versuchsperson, die ablehnend reagierte, wenn man ihre rechte Hirnhälfte mit Drogen konfrontierte, oder zustimmend, wenn es der eigene Vater war, konnte sich daher bei den Auskünften über ihre internen Zustände weder auf die Verallgemeinerungen der Alltagspsychologie noch auf ein Wissen über das wahrgenommene Objekt stützen.

70 Die hier zugrunde gelegte Annahme, dass Bewusstseinsprozesse im Wesentlichen auf die dominante Hirnhälfte beschränkt sind, ist nicht unumstritten. Vgl. etwa Roth 1994, 197 f.

71 vgl. auch Gazzaniga 1988.

72 Die Korrektheit der Auskünfte wurde durch den Vergleich mit der Reaktion auf bewusst präsentierte Reize ermittelt.

Maßgeblich kann allein die von der rechten Hirnhälfte ausgehende vorbewusste und sprachunabhängig kodierte emotionale Reaktion auf die Reize gewesen sein.[73] Zu erklären ist die korrekte Auskunft über diese Reaktion daher nur, wenn man voraussetzt, dass emotionale Zustände eine intrinsische Qualität besitzen, die ihre Bestimmung auch unabhängig von einer theorie- oder konventionsgeleiteten Interpretation erlauben.

Dies hat entscheidende Auswirkungen insbesondere für die Bewertung der Alltagspsychologie: Offenbar kann sie zumindest in die emotionale Erfahrung nicht so tief eingreifen, wie dies von den Vertretern des Eliminativen Materialismus angenommen wird. Zwar nimmt Churchland zumindest in seinen neueren Arbeiten die Zustände des phänomenalen Bewusstseins von der Elimination aus; er glaubt nunmehr also, dass sich die qualitative Erfahrung nicht durch die Überwindung der Alltagspsychologie verändern werde.[74] Damit weicht er allerdings von geläufigen Konzeptionen der Alltagspsychologie ab, die auch qualitative Zustände wie etwa Schmerzen einschließen. Er selbst hatte noch 1979 auch Schmerzerfahrungen zu den Zuständen gezählt, deren Erfahrung sich nach einer Elimination der Alltagspsychologie grundlegend ändern würden: Die inneren Zustände, die heute noch unter der Rubrik ›Schmerz‹ zusammengefasst werden, könnten dann wesentlich differenzierter als unterschiedliche Arten der Stimulation von C-Fasern und A-delta-Fasern sowie diverser Reaktionsmuster im Thalamus und der Formatio reticularis beschrieben werden.[75] Churchlands Verzicht auf eine Elimination des phänomenalen Bewusstseins erscheint zudem inkonsequent, weil er gleichzeitig an der Elimination von Prozessen des kognitiven Bewusstseins festhält.

Abgesehen davon ist es – im Gegensatz zu den Annahmen von Sellars – schwer nachzuvollziehen, warum unsere Vorfahren überhaupt auf die Idee gekommen sein sollten, das Verhalten anderer mit Hilfe der Zuschreibung mentaler Zustände zu erklären, wenn sie diese Zustände vorher nicht schon selbst aus eigener Erfahrung gekannt haben. Sellars

73 Der Transfer dieser emotionalen Erregung von der rechten zur linken Hirnhälfte wird von Gazzaniga & LeDoux darauf zurückgeführt, dass bei den entsprechenden Patienten die für die Entstehung von Emotionen relevanten limbischen Areale auf beiden Seiten noch miteinander verbunden waren. (Gazzaniga & LeDoux 1978, 153 f.).

74 vgl. insb. Churchland 1985, 21 f.

75 vgl. Churchland 1979, 118 f.

lässt außer Acht, dass eine plausible Verhaltenserklärung auch ohne solche Zuschreibungen denkbar ist. Unsere Vorfahren dürften nämlich gewusst haben, welch schwer wiegende Konsequenzen der Entzug von Wasser oder der Kontakt mit einem Fressfeind hat. Wenn also eine Erklärung für den Gang einer Person zu einer Wasserstelle oder der Flucht vor einem Feind erforderlich war, dann dürfte Wissen dieses Typs aus der Sicht einer Person, die Bewusstseinszustände nicht aus eigener Erfahrung kannte, eine weit tragfähigere Grundlage abgegeben haben als die Berufung auf Zustände, die sie noch niemals selbst erlebt hatte.

Festzuhalten bleibt somit, dass es keineswegs nur Intuitionen sind, die gegen den Eliminativen Materialismus sprechen: Auch schwer wiegende theoretische Argumente lassen sich gegen diese Position anführen. Angesichts dieses Befundes verfestigt sich daher der Eindruck, dass die radikal materialistischen Spielarten der Philosophie des Geistes, neben der Eliminationstheorie also der semantische Physikalismus, keine überzeugenden Antworten vorzuweisen haben. Zwar bieten sie auf der einen Seite relativ einfache Lösungen bzw. *Auflösungen* des Gehirn-Bewusstseins-Problems; die Schwierigkeiten aber, die sich aus diesen Vorschlägen ergeben, erweisen sich als so gravierend, dass es sinnvoll erscheint, zunächst nach Alternativen zu suchen – auch wenn nicht ausgeschlossen werden kann, dass es den radikalen Materialisten vielleicht eines Tages gelingen wird, die dargelegten Probleme zu lösen.

Identitätstheorie

Neben diesem ›radikalen‹ Materialismus gibt es jedoch noch eine ganze Reihe ›gemäßigter‹ materialistischer oder besser: physikalistischer Ansätze, die der IDENTITÄTSTHEORIE zugeordnet werden können. Trotz zum Teil erheblicher Differenzen ist ihnen allen die Vorstellung gemeinsam, dass geistige Prozesse mit physischen Prozessen identisch sind, dass wir also ein und dieselbe Sache meinen, gleich ob wir von Vorgängen im ›Bewusstsein‹ oder von den korrespondierenden Prozessen im ›Gehirn‹ sprechen.

Anders als die Dualisten betrachten die Identitätstheoretiker Bewusstsein nicht als eine autonome Entität, die im Prinzip auch unabhängig von neuronalen Prozessen auftreten könnte. Im Gegensatz zu den Vertretern des semantischen Physikalismus gehen sie davon aus, dass mentalistische und physiologische Beschreibungen auch dann nicht bedeutungsgleich sind, wenn sie sich auf *einen* Prozess beziehen, schließlich erkennen sie im Gegensatz zu den Eliminativisten mentalistische und physiologische Beschreibungen als prinzipiell gleichrangig an, ein Verzicht auf mentale Zustände kommt für sie also nicht in Frage.

Wichtig ist zudem, dass die Identitätsbeziehung Gegenstand empirischer Forschung ist: Die Identität von mentalen und neuronalen Prozessen lässt sich also nicht etwa aus den relevanten Begriffen ableiten, vielmehr handelt es sich um einen Gegenstand der empirischen Erkenntnis.

Die ersten Identitätstheoretiker erläuterten ihre Position durch einen Vergleich: Demzufolge ist ein mentaler Zustand in eben dem Sinne mit einem neuronalen Prozess identisch, wie ein Blitz mit einer elektrischen Entladung oder Wasser mit H_2O identisch ist. So wie wir also irgendwann einmal herausgefunden haben, dass Wasser H_2O ist, so werden wir auf die Dauer einmal feststellen, dass bestimmte mentale Prozesse identisch sind mit einer gewissen neuronalen Aktivität.

Dieser Vergleich trifft allerdings nicht auf sämtliche Varianten der Identitätstheorie zu. Tatsächlich sind es trotz der oben skizzierten prinzipiellen Gemeinsamkeiten recht unterschiedliche Ansätze, die unter dem Oberbegriff IDENTITÄTSTHEORIE zusammengefasst werden. Schon bei einer groben Unterscheidung lassen sich zumindest vier verschiedene Varianten benennen:

1.) Die seit der Mitte der fünfziger Jahre von J. J. C. Smart, U.T. Place und Herbert Feigl vertretene TYPENIDENTITÄTSTHEORIE. Wie bereits erwähnt, hat diese Variante der Identitätstheorie in den letzten Jahren wieder einen beachtlichen Aufschwung erlebt.
2.) Die schwächere TOKENIDENTITÄTSTHEORIE, sie ist eng mit dem FUNKTIONALISMUS verbunden, der in der Philosophie des Geistes immer noch sehr weit verbreitet ist.
3.) Der ANOMALE MONISMUS von Donald Davidson.
4.) Der auf ältere Traditionen zurückgehende ASPEKTDUALISMUS.

Zentrale Aussagen

Alle diese Positionen stimmen überein in der Auffassung, dass jeder mentale Prozess mit einem neuronalen Prozess identisch ist. Es muss daher *prinzipiell möglich* sein, jedes aus der Perspektive der ersten Person beschriebene mentale Phänomen auch mit Hilfe der Naturwissenschaften aus der Perspektive der dritten Person zu beschreiben. Die Identitätstheoretiker behaupten allerdings nicht, dass wir *de facto* zu jeder mentalistischen Beschreibung eine korrespondierende naturwissenschaftliche Beschreibung finden werden. Sie machen nur eine ontologische Aussage darüber, wie sich mentale und neuronale Phänomene zueinander verhalten, lassen jedoch offen, wie weit wir mit unseren Anstrengungen zur Erforschung dieses Verhältnisses gelangen werden, und sie machen zunächst auch keine Aussagen über das Verhältnis der Wissenschaften, die sich auf diese Phänomene beziehen. Es ist also unklar, inwieweit sich die Identität der Phänomene *de facto* in einer Korrespondenz der sie beschreibenden wissenschaftlichen Begriffe niederschlagen wird.

Unbeschadet dieser Beschränkung der Identitätsbehauptung auf die ontologische Ebene ergibt sich eine wichtige Konsequenz. Wenn *jedes* mentale Phänomen gleichzeitig ein neuronales Phänomen ist, dann muss es offenbar möglich sein, eine vollständige Beschreibung physiologischer Phänomene zu geben, die ohne jedwede Bezugnahme auf den ›freien Geist‹ auskommt. Während der interaktionistische Dualismus also behauptet, dass das autonome Bewusstsein in die Hirnfunktionen eingreift und daher in Beschreibungen dieser Funktionen als eigenständige Größe berücksichtigt werden muss, postuliert die Identitätstheorie, dass beliebige neuronale Prozesse vom Reiz bis zur Reaktion physiologisch beschrieben werden können, ohne dass dabei eine Bezugnahme auf die Ebene des Bewusstseins notwendig wäre.

Für die Identitätstheorie ist das Gehirn also zunächst ein Gegenstand naturwissenschaftlicher Beschreibung wie jedes andere Objekt auch, und sie befindet sich damit in Übereinstimmung nicht nur mit den oben genannten Prinzipien des Physikalismus, also dem Prinzip der kausalen Geschlossenheit und dem Prinzip der physischen Determination, sondern auch mit den radikalen Materialisten. Wie schon erwähnt, bestreiten die Identitätstheoretiker jedoch nicht nur die These der semantischen Physikalisten, derzufolge Sätze über mentale Phänomene bedeutungsgleich seien mit Sätzen über bestimmte physische Phänomene wie beispielsweise Verhaltensdispositionen, anders als die Eliminativisten halten sie überdies an der Realität des Bewusstseins fest. Letzteres ist nur konsequent: Wenn Geist und Gehirn miteinander identisch sein sollen, dann würde derjenige, der die Existenz des Geistes in Frage stellt, auch die Existenz des Gehirns bezweifeln. Unstrittig ist für die Identitätstheoretiker außerdem, dass das Bewusstsein ein legitimer Gegenstand wissenschaftlicher Forschung ist.

Die Identitätstheorie gewinnt damit einige spezifische Vorzüge gegenüber den konkurrierenden Ansätzen: Zum einen vermag sie ohne großen Aufwand die kausale Wirksamkeit mentaler Prozesse verständlich zu machen. Diese erklärt sich einfach daraus, dass mentale Phänomene gleichzeitig immer auch physische Phänomene sind, deren kausale Wirksamkeit unbestritten ist. Anders als der Interaktionismus kann die Identitätstheorie auf eine Erweiterung der Grenzen der derzeit geltenden Physik verzichten, schließlich lässt sich die Wirksamkeit neuronaler Prozesse mit den heute vorliegenden Instrumentarien und Methoden erklären. Die Identitätstheorie teilt daher mit den anderen monistischen Ansätzen den Vorzug der ›ontologischen Sparsamkeit‹; sie muss nämlich – anders als der Dualismus – unsere Ontologie nicht um neue Entitäten wie etwa einen ›freien Geist‹ oder physische Prozesse einer ganz neuen Art erweitern.

Ein weiterer Vorzug scheint darin zu bestehen, dass die Identitätstheorie eine sehr einfache Erklärung für die Entstehung mentaler Prozesse hat: Wenn jedes mentale Phänomen immer auch ein physisches Phänomen ist, dann gilt selbstverständlich die Erklärung des physischen Phänomens auch für den mentalen Prozess. Wenn die *Buddenbrooks* identisch sind mit dem ersten Roman Thomas Manns, dann erklärt uns die Entstehungsgeschichte der *Buddenbrooks* gleichzeitig, wie der erste Roman Thomas Manns zustande kam.

Spätestens hier melden sich jedoch Zweifel an: Während es einsichtig ist, dass wir etwas über die *Buddenbrooks* erfahren, wenn wir uns über Thomas Manns ersten Roman informieren, erscheint es keineswegs klar, dass neurobiologische Erkenntnisse unsere Fragen bezüglich der Entstehung mentaler Phänomene beantworten können. Einer der Gründe für diese Asymmetrie scheint darin zu bestehen, dass das Verhältnis zwischen *Buddenbrooks* und dem ersten Roman Thomas Manns intuitiv klar ist, während es uns schwer fällt, die behauptete Identität von neuronalen und mentalen Phänomenen nachzuvollziehen. Tatsächlich ist es auch bei näherem Hinsehen alles andere als einleuchtend, dass zwei Entitäten, die sich so radikal unterscheiden wie Gehirn und Bewusstsein, miteinander identisch sein sollen: Während wir es auf der neuronalen Ebene mit einer kaum übersehbaren Vielzahl von Prozessen zu tun haben, gibt es auf der mentalen Ebene jeweils nur *ein* Bewusstsein. Umgekehrt ist dieses einheitliche Bewusstsein mit seinen unterschiedlichen akustischen, optischen, taktilen und olfaktorischen Empfindungen unter qualitativen Gesichtspunkten höchst vielfältig, während sich auf der physischen Ebene immer wieder das gleiche monotone Muster neuronaler Aktivität zu wiederholen scheint.

Die Identitätstheorie müsste daher erklären können, warum sich mentale und neuronale Prozesse trotz dieser scheinbar großen Gegensätze miteinander identifizieren lassen. Einige Autoren wie Joseph Levine (1983) haben behauptet, eine solche Erklärung sei prinzipiell nicht möglich. In ihren Augen besteht hier eine grundsätzliche ERKLÄRUNGSLÜCKE (EXPLANATORY GAP), die auch die Glaubwürdigkeit der Identitätstheorie in Zweifel ziehe. Levines Einwände haben in den letzten Jahren sehr viel Beachtung gefunden, tatsächlich kommt ihnen grundsätzliche Bedeutung zu. Ich werde mich mit ihnen daher weiter unten noch ausführlicher befassen.

Identität

Zunächst ist jedoch eine Verständigung über den Begriff der Identität notwendig; anschließend werde ich die einzelnen Varianten der Identitätstheorie vorstellen.

›Identität‹ lässt sich als vollkommene, absolute Gleichheit eines Gegenstandes, eines Ereignisses oder einer Eigenschaft mit sich selbst bestimmen. Auf den ersten Blick mag man zweifeln, ob Identitätsbehauptungen überhaupt gehaltvoll sein können. Wenn wir es nur mit *einem* Gegenstand zu tun haben, mag die Identitätsbehauptung zwar zutreffen, doch die Aussage wäre trivial: Dass mein Schreibtisch identisch mit sich selbst ist, hätte ich mir wohl auch ohne größere geistige Anstrengung gedacht. Haben wir es jedoch mit *zwei* Gegenständen zu tun, dann ist die Identitätsbehauptung offenbar fehl am Platz. In diesem Sinne heißt es bereits bei Wittgenstein: »Von *zwei* Dingen zu sagen, sie seien identisch, ist ein Unsinn, und von *Einem* zu sagen, es sei identisch mit sich selbst, sagt gar nichts.«[76]

Bei näherer Betrachtung zeigt sich allerdings, dass es sehr wohl einen sinnvollen Gebrauch von Identitätsbehauptungen gibt. Es kommt näm-

76 Wittgenstein 1984, 62 (Tractatus 5.5303).

lich häufig vor, dass wir uns auf zwei unterschiedliche Weisen auf einen Gegenstand, ein Ereignis oder eine Eigenschaft beziehen. So könnten wir beispielsweise ein Instrument in einem Orchester gleichzeitig sehen und hören: In diesem Falle wäre es sehr wohl sinnvoll, die Identität des gehörten Instrumentes mit dem gesehenen zu behaupten. Häufig sind auch unterschiedliche Ausdrücke für eine Entität im Umlauf. Identitätsbehauptungen erlauben uns dann wichtige Klarstellungen, etwa wenn Zweifel ausgeräumt werden müssen, ob es sich nicht doch um zwei unterschiedliche Entitäten handelt. Natürlich ist es sinnvoll zu sagen, dass der Abendstern mit dem Morgenstern identisch ist oder dass die *Buddenbrooks* identisch sind mit dem ersten Roman Thomas Manns. Ganz allgemein kann man also festhalten, dass Identitätsbehauptungen zumindest dann sinnvoll sind, wenn wir uns auf eine Entität mit unterschiedlichen Ausdrücken oder aus unterschiedlichen Perspektiven beziehen können.

Formal ist die Identitätsbeziehung eine ZWEISTELLIGE, REFLEXIVE und SUBSTITUTIVE Relation. ZWEISTELLIG ist sie, weil sie ›zwei‹ Entitäten miteinander verknüpft, REFLEXIV, weil sie immer auch für das Verhältnis jeder der identifizierten Entitäten zu sich selbst gilt: trivialerweise ist jeder Gegenstand sich selbst gleich. SUBSTITUTIV ist die Identitätsbeziehung, weil eine Aussage, die für einen der ›beiden‹ Gegenstände gilt, immer auch auf den ›anderen‹ zutrifft. Oder anders ausgedrückt: Eine wahre Aussage muss wahr bleiben, wenn wir einen der Ausdrücke durch den anderen ersetzen. Wenn die *Buddenbrooks* ein großer Erfolg waren, dann war auch der erste Roman Thomas Manns ein großer Erfolg, schließlich *sind* die *Buddenbrooks* der erste Roman Thomas Manns.[77]

Inhaltlich impliziert die Identitätsbeziehung die Übereinstimmung aller Eigenschaften. Auch dies leuchtet unmittelbar ein: Wenn die *Buddenbrooks* identisch sind mit dem ersten Roman Thomas Manns, dann müssen sie natürlich auch sämtliche Eigenschaften dieses Romans be-

77 Hier ist allerdings eine Präzisierung notwendig: Ich kann nämlich *glauben*, dass die *Buddenbrooks* ein großer Erfolg waren, ohne gleichzeitig glauben zu müssen, dass der erste Roman Thomas Manns ein großer Erfolg war. Tatsächlich gilt die Substitutivität von Identitätsbeziehungen ganz generell nicht in Sätzen wie »Ich meine, dass ...«, »Peter glaubt, dass ...«, »Maria wünscht, dass ...«. Hier handelt es sich um sogenannte INTENSIONALE KONTEXTE. Die Substitutivität von Identitätsbeziehungen beschränkt sich also auf EXTENSIONALE KONTEXTE, also auf Kontexte, in denen auf die fragliche Entität selbst und *nicht* auf eine Aussage, eine Meinung oder einen Glauben *über* diese Bezug genommen wird.

sitzen. Dies ergibt sich übrigens auch aus der Substitutivität von Identitätsbeziehungen: Gäbe es eine Eigenschaft, in der ›beide‹ Gegenstände nicht übereinstimmten, dann könnten wir in einem Satz, der sich auf diese Eigenschaft bezieht, den einen Ausdruck *nicht* durch den anderen ersetzen. Wir hätten damit ein klares Indiz dafür, dass wir es hier doch mit zwei verschiedenen Entitäten zu tun haben. Würde sich also herausstellen, dass die *Buddenbrooks* später entstanden sind als der erste Roman Thomas Manns, dann *wären* die *Buddenbrooks* eben nicht der erste Roman Thomas Manns.

Obwohl die Bedeutung einer Identitätsbehauptung vergleichsweise klar zu sein scheint, ist die Entscheidung darüber, ob in empirischen Einzelfällen eine Identitätsbeziehung faktisch vorliegt oder nicht, alles andere als trivial. Dies liegt zum einen an möglichen Unklarheiten bezüglich der Reichweite dieser Behauptung. Nehmen wir an, uns würde ein Freund begegnen, den wir seit zehn Jahren nicht mehr gesehen haben. Nach einigem Zögern, das verursacht werden mag durch Unsicherheiten unseres Gedächtnisses oder durch äußerliche Veränderungen, sind wir plötzlich sicher, dass wir unseren Freund vor uns haben. Von ›Identität‹ können wir jedoch nur dann sprechen, wenn wir genauer bestimmen, was hier identisch sein soll: Zweifellos meinen wir nicht die Identität seiner Haare, seines Stoffwechsels, ja noch nicht einmal die Identität seines Charakters – all dies dürfte sich in der Zwischenzeit verändert haben. Als identisch würden wir lediglich so etwas wie die ›Person‹ unseres Freundes bezeichnen, und es ist nicht schwer zu sehen, dass wir uns in diesem Falle Gedanken machen müssten, wie wir diesen Begriff genau verwenden.

Eine zweite wichtige Schwierigkeit ergibt sich daraus, dass uns in der Regel nicht alle Eigenschaften der beiden Entitäten bekannt sind, deren Identität zur Diskussion steht. Wir müssen uns damit zufrieden geben, dass wir keine Unterschiede feststellen, ohne dass wir in der Lage wären, die vollständige Gleichheit tatsächlich zu überprüfen – unliebsame Überraschungen sind also nicht auszuschließen. Identitätsbehauptungen, die nicht in dem oben skizzierten Sinne trivial sind, lassen sich daher empirisch nicht mit letzter Sicherheit beweisen. Dies bedeutet nicht, dass wir auf solche Behauptungen verzichten sollten: Es wäre in der Regel abwegig, wenn ich ohne weitere Indizien bezweifeln wollte, dass der Schreibtisch, an dem ich heute sitze, identisch ist mit demjenigen, an dem ich gestern gearbeitet habe. Natürlich ist es auch hier theoretisch möglich, dass der Schreibtisch in der Nacht ausgetauscht wurde, dennoch wären Zweifel in der Regel völlig unangebracht.

Identitätsbehauptungen sind also Hypothesen, die über unsere konkreten empirischen Erkenntnisse hinausgehen. Solche Hypothesen sind in vielen Fällen sinnvoll, doch wir müssen stets damit rechnen, dass sie sich als falsch herausstellen, dass wir also auf Erkenntnisse stoßen, die mit der Identitätsbehauptung unvereinbar sind.

Angesichts dieser Probleme ist es nicht verwunderlich, dass die Identitätstheorie in der Philosophie des Geistes bis heute Stoff für lebhafte Auseinandersetzungen bietet. Unklar ist zum einen, worauf sich die Behauptung genau bezieht: Soll hier die Identität *einzelner* neuronaler und mentaler *Ereignisse* ausgesagt werden, oder geht es darum, ganze *Typen* von mentalen und neuronalen Ereignissen miteinander zu identifizieren? Unklar ist aber auch, unter welchen Bedingungen die Identitätsbehauptung gerechtfertigt wäre. Daneben hat die Identitätstheorie aber auch noch mit theoretischen Einwänden zu kämpfen: Könnten wir noch in irgendeinem Sinne von Identität sprechen, wenn *ein* bestimmter Typus mentaler Zustände durch *unterschiedliche* Typen physischer Zustände ›realisiert‹ würde? Einige Autoren behaupten sogar, dass hier gar kein empirischer Beweis notwendig sei, vielmehr werde die Identitätsbehauptung schon durch die bloße Möglichkeit unterschiedlicher Realisierungen eines mentalen Zustandes widerlegt.

Typenidentität

Die Identitätstheorie ist nicht erst eine Erfindung der Nachkriegszeit. Schon im Pantheismus Spinozas findet man deutliche Ansätze zu dieser Theorie,[78] ähnliches gilt für Schelling, vor allem aber für Gustav Theodor Fechner, später dann für Ernst Mach, der seine Theorie selbst als PSYCHOPHYSISCHEN PARALLELISMUS bezeichnet. Diese Bezeichnung ist insofern missverständlich, als sie eine Verwechslung mit dem von Leibniz vorgeschlagenen dualistischen Parallelismus nahe legt. Machs Theorie ist jedoch monistisch, ihr zufolge gibt es keine Differenz zwischen men-

78 In der *Ethik* (III, 2) heißt es, »daß Seele und Körper ein und dasselbe Ding sind, das bald unter dem Attribut des Denkens, bald unter dem Attribut der Ausdehnung begriffen wird«. Spinoza 1677/1976, 112.

talen und neuronalen Prozessen. Von Parallelismus ist hier nur insofern die Rede, als es zwei Arten des Zugangs zu *einer* Art von Prozessen gibt.[79]

Unter systematischen Gesichtspunkten sind heute nur noch die nach dem Zweiten Weltkrieg entwickelten identitätstheoretischen Ansätze von Interesse. Auf sie möchte ich mich im Folgenden konzentrieren. Entscheidende Bedeutung hatten zunächst die Arbeiten von J. J. C. Smart, U.T. Place und Herbert Feigl. Identität wird hier verstanden als eine empirisch feststellbare Beziehung zwischen zwei Typen von Entitäten. Eine solche Identitätsbeziehung liegt z.B. vor, wenn wir aufgrund wissenschaftlicher Forschungen zu dem Ergebnis kommen, dass Wasser identisch ist mit H_2O oder dass Wolken identisch sind mit Ansammlungen von Wassertropfen. Dies würde bedeuten, dass alle und nur die Entitäten, die wir als ›Wasser‹ bezeichnen, gleichzeitig auch unter die Kategorie ›H_2O‹ fallen würden. Weil es sich hierbei um eine empirische Erkenntnis handelt, ging man überdies davon aus, dass die Identitätsbeziehung nicht notwendig sei: Es hätte sich auch herausstellen können, dass Wasser *nicht* mit Ansammlungen von H_2O-Molekülen identisch ist.

Eine solche empirische Identität soll nun auch zwischen mentalen und neuronalen Prozessen, genauer zwischen *Typen* von neuronalen und *Typen* von mentalen Prozessen bestehen. So könnte sich etwa herausstellen, dass Schmerzen nichts anderes sind als neuronale Aktivitäten des Typs *N*. Es gäbe also einen Typus mentaler Ereignisse mit dem Namen ›Schmerz‹; ebenso gäbe es einen Typus neuronaler Ereignisse mit der Bezeichnung ›*N*‹. Diese neuronale Aktivität müsste immer dann und nur dann auftreten, wenn wir Schmerzen verspüren. Sämtliche Fälle von Schmerzerfahrungen wären also gleichzeitig Fälle von Aktivitäten des Typs *N*, und sämtliche Fälle von Aktivitäten des Typs *N* wären gleichzeitig auch Fälle von Schmerzerfahrungen. Die Erfahrung eines Schmerzes und die Untersuchung der damit korrespondierenden neuronalen Aktivitäten wären also nur zwei verschiedene Zugänge zu ei-

79 »Ich bin von dem ursprünglichen *Fechner*schen Parallelismus ausgegangen. Aber selbst die Betrachtung des Psychischen und Physischen als zwei Seiten eines Dritten, kann ich nicht so verächtlich finden. Es liegt ein besonnener Kompromiss des Spiritualismus mit dem Materialismus darin, der zu weiteren wissenschaftlichen Konsequenzen führt. Setzen wir statt dessen *zwei Beobachtungsweisen desselben Vorganges*, so wird an dieser Formel kein Naturforscher mehr Anstoß nehmen.« Mach 1918, 305. An anderer Stelle spricht Mach davon, dass seine Position »eine Kluft zwischen den beiden Gebieten (des Psychischen und Physischen) gar nicht anerkennt«. Mach 1918, 50.

nem einzigen Prozess; Feigl (1967, 80) spricht in diesem Zusammenhang von einem ›zweifachen Zugang‹ (*twofold access*).

Erkennbar wird damit gleichzeitig ein wichtiges Kriterium für die empirische Bestätigung der Typenidentitätstheorie: Offenbar setzt dieser Ansatz stabile Korrelationen von mentalen und neuronalen Prozessen eines Typs voraus. Im Idealfalle, so postuliert Feigl, sollte es dazu möglich sein, die eigenen mentalen Zustände im Moment des Erlebens mit Hilfe eines sogenannten ›Autocerebroskops‹, also eines Gerätes zur Überwachung neuronaler Funktionen, aus der Außenperspektive zu verfolgen.[80] Fänden sich dabei die erwarteten stabilen psychophysischen Korrelationen, dann spreche dies ganz massiv für die Identitätstheorie. Zwar sei es theoretisch möglich, denselben Befund als Indiz für einen psychophysischen Parallelismus zu werten, der neben den neuronalen noch autonome, aber kausal unwirksame mentale Prozesse postuliert. Eine solche Interpretation hätte jedoch schwerwiegende Nachteile gegenüber der Identitätstheorie: Zum einen würde sie ohne Not eine zusätzliche Reihe von Ereignissen einführen, nämlich die autonomen mentalen Prozesse. Zum Zweiten würde sie mentale Phänomene als kausal irrelevant betrachten, sie würde sich damit den oben dargelegten Einwänden gegen den Epiphänomenalismus aussetzen.

Darüber hinaus kann die Identitätstheorie auch insofern getestet werden, als sie – im Gegensatz zum interaktionistischen Dualismus – das Wirksamwerden autonomer mentaler Prozesse ausschließt. Wie bereits oben im Zusammenhang mit der dualistischen Interaktionstheorie erläutert, würde die Existenz solcher Wirkungen *für* den Dualismus und *gegen* die Identitätstheorie sprechen. Umgekehrt wäre es ein gewichtiges Argument für die Identitätstheorie, wenn man insbesondere bei paradigmatischen Fällen wie Willensakten die Wirksamkeit autonomer mentaler Prozesse ausschließen und damit eine zentrale Voraussage des Dualismus widerlegen könnte.

Wie schon erwähnt, sprechen die bislang vorliegenden Ergebnisse eher für die Identitätstheorie und gegen den Dualismus. Insbesondere die kürzlich replizierten Ergebnisse von Benjamin Libet scheinen zu zeigen, dass bewusste Willensakte nicht einfach als autonome Ursache der Handlung angesehen werden können, auf die sie sich beziehen.[81]

80 vgl. Feigl 1967, 89 ff.
81 siehe unten S. 292; vgl. Libet 1999, 1985; Haggard & Eimer 1999.

Abgesehen davon hat sich die Suche nach empirischen Belegen für die Identitätstheorie jedoch als vergleichsweise schwierig erwiesen. Auch wenn beispielsweise die Funktion des visuellen Systems gut erforscht ist und weitreichende Kenntnisse bezüglich der neuronalen Basis einzelner Emotionen bestehen, so ist es doch trotz der außerordentlichen Fortschritte in den Neuro- und Kognitionswissenschaften bislang nicht gelungen, genau umschreibbare Typen neuronaler Prozesse zu bestimmen, die mit *einem* Typ bewusster Prozesse korrelieren. Immerhin ist die Entwicklungsdynamik ungebrochen, so dass die Aussichten der Identitätstheorie auf die Dauer nicht allzu schlecht sein dürften.

Wesentlich problematischer ist die Tatsache, dass selbst bei stabilen psychophysischen Korrelationen eine Identifikation von mentalen und neuronalen Prozessen nicht ohne weiteres einleuchten würde. Die Behauptung, die vergleichsweise einförmige Aktivität simpler, bewusstloser Neuronen sei nichts anderes als ein bestimmter bewusster Prozess, erscheint zunächst völlig unverständlich. Auch der Verweis darauf, dass man es hier mit zwei verschiedenen Zugangsweisen zu tun habe, kann dieses Problem nicht beseitigen. Dazu wäre es zumindest erforderlich, dass Kenntnisse über die unterschiedlichen Formen des Zugangs auch die Unterschiede zwischen der Perspektive der ersten Person und der Perspektive der dritten Person verständlich machen. Dies geschieht hier jedoch ganz offenbar nicht: Feigls Verweis auf einen ›zweifachen Zugang‹ kann die Unterschiede zwischen der Erfahrung von Schmerzen und der Beobachtung der damit korrelierenden neuronalen Prozesse *nicht* verständlich machen.

Wenn wir allerdings nicht verstehen, wie die Unterschiede zwischen der Perspektive der ersten Person und der Perspektive der dritten Person zustande kommen, dann muss auch der Zusammenhang zwischen neurobiologischen Erkenntnissen und Bewusstseinserfahrungen unklar bleiben. Während es also plausibel zu sein scheint, naturwissenschaftliche Erkenntnisse über H_2O für die Erklärung der aus dem Alltag bekannten Eigenschaften von Wasser in Anspruch zu nehmen, ist es völlig unklar, welche Bedeutung Erkenntnisse über einen bestimmten neuronalen Prozess für die Erklärung des damit korrespondierenden mentalen Zustands besitzen.

Damit würden allerdings schwerwiegende Zweifel an der Identitätsbehauptung aufgeworfen: Wenn es unklar ist, ob eine Theorie über einen bestimmten neuronalen Prozess gleichzeitig den damit korrespondierenden mentalen Prozess erklärt, dann ist ebenfalls unklar, ob wir es wirklich nur mit *einem* Prozess zu tun haben, ob also überhaupt eine Identitätsbeziehung vorliegt. Immerhin wäre hier ein wichtiges Identitätskriterium, die Substitutivität, nicht erfüllt. Unter den skizzierten Bedingungen könnten wir den Ausdruck für den neuronalen Prozess nicht einfach durch einen mentalistischen Ausdruck ersetzen.

Typenidentitätstheorie

(1) Mentale Ereignisse sind physische Ereignisse
(2) Sämtliche Ereignisse eines einzigen mentalen Typs sind identisch mit Ereignissen eines einzigen physischen Typs und umgekehrt
(3) Aussagen über Ereignisse eines bestimmten mentalen Typs sind nicht gleichbedeutend mit Aussagen über Ereignisse des korrespondierenden physischen Typs
(4) Mentale Ereignisse zählen kraft ihrer Identität mit physischen Ereignissen zu den Ursachen physischer Ereignisse

Ich werde dieses Problem, das unter dem Namen ERKLÄRUNGSLÜCKENPROBLEM in den letzten Jahren eine besondere Rolle gespielt hat, unten (S. 188 ff.) noch ausführlicher erörtern. Hier bleibt zunächst festzuhalten, dass das Schicksal der Identitätstheorie offenbar auch von einer adäquaten Lösung des Erklärungslückenproblems abhängt.

Keineswegs sind damit schon alle Probleme der klassischen Typenidentitätstheorie genannt. Einer der nach wie vor schwerwiegendsten Einwände beruft sich auf die MULTIPLE REALISIERBARKEIT mentaler Zustände. Zumindest auf den ersten Blick ist es nicht zu erwarten, dass *ein* Typ mentaler Zustände in unterschiedlichen Lebewesen immer durch denselben Typ physischer Prozesse realisiert wird. Solche Differenzen dürften selbst zwischen den Angehörigen einer Art auftreten: Die neuronalen Aktivitäten, die meine Schmerzen realisieren, dürften sich mehr oder minder stark von den entsprechenden neuronalen Prozessen im Gehirn anderer Personen unterscheiden. Dies würde insbesondere dann gelten, wenn z. B. infolge einer Verletzung das ursprüngliche neuronale Areal zerstört worden ist und sich die Aktivitäten in ein anderes Areal verlagert haben.

Entscheidend ist dabei, dass in all diesen Fällen *einem* Typ mentaler Zustände *mehrere* Typen neuronaler Prozesse gegenüberstünden: Das zentrale Kriterium der Typenidentitätstheorie, die Identifikation *eines* mentalen Typs mit *einem* physischen Typ, wäre damit verletzt. Wir könnten Wasser und H_2O nicht miteinander identifizieren, wenn zwar alle Vorkommen von H_2O als Wasser klassifiziert würden, aber eben nicht alle Vorkommen von Wasser tatsächlich aus H_2O bestünden.

Das Problem der multiplen Realisierung wird bis heute als zentrales Problem der Typenidentitätstheorie betrachtet. Dabei reicht nach Ansicht vieler Autoren schon die bloße *Denkbarkeit* unterschiedlicher Formen der Realisierung aus – ein empirischer Nachweis sei gar nicht erforderlich. Ich werde diesen auf Kripke zurückgehenden Einwand weiter unten (S. 160 ff.) noch erörtern. Dabei wird sich herausstellen, dass die Identitätstheorie Möglichkeiten besitzt, auf diese Einwände zu reagieren. Hier möchte ich jedoch im Rückblick zunächst festhalten, dass das Problem der multiplen Realisierung entscheidend zum Niedergang der ursprünglichen Theorie der Typenidentität beigetragen hat.

Tokenidentität

Die Abwendung von der Typenidentitätstheorie hatte allerdings nicht zur Folge, dass die Vorstellung der psychophysischen Identität generell zu den Akten gelegt wurde. Die Schwierigkeiten schienen ja lediglich daraus zu resultieren, dass die Identitätsbehauptung auf *Typen* neuronaler und mentaler Zustände bezogen wurde. Es schien jedoch unnötig zu sein, diese Theorie mit einer so starken Forderung zu belasten; von ›psychophysischer Identität‹ kann man schließlich auch dann sprechen, wenn jeder mentale Zustand *irgendeine* physische Realisierung hat, gleich ob es sich dabei um ein menschliches Gehirn, das Zentralnervensystem eines Tieres oder aber die Siliziumchips eines Computers handelt. Die Identitätsbeziehung würde dann nicht ganze Typen von mentalen und neuronalen Zuständen, sondern nur einzelne Exemplare solcher Zustände umfassen. Gefordert würde also, dass mein derzeitiges Schmerzempfinden eine beliebige physische Realisierung hat, dass es also identisch ist mit irgendeinem neuronalen Zustand; es wird jedoch nicht behauptet, dass es *einen* Typus von neuronalen Zuständen gibt, der identisch ist mit dem Typus ›Schmerzempfinden‹.

Diese Variante der Identitätstheorie wird im Allgemeinen als Theorie der TOKENIDENTITÄT bezeichnet. Gemeint ist damit, dass jeweils *ein* Exemplar (TOKEN) eines Typus mentaler Zustände mit irgendeinem physischen Zustand identisch ist. Aufgegeben wird die Forderung, dass *alle* Exemplare eines Typs mentaler Zustände mit den Exemplaren *eines* Typs physischer Zustände identisch sind. Der Tokenidentitätstheorie zufolge muss jeder Schmerzzustand zwar ein physischer Zustand sein, doch einzelne Schmerzzustände können auf unterschiedlichen physischen Zuständen basieren.

Im Folgenden sollen die zwei wohl bekanntesten Varianten der Tokenidentität vorgestellt werden: Davidsons ANOMALER MONISMUS und der klassische FUNKTIONALISMUS.

Tokenidentitätstheorie

(1) Mentale Ereignisse sind physische Ereignisse
(2) Ereignisse eines einzigen mentalen Typs können mit Ereignissen unterschiedlicher physischer Typen identisch sein
(3) Aussagen über Ereignisse eines bestimmten mentalen Typs sind nicht gleichbedeutend mit Aussagen über Ereignisse des korrespondierenden physischen Typs
(4) Mentale Ereignisse zählen kraft ihrer Identität mit physischen Ereignissen zu den Ursachen physischer Ereignisse

Donald Davidson: Anomaler Monismus

Davidson geht davon aus, dass mentale Ereignisse physische Ereignisse sind, schließlich versteht sich seine Theorie als eine Variante des MONISMUS. Gleichzeitig bestreitet er jedoch, dass sich psychologische Begriffe auf physiologische oder physikalische Begriffe reduzieren lassen: Psychologie und Neurobiologie stellen in Davidsons Augen zwei unterschiedliche und vor allem irreduzible Formen der Beschreibung dar. Davidson stützt sich auf drei Prinzipien:[82]

1.) Es gibt eine kausale Interaktion zwischen psychischen und physischen Ereignissen.

82 Davidson 1980, 208; vgl. Davidson 1993, 3.

2.) Kausalbeziehungen zwischen einzelnen Ereignissen basieren stets auf strikten deterministischen Gesetzen.
3.) Es gibt keine strikten deterministischen Gesetze, auf deren Basis man mentale Ereignisse vorhersagen oder erklären könnte.

Diese Prinzipien scheinen in zweierlei Hinsicht problematisch: Zum einen ist unklar, ob sie miteinander verträglich sind, außerdem scheinen sie ihrerseits begründungsbedürftig zu sein. Davidson glaubt allerdings, nur für das dritte Prinzip ausführlicher argumentieren zu müssen. Er will damit nicht bestreiten, dass es Verallgemeinerungen für das Verhältnis von psychischen und physischen Zuständen gibt. Wenn er von strikten Gesetzen spricht, dann meint er Gesetze, die ausnahmslos unter *allen* Bedingungen gelten. Solche Gesetze finden sich insbesondere – und möglicherweise sogar ausschließlich – in der Physik. Im einfachsten Falle haben sie die Form: ›Genau dann wenn *x*, folgt *y*‹. Also etwa: ›Dann und nur dann wenn auf einen Gegenstand von der Masse *m* die Kraft *f* einwirkt, wird er um *a* beschleunigt.‹ Auch in strikten Gesetzen kann es notwendig sein, die Bedingungen näher zu präzisieren, dies muss jedoch im gleichen Vokabular erfolgen.

Davidson behauptet nun, dass es auf der Ebene der mentalen Zustände solche strikten Gesetze nicht gebe;[83] mentale Zustände sind insofern ANOMAL, also nicht durch Gesetze zu erfassen. Wir können nicht genau prognostizieren, dass eine Person das Verhalten *v* zeigen wird, wenn sie sich im Zustand *z* befindet und dem Reiz *r* ausgesetzt ist.

Davidson stützt sich in seiner Argumentation für diese These auf Annahmen, die über die Philosophie des Geistes hinausreichen und daher eine ausführlichere Diskussion verlangen, als sie hier gegeben werden kann. Eine zentrale Rolle spielt dabei der sogenannte HOLISMUS des Mentalen. Während wir nämlich einem Gegenstand eine bestimmte physische Eigenschaft im Allgemeinen weitgehend unabhängig von seinen anderen Eigenschaften zuschreiben können, ist die Zuschreibung einer einzigen mentalen Eigenschaft prinzipiell nicht möglich: Wir können einer Person einen bestimmten Glaubenszustand also nicht einfach auf der Basis eines Verhaltens zuschreiben, vielmehr müssen wir gleichzeitig auch eine ganze Reihe anderer Annahmen über die Intentionen,

83 vgl. Davidson 1980, 208.

Überzeugungen und Wünsche dieser Person machen, außerdem müssen wir dieser Person Rationalität unterstellen.

So mag es nahe liegen, einer Person, die bei einsetzendem Regen einen Schirm aufspannt, den Wunsch zuzuschreiben, nicht nass zu werden. Zwingend ist dies jedoch keinesfalls: Eine solche Zuschreibung setzt unter anderem voraus, dass die Person das Einsetzen des Regens wahrgenommen hat, dass sie nicht nass werden will, dass sie das Aufspannen eines Regenschirms als eine adäquate Reaktion betrachtet und dass sie sich, gemessen an ihren Überzeugungen und Intentionen, rational und zielbewusst verhält. Keineswegs ausgeschlossen wäre es, dass die Person den Regen gar nicht wahrgenommen hat und nur das Funktionieren des Schirms erproben möchte oder aber eine völlig ziellose Bewegung ausführt.

In Davidsons Augen macht dieser Fall ein grundsätzliches Problem deutlich. Offensichtlich handelt es sich bei den an strikten Gesetzmäßigkeiten orientierten Naturwissenschaften einerseits und der holistischen, dem Rationalitätsprinzip verpflichteten Psychologie andererseits um zwei inkompatible Begriffssysteme, deren einzelne Prädikate also nicht durch psychophysische Gesetze aufeinander bezogen werden können:

> Wegen der unterschiedlichen Voraussetzungen der mentalen und der physikalischen Begriffssysteme gibt es keine strengen psychophysischen Gesetze. Für die physische Wirklichkeit ist es kennzeichnend, dass sich physische Vorgänge durch Gesetze erklären lassen, die sie mit anderen physikalisch beschriebenen Vorgängen und Umständen in Verbindung bringen. Für das Mentale ist es kennzeichnend, dass die Zuschreibung mentaler Phänomene den Hintergrund der Gründe, Meinungen und Absichten des Individuums zu berücksichtigen hat. Eine enge Verbindung zwischen diesen beiden Sphären kann es nicht geben, wenn jede ihre Bindung an ihre eigenen Quellen der Evidenz bewahren soll.[84]

Nehmen wir einmal an, der Anomalismus des Mentalen wäre damit belegt, und wenden uns dem zweiten Problem zu: Lassen sich die drei Prinzipien wirklich miteinander vereinbaren? Wenn Kausalbeziehungen strikte Gesetze erfordern (2.) und mentale Ereignisse nicht unter strikte Gesetze fallen (3.), wie können dann mentale Ereignisse, so wie es das erste Prinzip behauptet, kausal wirksam sein? Davidson kann sich hier zunächst darauf berufen, dass mentale Ereignisse auch seiner eigenen

84 Davidson 1980, 222.

Position zufolge stets physische Ereignisse *sind*. *Als physische Ereignisse* fallen sie stets auch unter strikte und deterministische Gesetze, obwohl sie *als mentale Ereignisse* nicht der Gegenstand solcher Gesetze sind.

Diese Unterscheidung ist von zentraler Bedeutung für Davidsons Position: Nur wenn sie sich als haltbar erweist, sind die drei oben genannten Prinzipien miteinander verträglich, nur dann können mentale Ereignisse kausal wirksam sein, ohne dass Davidson vom Anomalismus des Mentalen abrücken muss. Von dieser Unterscheidung hängt aber auch ab, ob Davidson an seinen Vorbehalten gegen eine Reduktion der Psychologie auf die Physiologie festhalten kann, ohne damit seinen Monismus aufgeben zu müssen.

Supervenienz

Wenn Davidson davon spricht, dass mentale Ereignisse nicht ›als‹ mentale Ereignisse, wohl aber ›als‹ physische Ereignisse unter strikte und deterministische Gesetze fallen, dann ist damit offenbar gemeint, dass diese Ereignisse auf zweierlei Weise beschrieben werden können: In der Sprache der Psychologie ›als‹ mentale Ereignisse und in der Sprache der Physiologie oder der Physik ›als‹ physische Ereignisse. Diese beiden Beschreibungssprachen, so behauptet Davidson, sind nicht aufeinander reduzierbar, dennoch besteht zwischen ihnen eine spezifische Beziehung: Die psychologischen Prädikate SUPERVENIEREN über den physiologischen Prädikaten.

Die SUPERVENIENZRELATION wird häufig als Relation zwischen Gruppen von Eigenschaften beschrieben. Eigenschaften der Kategorie A supervenieren genau dann über Eigenschaften der Kategorie B, wenn zwei Objekte, die sich in ihren A-Eigenschaften unterscheiden, sich auch in ihren B-Eigenschaften unterscheiden.[85] Das Umgekehrte gilt nicht:

85 Es werden mittlerweile noch drei verschiedene Formen der Supervenienz unterschieden, nämlich die SCHWACHE, STARKE und die GLOBALE Supervenienz. Bei der SCHWACHEN Form stellt die Supervenienzbeziehung nur eine empirische Tatsache innerhalb der gegenwärtigen Welt dar. Es wäre also *möglich*, dass diese Beziehung in einer anderen Welt nicht bestünde. Bei der STARKEN Supervenienz wird die Notwendigkeit dieser Beziehung über alle möglichen Welten hinweg behauptet. In diesem Falle müssten sich also zwei Objekte aus beliebigen Welten, die sich hinsichtlich ihrer A-Eigenschaften unterscheiden, in beliebigen Welten auch hinsichtlich ihrer B-Eigenschaften unterscheiden. Bei der GLOBALEN Supervenienz gilt schließlich: Wenn in der Welt *w* die B-Eigenschaften so verteilt sind wie in der Welt *w'*, dann müssen dort auch die A-Eigenschaften so verteilt sein wie in *w'*.

Zwei Objekte mit unterschiedlichen B-Eigenschaften müssen nicht auch in ihren A-Eigenschaften differieren.[86]

Davidson selbst expliziert Supervenienz jedoch als eine Relation zwischen den *Prädikaten* unterschiedlicher wissenschaftlicher Beschreibungssprachen,[87] konkret also zwischen psychologischen und physiologischen Ausdrücken.[88] Psychologische Prädikate supervenieren genau dann über physiologischen Prädikaten, wenn zwei Ereignisse, die sich hinsichtlich ihrer psychologischen Prädikate voneinander unterscheiden, sich immer auch hinsichtlich ihrer physiologischen Prädikate unterscheiden. Umgekehrt ist es jedoch nicht notwendig, dass Ereignisse, die hinsichtlich ihrer physiologischen Prädikate differieren, auch auf der psychologischen Ebene voneinander abweichen. Es ist also nicht nötig, dass sich sämtliche physiologische Differenzen auch auf der psychologischen Ebene niederschlagen. Genau deshalb ist es nicht möglich, psychologische auf physiologische Prädikate zu reduzieren.

Supervenienzbeziehungen treten in den unterschiedlichsten Zusammenhängen auf. Schon in der ersten Hälfte dieses Jahrhunderts taucht ›SUPERVENIENZ‹ als Synonym zu ›EMERGENZ‹ bei den britischen Emergentisten auf, doch der Begriff wurde auch verwendet, um das Verhältnis zwischen moralischen Einstellungen einer Person und ihren physischen Eigenschaften zu bezeichnen: Zwei Personen, die hinsichtlich ihrer physischen Eigenschaften miteinander übereinstimmen, können auch unter moralischen Gesichtspunkten keine Differenzen aufweisen. Umgekehrt ist die Existenz physischer Differenzen aber mit moralischer Übereinstimmung verträglich. In jedem Falle impliziert die Superveni-

86 vgl. Beckermann 1999, 206.

87 Zwar spricht Davidson z.B. in *Thinking Causes* selbst von mentalen und physischen ›Eigenschaften‹, der Begriff wird hier jedoch – etwas ungebräuchlich – als Synonym von ›Prädikat‹ verwendet: »In the present paper I do not distinguish concepts from properties or predicates, except to the extent that I allow that physics may well come to require predicates not now available.« Davidson 1993, 4.

88 »A predicate *p* is supervenient on a set of predicates *S* if and only if *p* does not distinguish any entities that cannot be distinguished by *S*. Supervenience so understood obviously applies in an uninteresting sense to cases where *p* belongs to *S*, to cases where *p* is explicitly definable by means of the predicates in *S*, and to cases where there is a law to the effect that the extension of *p* is identical with the extension of a predicate definable in terms of the predicates in *S*. The interesting cases are those where *p* resists any of these forms of reduction.« Davidson 1993, 4 f. Davidson sieht hierin eine Wiedergabe seiner ursprünglichen Position, die jedoch bezüglich des Status der Relata der Supervenienzbeziehung weniger eindeutig war; vgl. Davidson 1980, 214.

enzbehauptung in der Philosophie des Geistes keine bestimmte ontologische Position: Von Supervenienz kann nicht nur ein Identitätstheoretiker sprechen,[89] vielmehr könnte auch ein erklärter Dualist behaupten, dass autonome mentale Eigenschaften über physischen Eigenschaften supervenierten.

In jedem Falle können[90] Supervenienzbeziehungen asymmetrisch sein: *Einem* Typ psychischer Prozesse können *mehrere* Typen physischer Prozesse entsprechen, doch umgekehrt wird einem physischen Typ niemals mehr als ein mentaler Typ korrespondieren. Die Supervenienz erlaubt damit die MULTIPLE REALISIERUNG mentaler Zustände. Aus demselben Grund ist die Reduktion psychischer auf physiologische Prädikate ausgeschlossen. Dies bedeutet, dass die deterministischen Gesetze der Naturwissenschaften, die sich ausschließlich auf physische Typen beziehen, nicht für psychologische Typen gelten können.[91]

Für die Position Davidsons ist es von entscheidender Bedeutung, dass hier unterschieden wird zwischen kausalen Beziehungen von Einzelereignissen auf der einen Seite und Kausalerklärungen auf der anderen: Letztere enthalten Gesetze und damit auch die Termini, in denen diese Gesetze formuliert sind. Ein Einzelereignis, das unter ein naturwissenschaftliches Gesetz fällt, verliert selbstverständlich seine Wirksamkeit nicht dadurch, dass es in der Sprache der Psychologie beschrieben wird. Dennoch kann das Ereignis in der psychologischen Sprache

89 »Abgesehen von den schon genannten Problemen lässt sich auf der Grundlage des Supervenienzbegriffs also besonders deshalb keine Version des Physikalismus formulieren, weil dieser Begriff gar keine spezifische Position beinhaltet, sondern eine Reihe deutlich verschiedener Positionen umfasst. ... Der Begriff der Supervenienz bildet eine Art von Dach, unter dem sich alle physikalistischen Positionen ... aufhalten; er selbst stellt aber keine eigene Position dar.« Beckermann 1996, 14.

90 Dies bedeutet selbstverständlich nicht, dass Supervenienzbeziehungen im Einzelfalle asymmetrisch sein *müssen*. Dies gilt schon deshalb nicht, weil das Supervenieren der Eigenschaften der Kategorie A über den Eigenschaften der Kategorie B nicht ausschließt, dass auch umgekehrt Eigenschaften der Kategorie B über den Eigenschaften der Kategorie A supervenieren. Die oben genannten Kriterien für die Supervenienz von Eigenschaften werden im Übrigen auch durch eine Identitätsbeziehung erfüllt, die sich als wechselseitige, starke Supervenienz bestimmen ließe. Zu weiteren ›uninteressanten‹ Formen der Supervenienz vgl. Davidson 1993, 5, bzw. oben Fußnote 88.

91 Man kann sich dies auch verdeutlichen, wenn man berücksichtigt, dass einem psychologischen Typ mehrere physische Typen entsprechen können. Für jeden dieser physischen Typen gelten andere Gesetze, keines dieser Gesetze bezieht sich daher auf den psychischen Typ insgesamt, obwohl andererseits jedes psychische Ereignis unter eines dieser Gesetze fällt, das im Einzelfall die kausale Wirksamkeit erklärt.

nicht mehr als Fall des genannten Gesetzes angesprochen werden, weil sich die psychologischen Prädikate nicht auf naturwissenschaftliche Prädikate zurückführen lassen.

Auf diese Weise entfällt der oben skizzierte Widerspruch. Wenn psychologische Prädikate auf physikalischen Prädikaten supervenieren, dann können die drei genannten Prinzipien miteinander vereinbart werden: Zum einen erlaubt die Supervenienzbeziehung eine Identifikation von psychischen und physischen Ereignissen. Psychische Ereignisse können daher kraft ihrer Identität mit physischen Ereignissen kausal wirksam sein. Auf der anderen Seite lässt es die Supervenienzbeziehung aber auch zu, dass psychische Ereignisse, solange sie in ihrer ›eigenen‹, psychologischen Terminologie beschrieben werden, nicht unter strikte, deterministische Gesetze fallen: Diese Gesetze beziehen sich jeweils auf einen Typ der physischen Realisierung, nicht aber auf den psychologischen Typ insgesamt.

Supervenienz (Davidson)

(1) Supervenienz ist eine asymmetrische Beziehung zwischen zwei Gruppen von Prädikaten, nämlich supervenierenden und subvenierenden Prädikaten

(2) Während Unterschiede auf Seiten der supervenierenden immer mit Unterschieden auf Seiten der subvenierenden Prädikate verbunden sein müssen, können umgekehrt Unterschiede auf Seiten der subvenierenden Prädikate auftreten, ohne dass es zu Unterschieden auf Seiten der supervenierenden Prädikate kommt

Kritik

Davidsons Ansatz stellt einen wichtigen und bis heute wirksamen Vorschlag zur Etablierung eines nichtreduktionistischen Materialismus dar, also einer Theorie, die an einer materialistischen Ontologie festhält, ohne sich auf weitgehende Reduktionsforderungen einzulassen.

Es gibt jedoch auch hier eine ganze Reihe von mehr oder minder schwer wiegenden Einwänden. So haben verschiedene Autoren, unter ihnen Jaegwon Kim, die Ansicht vertreten, Davidsons Theorie sei trotz der gegenteiligen Intentionen ihres Verfassers letztlich epiphänomenalistisch;[92] Davidson könne dem Prinzip (1.) also nicht gerecht werden, seine Theorie wäre damit eines immanenten Widerspruchs überführt. Kim stützt sich hier auf die bei Davidson zuweilen zu findende Unterscheidung von mentalen und neuronalen ›Eigenschaften‹. Kausal wirksam seien bei Davidson allein die physischen, nicht jedoch die mentalen ›Eigenschaften‹.

Wie oben bereits gezeigt, führt der Eigenschaftsdualismus zusammen mit dem für den Physikalismus konstitutiven Prinzip der kausalen Geschlossenheit in der Tat in den Epiphänomenalismus: Will er keine psychophysische Wechselwirkung nach dem Vorbild des interaktionistischen Dualismus zulassen, dann können für den Eigenschaftsdualisten nur die physischen Eigenschaften mentaler Ereignisse kausal wirksam sein.

Davidson hat hier jedoch mit seiner Entgegnung keine größeren Probleme.[93] Wie oben bereits erwähnt, sind ›Eigenschaften‹ für ihn nichts anderes als die Prädikate einer bestimmten Beschreibungssprache. Wenn Davidson von psychophysischer Supervenienz spricht, dann meint er damit nicht, dass bestimmte Ereignisse zusätzlich zu ihren physischen Merkmalen auch autonome mentale Eigenschaften hätten. Gemeint ist lediglich, dass *diese* Ereignisse nicht nur in der naturwissenschaftlichen, sondern auch in der psychologischen Sprache beschrieben werden können. Davidson unterscheidet also lediglich die Prädikate zweier Beschreibungssprachen, die sich im Einzelfalle auf *ein* Ereignis beziehen können. Es dürfte klar sein, dass der bloße Wechsel von der physiologischen zur psychologischen Beschreibungssprache weder die kausale Geschlossenheit in Gefahr bringt, noch etwas an der kausalen Wirksamkeit des betreffenden Ereignisses zu ändern vermag.

Andere Einwände lassen sich nicht so leicht zurückweisen. Fraglich ist zum einen die Reichweite von Davidsons Argumenten für den Holismus mentaler Zustände, der seinerseits dann wiederum die Basis für die Anomalismusthese ist. Die Argumente beziehen sich nämlich ausschließlich auf propositionale Einstellungen, also auf Glaubenszustän-

92 »It seems, then, that under anomalous monism mental properties are causal idlers with no work to do. To be sure, anomalous monism is not epiphenomenalism in the classic sense, since mental events are allowed to be causes of other events. The point is that it is an epiphenomenalism about *mental properties* – we may call it ›mental property epiphenomenalism‹ in that it renders mental properties and kinds causally irrelevant.« Kim 1996, 138; vgl. Kim 1989.

93 vgl. Davidson 1993.

de, Überzeugungen, Wünsche etc., und Davidson hat zweifellos Recht mit seiner Behauptung, dass diese Zustände jeweils nur in einem Netzwerk von vergleichbaren Zuständen auftreten können. Wie oben gezeigt, gibt es jedoch noch eine andere große Gruppe mentaler Zustände, nämlich die Prozesse des phänomenalen Bewusstseins. Für sie gilt diese Behauptung zumindest nicht im gleichen Maße. So können beispielsweise Schmerzerfahrungen weitgehend unabhängig von den übrigen Erfahrungen und Überzeugungen einer Person auftreten.[94] Gleichzeitig spielt bei der Zuschreibung phänomenaler Zustände auch die Rationalitätsforderung keine entscheidende Rolle: Es spricht nichts dagegen, einer Person eine Schmerzerfahrung zuzuschreiben, auch wenn es für sie im Moment nicht rational sein sollte, eine solche Erfahrung zu haben – etwa weil die Konzentration auf den Schmerz sie von wichtigeren Handlungen abhält.[95] Insofern würden die von Davidson vorgebrachten Argumente die Existenz von psychophysischen Gesetzen im Falle von phänomenalen Zuständen nicht prinzipiell ausschließen.

Dennoch kann man auch unter diesen Umständen an der Möglichkeit strikter und deterministischer Gesetze zweifeln. Das Problem verliert jedoch an Gewicht, wenn man berücksichtigt, dass, wie Davidson selbst einräumt, strikte und deterministische Gesetze möglicherweise nur in der Physik vorkommen. Wissenschaftstheoretiker wie Patrick Suppes haben sogar bezweifelt, dass solche Gesetze auch nur in der Physik die ihnen von Davidson zudachte Rolle spielen.[96] Dies würde bedeuten, dass sich das Verhältnis der Psychologie zur Neurobiologie oder gar zur Physik nicht prinzipiell von dem anderer höherstufiger Naturwissenschaften wie der Biologie oder der Geologie zur Physik unterscheiden müsste. In keinem dieser Fälle wäre eine strikte Reduktion möglich, dennoch könnten die höherstufigen Wissenschaften in mehr oder minder großem Maße auf die Erkenntnisse der Grundlagenwissenschaften zurückgreifen.

94 Es ist vielfach behauptet worden, dass die Zustände des phänomenalen Bewusstseins völlig unabhängig voneinander seien, dass man also eine Roterfahrung haben könne, ohne jemals zuvor eine Grünerfahrung gehabt zu haben etc. Ich werde jedoch weiter unten zu zeigen versuchen, dass diese Annahme unplausibel ist und überdies zu vermeidbaren Schwierigkeiten führt.

95 Es gibt allerdings angeborene Mechanismen der Schmerzregulierung, die die Schmerzerfahrung unterdrücken können, um die Handlungsfähigkeit des Organismus aufrechtzuerhalten; vgl. Hardcastle 1997, 394.

96 vgl. Suppes 1993, 398.

Sollte es Davidson allerdings gelingen, den Anomalismus des Mentalen durch weitere Argumente zu stützen, dann ergäbe sich ein anderer Einwand. Dessen Basis ist hier das bereits mehrfach erwähnte ERKLÄRUNGSLÜCKENPROBLEM. Wäre die Psychologie nämlich wirklich in einem strengen Sinne irreduzibel, d. h. nicht zurückführbar auf die Neurowissenschaften, dann könnten wir die Erkenntnisse dieser Wissenschaften auch grundsätzlich *nicht* für die Beantwortung psychologischer Fragen nutzen. Davidson hätte somit kaum mehr die Möglichkeit, die Beziehung von mentalen und neuronalen Prozessen verständlich zu machen. Damit aber würde auch die Identitätsthese in Frage gestellt.

Selbstverständlich wäre damit Davidsons Monismus nicht widerlegt. Mentale Ereignisse *können* identisch mit physischen Ereignissen sein, auch wenn eine Kluft zwischen den mentalistischen Beschreibungen und dem naturwissenschaftlichen Vokabular bestehen bleibt. Sollte es jedoch prinzipiell unmöglich sein, eine einsichtige Verbindung zwischen beiden Ebenen herzustellen, dann würde dies, wie bereits erwähnt, auch zu Zweifeln an der Identitätsthese führen: Wenn neurobiologische Theorien keine Antworten auf Probleme der Psychologie geben, dann fragt sich, ob beide Wissenschaften wirklich von den gleichen Entitäten sprechen.

Funktionalismus

Zwar scheitert Davidsons Theorie nicht an den Inkonsistenzen, die ihr von Kim vorgehalten werden; dennoch bleibt es mehr als fraglich, ob sie ihrem Anspruch gerecht wird, die Basis für einen nichtreduktionistischen Physikalismus im Sinne der TOKENIDENTITÄT zu liefern. Immerhin hat es jedoch noch andere Vorschläge in dieser Richtung gegeben; die wichtigste Alternative zu dem Ansatz von Davidson dürfte wohl der FUNKTIONALISMUS sein. Festzuhalten ist zunächst, dass der Funktionalismus ähnlich wie die Theorie der Supervenienz nicht notwendigerweise als eine Variante der Identitätstheorie oder gar der Tokenidentitätstheorie auftreten muss. Ein Funktionalist könnte durchaus bestreiten, dass mentale Zustände durch physische Prozesse realisiert sind. Tatsächlich begreifen sich die Funktionalisten jedoch in der Regel als Physikalisten; die meisten von ihnen vertreten zudem die Theorie der Tokenidentität, allerdings gibt es gerade in diesem Punkt wichtige Ausnahmen.

Der Funktionalismus hat zudem recht enge Beziehungen zum Behaviorismus; er glaubt nämlich ebenfalls, dass die Bestimmung mentaler Zustände sich vor allem am Verhalten orientieren müsse. Dabei folgen die Funktionalisten der Kritik am logischen Behaviorismus von Carnap und Ryle zumindest insofern, als sie nicht mehr behaupten, mentale Zustände ließen sich *ausschließlich* durch Verhaltensdispositionen bestimmen. In ihren Augen müssen zur Bestimmung eines mentalen Zustandes neben dem Verhalten immer auch andere mentale Zustände herangezogen werden.

Hieraus ergeben sich vier Kennzeichen, die für die Position der meisten Funktionalisten gelten: *Erstens* lassen sich mentale Zustände auf der Basis von Beobachtungen, insbesondere von Verhaltensbeobachtungen aus der Perspektive der dritten Person bestimmen. Eine wissenschaftliche Beschreibung, die sich allein auf äußere Beobachtungen stützt, kann somit genau die Zustände herausgreifen, auf die wir uns aus der Perspektive der ersten Person mit dem Vokabular der Alltagspsychologie beziehen können. Ebenso wie die Vertreter der Typenidentitätstheorie nehmen die meisten Funktionalisten allerdings an, dass wissenschaftliche und alltagssprachliche Beschreibungen mentaler Zustände *nicht* bedeutungsgleich sind.

Zweitens sind solche Zustände *relational* bestimmt, nämlich durch ihre FUNKTIONALE ROLLE innerhalb eines Systems. Diese Rolle ergibt sich aus dem Verhältnis des Zustandes zu (a) Reizen, (b) Reaktionen und (c) zu anderen mentalen Zuständen eines Systems. So könnte es beispielsweise charakteristisch für Furchtzustände sein, dass sie unter anderem (a) durch das Auftauchen vermummter Personen in dunklen Wäldern ausgelöst werden, (b) Fluchtreaktionen hervorbringen und (c) eine Abneigung gegen derartige Situationen hervorrufen.

Durch diese funktionale Rolle lässt sich *drittens* auch der physische Prozess bestimmen, der einen bestimmten mentalen Zustand ›realisiert‹: Als eine solche Realisierung gilt ein physischer Prozess dann, wenn er genau *die* kausale Rolle besetzt, durch die der mentale Zustand bestimmt ist. Als Realisierungen von Furchtzuständen würden also diejenigen physischen Prozesse gelten, die unter anderem (a) durch das Auftauchen vermummter Personen in dunklen Wäldern ausgelöst werden, (b) Fluchtreaktionen hervorbringen und (c) eine Abneigung gegen derartige Situationen bewirken. Offenbar bietet die Beschreibung in einem funktionalistischen Vokabular insofern einen besonderen Vorteil, als sie nicht auf eine bestimmte Perspektive festgelegt ist, sondern sich ohne weitere Probleme von der psychischen auf die neuronale Ebene übertragen lässt.

Die Bestimmung mentaler Zustände durch ihre funktionale Rolle erlaubt *viertens* auch die MULTIPLE REALISIERUNG solcher Zustände. Solche multiplen Realisierungen sind für den Funktionalismus anders als für die Typenidentitätstheorie unproblematisch, weil die funktionalen Rollen ja keinerlei konkrete Angaben über die physische Basis eines mentalen Zustandes enthalten. Es steht daher nicht fest, ob eine bestimmte kausale Rolle nur von einem oder von mehreren Typen physischer Zustände besetzt wird, ja es ist prinzipiell möglich, dass auch nicht-physische Zustände – wie immer die aussehen mögen – eine solche Rolle besetzen. Im Gegensatz zu einer weitverbreiteten Vorstellung ist der Funktionalismus allerdings nicht darauf festgelegt, dass mentale Zustände multipel realisiert sind. Tatsächlich sind wichtige Autoren, die üblicherweise dieser Position zugerechnet werden, der Ansicht, dass nur *ein* Typ physischer Zustände für die Besetzung einer kausalen Rolle in Frage komme.

Semantischer Funktionalismus

Obwohl die meisten Funktionalisten die genannten Auffassungen teilen, gibt es natürlich im Einzelnen eine ganze Reihe von Differenzen. Auch der Funktionalismus tritt also wie alle großen Ansätze in der Philosophie des Geistes in unterschiedlichen Varianten auf. In Anlehnung an Ned Block (1975) möchte ich hier zwei Varianten etwas ausführlicher beschreiben, die ich als SEMANTISCHEN und als PSYCHOLOGISCHEN FUNKTIONALISMUS bezeichnen werde.[97] Beide Varianten unterscheiden sich zunächst in der Terminologie, in der die funktionalen Rollen mentaler Zustände beschrieben werden.

Der semantische Funktionalismus greift in diesem Zusammenhang ausschließlich auf das alltagssprachliche Verhaltensvokabular zurück. In Abweichung von den Vorstellungen der meisten anderen Funktionalisten wird dabei unterstellt, dass die funktionalen Beschreibungen be-

97 Die Bezeichnung ›semantischer Funktionalismus‹ geht nicht auf Block selbst zurück, der in diesem Zusammenhang nur vom ›Funktionalismus‹ spricht, den er vom ›psychologischen Funktionalismus‹ unterscheidet. Die gewählte Bezeichnung scheint mir nicht zuletzt deshalb sinnvoll, weil sie die inhaltliche Affinität zum semantischen *Physikalismus* zum Ausdruck bringt.

deutungsgleich mit unserem mentalistischen Alltagsvokabular sind. David Lewis[98] macht in diesem Zusammenhang eine Annahme, die bereits von den radikalen Materialisten bekannt ist: Die Bedeutung unserer alltagssprachlichen Ausdrücke für mentale Zustände ergibt sich nicht etwa aus dem direkten Zugang zu diesen Zuständen aus der Perspektive der ersten Person. In Wirklichkeit sind diese Begriffe Produkte einer Theorie, nämlich der bereits bekannten Alltagspsychologie. Sie hat diese Begriffe eingeführt, um damit das Verhalten zu erklären. Dies bedeutet, dass diese Begriffe bereits in der Alltagspsychologie relational definiert sind, sie stehen also – ebenso wie die funktionalistischen Beschreibungen – für Verhaltensrelationen.

Damit wird erkennbar, warum man die von Lewis vertretene Position als ›*semantischen* Funktionalismus‹ bezeichnen kann: Das mentalistische Vokabular der Alltagssprache lässt sich nämlich problemlos in bedeutungsgleiche, funktionale Terme einer wissenschaftlichen Psychologie übersetzen. Von anderen Arten des Funktionalismus unterscheidet sich die von Lewis vertretene semantische Variante also zum einen durch die Behauptung, dass sich funktionale Bestimmungen des oben genannten Typs nicht nur *de facto* auf dieselben Zustände beziehen wie alltagssprachliche Ausdrücke, sondern auch dieselbe *Bedeutung* besitzen. Alltagssprachliche Aussagen über Schmerzen lassen sich also in bedeutungsgleiche Aussagen übersetzen, in denen das Wort ›Schmerz‹ nicht mehr auftaucht.[99] Es reicht einfach aus, ganz allgemein von einem Zustand zu sprechen, der durch die oben erwähnte funktionale Rolle

98 Angesichts der Vorbehalte Lewis' gegen die Tokenidentitätstheorie könnte man bezweifeln, ob dieser Autor überhaupt als Funktionalist bezeichnet werden kann, zumal er selbst diese Frage offen gelassen hat (Lewis 1994, 412: »I do not know whether I am a ›functionalist‹«). Es wird sich jedoch herausstellen, dass seine Theorie in allen übrigen Punkten mit dem Funktionalismus übereinstimmt. Ich werde sie daher, wie in der Literatur üblich, als Variante des Funktionalismus behandeln.

99 Formalisieren lässt sich dies mit Hilfe sogenannter Ramsey-Sätze. Nehmen wir mit Lewis an, die Alltagspsychologie sei eine Theorie, die eine Reihe von theoretischen Termen von mentalen Zuständen $m_1 \dots m_n$ wie ›Schmerz‹, ›Freude‹ oder ›Furcht‹ durch den Bezug auf die Reize $i_1 \dots i_p$ und Reaktionen $o_1 \dots o_q$ definiert. Diese Theorie hätte also die Form: $T(m_1 \dots m_n, i_1 \dots i_p, o_1 \dots o_q)$.
Um zu einem Ramsey-Satz zu kommen, ist es notwendig, sämtliche Sätze der Theorie durch Konjunktionen miteinander zu verbinden, so dass sie zu einem einzigen Satz zusammengefasst werden können. Außerdem müssen die Ausdrücke für die mentalen Zustände $m_1 \dots m_n$ (nicht jedoch die für Reize und Reaktionen) durch die Variablen $x_1 \dots x_n$ ersetzt werden, schließlich ist es erforderlich, für jede Variable einen Existenzquantor zu setzen. $\exists x_1 \dots x_n\, T(x_1 \dots x_n, i_1 \dots i_p, o_1 \dots o_q)$

gekennzeichnet ist, schließlich ist der alltagssprachliche Ausdruck ›Schmerz‹ ja durch diese funktionale Rolle definiert.

Mit den Grundsatzannahmen des Funktionalismus stimmt Lewis zudem insofern überein, als er die funktionalen Rollen auch zur Bestimmung der physischen Prozesse verwenden will, die einen mentalen Zustand realisieren. Damit kommt es zu einem Zusammenwirken von Begriffsanalyse und empirischer Forschung: Die Begriffsanalyse bestimmt zunächst die funktionale Rolle, auf die sich ein mentalistischer Alltagsbegriff bezieht. Die empirische Forschung stellt dann fest, welcher physische Prozess diese Rolle besetzt. Da dieser physische Prozess die Kriterien erfüllt, die den Gebrauch unseres Alltagsbegriffes bestimmen, kann es keinen Zweifel daran geben, dass dieser Begriff auf ihn zutrifft. Wenn sich also herausstellt, dass neuronale Aktivitäten des Typs *N* genau die funktionale Rolle besetzen, durch die der alltagspsychologische Begriff ›Schmerz‹ definiert ist, dann sind neuronale Aktivitäten des Typs *N* offenbar identisch mit Schmerzerfahrungen.

Damit deutet sich ein weiterer wichtiger Unterschied zwischen der Position von Lewis und den Auffassungen der meisten anderen Funktionalisten an: Lewis geht nämlich nicht davon aus, dass mentale Zustände multipel realisiert werden können. Sofern die funktionalen Rollen genau genug bestimmt sind, können sie nur durch *einen* Typ physischer Prozesse besetzt werden. Lewis ist also kein Vertreter der Theorie der Tokenidentität.

In Lewis' Augen gibt uns diese Identifikation des zugehörigen physischen Prozesses zudem Aufschluss darüber, was die mentalen Prozesse *wirklich* sind – immerhin konnten wir diese Prozesse bis dahin ja nur in einem abstrakten, funktionalistischen Vokabular beschreiben:

> Wenn wir herausfinden, welche Art von Zuständen die kausalen Rollen besetzen, durch die die mentalen Zustände bestimmt werden, dann erfahren wir, welche Zustände die mentalen Zustände sind, ... genauso wie wir herausfanden, was Licht ist, als wir feststellten, dass elektromagnetische Schwingung das Phänomen ist, das eine bestimmte kausale Rolle besetzt (Lewis 1972, 212).

Wenn x_2 die Variable ist, die den ursprünglichen Ausdruck ›Schmerz‹ ersetzt hat, dann würde der Ramsey-Satz für Schmerz wie folgt lauten:
$\exists x_1 \ldots x_n\, [T(x_1 \ldots x_n, i_1 \ldots i_p, o_1 \ldots o_q)\ \&\ y \textit{ hat } x_2]$
Dies würde bedeuten: ›Ein System y ist genau dann im Zustand x_2, wenn es in diesem System n Zustände gibt, die die in der Theorie T beschriebenen kausalen Rollen besetzen und y sich im zweiten dieser Zustände befindet.‹ Entscheidend ist hier wiederum, dass die funktionale Rolle beliebiger mentaler Zustände ohne den Rückgriff auf das mentalistische Idiom bestimmt werden kann.

Beachtenswert ist Lewis' Position nicht zuletzt deshalb, weil sie eine vergleichsweise einfache Lösung des Erklärungslückenproblems bietet. Lewis' Verständnis der Beziehung von mentalen und neuronalen Phänomenen bietet nämlich den Ansatzpunkt für eine tragfähige Verbindung zwischen Neurobiologie und Psychologie.

Nehmen wir also noch einmal an, wir hätten die Bedeutung des alltagssprachlichen Ausdrucks ›Schmerz‹ durch einen Rückgriff auf die funktionale Rolle des entsprechenden Zustands bestimmt und wüssten zudem, dass neuronale Aktivitäten des Typs *N* diese Rolle einnehmen. Wir hätten damit nicht nur das Recht zur Identifikation des physischen mit dem psychischen Zustand gewonnen; vielmehr sollte uns dieser Schritt auch unmittelbar plausibel erscheinen, schließlich verfügt der physische Prozess über genau die Eigenschaften, die wir immer schon gemeint haben, wenn wir unser mentalistisches Alltagsvokabular benutzt haben.

Außerdem spricht offenbar nichts gegen die Annahme, dass Erkenntnisse über die mikrobiologischen und chemischen Eigenschaften von neuronalen Aktivitäten des Typs *N* uns früher oder später eine Erklärung dafür liefern werden, warum diese Aktivitäten die betreffende funktionale Rolle spielen können. Da nach Lewis' Auffassung diese funktionale Rolle genau das ist, was wir meinen, wenn wir von ›Schmerzen‹ sprechen, haben wir damit die geforderte naturwissenschaftliche Antwort auf die Frage nach der Entstehung von Schmerzen gegeben. Akzeptiert man Lewis' Voraussetzungen, dann wäre das Erklärungslückenproblem offenbar gelöst.

Einwände

Tatsächlich gibt es jedoch zumindest drei schwer wiegende Einwände gegen diese Variante des Funktionalismus. So wurde erstens schon relativ früh bemerkt, dass die Beschränkung auf alltagssprachliche Beschreibungen der funktionalen Rollen zu gravierenden Schwierigkeiten führt. Offensichtlich ist es nicht schwer, ein Verhalten, das einem bestimmten mentalen Zustand entspricht, zu simulieren, obwohl man sich im Moment gerade *nicht* in diesem Zustand befindet. Genauso gut kann man das eigentlich entsprechende Verhalten unterdrücken: Man kann also Schmerzverhalten vorspielen, obwohl man keine Schmerzen spürt, umgekehrt kann man aber auch so tun, als gehe es einem bestens, obwohl man gerade fürchterliche Schmerzen hat. Schließlich könnten auch bewusstlose Roboter programmiert werden, ein Verhalten zu zeigen, das die Gegenwart bestimmter Bewusstseinszustände nur suggeriert.

All dies spricht dafür, dass das alltagssprachliche Verhaltensvokabular nicht zur Bestimmung mentaler Zustände geeignet ist. Durch seine Beschränkung auf dieses Vokabular läuft der semantische Funktionalismus Gefahr, falsche mentale Zustände zuzuschreiben. Die Kriterien, die diese Theorie der Zuschreibung von Bewusstsein zugrunde legt, scheinen daher zu schwach zu sein.

Der zweite Einwand wurde in ähnlicher Form bereits gegen radikale Varianten des Materialismus vorgebracht: Es ist nämlich mehr als zweifelhaft, ob sich die Bedeutung unserer alltagspsychologischen Ausdrücke wirklich in Verhaltensdispositionen erfassen lässt. Wenn wir von ›Furcht‹ oder ›Schmerz‹ sprechen, dann haben wir in erster Linie eine konkrete Erfahrung im Auge, zu der wir einen privilegierten Zugang aus der Perspektive der ersten Person besitzen. Handlungstendenzen mögen *de facto* Teil dieser Erfahrung sein, doch, wie weiter unten noch zu zeigen sein wird, dürfte die Erforschung der konkreten Zusammenhänge noch größere Forschungsanstrengungen erfordern. Ganz offensichtlich ist das Wissen über diese Zusammenhänge noch nicht in unserem alltagspsychologischen Vokabular enthalten.

Damit wäre einer der wesentlichen Behauptungen des semantischen Funktionalismus die Basis entzogen: Wenn wir mit unseren alltagssprachlichen mentalistischen Begriffen immer auch konkrete Erfahrungen meinen, dann können diese Begriffe nicht bedeutungsgleich mit den Ausdrücken einer wissenschaftlichen Psychologie sein, die ohne den Bezug auf solche Erfahrungen auskommen. Zurückgewiesen wird damit allerdings nur die Behauptung, dass die Ausdrücke der Alltagspsychologie und die der wissenschaftlichen Psychologie *bedeutungsgleich* seien. Es wäre jedoch auch unter diesen Umständen möglich, dass sich Ausdrücke der wissenschaftlichen Psychologie und nicht bedeutungsgleiche Ausdrücke der Alltagspsychologie *de facto* auf die gleichen Zustände beziehen, so wie sich die nicht bedeutungsgleichen Ausdrücke ›Abendstern‹ und ›Morgenstern‹ auf das gleiche Objekt beziehen, nämlich die Venus.

Ein drittes Problem betrifft die u.a. von Alvin Goldman (1993a) hervorgehobene Gefahr einer KOMBINATORISCHEN EXPLOSION. Das Problem ergibt sich daraus, dass die funktionale Rolle, durch die *ein be-*

stimmter mentaler Zustand definiert wird, stets die Bezugnahme auf andere mentale Zustände einschließt, die ihrerseits wiederum nur bestimmt werden können, wenn man sich zuvor Klarheit über eine noch größere Zahl anderer Zustände verschafft hat etc. Unter diesen Bedingungen würde die Bestimmung eines mentalen Zustands zu einer Aufgabe, die ein einzelnes Individuum überfordern müsste. Dies allerdings hätte zur Folge, dass wir niemals sicher sein könnten, in welchem mentalen Zustand wir selbst oder andere Personen eigentlich sind. Offenbar ist das aber nicht der Fall, also scheinen die Annahmen des Funktionalismus unzutreffend zu sein. Es fragt sich allerdings, ob der Funktionalismus die kombinatorische Explosion nicht in unschädlichen Grenzen halten kann, solange er nicht auf einer vollständigen Bestimmung jedes einzelnen Zustandes einschließlich aller Folgezustände insistiert.

Unabhängig davon entfällt das Problem in jedem Falle dann, wenn man den Funktionalismus nicht als eine Theorie über die Bedeutung unseres psychologischen Alltagsvokabulars versteht, sondern – im Gegensatz zu Lewis – als eine Theorie über adäquate *wissenschaftliche* Beschreibungen mentaler Zustände. Unsere psychologischen Alltagsbegriffe dagegen könnten in ihrer Bedeutung von der wissenschaftlichen Terminologie abweichen. Unter dieser Voraussetzung würde der Einwand einer kombinatorischen Explosion weiter abgeschwächt – nicht, weil die Zahl möglicher Kombinationen weiter abnähme, sondern einfach deshalb, weil eine wissenschaftliche Beschreibung eines mentalen Zustandes über ganz andere Ressourcen verfügt als eine Selbstzuschreibung aus der Perspektive der ersten Person – Goldman selbst gesteht denn auch zu, dass sein Einwand nicht für eine wissenschaftliche Beschreibung mentaler Zustände gilt.[100]

Psychologischer Funktionalismus

Angesichts der genannten Probleme, insbesondere der Unzulänglichkeiten des alltagssprachlichen Verhaltensvokabulars bei der Bestimmung mentaler Zustände, ist es jedoch mehr als fraglich, ob der semantische Funktionalismus die Grundlage für eine wissenschaftliche

100 »I shall have nothing to say about scientific functionalism. I do not doubt that mental states have functional properties; nor do I challenge the proposal that mental states should be studied (at least in part) in terms of these properties.« Goldman 1993a, 351.

Auseinandersetzung mit mentalen Zuständen bilden kann. Hieraus ergibt sich allerdings keine Zurückweisung des Funktionalismus *insgesamt:* Würde man nämlich die Bindung der wissenschaftlichen Psychologie an die Alltagspsychologie und damit auch an das alltagssprachliche Verhaltensvokabular aufgeben, dann könnte zumindest der erste Einwand entkräftet werden. Dies wäre insbesondere dann der Fall, wenn der Funktionalismus Erkenntnisse der Neuro- und Kognitionswissenschaften bei der funktionalen Bestimmung mentaler Zustände mit einbeziehen würde. Auf der Basis solcher Erkenntnisse dürfte es möglich sein, die funktionalen Kriterien mentaler Zustände wesentlich genauer zu formulieren, so dass sich die Gefahr von Fehlzuschreibungen zumindest stark verringern ließe. Doch auch der zweite Einwand, demzufolge die von den semantischen Funktionalisten vorgeschlagenen wissenschaftlichen Begriffe von der Bedeutung des alltagssprachlichen Vokabulars abweichen, würde entfallen, schließlich würde der Anspruch auf Bedeutungsgleichheit von wissenschaftlicher und alltagssprachlicher Terminologie unter den genannten Bedingungen überhaupt nicht mehr erhoben. Wie bereits angedeutet, verlöre aber auch der dritte Einwand an Gewicht, da eine kombinatorische Explosion in einer wissenschaftlichen Terminologie wesentlich leichter zu bewältigen ist als in der Alltagssprache.

Tatsächlich gibt es eine Variante des Funktionalismus, die die Bindung der wissenschaftlichen Psychologie an die Alltagspsychologie aufgibt und damit die Möglichkeit gewinnt, Erkenntnisse der Neuro- und Kognitionswissenschaften einzubeziehen. Die Beschränkung auf alltägliche Verhaltenszuschreibungen ist aus der Sicht des Funktionalismus allgemein nämlich keineswegs zwingend. Im Prinzip können funktionale Beschreibungen praktisch beliebig weit in die Details gehen; auch die Eigenschaften eines einzelnen Neurons lassen sich auf diese Weise erfassen.

Funktionale Beschreibungen unterliegen zudem auch hinsichtlich der erfassten Eigenschaften keinen grundsätzlichen Einschränkungen. Es hängt vielmehr von den Zielsetzungen der Beschreibung ab, welche Merkmale sie berücksichtigt. Natürlich würde man vermuten, dass die funktionale Beschreibung der Aktivitäten eines Neurons beispielsweise Angaben darüber enthält, bei welchem Input das Neuron mit welcher Stärke feuert. Rein theoretisch spricht jedoch nichts dagegen, hier auch die Farbe des Neurons, sein Gewicht oder seine Elastizität zu berücksichtigen, sofern diese für den Zweck der Untersuchung bzw. Beschreibung von Belang sein sollten.

Zieht man in Betracht, dass die Informationen, die wir durch unser Wahrnehmungssystem bzw. durch unsere Messinstrumente erhalten, grundsätzlich auf einer kausalen Interaktion mit den wahrgenommenen bzw. gemessenen Entitäten beruhen, dann wird deutlich, dass zumindest alle *externen* Ereignisse und Sachverhalte, die sich wahrnehmen und messen lassen, auch in Gestalt einer solchen kausalen Rolle beschrieben werden können: Bei der Farbe eines Neurons wäre der ›Input‹ also das Licht, das auf das Neuron fällt, der ›Output‹ wäre das von der Zelloberfläche reflektierte Licht.

Unter diesen Voraussetzungen könnten der funktionalen Beschreibung mentaler Zustände praktisch beliebig genaue Angaben über die Reaktionen eines Organismus zugrunde gelegt werden: Wenn sich die Beschreibung meines Schmerzverhaltens als zu ungenau für die Bestimmung von Schmerzzuständen erweist, können neurobiologische oder kognitionswissenschaftliche Erkenntnisse mit einbezogen werden. Es ist auf den ersten Blick nicht zu sehen, warum es trotz dieser zusätzlichen Mittel prinzipiell unmöglich sein sollte, die Simulation einer Schmerzerfahrung von einer realen Schmerzerfahrung zu unterscheiden.

Genau dies ist das Programm des sogenannten PSYCHOFUNKTIONALISMUS, der die Einschränkungen des semantischen Funktionalismus zu überwinden sucht. Vertreten wird diese Position von Autoren wie Daniel Dennett. Aus seiner Sicht kommt *jede* funktionale Eigenschaft als Bestandteil einer solchen Beschreibung in Frage. Dies betrifft insbesondere die Erkenntnisse der Neuro- und Kognitionswissenschaften, die Dennett in seinen Arbeiten immer wieder ausführlich berücksichtigt hat.

Der Psychofunktionalismus würde sich also erstens dort, wo er mentale Zustände auf der Basis von äußerlich sichtbaren Reaktionen zu unterscheiden versucht, nicht auf das alltägliche Verhaltensvokabular und die Verallgemeinerungen der Alltagspsychologie beschränken: Wie schon erwähnt, können wir nicht ausschließen, dass der Unterschied zwischen einem realen und einem simulierten Schmerzzustand in Reaktionen zutage tritt, die im alltagssprachlichen Vokabular nicht zu erfassen sind. Unter Umständen werden die Unterschiede überhaupt erst auf der neuronalen Ebene erkennbar: Der Simulant verhält sich äußerlich genauso wie jemand, der tatsächlich Schmerzen empfindet; dennoch fördern neurobiologische Verfahren charakteristische Differenzen zutage. Der psychologische Funktionalismus könnte diese Erkenntnisquellen berücksichtigen.

Dies bestätigt die Vermutung, dass diese Variante des Funktionalismus wesentlich unanfälliger für Fehlzuschreibungen ist als der semantische Funktionalismus. Die bloße Simulation eines Schmerzverhaltens durch eine Person, die keinerlei Schmerz empfindet, muss den psychologischen Funktionalisten genauso wenig beunruhigen wie das Verbergen aller äußerlich sichtbaren Anzeichen von Schmerz durch den berühmten ›Superspartaner‹, der in Wirklichkeit entsetzliche Schmerzen empfindet: In beiden Fällen ist zu erwarten, dass die auf der Basis von alltagssprachlichen Verhaltensmerkmalen nicht erkennbare Täuschung entweder mit Hilfe subtilerer Verhaltensunterschiede oder aber auf der Basis neurologischer Daten aufgedeckt werden kann.

Daniel Dennett geht sogar noch einen entscheidenden Schritt weiter. In seinen Augen müssten neurowissenschaftliche Daten in Konfliktfällen sogar den Vorzug gegenüber Berichten aus der Perspektive der ersten Person erhalten: Ein Wissenschaftler könne dank seiner exakten Methoden genauere Auskünfte über die mentalen Prozesse einer Person geben als diese selbst.[101]

Tatsächlich hat Dennett eine ganze Reihe von Beispielen gebracht, die nicht nur die Irrtumsanfälligkeit unserer Selbstzuschreibungen mentaler Zustände aufzeigen, sondern auch deutlich machen sollen, dass derartige Irrtümer durch die Neuro- und Kognitionswissenschaften aufgedeckt werden können. In seiner Erklärung für diese Beobachtungen macht Dennett allerdings eine Annahme, die sich ganz ähnlich bei den Vertretern des semantischen Funktionalismus und auch bei den Eliminativen Materialisten findet: In seinen Augen haben wir selbst nämlich keinen direkten Zugang zu unseren mentalen Zuständen. Die scheinbar unmittelbare Erfahrung aus der Perspektive der ersten Person ist in Wirklichkeit das Produkt eines fehleranfälligen Interpretationsprozesses.

Solche Interpretationsprozesse sind nicht nur dann beteiligt, wenn wir uns in komplexen sozialen Situationen zurecht finden müssen; vielmehr haben sie, wie Dennett anhand eines von Kolers und v. Grünau (1976) entwickelten Experimentes zeigt, Bedeutung schon für scheinbar

101 vgl. Dennett 1988, 395.

einfache Wahrnehmungen. Wenn z. B. zwei eng nebeneinander stehende, kleine Lichtquellen kurz nacheinander aufleuchten, dann meinen wir einen einzigen Lichtpunkt zu sehen, der sich von der Position der ersten Lichtquelle zu der der zweiten bewegt. Haben die Lichtquellen unterschiedliche Farben, dann scheint der Punkt auf der Hälfte des Wegs, also scheinbar *vor* dem Aufleuchten der zweiten Lichtquelle, die Farbe zu wechseln. Will man dem visuellen System nicht die geheimnisvolle Fähigkeit zuschreiben, die Farbe und den Ort des zweiten Lichtpunktes vor dessen Aufleuchten vorherzusehen, dann wird man annehmen müssen, dass die durch das Aufleuchten der zweiten Lichtquelle hinzukommenden Informationen erst *nachträglich* in unsere Interpretation des bereits zurückliegenden Ereignisablaufes integriert werden.

Auch diese Erklärung erscheint nicht auf den ersten Blick einleuchtend. Dennett glaubt sie jedoch im Rahmen seiner Theorie der MULTIPLEN ENTWÜRFE (MULTIPLE DRAFTS) verständlich machen zu können. Dieser Ansatz ist ein gutes Beispiel für die Möglichkeiten, die der psychologische Funktionalismus durch die Einbeziehung von Erkenntnissen der Neuro- und Kognitionswissenschaften gewinnt. Ich möchte Dennetts Theorie daher kurz vorstellen, obwohl sie zweifellos eine Reihe von gravierenden Problemen und Unklarheiten enthält. Wie bereits erwähnt, glaubt Dennett, dass der scheinbar unmittelbare Zugang zu unseren eigenen bewussten Zuständen in Wirklichkeit das Produkt eines komplexen Interpretationsprozesses ist. Dieser Prozess bringt jeweils auf der Basis der zur Verfügung stehenden Informationen über eine bestimmte Wahrnehmungssituation eine Reihe von prinzipiell gleichrangigen Interpretationsentwürfen (*drafts*) hervor. Kommen neue Informationen hinzu, dann können weitere Entwürfe generiert werden. Entscheidend ist nun Dennetts Postulat, dass weder aus der Perspektive der ersten Person noch aus der Perspektive der dritten Person entschieden werden kann, in welchem der miteinander konkurrierenden potenziellen Bewusstseinszustände sich eine Person zu einem bestimmten Zeitpunkt befindet – es sei denn, dieser Zustand hätte sich im Verhalten zu erkennen gegeben.[102]

Es ist nicht schwer zu sehen, dass Dennett mit seinem Modell der multiplen Entwürfe in der Tat den obigen Befunden gerecht zu werden

102 Zur Kritik dieser Position vgl. auch Staudacher 2001.

vermag: Wenn an die Stelle der Fixierung auf einen bestimmten Bewusstseinszustand die Vielfalt unterschiedlicher Entwürfe tritt, dann ist die Berücksichtigung weiterer, später hinzukommender Interpretationen unproblematisch. Vermag sich eine dieser Interpretationen durchzusetzen, indem sie unsere Berichte über diese Situation und unsere Erinnerung an sie bestimmt, dann muss sie dazu keinen früheren Bewusstseinszustand ›ersetzen‹ oder ›überschreiben‹: Es gibt ja bislang noch keine maßgebliche Interpretation dieser Situation, mit der die neue Interpretation zu konkurrieren hätte. Im Nachhinein kann es uns daher vorkommen, als hätten wir die Situation immer so erlebt, wie es der neuen Interpretation entspricht. Wenn also in dem obigen Beispiel das visuelle System *nach* dem Aufleuchten der zweiten Lichtquelle ›unterstellt‹, dass es sich hier um die Bewegung eines einzigen, seine Farbe wechselnden Lichtpunktes handelt, dann wird es uns in der Erinnerung so scheinen, als hätten wir die Situation von vornherein so erlebt.

Dennetts Behauptung, dass unseren Bewusstseinszuständen theorieähnliche Verallgemeinerungen zugrunde liegen, wird von vielen Autoren akzeptiert. Größeren Widerstand hat allerdings seine Behauptung hervorgerufen, es sei nicht möglich, sich selbst oder einer dritten Person zu einem bestimmten Zeitpunkt einen bestimmten Bewusstseinszustand zuzuschreiben. So hat beispielsweise David Rosenthal (1995) zu zeigen versucht, dass sich Dennetts Beharren auf der Interpretationsbedürftigkeit und der Revidierbarkeit mentaler Zustände sehr wohl mit der Zuschreibung bestimmter Bewusstseinszustände vereinbaren lässt. Es ist hier jedoch nicht von zentraler Bedeutung, ob man nun Dennett oder Rosenthal Recht geben möchte. Entscheidend ist hier vielmehr, dass Dennetts Ansatz deutlich zu machen vermag, welche zusätzlichen Möglichkeiten der psychologische Funktionalismus durch die Einbeziehung empirischer Erkenntnisse gewinnt. Dies gilt nicht nur, weil diese Theorie mit den Erkenntnissen der Neurobiologie Ressourcen gewinnt, um Fehlzuschreibungen mentaler Zustände aus dem Wege zu gehen.

Wichtiger noch ist hier die Tatsache, dass der psychologische Funktionalismus auch offen ist für Revisionen unserer alltäglichen Auffassungen bezüglich der konkreten Eigenschaften mentaler Zustände. Dennett demonstriert dies anhand der zeitlichen Eigenschaften von Wahrnehmungsakten: Offenbar weichen Dennetts Erkenntnisse über den Aufbau von Wahrnehmungsakten ganz entschieden von unseren vorwissenschaftlichen Annahmen über derartige Prozesse ab. Würde man dem semantischen Funktionalismus folgen und den wissenschaftlichen Gebrauch psychologischer Begriffe an deren alltagssprachliche Bedeutung binden, dann bliebe praktisch kein Raum mehr für eine Weiterentwicklung unserer Begriffe, wie sie etwa angesichts der Dennettschen Ergebnisse erforderlich wäre.

Im Gegensatz dazu kann der psychologische Funktionalismus derartige Erkenntnisse auch auf der terminologischen Ebene berücksichtigen: Es kann sich also angesichts bestimmter wissenschaftlicher Erkenntnisse als sinnvoll erweisen, den Begriff ›Wahrnehmung‹ zumindest in wissenschaftlichen Zusammenhängen zukünftig anders zu verwenden, als wir dies bislang im Alltag getan haben. Solche begrenzten Veränderungen führen selbstverständlich nicht zu einer Abschaffung des psychologischen Vokabulars, wie sie von den Eliminationstheoretikern prognostiziert wird, dennoch können sie sich früher oder später auch auf die alltägliche Verwendung der entsprechenden Ausdrücke auswirken; ebenso gut möglich ist aber, dass wir an der alltäglichen Redeweise festhalten.

Solche Unterschiede zwischen der wissenschaftlichen und der alltäglichen Redeweise sind wichtig vor allem für die Auseinandersetzung mit dem Erklärungslückenproblem. Es hatte sich oben bereits gezeigt, dass dieses Problem vergleichsweise leicht zu lösen wäre, wenn sich die alltagspsychologischen Begriffe so problemlos in die Begriffe einer wissenschaftlichen Psychologie übersetzen ließen, wie dies der semantische Funktionalismus behauptet hatte. Würde es sich dagegen herausstellen, dass bestimmte Inhalte alltagspsychologischer Begriffe prinzipiell nicht in die funktional definierten Begriffe einer wissenschaftlichen Psychologie übersetzt werden können, dann wäre das Erklärungslückenproblem vermutlich auch auf längere Sicht unlösbar.

Der psychologische Funktionalismus ist hier nicht an eine bestimmte These gebunden. Während ein Vertreter dieser Position wie Jerry Fodor prinzipielle Probleme bei der Lösung des Erklärungslückenproblems sieht,[103] bestehen hier für Dennett keine größeren Schwierigkeiten, weil auch die Zustände des phänomenalen Bewusstseins mit den üblichen wissenschaftlichen Methoden erfasst werden können:

103 »As matters stand, the problem of qualitative content poses a serious threat to the assertion that functionalism can provide a general theory of the mental.« Fodor 1994b, 37.

> Qualia *sind* … nichts als diese Komplexe von Dispositionen. Wenn Sie sagen ›*Dies* ist mein Quale‹, dann ist das, was Sie damit herausgreifen oder bezeichnen, *ob Sie es nun wollen oder nicht,* Ihr eigener idiosynkratischer Komplex von Dispositionen. Es *scheint,* als würden Sie sich auf ein privates, unerfassbares Etwas vor dem Auge Ihres Geistes beziehen, eine private Nuance von gleichförmigem Pink, aber dies ist eben nur die Art und Weise, wie es Ihnen erscheint, nicht wie es wirklich ist.[104]

Unter diesen Prämissen würde das phänomenale Bewusstsein wohl keine besonderen Probleme aufwerfen, schließlich sind bei der Erklärung von Handlungsdispositionen keine unüberwindlichen Schwierigkeiten zu erwarten – von einer grundsätzlichen ›Erklärungslücke‹ könnte also keine Rede sein. Unter diesen Voraussetzungen würden das auch die Vertreter des Erklärungslückenargumentes einräumen, doch sie würden darauf insistieren, dass Dennetts Prämissen völlig falsch sind: Zustände des phänomenalen Bewusstseins können in ihren Augen *nicht* als bloße Komplexe von Dispositionen verstanden werden – ein Einwand im Übrigen, der auch aus der Alltagsperspektive zunächst sehr plausibel erscheint. Wenn wir von phänomenalen Zuständen sprechen, dann meinen wir keine Handlungsdispositionen, sondern bestimmte, direkt erfahrbare Qualitäten von Bewusstseinszuständen.

Dem Vertreter des Erklärungslückenargumentes zufolge ist es nun nicht auszuschließen, dass Unterschiede auf der phänomenalen Ebene existieren, denen *keine* funktionalen Unterschiede entsprechen. Illustrieren lässt sich dies durch das sogenannte ARGUMENT DES INVERTIERTEN APEKTRUMS (INVERTED SPECTRUM ARGUMENT). Diesem Argument zufolge[105] ist es möglich, dass zwei Personen gegensätzliche Farbempfindungen haben, obwohl sie auf der physischen Ebene keinerlei Unterschiede aufweisen: Dort wo die Person *A* – so wie alle anderen Menschen auch – grün sieht, sieht *B,* deren Spektrum invertiert ist, rot, wo *A* rot sieht, sieht *B* dagegen grün. *B* hat jedoch von vornherein gelernt, Farbprädikate so zu verwenden, wie es den gängigen Konventionen entspricht. Sie bezeichnet Wiesen als ›grün‹, obwohl ihre unmittelbare Farbempfindung dem entspricht, was ein normaler Beobachter als ›rot‹ bezeichnen würde. Weder im äußerlich sichtbaren Verhalten noch auf

104 Dennett 1991, 389.

105 Es gibt neben dem Argument des invertierten Spektrums noch eine Reihe anderer ähnlicher Argumente und Gedankenexperimente, deren wichtigste weiter unten (S. 175 ff.) diskutiert werden.

der neuronalen Ebene wäre also irgendein Unterschied zwischen diesen beiden Personen festzustellen.

Akzeptiert man dieses Szenario, dann wären phänomenale Zustände tatsächlich nicht in Handlungsdispositionen, ja überhaupt nicht in funktionalen Beschreibungen zu erfassen. Dennett (1991, 392 f.) glaubt das Argument des invertierten Spektrums jedoch zurückweisen zu können, weil Verhalten und phänomenale Erfahrung nicht voneinander zu trennen seien. Beide Funktionen seien nämlich auf der neuronalen Ebene direkt miteinander verwoben. Man könne also die für das Bewusstsein relevanten neuronalen Aktivitäten nicht von denjenigen Prozessen trennen, die für das Verhalten verantwortlich seien. Damit, so scheint Dennett zu folgern, lassen sich auch Bewusstsein und Verhalten nicht voneinander trennen.

Dieser Schluss scheint jedoch alles andere als gerechtfertigt: Natürlich kann ein einziges neuronales Netz zwei ganz unterschiedliche Formen von Aktivität, z. B. Mustererkennung und Verhaltenssteuerung, realisieren, und es spricht nichts dagegen, eine Aktivität des einen Typs mit wechselnden Aktivitäten des anderen Typs zu verbinden. Ein neuronales Netz, das auf die Erkennung von Mustern trainiert worden ist, kann zusätzlich noch zu unterschiedlichen Reaktionen auf die Erkennung eines Musters veranlasst werden.

Obwohl also Dennetts Argumentation sowohl hinsichtlich ihrer Prämissen wie in ihren Schlussfolgerungen problematisch ist, lassen sich die grundsätzlichen Annahmen des Psychofunktionalismus, wie weiter unten noch zu zeigen sein wird, gegen die skizzierten Einwände verteidigen. Einer der wichtigsten Punkte wurde bereits genannt: Will man die unplausiblen Konsequenzen des Epiphänomenalismus vermeiden, dann muss man akzeptieren, dass sich Unterschiede auf der mentalen Ebene auch in Unterschieden auf der physischen Ebene bemerkbar machen. Dann allerdings wären – im Gegensatz zu den Annahmen des Argumentes des invertierten Spektrums – Unterschiede im Farbspektrum bei physisch identischen Organismen ausgeschlossen. Wie unten zu zeigen sein wird, gibt es einige zusätzliche Einwände, die sich nicht nur gegen das Argument des invertierten Spektrums selbst, sondern auch gegen vergleichbare Überlegungen anführen lassen. Es sieht daher so aus, als ließe sich die für den Psychofunktionalismus zentrale Annahme, dass Bewusstseinszustände prinzipiell funktional beschreibbar sein müssen, verteidigen.

Die Computeranalogie

Eine besondere Bedeutung hat für viele Funktionalisten der Vergleich mentaler Zustände mit den Aktivitäten eines Computers. Ganz allgemein wird dabei angenommen, dass die Hardware eines Computers dem Gehirn, die Software dem Bewusstsein entspricht. Dieser Vergleich liegt in der Tat nahe, sofern man die grundsätzlichen Annahmen des Funktionalismus akzeptiert. Wenn mentale Zustände durch ihre Funktion in Relation zu den Eingaben, Ausgaben und den anderen internen Zuständen eines Systems begriffen werden können, dann stimmen sie strukturell mit den Zuständen eines einfachen Automaten überein. Ned Block (1975, 271) hat diese Übereinstimmung an einem simplen Colaautomaten demonstriert. Dieser Automat gibt Flaschen für den Preis von einer Mark aus und akzeptiert neben Markstücken auch Fünfzigpfennigstücke. Die folgende Tafel stellt das gesamte ›Programm‹ des Automaten dar:

Eingabe	**Z_1**	**Z_2**
50 Pfennige	Keine Ausgabe, wechsle in Z_2	Ausgabe einer Cola, wechsle in Z_1
1 Mark	Ausgabe einer Cola, bleibe in Z_1	Ausgabe von einer Cola und 50 Pfennigen, wechsle in Z_1

Die Tafel ist leicht zu lesen: Die erste Spalte zeigt die Eingabe an, in den beiden anderen Spalten ist angegeben, wie sich der Automat, abhängig von dem Zustand, in dem er sich gerade befindet, nach einer solchen Eingabe verhält. Nehmen wir die Spalte Z_1: Wird ein Fünfzigpfennigstück eingeworfen, wenn sich der Automat in Zustand 1 befindet, dann wechselt er in Zustand 2 und wartet auf eine weitere Eingabe. Wird dagegen ein Markstück eingeworfen, solange er sich in Zustand 1 befindet, dann gibt er eine Flasche Cola aus, bleibt aber im Zustand 1. Die mit ›Z_2‹ überschriebene Spalte bestimmt die Aktionen des Automaten, wenn er sich im Zustand 2 befindet, also auf weitere Eingaben wartet, nachdem man bereits ein Fünfzigpfennigstück eingeworfen hat. Hier gibt er eine Flasche Cola aus, sobald man ein zweites Fünfzigpfennigstück einwirft, oder er gibt eine Colaflasche und fünfzig Pfennig aus, sobald man eine Mark einwirft. Den mentalen Zuständen würden also die Zustände Z_1 (›Wunsch nach einer Mark‹) und Z_2 (›Wunsch nach einem Fünfzigpfennigstück‹) entsprechen. Jeder dieser Zustände lässt sich eindeutig durch seine kausale Rolle charakterisieren, die ihrerseits direkt oder indirekt durch äußerlich sichtbare Ereignisse bestimmt werden kann.

Natürlich kann der Vergleich mit einem solchen Automaten nur dazu dienen, die Grundzüge des Funktionalismus zu illustrieren. Für die Funktionalisten selbst hatte dabei die TURINGMASCHINE eine besondere Bedeutung. Eine Turingmaschine ist das auf die Grundbestandteile reduzierte Modell eines Automaten. Dieser Automat sollte in der Lage sein, jede prinzipiell berechenbare Funktion zu berechnen. Eine Turingmaschine besteht aus einer Eingabeeinheit, einer Ausgabeeinheit, einer internen Einheit, die den Zustand repräsentiert, in dem sich die Maschine gerade befindet, und einem Speicher. Turingmaschinen können auf ganz unterschiedliche Weisen realisiert werden. Am bekanntesten ist die ursprüngliche Form; hier wurde als Speicher ein unendlich langes Band benutzt, die Eingabeeinheit war ein Lesekopf, der die Symbole auf dem Band einlas, und bei der – mit der Eingabeeinheit kombinierten – Ausgabeeinheit sollte es sich um einen Druckkopf handeln, der Symbole auf das Band schreiben konnte. Das Programm einer solchen Turingmaschine entspricht im Wesentlichen dem ›Programm‹ des oben vorgestellten Colaautomaten. Es wird beschrieben durch eine Maschinentafel, die festlegt, wie sich der Automat in Abhängigkeit von dem eingelesenen Symbol und dem vorliegenden Maschinenzustand verhält.

Eingabe	**Z_1**	**Z_2**	**Z_3**	**Z_4**	**Z_5**	**Z_6**	**Z_7**
Y	_LZ$_1$	_LZ$_1$	YLZ$_4$	YRZ$_5$	YRZ$_6$	YRZ$_6$	_RZ$_7$
_	_LZ$_1$	YRZ$_2$	Stop	YRZ$_5$	YLZ$_3$	ALZ$_3$	YRZ$_6$
I	ILZ$_2$	ARZ$_2$	ALZ$_3$	ILZ$_7$	ARZ$_5$	ARZ$_6$	IRZ$_6$
A	ILZ$_1$	**YRZ$_6$**	ILZ$_4$	ILZ$_4$	IRZ$_5$	IRZ$_6$	_RZ$_2$

Auch diese Tafel[106] ist nicht schwer zu lesen: In der ersten Spalte findet sich wiederum die Eingabe, in diesem Falle also das Symbol, das der Lesekopf an der gegenwärtigen Position einliest. Die darauffolgenden Spalten stehen jeweils für einen der sieben Zustände dieser Maschine. In den einzelnen Zellen sind dann, abhängig von Eingabe und Zustand, die Aktionen der Maschine verzeichnet. Dabei soll jeweils das erste Zeichen an der gegenwärtigen Stelle auf das Band gedruckt werden, das zweite Zeichen legt fest, ob die Maschine den Lesekopf nach rechts (›R‹) oder links (›L‹) bewegen soll, schließlich steht das dritte Zeichen für den Zustand, in den die Maschine nach Abschluss dieses Programmschrittes wechselt. So würde also die hervorgehobene Anweisung in der untersten Zeile der dritten Spalte bedeuten, dass sich die Maschine im Zustand 2 befindet und die Eingabe ›A‹ erhält. Der in dieser Zelle befindlichen Anweisung zufolge muss sie dann ein ›Y‹ aufs Band drucken, den Kopf einen Schritt nach rechts bewegen und anschließend in den Zustand 6 wechseln.

Es gibt wie gesagt unbegrenzt viele Realisierungen einer solchen Turingmaschine; zudem sind anstelle der skizzierten deterministischen Variante auch probabilistische Varianten vorgeschlagen worden, in denen die Maschinentafel nur noch die *Wahrscheinlichkeit* eines bestimmten Outputs in Abhängigkeit von Input und Ausgangszustand angibt (Putnam 1975). In jedem Falle zählt zu den Realisierungen einer Turingmaschine neben Colaautomaten und Taschenrechnern nach Ansicht vieler Vertreter des Funktionalismus auch das menschliche Gehirn. Zwar ist es wesentlich komplizierter als jede andere bislang bekannte Realisierung, dennoch lässt es sich nach demselben Schema beschreiben und erklären.

Die Vorstellung, ein endlicher Automat zu sein, mag vielen von uns ein gewisses Unbehagen bereiten, doch immerhin ergeben sich hier auch zwei nicht zu unterschätzende Vorteile: Wenn menschliche Bewusstseinszustände durch ihre Funktion bestimmbar sind, dann sind keine prinzipiellen Probleme bei dem Versuch zu befürchten, diese Zustände wissenschaftlich aus der Perspektive der dritten Person zu beschreiben. Dies bedeutet, dass die wissenschaftliche Psychologie, die sich solcher funktionalistischen Beschreibungen bedient, keine prinzipiellen Nachteile gegenüber der Perspektive der ersten Person befürchten muss. Es gäbe insbesondere keinen Grund für die Annahme, dass aus der

106 Die Tafel wurde übernommen von Sterelny 1991.

Perspektive der ersten Person Eigenschaften mentaler Zustände zugänglich sind, die der wissenschaftlichen Psychologie entgehen müssen. Einige Autoren behaupten sogar, dass der Wissenschaftler im Zweifelsfalle *besser* entscheiden könne, in welchem Zustand sich eine Person befindet als diese Person selbst.

Genauso wenig wäre die Psychologie zweitens im Nachteil gegenüber der Neurobiologie, die über genaue Erkenntnisse bezüglich der neuronalen Mechanismen verfügt: Solange es nicht zu pathologischen Abweichungen kommt, benötigt der Psychologe dieses Wissen genauso wenig, wie der Programmierer eines Computers auf Detailkenntnisse in der Elektronik angewiesen ist. Insbesondere für diejenigen Autoren, die glauben, dass funktionale Zustände multipel realisierbar sind, können Fragen, die die funktionalen Eigenschaften mentaler Zustände betreffen, ganz unabhängig von Erkenntnissen über die physische Basis des Bewusstseins beantwortet werden. In diesem Sinne heißt es bei Johnson-Laird:

> Wenn man erst einmal die Art und Weise verstanden hat, in der ein Computerprogramm funktioniert, dann wird das Verständnis in keiner Weise dadurch verbessert, dass man etwas über die einzelne Maschine erfährt, auf der das Programm bei dieser oder jener Gelegenheit läuft. Dasselbe Programm kann in völlig unterschiedliche Codes übersetzt werden, um unterschiedliche Arten von Computern zu kontrollieren, die auf unterschiedliche Weise funktionieren; dennoch ist es dasselbe Programm, das dieselben Funktionen ausführt, wie auch immer es physisch realisiert sein mag – ob die Maschine nun Zahnräder, hydraulische Ventile, Vakuumröhren oder Siliziumchips verwendet. Hieraus ergibt sich eine wichtige Konsequenz für die Kognitionswissenschaften, die von einer Reihe von Autoren gezogen worden ist: ... Der Geist kann unabhängig vom Gehirn untersucht werden. Die Psychologie (die Untersuchung des Programms) kann unabhängig von der Neurophysiologie (der Untersuchung von Maschine und Maschinencode) betrieben werden. ... Der Funktionalismus impliziert, dass unser Verständnis des Bewusstseins nicht verbessert wird, wenn man über das Niveau der mentalen Prozesse hinausgeht (Johnson-Laird 1983, 9).

Jerry Fodor (1985) hat zudem behauptet, dass der Vergleich mit einer Turingmaschine dem Funktionalismus auch noch eine Antwort auf die – ansonsten unlösbare – Frage beschere, wie denn Gedanken und andere bedeutungstragende Zustände überhaupt mit physischen Zuständen kausal interagieren können. In den binären Symbolen, mit denen ein konventioneller Computer arbeitet, verbinden sich nämlich semantische und physische Eigenschaften: Den Bedeutungsunterschieden zwischen ›1‹ und ›0‹ entsprechen also physische Differenzen der korrespondierenden Schaltzustände: Der ›1‹ entspricht ein aktiver, der ›0‹ ein nicht aktiver Schaltkreis, wobei ein aktiver Schaltkreis für die weiteren Operationen des Systems ganz andere Konsequenzen hat als ein nicht aktiver. Genauso muss man sich nach Fodor auch die Wirksamkeit bedeutungshaltiger Zustände im kognitiven System eines Menschen vorstellen.

Dabei ergibt sich die Bedeutung eines komplexen mentalen Zustands aus den Bedeutungen seiner Elemente (Fodor 1987, 135 ff.). Wenn ich also glaube, dass Peter in Rom ist, dann gehören zu den Elementen meines gegenwärtigen mentalen Zustandes eine Repräsentation von Peter und eine Repräsentation der Stadt Rom. Wichtig ist zudem, dass die einzelnen Elemente in unterschiedlichen komplexen Zuständen auftauchen können: Die Repräsentation von Peter wäre also auch Bestandteil meiner ›Hoffnung, dass Peter bald zurückkehrt‹. Auch diese beiden Merkmale teilen mentale Zustände mit den Zuständen eines digitalen Computers. Fodor glaubt damit, über wichtige Argumente für die prinzipielle Vergleichbarkeit des menschlichen Gehirns mit einem konventionellen Computer zu verfügen. Im Gegensatz dazu würden neuronale Netze, die im Wesentlichen nach assoziativen Regeln funktionieren, hier keinen Erklärungsansatz bieten.

Dies ist jedoch zum einen deshalb zweifelhaft, weil alles andere als klar ist, dass mentale Zustände wirklich generell eine satzähnliche Struktur haben, so wie Fodor dies hier unterstellt. Gute Argumente gibt es vor allem für die Annahme, dass es daneben noch piktoriale, also bildähnliche Repräsentationen gibt.[107] Es kommt hinzu, dass sich die von Fodor hervorgehobene Verbindung von Kausalität und Bedeutung eben nicht nur bei konventionellen Computern findet. Auch bei einer einfachen Balkenwaage müssen die kausalen und die ›semantischen‹ Eigenschaften der Gewichte miteinander zur Deckung gebracht werden. In diesem Falle erreicht man dies durch einen einfachen Prozess der Eichung, der dafür sorgt, dass das 2-Kilo-Gewicht genau doppelt so schwer ist wie das 1-Kilo-Gewicht; in einer mechanischen Rechenmaschine mag es auf die Größe von Zahnrädern ankommen und bei einem Thermostaten auf die richtige Wahl des Bimetallstreifens. In all diesen Fällen gibt es überdies ein sehr einfaches Anzeichen dafür, ob physische

107 siehe dazu unten S. 223 Fußnote 6.

und semantische Eigenschaften miteinander übereinstimmen oder nicht: Funktioniert der Automat einigermaßen zuverlässig, dann spricht dies dafür, dass die Kausaleigenschaften der Symbole ihrer Bedeutung entsprechen. Insofern ist nicht anzunehmen, dass konventionelle Computer hier einen besonderen Vorzug gegenüber anderen Systemen besitzen, sofern diese zuverlässig funktionieren.

Searles Chinese-Room-Argument und andere Einwände

Ganz unabhängig von einzelnen Zweifeln an den besonderen Vorzügen der Computeranalogie hat es Versuche gegeben, diesen Vergleich grundsätzlich in Frage zu stellen. Der bekannteste Einwand dürfte wohl das CHINESE-ROOM-ARGUMENT von John Searle (1980) sein, das sich im Wesentlichen auf ein Gedankenexperiment stützt. Im Mittelpunkt steht eine englischsprachige Person, die Chinesisch weder sprechen noch lesen kann und in einem verschlossenen Raum, dem ›chinesischen Zimmer‹, sitzt. In dem Raum befinden sich ein Stapel mit chinesischen Schriftzeichen sowie eine englische Anleitung, die die vorhandenen Zeichen in Beziehung zu anderen chinesischen Schriftzeichen setzt. Durch eine Öffnung werden der Person nun weitere chinesische Schriftzeichen hereingereicht. Aufgabe der Person ist es, in der englischen Anleitung nach den dazugehörigen Zeichen zu suchen, um diese anschließend aus dem Zimmer herauszureichen. Ohne dass die Person es weiß, handelt es sich bei den hereingereichten Zeichen um Fragen, bei den herausgegebenen Zeichen um die dazugehörigen Antworten, die keinerlei Unterschiede zu den Antworten eines chinesischsprachigen Sprechers aufweisen. Diese Antworten werden mit Hilfe der englischen Anleitung, die eine Art Programm darstellt, aus den Fragen abgeleitet.

Searles Szenario entspricht damit dem sogenannten TURING-TEST. Den diesem Test zugrunde liegenden Annahmen zufolge kann man einem System die Fähigkeit zum Denken zuschreiben, wenn seine Antworten nicht mehr von denen eines intelligenten, menschlichen Sprechers zu unterscheiden sind.[108] Searles Gedankenexperiment scheint nun zu zeigen, dass diese Annahmen falsch sind: Die aus dem chinesischen Zimmer kommenden Antworten erfüllen die Kriterien des Tu-

108 Die ursprüngliche Fassung findet sich in Turing 1950. Im Gegensatz zu Searle klammert Turing selbst die Frage nach dem Bewusstsein jedoch ausdrücklich aus. Siehe dazu v. a. seine Antwort auf das vierte Gegenargument.

ring-Tests; dennoch sind sie *nicht* Gegenstand der Gedanken der in dem Zimmer befindlichen Person. Diese hat *kein* Bewusstsein bezüglich des Gehalts der von ihr ausgegebenen Sätze. Es sieht also so aus, als könnte ein intelligentes System in seinem verbalen Verhalten vollständig mit einem bewusstseinsfähigen Organismus übereinstimmen, obwohl es *de facto* völlig bewusstlos ist. Dies würde bedeuten, dass das verbale Verhalten als Kriterium bei der Zuschreibung von Bewusstsein prinzipiell ungeeignet wäre.

Den eigentlichen Fehler sieht Searle hier in einem ungerechtfertigten Schluss von der Syntax auf die Semantik: Computer und andere Systeme mögen genau den Regeln folgen, die auch bewusstseinsfähige Lebewesen in ihrem verbalen Verhalten beachten. Solche Übereinstimmungen rechtfertigen jedoch noch lange nicht den Schluss, dass diese Systeme selbst auch einen Zugang zu den *Inhalten* hätten, auf die sie sich zu beziehen scheinen. Auch wenn die ›Äußerungen‹ des Computers vollständig den Konventionen entsprechen, die ein intelligenter chinesischer Sprecher beachten würde, so bedeutet dies offenbar noch nicht, dass der Computer Bewusstsein von den Inhalten besäße, auf die sich seine ›Äußerungen‹ zu beziehen scheinen.

Searles Gedankenexperiment hat beachtliche Implikationen: Träfe es zu, dann würde es nicht nur ein zusätzliches Argument gegen den Turing-Test bieten. Da sich das Argument sehr leicht von verbalen Äußerungen auf andere Formen des Verhaltens, ja letztlich auch auf funktionale Merkmale generell übertragen lässt, wäre hier grundsätzlich jeder Versuch in Frage gestellt, die Zuschreibung von Bewusstsein auf funktionale Eigenschaften zu stützen.

Es ist nicht ganz abwegig, sich bei der Diskussion der Frage, inwieweit solche Merkmale geeignete Kriterien für die Zuschreibung von Bewusstsein darstellen, zunächst einmal vor Augen zu führen, in welchem Maße wir im Alltag Gebrauch von diesen Kriterien machen: Auch bei unseren Gesprächspartnern verfügen wir im Allgemeinen über keine anderen Informationen.[109] Würden wir also Verhaltensmerkmale gene-

109 Zwar kann Searle sich darauf berufen, dass wir in diesen Fällen zusätzlich auf Erkenntnisse über die physische Basis von Bewusstseinsprozessen zurückgreifen können: Offenbar stellt ein gesundes, funktionsfähiges Gehirn eine hinreichende Bedingung für die Entstehung von Bewusstsein dar. Computer erfüllen diese Bedingung offenbar nicht. Searle hätte damit nicht viel gewonnen: Einerseits ist es möglich, dass Computer eben andere hinreichende Bedingungen für die Instantiierung von Bewusstsein erfüllen,

rell als unzureichende Indizien für die Zuschreibung von Bewusstsein ansehen, dann hätte dies gravierende Konsequenzen auch für unseren alltäglichen Umgang mit anderen Individuen.

Entscheidend ist allerdings, dass die aus dem chinesischen Zimmer kommenden Reaktionen in einigen wichtigen, von Searle nicht diskutierten Aspekten von denen eines gewöhnlichen Sprechers abweichen. Würde nämlich die in dem Zimmer sitzende Person jeweils zu einer Frage eine feststehende Antwort aus ihrer Anleitung heraussuchen, dann könnte sie zwar vergleichsweise schnell antworten, hätte jedoch keine Möglichkeit, auf die Sprechsituation einzugehen. Sie würde also weder die einfachsten Bezugnahmen auf vorangehende Fragen berücksichtigen, noch wäre sie in der Lage, Wiederholungen als solche zu erkennen.

Soll sie dagegen umgekehrt zu einer Verarbeitung in mehreren Schritten befähigt werden, dann könnte sie zwar situationsspezifische Faktoren wie den Inhalt des vorangegangenen Dialogs berücksichtigen, auf der anderen Seite käme es jedoch sehr schnell zu einer kombinatorischen Explosion, die die Ressourcen in Searles chinesischem Zimmer übersteigen würde. Nur ein ungleich komplexeres System würde über die dazu notwendigen Fähigkeiten verfügen, doch in diesem Falle wäre es dann möglicherweise nicht mehr so plausibel wie unter den von Searle angenommenen Bedingungen, dass das System kein Bewusstsein hinsichtlich der von ihm verarbeiteten Inhalte besitzt. Dies würde vor allem dann gelten, wenn das System über das für unsere alltägliche Kommunikation wichtige Wissen und die entsprechenden Fähigkeiten, Schlussfolgerungen zu ziehen, verfügen würde.

Auch dann würde dem von Searle skizzierten System noch eines der charakteristischen Merkmale bewusstseinsfähiger Lebewesen fehlen: Es wäre nämlich weder flexibel noch lernfähig. Zum einen könnte das System nur solche Fragen verstehen und nur solche Antworten geben, die bereits bei der Programmierung berücksichtigt worden sind. Schon kleinste Abweichungen oder Schreibfehler, die von den Verfassern der englischen Anleitung nicht antizipiert wurden, müssten die Person im chinesischen Zimmer ratlos machen: Da sie die chinesische Schriftspra-

wichtiger noch ist aber, dass auch sein eigenes Argument eine Voraussetzung benötigt, die er gleichzeitig bestreitet: Wenn man nach den neuronalen Bedingungen für Bewusstsein sucht, dann muss man sich zuvor vergewissern, dass die untersuchten Organismen Bewusstsein besitzen. *Diese* Sicherheit kann man offenbar nur durch die Beobachtung des verbalen und nonverbalen Verhaltens gewinnen.

che nicht kennt, kann sie nicht beurteilen, ob es sich um bedeutungsrelevante Unterschiede handelt oder nicht. Das Gleiche gilt, wenn Reaktionen erforderlich werden, die in dem vorliegenden Programm nicht enthalten sind. Kurz zusammengefasst wäre das System also außerstande, Lernprozesse zu durchlaufen, aus denen sich genuin neue Lösungen ergeben würden.

Gravierend ist dieser Einwand vor allem deshalb, weil es mittlerweile gute Indizien dafür gibt, dass Bewusstsein vor allem dann auftritt, wenn wir mit neuen und wichtigen Situationen konfrontiert sind – wenn wir also etwas lernen müssen. Searles System würde also in genau *den* Situationen versagen, zu deren Bewältigung intelligente Lebewesen Bewusstsein benötigen. Zieht man in Betracht, dass die empirische Forschung unsere Kenntnisse über die Entstehungsbedingungen von Bewusstsein auf die Dauer noch weiter verbessern dürfte, dann scheinen die Aussichten, Searles System auf der Basis von Erkenntnissen über sein Verhalten zu entlarven, gar nicht so schlecht zu sein.

Die Frage nach der Lernfähigkeit macht im Übrigen nicht nur die Unzulänglichkeiten des Searleschen Gedankenexperimentes deutlich, vielmehr lässt sie auch die Grenzen der konventionellen Computeranalogie zu Tage treten. Wenn Bewusstsein vor allem in Zusammenhang mit Lernprozessen auftritt, dann dürften Computer, die zu solchen Lernprozessen allenfalls ansatzweise in der Lage sind, für die Simulation, vor allem aber für die Realisierung von Bewusstseinszuständen ungeeignet sein. Dies gilt insbesondere für konventionelle Computer mit einer ›Von-Neumann-Architektur‹: Diese verfügen aufgrund ihrer Bindung an ein festes Programm nur über sehr rudimentäre Lernfähigkeiten.

Dies hat nicht zuletzt mit ihrer Architektur zu tun, die sich in vielen Punkten stark von der neuronaler Systeme unterscheidet. Konventionelle Computer sind nämlich seriell aufgebaut. Befehle werden typischerweise nacheinander von einem schnellen, komplexen Zentralprozessor abgearbeitet. Programmcode und verarbeitete Daten sind funktional voneinander getrennt. Das Programm ist vorgegeben und an einer Stelle des Systems explizit gespeichert, die Daten verändern sich in der Regel während des Betriebs, doch ihr Einfluss auf den Programmablauf beschränkt sich auf einen von vornherein feststehenden Rahmen. Dies bedeutet insbesondere, dass die Algorithmen zur Auswertung der Daten explizit definiert sein müssen.

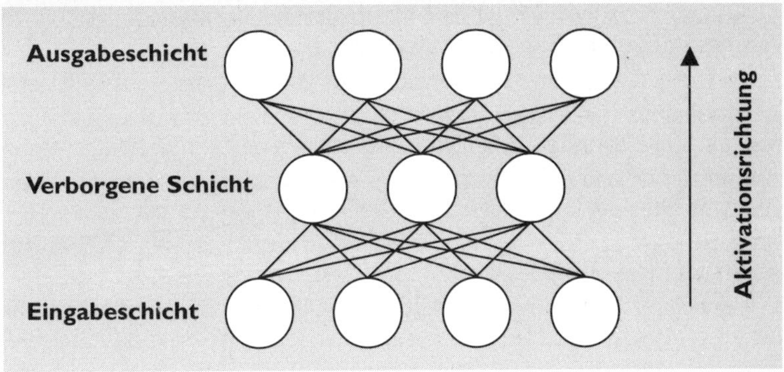

Einfaches neuronales Netz mit drei Schichten

Es gibt jedoch artifizielle intelligente Systeme mit einer ganz anderen Architektur, nämlich KÜNSTLICHE NEURONALE NETZE.[110] Diese Netze bestehen typischerweise aus einer großen Anzahl vergleichsweise einfacher Elemente, die die Funktion von Neuronen übernehmen. Sie sind in mehreren Schichten angeordnet und können einander in unterschiedlichem Maße hemmen oder aktivieren.

Im einfachsten Fall verfügt ein solches Netz über eine Ein- und eine Ausgabeschicht, dabei verbreitet sich die Aktivität nur in einer Richtung (FEEDFORWARD), also vom Eingang zum Ausgang. Kompliziertere Netze können zwischen der Ein- und der Ausgabeschicht noch verborgene Schichten (HIDDEN LAYERS) haben, außerdem kann die Aktivität übergeordneter Schichten auf untergeordnete zurückwirken (BACKPROPAGATION).

Entscheidende Bedeutung kommt der Stärke des Einflusses zu, den ein Element auf ein anderes hat; er wird als das GEWICHT der zwischen ihnen bestehenden Verbindung beschrieben. Überschreitet die Aktivität eines Elementes eine bestimmte Schwelle, dann aktiviert oder hemmt es die mit ihm verbundenen Elemente. Dies geschieht umso intensiver, je größer das GEWICHT der zwischen ihnen bestehenden Verbindung ist. Abhängig von den bestehenden Verbindungen kann ein und dieselbe Aktivierung der Eingangsschicht z. B. durch einen visuellen Reiz zu ganz unterschiedlichen Aktivitäten in der Ausgangsschicht führen. Die

110 vgl. hierzu vor allem die verschiedenen Aufsätze in Rumelhart & McClelland 1986 sowie neuerdings Rojas 2001.

Reaktion des Netzes hängt also von der Verteilung der Gewichte bzw. der Intensität der Verbindungen ab.

Diese Verteilung wird während einer Trainingsphase festgelegt, die die bei konventionellen Computern erforderliche Programmierung ersetzt. Soll ein künstliches Netz etwa lernen, Objekte zu unterscheiden, dann wird es in der Trainingsphase mit einer größeren Zahl solcher Gegenstände konfrontiert. Ausgehend von einer weitgehend gleichmäßigen Verteilung der Gewichte werden diese nach einem bestimmten Schema schrittweise und systematisch immer weiter verändert, bis sich das Netz dem gewünschten Verhalten möglichst weitgehend angenähert hat. Ist das Training erfolgreich, dann befähigt es neuronale Netze, die gewünschten Unterscheidungsleistungen an neuen Objekten zu erbringen.[111]

So entwickelten Sejnowski und Rosenberg 1986 das NETtalk-System; es sollte englischen Drucktext akustisch in korrekter englischer Aussprache wiedergeben. Schon nach 10 Stunden Training wurde am Übungsmaterial eine Genauigkeit von 95 % erreicht; nach weiterem Training konnte ein beliebiger englischer Text mit einer Genauigkeit von 97,5 % wiedergegeben werden. Ein von Garrison Cottrell entwickeltes dreischichtiges Netz zur Gesichtererkennung vermochte die Trainingsobjekte nachher fehlerlos zu klassifizieren. Bei unbekannten Bildern konnte es fehlerfrei erkennen, ob es sich um ein menschliches Gesicht handelte und in 81% aller Fälle auch das Geschlecht bestimmen.[112]

Mit biologischen neuronalen Netzen teilen diese Systeme nicht nur die hochgradig parallele Struktur, sondern auch eine ganze Reihe anderer wesentlicher Merkmale. Dies betrifft erstens die Lernfähigkeit. Sie ist die Voraussetzung dafür, dass ein Trainingsprozess an die Stelle eines vorgegebenen Programms treten kann. Zwar ist hier noch das Eingreifen des Experimentators notwendig; dieser kann sich jedoch auf die Anwendung einer vergleichsweise einfachen Regel beschränken, deren Anwendung sich sogar automatisieren lässt. ›Gespeichert‹ werden die Ergebnisse dieses Trainingsprozesses bei künstlichen wie bei biologischen Netzen zudem nicht an *einer* zentralen Stelle, sondern dezentral in den unterschiedlichen Gewichten der neuronalen Verbindungen.

Wichtig ist außerdem, dass künstliche ebenso wie biologische Netze eine sehr große Toleranz in Bezug auf Fehler und abweichende Einga-

111 Ein Beispiel für einen solchen Trainingsprozess findet sich bei Churchland 1995, 42–44.
112 siehe Churchland 1995, 40 ff.

ben haben. So konnte etwa das System von Cottrell die Bilder bekannter Personen auch dann noch korrekt zuordnen, wenn ein Fünftel des Gesichtes verdeckt war.

Schließlich sind diese Systeme ähnlich wie biologische Netze, aber im Unterschied zu konventionellen Computern zu selbständigen ›Verallgemeinerungen‹ fähig. Wenn ein Netz also in der Trainingsphase gelernt hat, dass Schimpansen Zwiebeln bevorzugen, wird es ähnlich aussehenden Lebewesen wie Gorillas zunächst ebenfalls eine Vorliebe für Zwiebeln ›unterstellen‹.[113] Die Erklärung ist einfach: Aufgrund der ähnlichen Eingabe werden ähnliche Systemzustände und folglich auch ähnliche Reaktionen erzeugt. Vergleichbar sind allerdings auch die Fehler, die bei solchen Verallgemeinerungen entstehen: Ein neuronales Netz, das auf die Konjugation englischer Verben trainiert worden war, neigte dazu, auch unregelmäßige Verben regelmäßig zu konjugieren.[114] Es beging damit Fehler, wie sie in Situationen dieses Typs oft auch bei menschlichen Lernprozessen auftreten.

Vor allem die Vertreter der konventionellen Computeranalogie haben jedoch immer wieder betont, dass der Vergleich mit den im Wesentlichen assoziativ verfahrenden neuronalen Netzen die Produktivität und den systematischen Charakter des menschlichen Denkens nicht erklären könne. Es ist nicht zu bestreiten, dass die Stärken der künstlichen Netze bislang eher bei der Mustererkennung liegen, während mit Hilfe des konventionellen Computermodells logische Schlussfolgerungen besonders leicht zu erklären sind. Dabei ist allerdings zu berücksichtigen, dass die heute verfügbaren Netze weit hinter der Komplexität des Gehirns von Säugetieren zurückbleiben. Da aber bereits auf dem gegenwärtigen Niveau induktive Schlüsse möglich sind, ist nicht zu sehen, warum die künstlichen Netze *prinzipiell* außerstande sein sollten, die Leistungen natürlicher neuronaler Systeme nachzuvollziehen.

Festzuhalten bleibt, dass künstliche neuronale Netze in vielen Fällen besser zur Simulation bestimmter kognitiver Prozesse geeignet zu sein scheinen als klassische Computer mit einer seriellen Architektur. Die Probleme der konventionellen Computeranalogie zwingen also nicht zu einer vollständigen Aufgabe des Vergleichs von Gehirn und Computer, vor allem bieten sie keinen Beleg für die Behauptung, mentale Zustände

113 siehe McClelland et al. 1986, 30 f.; Hinton et al. 1986, 84 f.
114 McClelland et al. 1986.

seien nicht durch funktionale Beschreibungen zu erfassen. Bislang sieht es allerdings so aus, als würden diese Beschreibungen ganz anders aussehen, als dies die Funktionalisten mit ihrem Rückgriff auf die konventionelle Computeranalogie ursprünglich unterstellt hatten. Die oben skizzierten Mängel des semantischen Funktionalismus sprechen insbesondere dafür, dass eine akzeptable funktionalistische Beschreibung mentaler Zustände sich nicht mit unserem alltäglichen Verhaltensvokabular zufrieden geben kann, sondern auf die Erkenntnisse der Neurobiologie zurückgreifen muss.

Neuere Varianten der Identitätstheorie

In den letzten Jahren lässt sich zudem eine gewisse Wiederbelebung der Identitätstheorie beobachten. Wie oben bereits gezeigt, hatte die klassische Theorie der Typenidentität massive Schwierigkeiten unter anderem mit dem Problem der MULTIPLEN REALISIERUNG: Offenbar müssen wir die Identität von Schmerzen und neuronalen Aktivitäten des Typs *N* aufgeben, sobald sich herausstellt, dass es Schmerzen gibt, die keine neuronalen Aktivitäten des Typs *N* sind. Zwar verfügen wir derzeit noch nicht über konkrete Belege für solche multiplen Realisierungen eines mentalen Zustandes, viele Autoren halten die Existenz solcher Fälle jedoch für mehr als wahrscheinlich. Schon heute ist es in bestimmten Fällen möglich, Neuronen durch elektronische Schaltkreise zu ersetzen.[115] Im Moment beschränkt sich dies noch auf kleine Areale und vergleichsweise einfache Prozesse, doch es ist kein prinzipielles Argument zu erkennen, warum dies in mehr oder weniger ferner Zukunft nicht auch für größere Areale und komplexere Prozesse möglich sein sollte. Es kommt hinzu, dass das Gehirn selbst über Möglichkeiten der multiplen Realisierung zu verfügen scheint: Nach der Verletzung oder dem Ausfall eines neuronalen Areals können dessen Funktionen unter bestimmten Bedingungen nämlich durch andere Areale übernommen werden. Dies gilt bis zu einem bestimmten Alter auch für die Sprachzentren.

Möglicherweise ist es zudem gar nicht erforderlich, die Existenz *realer Fälle* von multipler Realisierung nachzuweisen. Saul Kripke hat ar-

115 Cf. Bothe & Engel 1998.

gumentiert, dass schon die bloße *Vorstellbarkeit* anderer Formen der Realisierung im Konflikt mit der Identitätsbehauptung stehe.

Es dürfte dem Identitätstheoretiker nicht leicht fallen, diese Einwände zufrieden stellend zu beantworten. Doch auch damit wären noch nicht alle Schwierigkeiten bewältigt. Zusätzlich benötigt der Vertreter dieser Theorie nämlich eine Lösung des bereits mehrfach erwähnten ERKLÄRUNGSLÜCKENPROBLEMS. Wenn Schmerzen wirklich identisch sind mit neuronalen Aktivitäten des Typs *N*, dann müssten sich naturwissenschaftliche Erkenntnisse über die Entstehung von neuronalen Aktivitäten dieses Typs für die Erklärung von Schmerzzuständen nutzen lassen. Die klassische Theorie der Typenidentität hatte auch hier keine überzeugende Antwort vorzuweisen; damit aber wurde auch die Identitätsbehauptung in Zweifel gezogen.

Beide Einwände gegen die Identitätstheorie hängen übrigens in einem gewissen Sinne zusammen: Nicht zuletzt deshalb, weil wir über keine naturwissenschaftlichen Erklärungen für die Entstehung mentaler Zustände verfügen, ist es problemlos vorstellbar, dass diese Zustände auch ganz anders realisiert werden könnten. Würden wir dagegen die Zusammenhänge zwischen der naturwissenschaftlichen und der mentalen Ebene verstehen, dann könnten wir auch besser über die Möglichkeit anderer Realisierungen entscheiden. Die bloße *Vorstellbarkeit* solcher Alternativen wäre dann kaum mehr geeignet, die Identitätstheorie in Frage zu stellen.

Die zentralen Implikationen der Identitätsbehauptung wurden oben bereits geklärt. Hier möchte ich nur noch einmal die wichtigsten Grundzüge dieser Theorie wiederholen. Identität wird in neueren Ansätzen in der Regel nicht als Identität von Substanzen, sondern als Identität von psychischen und physischen *Eigenschaften* beschrieben. Eine solche Eigenschaftsidentität kann sehr selektiv sein: Mein alter Schal und mein Scheckheft mögen hinsichtlich ihrer Farbe identisch sein, obwohl sie ansonsten nicht viel miteinander gemein haben.

Auch psychophysische Identitätsbehauptungen müssen sich nicht auf sämtliche Eigenschaften beziehen, die wir an den entsprechenden Prozessen im menschlichen Gehirn vorfinden. Irrelevante Eigenschaften sind nicht notwendigerweise Gegenstand der Identitätsbehauptung und können daher variieren, ohne diese Behauptung in Frage zu stellen. So ist es beispielsweise nicht zu erwarten, dass die Farbe von Neuronen eine entscheidende Rolle für die Realisierung mentaler Zustände spielt.

Sie könnte variieren, ohne diese Behauptung in Frage zu stellen – auch wenn dies bei den uns bekannten Gehirnen niemals der Fall ist. Zentral für die Theorie der Typenidentität ist in jedem Falle die Aussage, dass eine bestimmte mentale Eigenschaft nichts anderes ist als eine bestimmte – vermutlich recht komplexe – Konfiguration neuronaler Eigenschaften.

Wenn die Theorie der Typenidentität trotz der bereits genannten Probleme auch heute noch attraktiv ist, dann liegt das zum einen daran, dass sie ›ontologische Sparsamkeit‹ mit der Anerkennung der relevanten mentalen Phänomene vereint. Anders als dualistische Ansätze muss sie nämlich nicht zusätzlich zu den bekannten physischen Eigenschaften noch die Existenz einer ganz anderen Kategorie von ›immateriellen‹ Zuständen postulieren. Im Gegensatz zu radikalen Varianten des Materialismus erkennt sie aber die Realität der mentalen Prozesse, so wie wir sie aus der alltäglichen Erfahrung kennen, ohne irgendwelche Einschränkungen an. Anders als der semantische Funktionalismus muss sie uns auch nicht davon überzeugen, dass wir ›in Wirklichkeit‹ funktionale Zusammenhänge meinen, wenn wir von mentalen Prozessen sprechen.

Die Identitätstheorie ermöglicht außerdem eine sehr einfache Lösung des Problems der mentalen Verursachung: Wenn jeder mentale Zustand gleichzeitig auch ein physischer Zustand ist, dann besitzt er auch die Kausaleigenschaften des physischen Prozesses. Probleme der psychophysischen Interaktion würden also vermieden, dennoch wäre die Wirksamkeit mentaler Zustände gesichert. Erfüllt würde dabei auch eine Forderung, die oben in Zusammenhang mit der Diskussion des epiphänomenalistischen Eigenschaftsdualismus erhoben wurde. Eine Identitätsbeziehung impliziert auch, dass Unterschiede auf der phänomenalen Ebene sich in Unterschieden auf der physischen Ebene niederschlagen. Damit wäre der *spezifische* Charakter der Kausaleigenschaften mentaler Zustände gesichert.

Für diese Theorie spricht überdies ihre Eignung als Basis empirischer Untersuchungen. Besonders deutlich werden die Vorzüge im Vergleich zu dualistischen Theorien. Diese müssen ja stets voraussetzen, dass zentrale Bestandteile einer Erklärung mentaler Zustände dem Zugriff der empirischen Wissenschaften – zumindest in ihrer heutigen Form – entzogen sind. Dies gilt insbesondere für den interaktionistischen Dualismus, der ja unterstellt, dass neuronale Prozesse zumindest teilweise unter dem Einfluss von autonomen mentalen Prozessen stehen, die ihrerseits nicht den Gesetzen der derzeit geltenden physiologischen Wissenschaften unterliegen. Neurobiologische Theorien zumindest des heute bekannten Typs würden also dort an eine prinzipielle Grenze stoßen, wo der Einfluss autonomer mentaler Prozesse auf neuronale Aktivitäten einsetzt; sie müssten daher prinzipiell unvollständig bleiben. Unter den Prämissen der Identitätstheorie wäre genau dies nicht zu befürchten: Diese Theorie behauptet ja, dass jeder beliebige mentale Prozess gleichzeitig einer ›vollständigen‹ physiologischen Beschreibung zugänglich ist.

Vorzüge hat die Theorie der Typenidentität aber auch gegenüber der Tokenidentitätstheorie. Offenbar wäre es zumindest wünschenswert, jedem Typus mentaler Prozesse eine möglichst einfache neurobiologische Beschreibung zuzuordnen, die allen relevanten Variationen auf der mentalen Ebene gerecht würde, so wie es die Theorie der Typenidentität postuliert. Die Tokenidentitätstheorie sagt im Gegensatz dazu voraus, dass jedem mentalen Typ ganz unterschiedliche physische Typen entsprechen. Prinzipiell rätselhaft bliebe es dann jedoch, warum aus diesen völlig unterschiedlichen physischen Prozessen ein einheitlicher mentaler Zustand hervorgehen kann. Dies betrifft vor allem die Vertreter physikalistischer Positionen. Für sie dürfte es allenfalls auf den ersten Blick unproblematisch sein, wenn menschliche Lebewesen, Computer und Marsbewohner Schmerzen des gleichen Typs erfahren, obwohl sie keine physischen Gemeinsamkeiten aufweisen, die als Erklärung für diesen Umstand in Frage kämen. Aus diesen Gründen dürfte die Typenidentitätstheorie auch für die empirische Forschung eine sinnvollere Arbeitshypothese darstellen als die Theorie der Tokenidentität. Es kommt hinzu, dass auf der Basis dieser Theorie auch das Erklärungslückenproblem leichter lösbar sein dürfte als unter den Prämissen der Tokenidentitätstheorie. Sollte es tatsächlich stabile Beziehungen zwischen mentalen und neuronalen Zustandstypen geben, dann dürfte auch die Übersetzung zwischen mentalistischen und physiologischen Theorien wesentlich leichter fallen als dann, wenn ganz unterschiedliche Typen physischer Prozesse für die Realisierung eines Typs mentaler Zustände verantwortlich wären.

Wie bereits erwähnt, bietet der semantische Funktionalismus von Lewis hier noch wesentlich größere Vorteile: Sollten wir tatsächlich – so wie von Lewis behauptet – immer schon von funktionalen Rollen sprechen, wenn wir uns auf psychische Zustände beziehen, dann könnten diese funktionalen Rollen problemlos auch auf die Beschreibungen der Neurobiologie bezogen werden. Wir kämen damit zu einer semantischen Verbindung von mentaler und neuronaler Ebene, die die Erklärungslücke problemlos schließen würde. Gegen Lewis spricht allerdings, dass seine Annahmen bezüglich der Bedeutung alltagssprachlicher mentalistischer Ausdrücke sehr problematisch sind: Wie oben bereits erwähnt, meinen wir in der Regel keine Verhaltensdisposition, wenn wir im Alltag von Schmerzen sprechen. Immerhin versteht Lewis seine Theorie aber zu Recht als eine Variante der Identitätstheorie; es bleibt daher zu untersuchen, ob seine Strategie zur Lösung des Erklärungslückenproblems nicht auch dann für die Identitätstheorie interessant sein könnte, wenn man die skizzierten Annahmen über die Bedeutung alltagssprachlicher Ausdrücke aufgibt.

Multiple Realisierung

Aussichten auf Erfolg haben solche Untersuchungen allerdings erst dann, wenn begründete Hoffnungen bestehen, dass die Theorie der Typenidentität nicht an dem klassischen Einwand der multiplen Realisierung scheitert. Basis dieses Einwandes ist wie gesagt die Annahme, dass *einem* Typen mentaler Zustände *mehrere* Typen physischer Prozesse entsprechen können. Dabei müssen zwei unterschiedlich weit reichende Varianten des Einwands unterschieden werden: Die schwache Variante behauptet, dass *reale* Fälle von multipler Realisierung unvereinbar mit der Identitätstheorie seien. Daneben ist von Saul Kripke aber noch eine stärkere Variante vertreten worden. Sie besagt, dass bereits die bloße *Vorstellbarkeit* multipler Realisierungen die psychophysische Identitätsbehauptung zu Fall bringe.

Kripkes Einwand und ein Lösungsvorschlag

Zum Verständnis von Kripkes Position ist es zunächst nötig, auf den Begriff des RIGIDEN DESIGNATORS einzugehen. Ein rigider Designator ist ein Ausdruck, der sich notwendigerweise immer auf denselben Gegenstand bezieht. Häufig wird dies durch die Formel umschrieben, der Ausdruck müsse *in allen möglichen Welten* auf dasselbe Objekt referieren. Namen sind beispielsweise rigide Designatoren: Der Name ›Aristoteles‹

bezieht sich unter allen denkbaren Bedingungen, also in allen möglichen Welten, auf dieselbe Person. Dies wäre auch dann der Fall, wenn sich einige unserer Auffassungen über Aristoteles als verfehlt herausstellen sollten, also wenn wir etwa erführen, dass diese Person nicht der Lehrer von Alexander dem Großen war. Im Gegensatz dazu sind Kennzeichnungen keine rigiden Designatoren. Die Kennzeichnung ›Der wichtigste Schüler Platons‹ mag sich *de facto* auf Aristoteles beziehen, doch es könnte sich herausstellen, dass sie in Wirklichkeit auf eine andere Person zutrifft, deren Schriften bislang verschollen waren.

Aus diesen Voraussetzungen ergibt sich eine einfache Schlussfolgerung: Identitätsbeziehungen, deren Relata durch rigide Designatoren bezeichnet werden, bestehen entweder notwendigerweise oder sie bestehen gar nicht. Sie müssen also entweder in allen möglichen Welten existieren, oder es gibt sie gar nicht. Dies folgt aus dem Begriff des rigiden Designators. Wenn sich der Name ›Aristoteles‹ in allen möglichen Welten auf dieselbe Person bezieht und das Gleiche für den Namen ›der Stagirit‹ gilt, dann sind Aristoteles und der Stagirit entweder in allen möglichen Welten identisch, oder sie sind überhaupt nicht identisch, schließlich gibt es nach der Begriffsbestimmung des rigiden Designators keine Welt, in der einer der beiden Ausdrücke sich auf eine andere Person bezieht.

Die Konsequenzen für die Philosophie des Geistes sind nicht schwer zu sehen: Wenn ›Schmerz‹ ebenso ein rigider Designator ist wie ›C-Faserreizung‹[116], dann gilt auch die psychophysische Identitätsbehauptung in Bezug auf Schmerzen und C-Faserreizungen entweder in allen möglichen Welten oder in keiner Welt. Anders ausgedrückt: Identitätsbeziehungen gelten entweder notwendigerweise, oder sie gelten gar nicht. Kripke geht damit über die Position der ursprünglichen Verfechter der Identitätstheorie hinaus. Diese hatten die Identitätsbeziehung als eine empirische Tatsache betrachtet, der keinerlei Notwendigkeit zukomme. Es hätte sich also genauso gut herausstellen können, dass Schmerzen *nicht* mit C-Faserreizungen identisch sind. Stimmt die Argumentation Kripkes, dann wäre die Identitätsbehauptung auch in diesem Falle unzutreffend; angesichts der fehlenden Notwendigkeit dieser Beziehung könnten Schmerzen nicht identisch mit C-Faserreizungen sein.

116 ›C-Faserreizungen‹ stehen dabei stellvertretend für das durch die Neurobiologie noch zu bestimmende physische Substrat von Schmerzen, das in diesem Buch ansonsten als ›neuronale Aktivität des Typs *N*‹ bezeichnet wird.

Nun scheint es allerdings Beispiele zu geben, die der Position von Kripke widersprechen. So ist ›Wärme‹ ebenso ein rigider Designator wie ›mittlere Molekülenergie‹. Dennoch können wir uns ohne weiteres eine Welt vorstellen, in der wir eine intensive Wärmeempfindung haben, wenn wir unsere Hand in ein Glas Wasser halten, obwohl die Moleküle in diesem Glas nicht die entsprechende mittlere Molekülenergie besitzen. Kripkes Argument scheint uns unter diesen Voraussetzungen zu zwingen, die Identität von ›Wärme‹ und ›mittlerer Molekülenergie‹ zu bestreiten, doch das wäre unplausibel.

Kripke selbst sucht daher zu zeigen, dass diese Konsequenz unnötig ist: In Wirklichkeit stellen wir uns in dem genannten Fall nämlich nicht das voneinander unabhängige Auftreten von Wärme und mittlerer Molekülbewegung vor, sondern von Wärme*empfindung* und mittlerer Molekülbewegung. Bezüglich der letzteren Entitäten war jedoch gar keine Identität behauptet worden, die Identität von Wärme und mittlerer Molekülbewegung wird dagegen von dem Beispiel nicht in Frage gestellt. Der Eindruck, hier liege ein ernst zu nehmender Einwand gegen die Identitätsbehauptung vor, lässt sich also problemlos beseitigen. Dabei sollte klar sein, dass es hier jeweils nur um objektive Möglichkeiten geht: Die Identität von Wasser und H_2O wird nicht schon in Frage gestellt, wenn jemand behauptet, er könne sich mühelos Wasser vorstellen, das *kein* H_2O sei. Hier handelt es sich allenfalls um ein psychologisches Faktum, das nichts darüber aussagt, dass Wasser tatsächlich unabhängig von H_2O auftreten kann.

Kripkes oben skizzierter Ausweg entfällt jedoch, wenn es um die Identität von Schmerzen und C-Faserreizungen geht. Die Vorstellung, Schmerzen könnten in Abwesenheit von C-Faserreizungen auftreten, lässt sich gerade *nicht* durch die Unterscheidung zwischen realen Schmerzen und bloßen Schmerz*empfindungen* ›wegerklären‹: Schmerzempfindungen *sind* Schmerzen. Kripkes Auffassung, schon die bloße *Vorstellbarkeit* von Schmerzen, die keine C-Faserreizungen sind, schließe die Identität von Schmerzen und C-Faserreizungen aus, wäre damit also nicht in Frage gestellt.

Zweifellos ist es nicht zuletzt Kripkes Verdienst, wenn es heute weitgehend akzeptiert ist, dass auch psychophysische Identitätsbeziehungen *notwendig* sein müssen. Seine Argumentation hat jedoch weiter reichende Konsequenzen: Würde sie sich als haltbar erweisen, dann wären Identitätsbehauptungen in der Philosophie des Geistes grundsätzlich ausgeschlossen, sofern man multiple Realisierungen auch nur für *vorstellbar* hält.

Kripkes Argumentation hat jedoch eine Schwachstelle, auf die in jüngster Zeit vor allem Christopher S. Hill (1997) aufmerksam gemacht hat. Es ist nämlich unklar, ob hier nicht zu Unrecht aus der *bloßen Vorstellbarkeit* eines Sachverhaltes schon dessen *reale Möglichkeit* abgeleitet wird. Genau hier setzt Hill an. Im Anschluss an eine Überlegung Thomas Nagels beruft er sich darauf, dass wir es bei der Vorstellung von mentalen und neuronalen Prozessen mit zwei völlig unterschiedlichen Modi der Imagination zu tun haben: Während mentale Zustände Gegenstand eines sympathetischen Nachvollzugs sind, bei dem wir uns unmittelbar in den vorgestellten Zustand selbst versetzen, sind neuronale Prozesse Gegenstand einer perzeptuellen Vorstellung, bei der die Distanz des Beobachtenden zu dem beobachteten Zustand erhalten bleibt.

Wenn es sich hier aber um unterschiedliche Formen der Vorstellung handelt, dann ist es nicht weiter verwunderlich, dass diese auch unabhängig voneinander auftreten können, dass wir uns also einen bestimmten mentalen Zustand vorstellen können, ohne uns gleichzeitig den entsprechenden neuronalen Prozess vorzustellen. Offenbar handelt es sich hier wiederum nur um ein *psychologisches* Faktum. Es lässt keinen Rückschluss darauf zu, dass Schmerzen *tatsächlich* ohne C-Faserreizungen oder C-Faserreizungen ohne Schmerzen auftreten können.

Erkennbar wird dabei auch, warum Intuitionen problematische Zeugen für das sind, was *prinzipiell* möglich ist: Offenbar hängen sie selbst von empirischem Wissen ab. So wird unsere Phantasie bezüglich eines unabhängigen Auftretens von Wasser und H_2O durch wissenschaftliche Erkenntnisse, die die Identität beider Entitäten bestätigen, in Zaum gehalten. Genauso dürfte auch die intuitive Plausibilität von Vorstellungen über die multiple Realisierbarkeit von Schmerzerfahrungen stark nachlassen, sobald sich neurobiologische Erkenntnisse über die physische Basis dieser Erfahrungen etabliert haben.

Multiple Realisierung, allgemein

Keineswegs ist damit schon das Problem der multiplen Realisierung insgesamt gelöst – es bleibt nämlich noch die schwächere Variante des Einwands, die sich auf *aktuelle* Fälle multipler Realisierung bezieht. Es scheint nämlich schwer vorstellbar, dass wir an der psychophysischen Identität festhalten sollten, wenn wir *tatsächlich* auf Fälle multipler Realisierung eines bestimmten Typs mentaler Zustände stoßen würden. Es ist daher nicht verwunderlich, dass die meisten Autoren mit David Rosenthal übereinstimmen, der meint, dass die Existenz multipler Realisierungen mentaler Eigenschaften prinzipiell unvereinbar mit der Theorie der Typenidentität sei:

> Multiple Realisierbarkeit ist die Möglichkeit, dass Typen mentaler Zustände von Zuständen instantiiert werden, die unterschiedlichen physiologischen Typen angehören. Es ist eine empirische Frage, ob dies tatsächlich der Fall ist. Wenn es der Fall ist, dann stimmen Typen physischer Zustände nicht mit Typen mentaler Zustände überein und die Theorie der Typenidentität ist falsch.[117]

Rosenthals Argumentation erscheint einleuchtend: Die Behauptung der Identitätstheorie, ein Typ *M* mentaler Zustände sei identisch mit einem Typ *N* neuronaler Zustände, würde widerlegt, wenn es einen zweiten Typ *N'* neuronaler Zustände geben würde, der ebenfalls eine Realisierung von *M* darstellte. Dies gilt übrigens nicht nur für Identitätsbehauptungen in der Philosophie des Geistes: Wir würden wohl auch nicht mehr darauf beharren, dass Billy the Kid identisch mit William H. Bonney jr. ist, der am 14. Juli 1881 in Fort Sumner von Pat Garrett erschossen wurde, sollte es sich herausstellen, dass es praktisch unbezweifelbare Berichte von Billy the Kid gibt, die nicht gleichzeitig Berichte von William H. Bonney jr. sind, sondern von einem Ollie L. ›Brushy Bill‹ Roberts handeln, der in Wildwest-Shows auftrat und erst 1950 in Hico starb. Die ursprüngliche Identitätsbehauptung würde damit massiv in Frage gestellt.

In der Philosophie des Geistes gibt es keinen generellen Konsens darüber, unter welchen Bedingungen von der multiplen Realisierung einer mentalen Eigenschaft gesprochen werden kann. Die meisten Autoren dürften jedoch Unterschiede in der Mikrostruktur als Kriterium für ausreichend halten. Erfüllt wäre dieses Kriterium etwa dann, wenn die Schmerzen von Menschen eine neuronale Basis hätten, die Schmerzen von Computern dagegen durch Siliziumchips und die von Marsbewohnern durch eine nur auf diesem Planeten vorkommende Substanz realisiert wären.

117 Rosenthal 1994, 351.

Trotz seiner offenkundigen Plausibilität ist der Einwand der multiplen Realisierung u.a. von David Lewis (1978) und Jaegwon Kim (1992) bezweifelt worden. Kim macht zwei Voraussetzungen, die zumindest für einen Physikalisten akzeptabel sein sollten: Erstens basieren wissenschaftliche Typenunterscheidungen, dem PRINZIP DER KAUSALEN TYPENINDIVIDUIERUNG (PRINCIPLE OF CAUSAL INDIVIDUATION OF KINDS) zufolge, auf Unterschieden in den kausalen Rollen. Entitäten mit übereinstimmenden Kausaleigenschaften würden also dem gleichen Typ, Entitäten mit differierenden Kausaleigenschaften dagegen unterschiedlichen Typen zugeordnet. Zieht man in Betracht, dass unsere Sinneswahrnehmungen ebenso wie Mess- und Untersuchungsverfahren auf Kausalbeziehungen zu den wahrgenommenen bzw. gemessenen Objekten beruhen, dann erscheint diese Annahme plausibel. Würde es keine Gemeinsamkeiten hinsichtlich der Kausalkräfte geben, dann könnten wir keine Übereinstimmungen wahrnehmen bzw. messen; würde es keine kausalen Unterschiede geben, dann könnten auch Wahrnehmungsorgane bzw. Messinstrumente keine Differenzen feststellen. Der zweiten Voraussetzung, dem KAUSALEN VERERBUNGSPRINZIP (CAUSAL INHERITANCE PRINCIPLE) zufolge, verdanken höherstufige Entitäten wie mentale Zustände ihre Kausaleigenschaften den physischen Prozessen, durch die sie realisiert werden; im Falle mentaler Eigenschaften könnten dies neuronale Strukturen sein. Dieses Postulat schließt vor allem die geheimnisvolle Entstehung höherstufiger Kausaleigenschaften aus und lässt sich damit auf das für den Physikalismus konstitutive Prinzip der physischen Determination zurückführen.

Kim leitet aus diesen beiden Prinzipien ein zunächst überraschendes Ergebnis ab: In seinen Augen kann nämlich allenfalls bei oberflächlicher Betrachtung der Anschein einer multiplen Realisierung psychologischer Typen entstehen. In Wirklichkeit ist dieser Fall zumindest für die wissenschaftliche Psychologie ausgeschlossen. Sollten einzelne Exemplare des psychologischen Typs ›Schmerz‹ durch physische Prozesse unterschiedlicher Typen realisiert sein, dann kann ›Schmerz‹ eben kein wissenschaftlich ernst zu nehmender Typus sein: Dem kausalen Vererbungsprinzip zufolge müssten den physischen Unterschieden auch Unterschiede in den Kausaleigenschaften der zugehörigen mentalen Zustände entsprechen. Gibt es solche Unterschiede, dann ist es aber dem Prinzip der kausalen Typenindividuierung zufolge nicht mehr zulässig, noch von *einem* Typ mentaler Zustände zu sprechen. Umgekehrt würde *ein* wissenschaftlicher Typus ›Schmerz‹ keine multiplen Realisierungen zulassen: Wenn die einzelnen Exemplare dieses Typus auf der psychologischen Ebene hinsichtlich ihrer Kausalkräfte nicht voneinander zu unterscheiden sind, können sie es auch auf der physischen Ebene nicht sein.

Kim hält die zuletzt genannte Option allerdings für unwahrscheinlich; in seinen Augen sprechen die bisherigen neurobiologischen Erkenntnisse vielmehr dafür, dass sich die psychischen Zustände von Lebewesen unterschiedlicher Arten wie Menschen und Kraken auch hinsichtlich ihrer physischen Substruktur unterscheiden. Es gäbe dann keinen artenübergreifenden psychologischen Globaltypus ›Schmerz‹ mehr, sondern nur artenspezifische Subtypen wie ›Menschenschmerzen‹ oder ›Krakenschmerzen‹. Zwischen diesen psychologischen Subtypen und den ihnen zugrunde liegenden physischen Prozessen würden dann wieder normale Typenidentitätsbeziehungen bestehen.

Kim begegnet also dem Einwand einfach dadurch, dass er die Möglichkeit multipler Realisierungen abstreitet. Es ist jedoch fraglich, ob das Argument der multiplen Realisierung wirklich so leicht aus der Welt zu schaffen ist; dies gilt auch dann, wenn man Kims Prinzipien akzeptiert. Auch wenn die Typenunterscheidungen der wissenschaftlichen Psychologie auf Kausaleigenschaften basieren und diese wiederum von den physischen Basisstrukturen abhängen, heißt dies nicht, dass die Typen einer wissenschaftlichen Psychologie vollständig von den Typenunterscheidungen auf der Basisebene determiniert werden müssen.

Dies liegt nicht etwa daran, dass auf den höheren Ebenen plötzlich mysteriöse, emergierende Kräfte ins Spiel kämen. Wie Robert Batterman (2000) kürzlich gezeigt hat, ist dafür vielmehr entscheidend, dass nicht alle Parameter, die auf der mikrophysikalischen Ebene erfasst werden können, für das Verhalten eines Systems relevant sind, so wie es auf einer höheren Stufe zu beschreiben ist. Es kann daher zum Teil beträchtliche Variationen auf der mikrophysikalischen Ebene geben, ohne dass sich das Verhalten des Systems und damit seine Klassifizierung auf der übergeordneten Ebene ändern müsste. Solche Fälle treten in der Thermodynamik oder der statistischen Mechanik auf; illustrieren lässt sich der Zusammenhang auch schon an einem einfachen System wie einem Pendel: Nicht alle Eigenschaften, die ein konkretes Pendel besitzt, sind relevant dafür, dass es sich um ein Pendel handelt. Die Farbe des Objektes ist hierfür genauso wenig von Bedeutung wie – innerhalb gewisser

Grenzen – dessen Mikrostruktur. Diese Eigenschaften können daher variieren, ohne dass damit Konsequenzen für die Klassifikation des Objektes verbunden wären. Ein Objekt kann die typischen Eigenschaften eines Pendels aufweisen, unabhängig davon, ob es aus Stahl, Kunststoff oder Holz besteht. Genauso dürften nicht sämtliche physischen Eigenschaften, welche die neuronalen Prozesse im menschlichen Gehirn tatsächlich aufweisen, für die Entstehung eines bestimmten Typs mentaler Zustände relevant sein.

Mikrophysikalische Differenzen müssen sich also *nicht* notwendigerweise auf der Ebene der psychischen Zustände bemerkbar machen, sie müssen daher auch nicht für die wissenschaftliche Klassifikation dieser Zustände relevant sein. Hieraus ergibt sich eine Zurückweisung des Vorschlags von Kim – offensichtlich kann man dem Argument der multiplen Realisierung nicht so leicht begegnen, wie dies von ihm unterstellt wird: Die wissenschaftliche Psychologie kann aus den genannten Gründen eben doch zwei Prozesse oder Zustände *einem* Typ zuordnen, die aus der Sicht der Physik oder der Chemie *unterschiedlichen* Typen angehören würden. Das Gleiche gilt für die Neurobiologie: Auch sie kann mit ihren Typenunterscheidungen von denen der Physik oder Chemie abweichen. Zwei physische Zustände, die zu *einem* neurobiologischen Typ zählen, können also *zwei* unterschiedlichen mikrophysikalischen Typen zuzuordnen sein.

Von entscheidender Bedeutung ist dabei, dass hier zumindest theoretisch die Möglichkeit besteht, die beiden zuletzt genannten Zustände, die unter einen neurobiologischen Typ fallen, aus der Sicht der Psychologie ebenfalls *einem* Typ zuzuordnen. Wir hätten dann also eine Übereinstimmung zwischen Psychologie und Neurobiologie, aber eine Differenz zwischen diesen beiden Wissenschaften einerseits und der Mikrophysik andererseits. Interessant wäre dieser Fall deshalb, weil hier multiple Realisierung und Typenidentität zusammenfallen würden: Von ›multipler Realisierung‹ eines psychologischen Typs kann aufgrund der Unterschiede in der Mikrostruktur die Rede sein, gleichzeitig wäre es angesichts der Übereinstimmung der neurobiologischen und psychologischen Typen aber auch gerechtfertigt, von ›Typenidentität‹ zu sprechen. Genauer könnte man von einer psycho-neuralen Typenidentität sprechen, die einhergeht mit einer multiplen Realisierung des psychologischen Typs durch unterschiedliche mikrophysikalische Typen.

Dass es sich hierbei nicht nur um einen konstruierten Fall handelt, lässt sich anhand einer Theorie zur neuronalen Realisierung mentaler Zustände illustrieren, die vor einiger Zeit von Hans Flohr entwickelt worden ist. Flohr (1995) zufolge werden mentale Zustände durch die Bildung neuronaler Assemblies auf der Basis von Synapsen mit NMDA-Rezepten realisiert. Sollte sich diese derzeit noch umstrittene Theorie bestätigen, dann wäre nicht zu erwarten, dass sämtliche Eigenschaften, die NMDA-Synapsen im menschlichen Gehirn tatsächlich besitzen, für die Entstehung von Bewusstsein relevant sind: Die Farbe der Neuronen, ihr spezifisches Gewicht und – innerhalb gewisser Grenzen – auch ihre Temperatur dürften unter den unwichtigen Parametern sein, während die Reaktionsgeschwindigkeit oder die Empfindlichkeit für bestimmte Neuromodulatoren unter den relevanten Parametern sein könnten.

Nehmen wir also an, es würde sich bei näheren Nachforschungen herausstellen, dass eine Konfiguration *K* von elektrochemischen Aktivitäten notwendig ist, um die psychische Eigenschaft Ψ hervorzubringen. Die psychophysische Identitätsbehauptung würde dann die psychische Eigenschaft Ψ mit der Konfiguration *K* identifizieren. Es gibt jedoch ganz offenbar kein Argument *a priori,* warum *K* ausschließlich an NMDA-Synapsen auftreten soll, so wie sie im menschlichen Gehirn existieren. So könnte es beispielsweise gelingen, synthetische Synapsen zu entwickeln, die ebenfalls die Konfiguration *K* realisieren können, obwohl sie über eine andere Mikrostruktur verfügen. Ebenso wäre es möglich, dass Organismen einer anderen Spezies die Konfiguration *K* auf der Basis von Synapsen realisieren, die sich hinsichtlich ihrer Mikrostruktur mehr oder weniger deutlich von den NMDA-Synapsen des menschlichen Gehirns unterscheiden.

Ob solche unterschiedlichen Realisierungen eines mentalen Zustands tatsächlich existieren bzw. existieren *können*, dürfte nicht zuletzt von den Anforderungen an die physischen Prozesse abhängen, die für die Realisierung mentaler Prozesse in Frage kommen. Es könnte sich herausstellen, dass *K* so komplex und spezifisch ist, dass psychische Prozesse des Typs Ψ ausschließlich von den neuronalen Strukturen im Gehirn von Säugetieren realisiert werden können, da diese über NMDA-Synapsen verfügen. Eine multiple Realisierung wäre ausgeschlossen, doch gerade dieses Wissen würde uns gleichzeitig ein wichtiges Argument gegen Spekulationen über die Vorstellbarkeit multipler Realisierungen liefern. Nach heutigem Wissensstand wäre aber auch ein anderes Szenario denkbar; es könnte sich nämlich auch eine weniger detaillierte Beschreibung der physischen Basis von Bewusstsein als ausreichend erweisen. In diesem Falle könnte die Konfiguration *K* theoretisch auch an Systemen mit einer völlig anderen Mikrostruktur auftreten – psychische Prozesse des Typs Ψ wären also nicht auf das Gehirn von Säugetieren beschränkt.

Es kann hier nicht darum gehen abzuschätzen, welches Szenario wahrscheinlicher ist – hier handelt es sich im Wesentlichen um empirische Fragen, die von den dafür zuständigen Wissenschaften beantwortet werden müssen. Festzuhalten bleibt jedoch, dass Identität und multiple Realisierung einander nicht prinzipiell ausschließen: Auch aktuelle Fälle multipler Realisierung stellen also nicht notwendigerweise die Theorie der Typenidentität in Frage – insofern entfällt hier ein wichtiger theoretischer Einwand gegen diesen Ansatz.

Fazit

Dies würde bedeuten, dass die Identitätstheorie ebenso wie der interaktionistische Dualismus nicht schon auf der Basis theoretischer Argumente zurückzuweisen ist, obwohl sich natürlich bei jeder der beiden Theorien herausstellen kann, dass sie empirisch falsch ist.

Damit hat die Auseinandersetzung mit den Grundsatzproblemen bereits eine wesentliche Verringerung der Zahl der wirklich aussichtsreichen Kandidaten erbracht. Sowohl die radikalen Formen des Materialismus als auch der Epiphänomenalismus erwiesen sich als sehr problematisch. Zwar kann man auch gegen den interaktionistischen Dualismus gewisse Vorbehalte geltend machen, dennoch gibt es keine wirklich tragfähigen theoretischen Argumente, die gegen diese Position sprechen. Als eine akzeptable Option erwies sich zweitens auch die Identitätstheorie. Zwar gibt es auch hier eine Reihe von theoretischen Vorbehalten. Sieht man einmal von dem bislang noch nicht ausführlich diskutierten Erklärungslückenargument ab, dann sprechen die obigen Überlegungen jedoch eher gegen die Annahme, die Identitätstheorie lasse sich bereits aus theoretischen Gründen zurückweisen. Insbesondere das Argument der multiplen Realisierung dürfte zur Widerlegung dieses Ansatzes kaum hinreichen.

Insgesamt wäre dieses Ergebnis der Auseinandersetzung mit dem Gehirn-Bewusstseins-Problem nicht nur deshalb attraktiv, weil sich damit die bloße Zahl der Optionen verringert hätte. Es scheint außerdem möglich zu sein, zwischen den beiden verbleibenden Optionen, also der Identitätstheorie und dem interaktionistischen Dualismus auf der Basis empirischer Ergebnisse zu entscheiden, da beide Theorien sich in ihren empirischen Prognosen klar unterscheiden. Während die Identitätstheorie postuliert, dass Reiz-Reaktionszyklen beliebig genau erklärt werden können, ohne dazu auf autonome mentale Prozesse zurückzugreifen, muss der interaktionistische Dualismus unterstellen, dass zumindest in bestimmten Fällen eine Erklärung nur möglich ist, wenn man die handlungsbestimmenden mentalen Prozesse berücksichtigt. So sollten beispielsweise Handlungen, die auf einer spontanen, bewussten Willensentscheidung beruhen, nur dann zu erklären sein, wenn man diesen autonomen Willensakt mit in Betracht zieht. Sollten sich dagegen keine Beispiele für eine solche psychophysische Interaktion finden, dann würde dies gegen den interaktionistischen Dualismus sprechen.

Tatsächlich sind zumindest bislang keine empirischen Indizien für eine solche Interaktion gefunden worden, vor allem die Befunde Libets zum zeitlichen Ablauf von Willensakten sprechen eher gegen den Dualismus. Diese Erkenntnisse sind allerdings sowohl unter methodischen Gesichtspunkten wie auch hinsichtlich der möglichen Schlussfolgerungen stark umstritten. In jedem Falle scheint es aber trotz dieser Probleme und trotz der großen Zahl weiterhin offener theoretischer Fragen möglich, unser Verständnis der Entstehung des Bewusstseins auf der Basis empirischer Erkenntnisse ganz wesentlich zu verbessern.

Zweiter Teil
Einzelprobleme

Einleitung

Es hat sich bereits mehrfach gezeigt, dass die Klärung philosophischer Grundsatzfragen abhängig ist von der Lösung bestimmter Einzelprobleme, die im nun folgenden zweiten Teil behandelt werden sollen. Zunächst wird es um das Thema des phänomenalen Bewusstseins gehen, das zentrale Bedeutung insbesondere für die noch ausstehende Auseinandersetzung mit dem Erklärungslückenargument besitzt: Die Gedankenexperimente, die zugunsten dieses Argumentes angeführt werden, gehen in der Regel von ganz spezifischen Annahmen über den Status phänomenaler Bewusstseinszustände aus, und es wird zu fragen sein, ob diese Annahmen in sich plausibel sind bzw. ob sie mit den derzeit zur Verfügung stehenden empirischen Erkenntnissen übereinstimmen.

Das zweite Kapitel wird sich auf Probleme der mentalen Repräsentation konzentrieren. Hier geht es vor allem um das Problem der Naturalisierung von Intentionalität, also um die Frage, ob unser Recht, von intentionalen Zuständen zu sprechen, in Gefahr gerät, wenn es nicht gelingt, eine zureichende naturalistische Erklärung für Glaubenszustände, Wünsche und Überzeugungen zu geben.

Im dritten Kapitel sollen dann Probleme von Subjektivität und Willensfreiheit zur Sprache gebracht werden. Von besonderem Interesse ist hier, ob die Identifikation mentaler Prozesse mit neuronalen Aktivitäten die Realität von Subjektivität und Willensfreiheit in Frage stellen muss: Können wir uns also weiterhin als freie und bewusste, für unsere Handlungen verantwortliche Subjekte begreifen, wenn wir einsehen müssen, dass unsere Bewusstseinszustände identisch sind mit den Aktivitäten einfacher Neuronen?

I. Phänomenales Bewusstsein

Zustände des phänomenalen Bewusstseins wie Farbempfindungen, Emotionen und Schmerzen spielen seit längerer Zeit eine wichtige Rolle in der Philosophie des Geistes. Dieses Interesse verdankt sich nicht zuletzt der Annahme, dass eine naturwissenschaftliche Erklärung der Entstehung dieser Zustände besonders schwierig sei. Im Folgenden werden zunächst einige der bekannten Gedankenexperimente vorgestellt, die diese Annahme zu stützen scheinen. Anschließend soll im zweiten Abschnitt das sogenannte ERKLÄRUNGSLÜCKENARGUMENT vorgestellt werden, bevor dann im dritten Abschnitt zwei mögliche Antworten auf dieses Argument erörtert werden.

Gedankenexperimente

Bei der Auseinandersetzung um das phänomenale Bewusstsein haben vier Gedankenexperimente eine besondere Rolle gespielt: Zum einen geht es um die Frage, wie es ist, eine Fledermaus zu sein, zweitens um Mary, eine Neurobiologin, die alles über das Farbsehen weiß, selbst aber noch nie eine Farbe gesehen hat, drittens um das bereits genannte ARGUMENT DES INVERTIERTEN SPEKTRUMS (INVERTED-SPECTRUM-ARGUMENT) und viertens um das ARGUMENT DER ABWESENDEN QUALIA (ABSENT-QUALIA-ARGUMENT).

Gegenstand dieser Gedankenexperimente ist nicht mehr das ontologische Problem des Verhältnisses von Gehirn und Bewusstsein, sondern vielmehr die erkenntnistheoretische Frage, wie sich unser naturwissenschaftliches Wissen *über* das Gehirn zu unserem Wissen und unseren Fragen *über* das Bewusstsein verhalten. Alle diese Gedankenexperimente stützen die Annahme, dass hier ein grundsätzlicher Unterschied besteht: Wissen über physische Zustände, wie vollständig es auch sei, impliziert ganz offensichtlich praktisch kein Wissen über phänomenale Zustände. Selbst wenn wir alles über die Prozesse im visuellen System wüssten, könnte es uns immer noch völlig unbekannt sein, wie es ist, eine bestimmte Farbempfindung zu haben. Zu beachten ist dabei allerdings ein wichtiger Unterschied in der Reichweite der Experimente: Zwar wird in allen Fällen gezeigt, dass eine derzeit nicht überbrückte Kluft zwischen phänomenalem und physiologischem Wissen existiert, doch nur aus einem Teil der Experimente ergibt sich, dass diese Kluft *prinzipiell* nicht überbrückt werden *kann*. Eine solche Überbrückung würde nicht etwa den Unterschied zwischen phänomenalem und physiologischem Wissen aufheben; erforderlich dazu wäre lediglich ein möglichst genaues Verständnis der Beziehung zwischen diesen unterschiedlichen Formen des Wissens. Dies würde es uns erlauben, neurobiologische Erkenntnisse für die Lösung von Problemen des phänomenalen Bewusstseins zu benutzen und damit die Erklärungslücke zu überwinden, die andernfalls unaufhebbar wäre.

Ich werde zunächst zwei Experimente vorstellen, die nur die schwächere, erste Behauptung machen, um dann das Argument des invertierten Spektrums und das Argument der abwesenden Qualia zu behandeln, die einen Beleg für die stärkere These zu liefern suchen.

Wie ist es, eine Fledermaus zu sein?

Thomas Nagels 1974 erschienener Aufsatz *Wie ist es, eine Fledermaus zu sein?* (*What Is It Like to Be a Bat?*) hatte maßgeblichen Anteil daran, dass die Debatte über den Unterschied von phänomenalem und naturwissenschaftlichem Wissen ins Zentrum der Diskussion innerhalb der Philosophie des Geistes gerückt ist. Nagels Grundüberlegung ist ebenso einfach wie einleuchtend: Selbst wenn wir alles über die neurobiologischen Eigenschaften eines bewusstseinsfähigen Organismus wüssten, was es hier zu wissen gibt, würde uns dieses Wissen selbst keinen direkten Zugang zu den bewussten Erfahrungen dieses Organismus verschaffen.

Nagel erläutert diese Überlegung am Beispiel einer Fledermaus. Auch wenn die neuronalen Prozesse im Gehirn einer Fledermaus vollständig erforscht wären, hätten wir damit immer noch keinen Zugang zu den Erfahrungen der Fledermaus. Wir wüssten also nach wie vor nicht, *wie es ist, eine Fledermaus zu sein.* Natürlich könnten wir versuchen, uns vorzustellen, wie es wäre, kurzsichtig zu sein, sich mit Hilfe von

Ultraschall zu orientieren, in der Nacht Insekten zu fangen und am Tage kopfüber an der Decke zu hängen. Damit, so betont Nagel, würden wir uns jedoch allenfalls vorstellen, wie es *für uns Menschen* wäre, eine Fledermaus zu sein; wir wüssten dann immer noch nicht, wie es *für eine Fledermaus* ist, eine Fledermaus zu sein und die genannten Erfahrungen zu machen.

Das Problem betrifft nicht nur unsere Kenntnisse des Bewusstseins von Fledermäusen, es betrifft auch unser Wissen über das Bewusstsein und insbesondere das phänomenale Bewusstsein von Menschen: Wenn die Kluft zwischen physiologischem und phänomenalem Wissen in diesem Fall zunächst nicht so offensichtlich ist, dann liegt dies nur daran, dass wir hier unser wissenschaftliches Wissen mehr oder minder automatisch durch Analogiebildungen auf der Basis unserer eigenen Erfahrungen ergänzen. Auch in diesem Falle sind es also nicht etwa die naturwissenschaftlichen Erkenntnisse, die uns Auskünfte über die phänomenalen Erfahrungen eines anderen Individuums geben, vielmehr gehen wir davon aus, dass andere in einer bestimmten Situation ganz ähnliche Erfahrungen machen, wie wir selbst sie aus der Perspektive der ersten Person kennen. Solche Analogiebildungen helfen uns jedoch nur so lange weiter, wie keine allzu große Kluft zu unserer eigenen Situation besteht, andernfalls versagt auch dieses Hilfsmittel.

Der Kern des Problems besteht in Nagels Augen darin, dass wissenschaftliche Erkenntnisse *objektiven* Charakter haben, während phänomenale Erfahrungen prinzipiell an die *subjektive* Perspektive eines einzelnen Individuums gebunden sind. Aus diesem Grund *können* wissenschaftliche Erkenntnisse über neuronale Prozesse im Gehirn einer Fledermaus praktisch keinen Aufschluss über die Erfahrungen dieser Lebewesen geben:

> Wenn nämlich Erlebnistatsachen – Tatsachen bezüglich dessen, wie es *für* den Organismus ist – nur einer bestimmten Perspektive zugänglich sind, dann ist es ein Rätsel, wie der wahre Charakter von Erlebnissen in der Funktionsweise dieses Organismus entdeckt werden könnte. Diese Funktionsweise gehört in eine Domäne objektiver Tatsachen *par excellence* – einer Art von Tatsachen, die aus verschiedenen Perspektiven und von Individuen mit verschiedenen Wahrnehmungssystemen beobachtet und verstanden werden können (Nagel 1974, 143).

Der von Nagel diagnostizierte Unterschied zwischen phänomenalem und empirischem Wissen ist schwer zu bestreiten; fraglich ist allerdings, ob auch seine Analyse des Problems zutrifft, ob also die von ihm benannten Schwierigkeiten wirklich darauf zurückzuführen sind, dass Aussagen über phänomenale Zustände grundsätzlich die Objektivitätskriterien der empirischen Wissenschaften verfehlen müssen. Bezweifeln lässt sich insbesondere, ob das von Nagel in Anspruch genommene Kriterium der Objektivität adäquat ist. Auch die Naturwissenschaften führen uns nämlich keineswegs direkt zur ›wirklichen Natur der Dinge‹, vielmehr basieren auch empirische Erkenntnisse und Beobachtungen stets auf bestimmten theoretischen Voraussetzungen: Nur wer diese Voraussetzungen akzeptiert, kann beispielsweise behaupten, er habe in einer Nebelkammer die Spur eines atomaren Teilchens gesehen. Es ist jedoch kaum anzunehmen, dass diese theoretischen Annahmen von allen Menschen geteilt werden – ganz zu schweigen von den fremden Lebewesen mit anderen Wahrnehmungssystemen, auf die sich Nagel bezieht. Das bedeutet, dass ein großer Teil der naturwissenschaftlichen Erkenntnisse das Nagelsche Objektivitätskriterium verfehlt; insofern wird man kaum annehmen können, dass dieses Kriterium adäquat ist.

Modifiziert man die Objektivitätsforderung so, dass sie der Abhängigkeit wissenschaftlicher Erkenntnisse von bestimmten Methoden gerecht wird, dann ist es nicht mehr klar, dass Erkenntnisse über das phänomenale Bewusstsein diesen Standard verfehlen müssen. So hat etwa die Emotionspsychologie Verfahren entwickelt, die methodisch abgesicherte Aussagen über Zustände des phänomenalen Bewusstseins erlauben.[1] Tatsächlich schwächt denn auch Nagel zumindest indirekt den Gegensatz zwischen empirischen und phänomenalen Erkenntnissen ab, indem er die Möglichkeit einer ›objektiven Phänomenologie‹ (Nagel 1974, 151) erwägt. Diese soll eine Beschreibung phänomenaler Zustände in einer ›objektiven Begrifflichkeit‹ erlauben und so die Kluft zwischen naturwissenschaftlichen und psychologischen Theorien überbrücken, ohne dass sie dabei auf Phantasie oder Einfühlung angewiesen wäre. Nagel geht also nicht davon aus, dass das Erklärungslückenproblem *prinzipiell* unlösbar sei. Dies bedeutet in seinen Augen auch, dass eine monistische Position weiterhin akzeptabel ist, obwohl vor einer Lösung des Erklärungslückenproblems unverständlich bleiben muss, *warum* neuronale Prozesse gleichzeitig auch mentale Prozesse sein können.

1 vgl. Damasio 1999, 309.

Was Mary nicht wusste: Das Argument des unvollständigen Wissens

In eine ganz ähnliche Richtung weist das ursprünglich von Frank Jackson (1982) vorgebrachte ARGUMENT DES UNVOLLSTÄNDIGEN WISSENS, das sich auf zwei mittlerweile ebenfalls klassische Gedankenexperimente stützt. Anders als Nagel glaubt Jackson jedoch, aus seinen Überlegungen prinzipielle Einwände gegen eine monistische Position in der Philosophie des Geistes ableiten zu können. Die Hauptrolle in Jacksons erstem Gedankenexperiment spielt Fred. Aufgrund einer Besonderheit seines visuellen Systems vermag Fred innerhalb des Rotspektrums zwei ganz unterschiedliche Farben zu erkennen. Aus seiner Sicht ist die Differenz zwischen diesen beiden Farben genauso groß wie die zwischen Blau und Gelb. Für normalsichtige Menschen ist dieser Unterschied jedoch völlig unzugänglich, und zwar völlig unabhängig davon, wie viel sie über das visuelle System wissen.

Jacksons Gedankenexperiment stützt also ebenfalls die Annahme, dass wir es hier mit zwei verschiedenen Formen des Wissens zu tun haben. In dieselbe Richtung weisen auch die Schlussfolgerungen aus seinem zweiten Experiment. Dessen Heldin ist Mary, eine brillante Neurobiologin, die ein vollständiges Wissen über das visuelle System des Menschen besitzt. Mary hat allerdings selbst noch nie eine Farbe gesehen, da sie sich seit ihrer Geburt ausschließlich in einer farblosen Wohnung aufgehalten hat und mit ihrer Umwelt nur über einen Schwarzweißfernseher in Verbindung stand.

Was wird passieren, wenn Mary zum ersten Mal eine Farbe sieht? Es ist zu erwarten, dass sie in diesem Moment ein ihr bislang unbekanntes Wissen erwirbt. Sie wird also lernen, *wie es ist,* eine rote Tomate oder einen grünen Apfel zu sehen. Bestätigt würde damit die bereits von Nagel vertretene These, derzufolge physiologisches Wissen kein phänomenales Wissen impliziert: Marys vollständiges neurobiologisches Wissen verschafft ihr keine Kenntnisse darüber, wie es ist, eine rote Farbe zu sehen. Jackson folgert hieraus allerdings nicht nur, dass neurobiologisches Wissen im Hinblick auf phänomenale Erfahrungen prinzipiell unvollständig ist, vielmehr glaubt er auch gezeigt zu haben, dass der Monismus falsch ist, dass also phänomenale Eigenschaften nicht identisch mit neuronalen Eigenschaften sein können. In Jacksons Augen sind phänomenale Eigenschaften kausal wirkungslose Begleiterscheinungen mentaler Zustände, er plädiert mithin für die epiphänomenalistische Variante des Eigenschaftsdualismus.

Offenbar haben wir es hier mit zwei unterschiedlichen Thesen zu tun; sie sollen daher auch unabhängig voneinander diskutiert werden. Die erste, erkenntnistheoretische These, derzufolge neurobiologisches Wissen kein phänomenales Wissen impliziert, stimmt im Wesentlichen mit der Position Nagels überein. Dennoch ist auch diese Behauptung nicht ganz unumstritten. Laurence Nemirow und David Lewis haben zu zeigen versucht, dass Mary bei der Bekanntschaft mit Farben kein neues *Wissen* in irgendeinem erkenntnistheoretisch interessanten Sinne gewinnt; vielmehr erwerbe sie nur die *Fähigkeit*, sich von nun an Farben vorzustellen. Das relevante propositionale Wissen besitze die Neurobiologin bereits, da sie alles über die Funktion des visuellen Systems wisse, was es hier zu wissen gibt.

Dieser Einwand hat sich jedoch nicht durchsetzen können. Zweifellos impliziert das ›*Wissen*, wie es ist, eine Farbe zu sehen‹, auch die *Fähigkeit*, sich die Farbe vorzustellen; doch offenbar geht das Wissen über diese Fähigkeit hinaus. Jackson selbst hat dies dadurch erläutert, dass Mary, nachdem sie ihr schwarz-weißes Gefängnis verlassen hat, sich Gedanken darüber machen kann, ob sie selbst nun beim Anblick einer Tomate dieselbe Farbempfindung hat wie andere Personen. Entscheidend ist dabei der Gegenstand dieser Überlegungen: Offenbar fragt sich Mary hier nicht, ob sie die *Fähigkeit* hat, sich diese oder jene Farbe *vorzustellen:* Daran kann wohl kaum ein Zweifel bestehen. Gegenstand dieser Überlegungen ist vielmehr die Frage, ob ihre Vorstellungen von den phänomenalen Zuständen anderer Personen zutreffen, d. h. ob sie selbst *Wissen* darüber besitzt, wie es für andere ist, eine rote Tomate zu sehen.

Unterstrichen worden ist dieser Punkt durch William G. Lycan (1995) und Martine Nida-Rümelin (1993). Von phänomenalem *Wissen* in einem epistemisch interessanten Sinne kann man Nida-Rümelin zufolge in dem von Jackson skizzierten Falle nämlich insofern sprechen, als dieses Wissen informativ sei; es erlaube also die Entscheidung zwischen zuvor offenen Möglichkeiten. So kann Mary erst *nachdem* sie zum ersten Mal die Farbe Blau gesehen und als die Farbe des Himmels erkannt hat, aus einer gebotenen Auswahl von Farbmustern das zutreffende auswählen, wenn sie nach der Farbe des Himmels gefragt wird.

Lycan hat zudem – gegen Jackson – darauf verwiesen, dass das

Gedankenexperiment keine Argumente gegen den Monismus[2] liefere. Das Wissen, von dem hier die Rede ist, muss sich nämlich nicht etwa auf neuartige Tatsachen außerhalb des Bereiches physischer Gegenstände oder Sachverhalte beziehen; es kann sich vielmehr um einen neuen *Zugang zu* solchen Tatsachen handeln, die auch zuvor schon bekannt waren. Mary kannte nach der Voraussetzung des Gedankenexperimentes schon vor ihrer ›Befreiung‹ sämtliche Tatsachen, die das visuelle System betreffen; durch ihr phänomenales Farbwissen gewinnt sie nur noch einmal einen neuen Zugang zu den ihr bereits bekannten Aktivitäten in ihrem visuellen System.

Jacksons Gedankenexperiment liefert ein Argument nur für die *Ebene des Wissens,* nicht für die *Ebene der Tatsachen;* es handelt sich also – ebenso wie bei Nagel – um eine *epistemologische,* nicht um eine *ontologische* Beweisführung. Schon allein aus diesem Grunde ist nicht zu erwarten, dass sich hieraus ein Einwand gegen den Monismus ergibt, bei dem es sich ja um eine rein ontologische Position handelt. Der Monismus enthält keine direkten Festlegungen darüber, wie sich unser *Wissen über* neuronale Prozesse zu unserem *Wissen über* mentale Prozesse verhält, vielmehr macht er eine Aussage über das Verhältnis dieser Prozesse selbst: Mentale Prozesse sind dieser Auffassung zufolge immer auch physische Prozesse. Zwei Personen, die hinsichtlich ihrer physischen Prozesse identisch sind, müssen dieser Position zufolge auch hinsichtlich ihrer mentalen Prozesse identisch sein und umgekehrt. Ein physisches Duplikat von Mary müsste also in dem Moment, wo Mary eine Rotempfindung hat, ebenfalls eine Rotempfindung haben. Dies wird jedoch durch Jacksons Gedankenexperimente keineswegs ausgeschlossen; Jackson zeigt nur, dass *Wissen über* phänomenale Prozesse sich prinzipiell von *Wissen über* physische Prozesse unterscheidet. Diese These kann der Monist jedoch ohne weiteres akzeptieren.

Wenn diese beiden Formen des Wissens sich also auf dieselbe Art von Sachverhalten beziehen können, dann ist es – auch unter Berücksichtigung der Jacksonschen Argumentation – nicht auszuschließen, dass wir die derzeit hier bestehende Kluft irgendwann einmal überbrücken wer-

2 Jackson selbst benutzt den Ausdruck ›Physikalismus‹. Gemeint ist damit eine Position innerhalb der Philosophie des Geistes, die den Dualismus grundsätzlich ausschließt. Da sich mittlerweile herausgestellt hat, dass dies für den Physikalismus nicht notwendigerweise gelten muss, lässt sich die von Jackson gemeinte Position besser als ›Monismus‹ kennzeichnen.

den. Damit würde der Unterschied nicht aufgehoben, doch wir würden *verstehen*, wie sich Wissen über neuronale Prozesse zu Wissen über mentale Prozesse verhält. Insofern stützen auch die Experimente Jacksons nur die schwächere Variante der Unterscheidung von neurobiologischem und phänomenalem Wissen: Sie zeigen, dass derzeit eine solche Kluft besteht, doch sie beweisen nicht, dass diese Kluft unüberbrückbar ist.

Invertiertes Spektrum und abwesende Qualia

Genau dies scheint sich jedoch aus den beiden folgenden Gedankenexperimenten zu ergeben, dem ARGUMENT DES INVERTIERTEN SPEKTRUMS und dem ARGUMENT DER ABWESENDEN QUALIA: Stimmen die in diesen Gedankenexperimenten entworfenen Szenarien, dann wäre es *prinzipiell* unmöglich, die Kluft zwischen phänomenalem und neurobiologischem Wissen zu überbrücken. Demonstrieren lässt sich dies besonders gut an dem ARGUMENT DER ABWESENDEN QUALIA. Dem diesem Argument zugrunde liegenden Gedankenexperiment zufolge ist es vorstellbar, dass zwei Organismen, die unter physischen Gesichtspunkten miteinander identisch sind, sich in ihren mentalen Zuständen fundamental voneinander unterscheiden: Während der eine Organismus die üblichen phänomenalen Erfahrungen macht, verfügt der andere über keinerlei phänomenale Zustände. Die Konsequenz ist nicht schwer zu sehen: Wenn es möglich ist, dass phänomenale Zustände völlig unabhängig von physischen Prozessen variieren, dann kann physiologisches Wissen prinzipiell keine Auskünfte über die mentalen Zustände geben. Gleichzeitig impliziert dies, dass mentale Zustände keine physischen Prozesse sind, andernfalls könnten sie nicht unabhängig von diesen variieren.

Es gibt eine ganze Reihe von Einwänden gegen dieses Argument. Zum einen ist nicht klar, in welchem Sinne der Fall, der dem Gedankenexperiment zugrunde liegt, ›möglich‹ ist. Lenzen (1997) hat auf einen hier denkbaren Fehlschluss aufmerksam gemacht. Selbstverständlich gibt es Lebewesen, deren gesamtes Verhalten ohne Bewusstsein vonstatten geht, gleichzeitig gibt es bei Menschen zumindest *einige* Tätigkeiten, die ohne die Gegenwart von Bewusstsein ausgeführt werden können; vielleicht könnte man sogar behaupten, dass sich jede *einzelne* bewusste Handlung auch unbewusst ausführen lässt. Hieraus kann man jedoch noch nicht den Schluss ziehen, es könnten *sämtliche* menschlichen Handlungen auch unbewusst ausgeführt werden, ohne dass dies von außen zu erkennen sei. Dies gilt auch deshalb, weil viele Tätigkeiten, die wir *de facto* unbewusst ausführen, einen bewussten Lernprozess voraussetzen. Wir hätten diese Tätigkeiten also überhaupt nicht erlernen können, wenn wir kein Bewusstsein besäßen. Immerhin *muss* der Vertreter des Argumentes der abwesenden Qualia sich nicht auf die von Lenzen kritisierten Überlegungen stützen. Er kann einfach behaupten, dass die Möglichkeit abwesender Qualia ganz unabhängig von jenen Überlegungen ›intuitiv plausibel‹ sei; sie stelle eine Option dar, die der Vertreter einer materialistischen Auffassung nicht ausschließen könne.

Damit setzt sich das Argument der abwesenden Qualia jedoch den Einwänden gegen die Berufung auf die Vorstellbarkeit oder Denkbarkeit gewisser Szenarien aus, wie sie oben (S. 163) anlässlich der Auseinandersetzung mit Kripke erhoben wurden. Dabei hatte sich die Unzuverlässigkeit der Intuitionen erwiesen, auf denen derartige Szenarien beruhen; solche Intuitionen können also nicht als Beleg für die *reale Möglichkeit* der vorgestellten Sachverhalte, in diesem Falle also des separaten Auftretens von psychischen und physischen Zuständen, betrachtet werden. Problematisch ist auch die Annahme, solche Intuitionen ließen sich gegen empirische Erkenntnisse anführen: Wie Hill (1997) gezeigt hat, hängen Intuitionen wie die über die Dissoziation von mentalen und psychischen Zuständen ihrerseits von empirischen Erkenntnissen ab. Sollte die Identitätsbehauptung also durch zuverlässige empirische Erkenntnisse gestützt werden, dann würden wir die bloße Vorstellbarkeit abwesender Qualia wohl genauso wenig als ernsthaften Einwand akzeptieren, wie wir heute Spekulationen über die Möglichkeit von Wasser, das nicht H_2O ist, als Einwand gegen die Identifikation von Wasser und H_2O betrachten. Damit bestätigt sich die eigentlich wenig spektakuläre, in der Philosophie des Geistes aber nicht immer berücksichtigte Erkenntnis, dass man aus der *Vorstellbarkeit* eines Sachverhaltes noch nicht dessen reale Möglichkeit folgern kann: Nur eine solche reale Möglichkeit würde jedoch einen ernsthaften Einwand gegen die Identitätsbehauptung begründen.

Ein weiterer Einwand gegen das Argument der abwesenden Qualia ergibt sich daraus, dass mentale Zustände hier *de facto* zu Epiphänomenen gemacht werden. Zum einen wird damit nämlich eine dualistische Unterscheidung zwischen mentalen und physischen Eigenschaften getroffen: Nur dann können physische Eigenschaften unabhängig von den korrespondierenden mentalen Eigenschaften auftreten. Zum Zweiten wird aber auch unterstellt, dass die mentalen Eigenschaften nicht kausal wirksam sind, andernfalls würde sich ihr Ausbleiben auf der physischen Ebene bemerkbar machen. Offenbar sind damit die zentralen Kriterien des Epiphänomenalismus erfüllt. Wie oben (S. 64 ff.) bereits ausführlich gezeigt, hat der Epiphänomenalismus jedoch äußerst problematische Konsequenzen. Unter den Prämissen dieser Theorie könnten wir nämlich niemals sicher sein, dass andere Personen mentale Zustände besitzen, außerdem würden auch die eigenen Erinnerungen an unsere vergangenen Schmerz- oder Furchtzustände grundsätzlich in Frage gestellt. Es gibt daher gute Gründe für eine Ablehnung des Epiphänomenalismus. Da das Argument der abwesenden Qualia den Epiphänomenalismus voraussetzt, richten sich diese Gründe auch gegen das Argument der abwesenden Qualia selbst.

Das ARGUMENT DES INVERTIERTEN SPEKTRUMS scheint von diesen Einwänden auf den ersten Blick nicht direkt getroffen zu werden, schließlich behauptet es nicht die vollständige *Abwesenheit* mentaler bzw. phänomenaler Eigenschaften, sondern nur deren *Veränderung* unabhängig von einer Veränderung auf der physischen Ebene. Auch hier haben wir es also mit zwei physisch identischen Personen zu tun, doch sie unterscheiden sich nur insofern, als dort, wo die eine Person wie jeder andere Normalsichtige Rot sieht, die andere Person aufgrund einer Inversion ihres Farbspektrums Grün sieht und umgekehrt. Unterstellt wird damit, dass Veränderungen auf der phänomenalen Ebene unabhängig von Veränderungen auf der physischen Ebene eintreten können. Die Konsequenzen gleichen damit denen, die sich aus dem Argument der abwesenden Qualia ergeben: Weil phänomenale Tatsachen beiden Argumenten zufolge unabhängig von physiologischen Tatsachen sind, wäre es prinzipiell unmöglich, eine Verbindung zwischen phänomenalem und physiologischem Wissen herzustellen. Neurobiologische Theorien wären mithin *grundsätzlich* ungeeignet, um zu Erkenntnissen über phänomenale Prozesse zu gelangen.

Von ›Epiphänomenalismus‹ scheint man bei dem Argument des invertierten Spektrums allerdings nicht sprechen zu können: Der Vertreter dieses Argumentes kann nämlich an der kausalen Wirksamkeit mentaler Eigenschaften festhalten. Zugestehen muss er allerdings, dass die physischen Wirkungen einer Rotempfindung völlig identisch mit den physischen Wirkungen einer Grünempfindung sind – nur dann kann er behaupten, dass sich physisch identische Personen in unterschiedlichen phänomenalen Zuständen befinden können. In seinen Augen dürfen diese Zustände also keine *spezifischen* Wirkungen haben.

Die Konsequenzen dieser Annahme sind allerdings nicht wesentlich attraktiver als die des Epiphänomenalismus selbst. Wie oben (S. 73) gezeigt, können sich Differenzen zwischen phänomenalen Zuständen nämlich nur so weit im Verhalten bzw. in der Erinnerung bemerkbar machen, wie ihnen Differenzen auf der kausalen Ebene entsprechen. Existieren solche Entsprechungen nicht, dann kann man nicht erwarten, dass die Unterschiede zwischen diesen Eigenschaften in der Erinnerung bzw. im Verhalten erkennbar sind; wir könnten also auch aus der Perspektive der ersten Person schon nach beliebig kurzer Zeit nicht mehr zuverlässig darüber urteilen, ob wir eine Rot- oder eine Grünempfindung gehabt haben. Insofern würde hier unsere Fähigkeit zur *Unterscheidung* zwischen bestimmten phänomenalen Zuständen in genau der Weise gefährdet, in der der Epiphänomenalismus die *Existenz* dieser Zustände in Frage stellt.

Ganz abgesehen davon ist es jedoch auch unklar, ob man die Farberfahrungen unterschiedlicher Personen überhaupt miteinander vergleichen kann. Die Behauptung, eine normalsichtige Person habe eine Rotempfindung, wo eine Person mit invertiertem Spektrum eine Grünempfindung hat, setzt nämlich voraus, dass wir phänomenale Zustände in etwa so miteinander vergleichen können wie Muster von roten und grünen Farboberflächen. Dies ist jedoch alles andere als sicher. Autoren wie Frege (1956), Reichenbach, zeitweilig auch Thomas Nagel,[3] haben nämlich argumentiert, dass man von Ähnlichkeiten zwischen einzelnen phänomenalen Zuständen zunächst nur in einem *intrasubjektiven* Sinne sprechen könne.[4] Ähnlich oder unähnlich kann einer meiner phänomenalen Zustände also nur im Vergleich zu einem anderen meiner phänomenalen Zustände sein, ein direkter Vergleich mit den Zuständen einer anderen Person ist dagegen nicht möglich.

3 »A type of relation can hold between elements in the experience of a single person that cannot hold between elements in the experience of distinct persons: looking similar in color, for example. Insofar as our concept of similarity of experience in the case of a single person is dependent on his experience of similarity, the concept is not applicable between persons.« Nagel 1979, 160.

4 Eine etwas andere Position vertritt Schlick (1991, 44 f.). Zwar hält er die Existenz von Spektrumsinversionen für möglich, er bestreitet aber, dass wir sinnvolle Aussagen über das Vorliegen solcher Inversionen in konkreten Fällen machen können.

Man kann diese Position so interpretieren, dass die konkrete Qualität eines phänomenalen Zustandes nur von seinem ›Ort‹ innerhalb eines Bezugssystems, beispielsweise innerhalb des ›Farbraums‹ einer Person, bestimmt ist.[5] Es gäbe also keine Rotempfindung an sich, vielmehr würde die Rotempfindung einer bestimmten Person ihre spezifische Qualität etwa dem Gegensatz zu den Grünempfindungen dieser Person und der Verwandtschaft mit ihrer Orangeempfindung etc. verdanken. Vergleiche zwischen meinen Farbempfindungen und denen anderer Personen werden damit nicht etwa ausgeschlossen, behauptet wird allerdings, dass sie jeweils abhängen von dem Ort einer solchen Empfindung innerhalb des entsprechenden Bezugssystems. Zwei Empfindungen würden als ähnlich gelten, wenn sie einen ähnlichen Ort innerhalb dieses Systems einnähmen.

Unter diesen Voraussetzungen könnte man überhaupt nicht von einer Veränderung meines Farbspektrums im Vergleich zu den Farbspektren anderer Personen sprechen, solange es nicht zu Veränderungen *innerhalb* meines eigenen Farbspektrums käme. Solche Veränderungen, beispielsweise die Vertauschung von Rot und Blau oder gar der Wegfall einer Farbe, schließt das Argument des Invertierten Spektrums aber aus guten Gründen aus: Sie würden sich nämlich sofort im Diskriminationsverhalten bemerkbar machen. Umgekehrt wären Inversionen, die sich *nicht* im Unterscheidungsverhalten niederschlagen würden, unter diesen Bedingungen gar nicht mehr denkbar, dem Argument des invertierten Spektrums wäre somit die Basis entzogen.

Über diese eher theoretischen Einwände hinaus gibt es noch eine Reihe von empirischen Problemen, die gegen das Argument des invertierten Spektrums sprechen. Die Annahme, dass eine Verkehrung des Farbspektrums nicht bemerkbar sein soll, setzt nämlich auch voraus, dass dieses Spektrum völlig symmetrisch aufgebaut ist, insoweit es für das Verhalten einer Person, insbesondere für deren Diskriminationsverhalten, von Belang ist. Nur dann könnte ausgeschlossen werden, dass eine Inversion von außen zu erkennen ist.

Diese Voraussetzung ist jedoch, wie unter anderem Clyde Hardin (1997)[6] und Austen Clark (1993, 1994) gezeigt haben, offenbar falsch. Das

5 Eine Beschreibung dieses Bezugssystems findet sich bei Clark 1993. Clark (1993 und 1994) zieht hieraus weitreichende philosophische Schlussfolgerungen insbesondere für das Erklärungslückenargument; diese Überlegungen sollen weiter unten (S. 196 ff.) erörtert werden.

6 Zur Kritik an Hardin siehe auch Nida-Rümelin 1998.

Farbspektrum weist nämlich Asymmetrien auf, die sich in unserem Unterscheidungsverhalten bemerkbar machen und daher eine Verkehrung des Farbspektrums von außen erkennbar machen müssten. Von Bedeutung sind hier vor allem zwei Befunde: Zum einen gibt es einen Unterschied zwischen den Primärfarben Rot, Grün, Gelb und Blau auf der einen Seite und Sekundärfarben wie Pink, Orange oder Hellblau andererseits, die wir als Farbmischungen auffassen. Von außen unbemerkt blieben daher nur solche Verschiebungen des Farbspektrums, bei denen Primärfarben wiederum auf Primärfarben abgebildet werden. Andernfalls würde eine Person mit einer Rot/Gelbgrün-Vertauschung behaupten, sie sehe eine Primärfarbe, wenn man ihr ein gelbgrünes Farbmuster vorlegt, bei einem roten Muster würde sie dagegen von einer Sekundärfarbe sprechen. Stellt man sich das Farbspektrum als einen Kreis vor, in dem die Primärfarben jeweils um 90 Grad voneinander entfernt sind, dann blieben zunächst nur Verschiebungen um 90, 180 oder 270 Grad, bei denen Rot auf andere Primärfarben, also auf Blau, Grün oder Gelb abgebildet würde.

Eine weitere Asymmetrie ergibt sich daraus, dass nur in einem bestimmten Bereich des Farbspektrums eine Veränderung der Helligkeit gleichzeitig auch eine Veränderung des Farbtons nach sich zieht. Orange und Rot werden nämlich zu Braun, wenn sie relativ zur Helligkeit der umgebenden Farbflächen abgedunkelt werden. Berücksichtigt werden kann diese Asymmetrie lediglich dann, wenn man den Kreis des Farbspektrums um die Achse Orange/Blaugrün spiegelt. Eine solche Spiegelung wäre jedoch unverträglich mit den zuvor genannten Bindungen, schließlich würden in diesem Falle Primärfarben auf Sekundärfarben und Sekundärfarben auf Primärfarben abgebildet. Eine Verschiebung, die beide Asymmetrien berücksichtigen würde, gibt es dagegen nicht. Dies bedeutet, dass sich Verschiebungen innerhalb des menschlichen Farbspektrums grundsätzlich in einer Veränderung des Diskriminationsverhaltens bemerkbar machen müssen; sie wären daher immer auch aus der Perspektive der dritten Person zu erkennen. Ein Szenario, wie es dem Argument des invertierten Spektrums zugrunde liegt, wäre daher nicht möglich.[7]

7 Immerhin könnte sich der Vertreter dieses Argumentes jedoch darauf berufen, dass es ihm nicht um eine Inversion des *menschlichen* Farbspektrums gehe, sondern um einen rein theoretischen Fall, bei dem die genannten Besonderheiten nicht von Belang seien. Diese Entgegnung ist jedoch nicht stichhaltig. Seine Überzeugungskraft verdankt das Argument des

Erklärungslückenargument

Insofern scheint es, als könne man das Argument des invertierten Spektrums ebenso zurückweisen wie das Argument der abwesenden Qualia. Die Differenz zwischen neurobiologischem und phänomenalem Wissen bleibt, doch eine Übersetzung zwischen diesen Formen des Wissens scheint nicht prinzipiell ausgeschlossen. Keineswegs würde eine solche Übersetzung die Differenz aufheben, doch sie sollte einen Übergang zwischen diesen beiden Sprachen ermöglichen, so wie wir es auch bei einer fremdsprachlichen Übersetzung erwarten. So wie uns ein Dolmetscher dazu verhelfen vermag, eine italienische Antwort auf eine deutsche Frage zu verstehen und zu akzeptieren, so sollte uns eine Übersetzung zwischen Alltagspsychologie und Neurobiologie die Möglichkeit verschaffen, naturwissenschaftliche Erklärungen psychischer Phänomene zu verstehen.

Völlig unklar ist allerdings, wie die angestrebte Übersetzung aussehen könnte. Selbst wenn wir also – aus welchen Gründen auch immer – völlig sicher wären, dass Zustände des phänomenalen Bewusstseins identisch mit neuronalen Prozessen sind, hätten wir keine naturwissenschaftliche Erklärung dafür, dass eine bestimmte neuronale Aktivität als Schmerz, eine andere Aktivität dagegen als Glücksgefühl erlebt wird.

Die grundsätzliche Schwierigkeit ist schon von Leibniz (1714/1979) erkannt worden; eine der bekanntesten Formulierungen des Problems stammt aus der berühmten Rede *Über die Grenzen des Naturerkennens*, die der Physiologe Emil Dubois-Reymond 1872 gehalten hat. In der jüngeren Vergangenheit hat neben Thomas Nagel (1974) und Frank Jackson (1982) vor allem Joseph Levine (1983, 1993) auf diese Problematik aufmerksam gemacht. Nach Levine besteht eine ERKLÄRUNGSLÜCKE (EXPLANATORY GAP) zwischen wissenschaftlichen und alltagspsychologischen Theorien. Andere Autoren sprechen im Anschluss an Chalmers (1996a, 1996b) in diesem Zusammenhang von dem SCHWIERIGEN PROBLEM DES BEWUSSTSEINS (HARD PROBLEM OF CONSCIOUSNESS), dessen

invertierten Spektrums nämlich wie jedes andere Gedankenexperiment der Tatsache, dass wir uns den beschriebenen Sachverhalt *vorstellen* können: Nur deshalb vermögen wir hier zu einem von unseren Intuitionen gestützten Urteil zu gelangen. Dies wäre nicht mehr möglich, wenn es nicht mehr um eine Vertauschung des menschlichen Farbspektrums, sondern um die Inversion irgendeines Farbspektrums überhaupt ginge. Wir hätten es dann mit einem *ad hoc* konstruierten Fall zu tun, der mit Hilfe unserer Intuitionen nicht zu beurteilen wäre.

Lösung, wenn sie überhaupt möglich ist, uns zu schwerwiegenden Eingriffen in die bislang akzeptierten wissenschaftlichen Auffassungen und Methoden zwingen würde. Dadurch unterscheidet sich das ›schwierige Problem‹ des Bewusstseins von den lösbaren Problemen, wie sie innerhalb der Neuro- und Kognitionswissenschaften immer wieder auftreten.

In diesem Punkt, so zeigt Levine (1983), unterscheiden sich psychophysische Identitätsbehauptungen von anderen wissenschaftlichen Identitätsbehauptungen. Wenn wir nämlich Wasser mit H_2O identifizieren, dann gewinnen wir auf diese Weise einen Zugang zu plausiblen naturwissenschaftlichen Erklärungen für die einzelnen Eigenschaften von Wasser, so wie wir sie im Alltag beobachten: Hier gelingt also die Übersetzung von einer Erklärungsebene in die andere, es besteht also keine Erklärungslücke. Infolgedessen können Erkenntnisse über H_2O verständlich machen, warum Wasser bei 0 °C friert und bei 100 °C kocht, warum es durchsichtig und bei Temperaturen zwischen 0 °C und 100 °C flüssig ist.

Wie bereits erwähnt, ist die Übertragbarkeit solcher Erklärungen eine direkte Implikation der Identitätsbehauptung: Wenn Wasser mit H_2O identisch ist, dann *müssen* Erklärungen, die sich auf Wasser beziehen, gleichzeitig auch Erklärungen für H_2O sein. Unabhängig davon, ob wir nun von ›Wasser‹ oder von ›H_2O‹ sprechen, haben wir es ja mit ein und derselben Substanz zu tun. Erweisen sich solche Erklärungsversuche als erfolgreich, können wir also Fragen, die sich auf Wasser beziehen, durch naturwissenschaftliche Erkenntnisse über H_2O beantworten, dann stärkt dies die Identitätsbehauptung, schließlich bildet die ja die Voraussetzung solcher Erklärungen. Umgekehrt bedeutet dies aber ebenso, dass die Identitätsbehauptung in Frage gestellt würde, sollten sich die Erklärungen auf die Dauer als nicht übertragbar erweisen. Es läge dann nahe, das Scheitern darauf zurückzuführen, dass wir es hier doch mit unterschiedlichen Entitäten zu tun haben.

Obwohl also ein prinzipieller Unterschied zwischen der Identitätsbehauptung und dem Erklärungslückenargument besteht, da erstere sich auf die ontologische Ebene der *Objekte selbst*, letzteres auf die erkenntnistheoretische Ebene des *Wissens über* diese Objekte bezieht, gibt es deutliche Wechselwirkungen zwischen unserer Stellungnahme zur Identitätsbehauptung und der Antwort auf das Erklärungslückenargument: Akzeptieren wir die Identitätsbehauptung, dann müssen wir erwarten, dass sich auch die zugehörigen Formen des Wissens aufeinander beziehen lassen. Sind wir dagegen überzeugt, dass eine solche Bezugnahme nicht möglich und die Erklärungslücke unüberwindbar ist, dann haben wir damit zumindest ein schwerwiegendes Argument gegen die Identitätsbehauptung akzeptiert.

Genau dies, so betont Levine, scheint nun bei psychophysischen Identitätsbehauptungen der Fall zu sein: Es ist einfach völlig unklar, wie sich aus neurobiologischen Theorien Erklärungen insbesondere für den qualitativen Charakter mentaler Phänomene ergeben sollen. Selbst wenn wir sicher sein könnten, dass Schmerzen mit C-Faserreizungen identisch sind, ist nicht zu sehen, wie neurobiologische Erkenntnisse über C-Faserreizungen Aufschluss über die konkreten phänomenalen Qualitäten von Schmerzerfahrungen geben sollten.

> Was durch die Entdeckung von C-Faserreizungen unerklärt bleibt, ist, warum Schmerzen sich so anfühlen, wie sie es nun einmal tun. Es gibt nämlich nichts an C-Faserreizungen, das den phänomenalen Eigenschaften von Schmerzen natürlicherweise entsprechen würde, jedenfalls nichts, das nicht genauso gut zu einer anderen Art phänomenaler Eigenschaften passen würde. Bei den qualitativen Eigenschaften von Schmerzen bleibt ... die Verbindung mit C-Faserreizungen (oder einer Eigenschaft von C-Faserreizungen) völlig mysteriös (Levine 1983, 357).

Levine weist darauf hin, dass dies ganz anders ist, wenn es um das Verhältnis von Wasser und H_2O geht: Wir können erklären, warum H_2O genau die Eigenschaften hervorbringt, die für Wasser charakteristisch sind; hier gibt es also die ›natürliche Entsprechung‹, die Levine im Verhältnis von Schmerzen und C-Faserreizungen vermisst: Wie oben erwähnt, können naturwissenschaftliche Theorien über H_2O plausible Antworten auf Fragen geben, die sich auf Wasser beziehen.

Man könnte zunächst fragen, ob es sich bei den Problemen, die wir mit den naturwissenschaftlichen Erklärungen mentaler Zustände haben, nicht um einen Fall jener ganz gewöhnlichen Schwierigkeiten handelt, wie sie im Verlauf der wissenschaftlichen Entwicklung immer wieder aufgetaucht und dank neuer theoretischer und empirischer Erkenntnisse auf die Dauer auch immer wieder verschwunden sind. Solche Schwierigkeiten gab es übrigens auch in den Fällen, die heute immer wieder als Paradebeispiele für überzeugende wissenschaftliche Erklärungen angeführt werden. So hatte noch John Locke behauptet, die Mechanismen, die die einzelnen Atome einer Substanz wie Wasser aneinander binden und dabei Veränderungen des Aggregatzustandes erlauben, seien nicht nur unbekannt, vielmehr würden sie sich auch dann noch dem menschlichen Verständnis entziehen, wenn man sie denn finden würde.[8]

Dies scheint die Annahme zu bestätigen, dass Intuitionen, wie sie dem Erklärungslückenargument zugrunde liegen, zum normalen Verlauf der wissenschaftlichen Entwicklung gehören: Solange wir keinen Ansatzpunkt für die Erklärung eines bestimmten Prozesses haben, neigen wir dazu, die Erklärung kurzerhand für völlig unmöglich zu erklären – auch wenn nachfolgende Generationen uns eines Besseren belehren werden. Offenbar handelt es sich hier jedoch um einen Fehlschluss: Aus der Tatsache, dass wir *heute* noch nicht über bestimmte Erklärungen verfügen, ergibt sich natürlich nicht, dass wir diese Erklärungen *niemals* gewinnen können. Patricia Churchland (1996) bezeichnet diesen Fehlschluss als das ARGUMENT DER IGNORANZ (ARGUMENT FROM IGNORANCE): Wer behauptet, dass die Erklärungslücke unüberwindbar sei, der verallgemeinere nur seine eigene, momentane Unwissenheit.

Es ist jedoch mehr als unsicher, ob dieser Einwand dem Erklärungslückenargument gerecht wird. Natürlich berufen sich die Vertreter des Argumentes *nicht* auf die eigene Unwissenheit und sie führen auch nicht das Versagen der bisherigen Forschung an. Genauso wenig bestreiten sie, dass die Neuro- und Kognitionswissenschaften uns in Zukunft dramatische Erkenntnisfortschritte bescheren können. Sie behaupten jedoch, dass unsere intuitiven Vorbehalte gegenüber der Erklärbarkeit mentaler Prozesse berechtigt seien, weil es einen prinzipiellen Unterschied zwischen physischen Entitäten wie ›Wasser‹ oder ›Wärme‹ auf der einen Seite und mentalen Prozessen auf der anderen gebe. Dieser grundsätzliche Unterschied sei dafür verantwortlich, dass die Methoden, die uns zu naturwissenschaftlichen Erklärungen von Wasser oder Wärme verholfen haben, an mentalen Prozessen scheitern *müssen*.

Selbstverständlich kann es sein, dass sich die Vertreter des Erklärungslückenargumentes in dieser Annahme irren, doch dann müsste gezeigt werden, worin dieser Irrtum besteht. Der bloße Verweis auf den wissenschaftlichen Fortschritt ist dazu schon allein deshalb unzureichend, weil dieser Fortschritt ja überhaupt nicht bestritten wird.

8 siehe dazu unten Fußnote 15.

Doch worin besteht der Unterschied zwischen mentalen Zuständen und anderen Alltagsphänomenen in den Augen der Vertreter des Erklärungslückenargumentes; warum versagen unsere Erklärungsversuche also gerade *hier*?

Will man diese Frage beantworten, dann muss man sich vergegenwärtigen, wie wissenschaftliche Erklärungen von Alltagsphänomenen funktionieren. Weitgehende Einigkeit herrscht darüber, dass dabei Kausaleigenschaften eine zentrale Rolle spielen. Von Bedeutung sind diese Eigenschaften wie gesagt schon bei der Unterscheidung von physischen Eigenschaften sowohl im Alltag als auch in den Wissenschaften. Egal ob wir uns auf unsere Sinnesorgane verlassen oder aber irgendwelche Hilfsmittel und Messgeräte verwenden: Unterscheiden lässt sich nur, was Differenzen hinsichtlich seiner Ursachen oder Wirkungen aufweist. Eine Waage kann die Gewichtsunterschiede von zwei Objekten nur dann registrieren, wenn das eine Objekt mehr Kraft auf die Waagschale ausübt als das andere, genauso kann ein Beobachter zwei Objekte nur dann anhand ihrer Farbe unterscheiden, wenn die Objekte unterschiedliche Wellenspektren reflektieren. Gibt es solche Differenzen nicht, dann können weder Messgeräte noch Sinnesorgane einen Unterschied registrieren. Dies gilt nicht nur für wissenschaftliche Untersuchungen, sondern ebenso für unsere alltäglichen Wahrnehmungen: Auch Alltagsphänomene lassen sich nur über die Ursachen und Wirkungen im Verhältnis zu anderen Objekten bzw. zu unseren Sinnesorganen bestimmen.

Die Schlussfolgerung, die sich hieraus ergibt, ist nicht schwer zu erkennen: Wenn wir nur unterscheiden können, was Differenzen hinsichtlich seiner Kausaleigenschaften aufweist, dann, so behaupten die Vertreter des Erklärungslückenargumentes, müsse es im Prinzip möglich sein, die von unseren alltäglichen Begriffen bezeichneten natürlichen Phänomene eindeutig durch solche Kausaleigenschaften zu charakterisieren. Da diese Eigenschaften auch eine zentrale Rolle in wissenschaftlichen Theorien und den ihnen zugrunde liegenden Unterscheidungen spielen, können sie das entscheidende Verbindungsglied zwischen den Alltagsbeschreibungen und der Ebene der wissenschaftlichen Theorien bilden.

Unter diesen Voraussetzungen, so hat Levine (1993) gezeigt, kann man sich die gewünschte Erklärung von Alltagsphänomenen wie z. B. Wasser als einen zweistufigen Prozess vorstellen, der eine Alltagsbeschreibung auf eine wissenschaftliche Beschreibung zurückführt bzw. ›reduziert‹:[9]

Beachten Sie, dass eine erklärende Reduktion, dieser Vorstellung zufolge, in einer bestimmten Weise als ein zweistufiger Prozess verstanden werden kann. Die erste Stufe stellt einen (relativ? quasi?) apriorischen Prozess dar, der darin besteht, den Begriff der zu reduzierenden Eigenschaft ›in Form‹ zu bringen für die Reduktion. Dies geschieht dadurch, dass man die kausale Rolle bestimmt, für die wir die zugrunde liegenden Mechanismen suchen. Die zweite Stufe besteht in der empirischen Arbeit zu entdecken, was denn diese zugrunde liegenden Mechanismen sind (Levine 1993, 132).

Zunächst ist es also notwendig, das Alltagsphänomen über seine kausale Rolle zu bestimmen; dazu müssen die für dieses Phänomen typischen Ursache-Wirkungszusammenhänge identifiziert werden. Auch wenn dieses Verfahren in der Praxis nicht so reibungslos durchführbar sein dürfte, wie dies in der Theorie erscheinen mag, sollten hierbei normalerweise keine *prinzipiellen* Schwierigkeiten auftreten. So impliziert unser Alltagsbegriff von Wasser, dass die Substanz, die wir mit diesem Begriff bezeichnen, lichtdurchlässig und geschmacklos ist, bei 0 °C friert, bei 100 °C verdampft etc.[10]

Diese Beschreibung liefert nun die Basis für den zweiten Schritt, also für die Suche nach dem naturwissenschaftlichen Pendant von Wasser. Gesucht wird also eine Substanz, die genau diejenige kausale Rolle ausfüllt, welche wir durch unsere Analyse des Alltagsbegriffes von Wasser bestimmt haben. Da Kausalbeschreibungen auch in den Wissenschaften eine zentrale Rolle spielen, dürfte diese Suche unter den genannten Voraussetzungen auf keine prinzipiellen Schwierigkeiten stoßen. Gelingt auch dieser Schritt, dann würde unsere Identitätsbehauptung nicht mehr nur einfach durch bloße Korrelationen gestützt, also etwa durch die Beobachtung, dass sämtliche bislang gefundenen Proben von Wasser auch Proben von H_2O waren. Da wir nun den Alltagsbegriff von Wasser in eine Beschreibung der kausalen Rolle übersetzt haben, die

9 Hier ist deutlich zu erkennen, dass eine solche Reduktion die Existenz der reduzierten Eigenschaft nicht in Gefahr bringt, sondern lediglich deren Erklärung auf der Basis einer anderen Theorie ermöglicht.

10 Es sollte zumindest bei näherer Betrachtung deutlich werden, dass es sich hier in der Tat um Ursache-Wirkungsbeziehungen handelt. So *bewirkt* (zu Dampf verwandeltes) Wasser, dass sich die Kolben von Dampfmaschinen bewegen, Wasserkessel pfeifen oder Licht gebrochen wird etc.

auch auf der wissenschaftlichen Ebene anwendbar ist, können wir zeigen, dass H_2O genau den Kriterien entspricht, die die Verwendung unseres Alltagsbegriffes von ›Wasser‹ bestimmen. Es wäre daher *unplausibel* zu bestreiten, dass es sich bei Proben von H_2O auch um Proben von Wasser handelt bzw. dass Erklärungen, die sich auf H_2O beziehen, auch Erklärungen von Wasser sind. Damit besäßen wir die erforderliche Übersetzung: Naturwissenschaftliche Theorien über H_2O könnten uns nunmehr also Aufschluss über die im Alltag zu beobachtenden Eigenschaften von Wasser geben.

So könnten wir etwa zeigen, dass bestimmte Bindungen zwischen den Wasserstoffatomen und den Sauerstoffatomen unterschiedlicher H_2O-Moleküle verantwortlich sind für die Entstehung einer Kristallstruktur, die der Eisbildung zugrunde liegt. Wir hätten damit in der Tat naturwissenschaftliches Wissen benutzt, um eine aus dem Alltag bekannte Eigenschaft von Wasser zu erklären. Wir würden so verstehen lernen, wie H_2O die Eigenschaften hervorbringt, die charakteristisch für Wasser sind. Damit würde die Identitätsbehauptung nicht nur gestützt, sondern gleichzeitig auch besser verständlich.

Doch warum versagt dieses Verfahren, wenn es um die Erklärung mentaler und insbesondere phänomenaler Zustände geht? Nach Ansicht der meisten Vertreter des Erklärungslückenargumentes unterscheiden sich unsere alltagspsychologischen Begriffe von mentalen und insbesondere phänomenalen Zuständen *prinzipiell* dadurch von den Alltagsbegriffen physischer Prozesse und Substanzen wie z. B. Wasser, dass sie *nicht* in kausale Rollen zu übersetzen sind. Zwar wird im Allgemeinen eingeräumt, dass Zustände des phänomenalen Bewusstseins *de facto* mit bestimmten Ursachen und Wirkungen assoziiert sind. Doch anders als in unserer alltagssprachlichen Rede von physischen Prozessen *meinen* wir offenbar nicht diese Wirkungen, wenn wir von mentalen Zuständen sprechen:

Was schließlich für die Erklärungslücke verantwortlich zu sein scheint, ist die Tatsache, dass unsere Begriffe von qualitativem Charakter [einzelner Zustände des phänomenalen Bewusstseins; M. P.], zumindest so weit es um ihren psychologischen Gehalt geht, keine kausalen Rollen repräsentieren. Eine Reduktion ist explanatorisch, wenn wir dadurch, dass wir ein Objekt oder eine Eigenschaft reduzieren, die Mechanismen entdecken, durch die für dieses Objekt oder diese Eigenschaften konstitutive kausale Rolle realisiert ist. Es kommt hinzu, dass dies die einzige Art und Weise ist, in der eine Reduktion erklärenden Charakter haben kann. In dem Maße also, in dem unser Begriff des qualitativen Gehaltes ein Element enthält, das nicht durch die Merkmale seiner kausalen Rolle erfasst wird, in diesem Maße wird es dem explanatorischen Netz einer physikalistischen Reduktion entgehen (Levine 1993, 134).

Was auch immer die üblicherweise auftretenden Wirkungen eines bestimmten mentalen Zustandes sein mögen: Nach Ansicht der Vertreter des Erklärungslückenargumentes gehen seine konkreten phänomenalen Qualitäten nicht in der Beschreibung dieser Wirkungen auf. Wenn wir über einen solchen Zustand sprechen, dann meinen wir nicht in erster Linie diese Wirkungen, vielmehr beziehen wir uns vor allem darauf, ›wie es sich anfühlt‹, in diesem Zustand zu sein. Das würde bedeuten, dass sich gerade die Eigenschaften, die in besonderem Maße charakteristisch sind für die Zustände des phänomenalen Bewusstseins, einer Übersetzung mit Hilfe des oben skizzierten methodischen Instrumentariums entziehen würden. Offenbar lassen sich diese Eigenschaften also nicht durch jene funktionalen Rollen erfassen, mit denen wir üblicherweise eine Brücke zwischen Alltagsphänomenen und Naturwissenschaften herstellen.

Vorschläge zur Überwindung der Erklärungslücke

Dies würde dann letzten Endes doch bedeuten, dass die Erklärungslücke prinzipiell nicht geschlossen werden kann. Will man sich mit dieser pessimistischen Auskunft nicht zufrieden geben, dann bleiben unter den genannten Voraussetzungen zwei Möglichkeiten: Zum einen kann man zu zeigen versuchen, dass es neben dem Rückgriff auf funktionale Rollen doch noch eine andere Möglichkeit gibt, um eine Verbindung zwischen Alltagspsychologie und Naturwissenschaften herzustellen. Zum Zweiten kann man sich aber auch um den Nachweis bemühen, dass phänomenale Zustände – entgegen dem ersten Eindruck – eben doch durch funktionale Rollen zu erfassen sind.

Erklärungslückenargument

(1) Das Erklärungslückenargument bezieht sich auf das Verhältnis zwischen Erkenntnissen über mentale und Erkenntnissen über neuronale Eigenschaften

(2) Dem Argument zufolge ist es prinzipiell unmöglich, Erkenntnisse über mentale Eigenschaften auf Erkenntnisse über neuronale Eigenschaften zurückzuführen

(3) Es ist daher unmöglich, Fragen insbesondere bezüglich des qualitativen Charakters mentaler Eigenschaften durch naturwissenschaftliche Erkenntnisse über die neuronalen Basiseigenschaften zu beantworten

Ich werde im Folgenden jeweils ein Beispiel für jede dieser Strategien vorstellen. Festzuhalten ist dabei, dass solche Vorschläge zur Entkräftung des Erklärungslückenargumentes nur deutlich machen müssen, *wie* die Kluft zwischen Alltagspsychologie und Naturwissenschaften geschlossen werden *kann*. Dazu kommt es vor allem auf eine Auseinandersetzung mit den theoretischen Argumenten an, die gegen die Machbarkeit einer solchen Erklärung zu sprechen scheinen. Es ist jedoch zunächst weder notwendig, noch steht es zu erwarten, dass hier bereits die fraglichen Erklärungen selbst geliefert werden.

Der Vorschlag Austen Clarks

Die erste der beiden oben skizzierten Strategien wird von Austen Clark (1993, 1994) verfolgt. Clark bemüht sich also um den Nachweis, dass die fragliche Erklärung auch ohne eine Übersetzung unserer Alltagsbegriffe in kausale Rollen möglich sei. Clark räumt ein, dass unsere Alltagsbegriffe von Farbempfindungen keinen zureichenden Ansatzpunkt für eine Bestimmung der kausalen Rolle dieser Empfindungen bieten; zumindest in diesem Punkt sei Levines Skepsis gegenüber einer naturwissenschaftlichen Erklärung mentaler Zustände nachvollziehbar. Der Fehler liege jedoch in der Erwartung, die explanatorische Beziehung lasse sich zwischen jeweils *einem* isolierten mentalen und *einem* isolierten neuronalen Prozess herstellen. Betrachte man dagegen die Farbempfindungen *insgesamt* in ihrem strukturellen Zusammenhang, dann sei die verlangte Erklärung auch ohne einen Rückgriff auf kausale Rollen möglich.

Clark geht dabei von der weitgehend akzeptierten Annahme aus, dass sich die Gesamtheit der menschlichen Farbempfindungen in einem dreidimensionalen Raum abbilden lasse. In einer idealisierten Form hat dieser Raum in der Mitte den Querschnitt eines Kreises und verjüngt sich nach oben und unten. Dabei entspricht dem Farbton die Position auf dem Kreis, der Sättigung der Abstand vom Mittelpunkt des Kreises, schließlich wird die Helligkeit durch die vertikale Position abgebildet. Die Verjüngung des Raumes nach oben und unten trägt der Tatsache Rechnung, dass unser Differenzierungsvermögen sowohl bei maximaler Helligkeit (weiß) wie auch bei maximaler Dunkelheit (schwarz) gegen Null tendiert und etwa in der Mitte zwischen diesen beiden Extremen der Helligkeit sein Maximum erreicht.

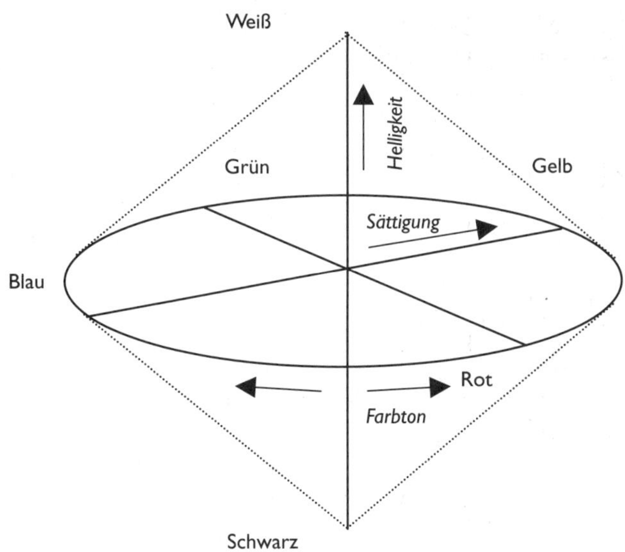

Munsellscher Farbraum. Nach Thompson 1995, 47 (verändert)

Wie oben gezeigt, lässt schon dieses vereinfachte Modell keine Inversionen des menschlichen Farbspektrums zu, die sich nicht im Unterscheidungsverhalten bemerkbar machen würden. Grund dafür ist zum einen der Unterschied zwischen Primärfarben und gemischten Farben, zum Zweiten die Braun/Orange-Asymmetrie: Es gibt keine Verkehrung innerhalb des Farbspektrums, die beide Asymmetrien so berücksichtigen würde, dass sie nicht im Verhalten zu erkennen wären.

Clark verweist auf weitere Unregelmäßigkeiten, die u. a. deshalb entstehen, weil unser Differenzierungsvermögen im langwelligen Bereich, also bei rötlichen Farben, größer ist als im Bereich kurzer Wellen, also bei bläulichen Farben. Dies würde bedeuten, dass die obige Darstellung des Farbspektrums als eines Kreises mit regelmäßigen Unterteilungen unzutreffend ist: Der Bereich, der von langwelligen Farben wie Rot eingenommen wird, müsste eigentlich größer und derjenige, der von kurzwelligen Farben wie Blau eingenommen wird, kleiner sein. Es kommt hinzu, dass wir Unterscheidungen auf der Rot/Grün-Achse unter wesentlich ungünstigeren Beleuchtungsverhältnissen treffen können als Unterscheidungen auf der Gelb/Blau-Achse.

Clark glaubt, dass es damit möglich ist, Spektrumsinversionen auszuschließen und somit neurobiologische Erkenntnisse über das visuelle System in eine eindeutige Beziehung zu psychologischen oder alltagspsychologischen Erkenntnissen über das menschliche Farbsehen zu setzen: Wäre das Farbspektrum einer Person etwa um 90° im Gegenuhrzeigersinn verkehrt, so dass die Person subjektiv immer eine Rotempfindung hätte, wenn sie ein blaues Objekt sähe, dann müsste dies von außen daran zu erkennen sein, dass die Person Blautöne feiner zu differenzieren vermag als Rottöne.

Doch zeigt sich, dass diese Erwartung nicht gerechtfertigt ist. Es kann nämlich nicht ausgeschlossen werden, dass die Asymmetrien im Unterscheidungsverhalten nicht auf der phänomenalen, sondern auf der neuronalen Ebene begründet sind, etwa in den Rezeptorzellen in der Retina.[11] In diesem Falle würde sich das Unterscheidungsverhalten nur ändern, wenn sich auch an den Rezeptorzellen etwas änderte, nicht jedoch bei einer Inversion des für diese Asymmetrie irrelevanten subjektiven Farbempfindens. Die Asymmetrien im Diskriminationsverhalten können also Farbinversionen *nicht* ausschließen.

Doch auch die anderen von Clark genannten Asymmetrien können letztlich nicht dazu dienen, die gesuchte Brücke zwischen phänomenalem und neurobiologischem Wissen herzustellen: Diese Asymmetrien sind nämlich weder Bestandteile der phänomenalen Erfahrung noch Gegenstand des alltagspsychologischen Wissens. Auch eine vollständige

11 Dies wäre bei der oben bemerkten Rot/Braun-Asymmetrie nicht der Fall: Diese Asymmetrie ist Bestandteil der unmittelbaren Erfahrung aus der Perspektive der ersten Person.

neurobiologische Erklärung dieser Strukturen würde uns daher auf der alltagspsychologischen Ebene nicht weiterhelfen. Wir würden durch eine solche Erklärung also keine neuen Erkenntnisse über unsere Farbempfindungen gewinnen, so wie wir sie aus dem Alltag kennen, weil diese Asymmetrien nicht konstitutiv für unsere phänomenale Erfahrung sind.

Eine Alternative

Der von Clark vertretene Ansatz scheint also nicht zu dem gewünschten Ergebnis zu führen. Es bleibt daher nur die zweite Strategie: Ist also das oben skizzierte Modell der Erklärung von Alltagsphänomenen nicht vielleicht doch auf diesen Fall zu übertragen? Wie mehrfach erwähnt, wird diese Frage von vielen Autoren rundweg verneint. Im Gegensatz dazu möchte ich im Folgenden zumindest kurz einen eigenen Alternativvorschlag skizzieren, der impliziert, dass eine Zuschreibung kausaler Rollen zumindest in bestimmten Fällen möglich ist. Ausgangspunkt sind zwei Beobachtungen, die in der Diskussion der letzten Jahre etwas vernachlässigt worden sind:

Zum einen hatte die Auseinandersetzung mit dem Epiphänomenalismus gezeigt, dass es gute Gründe für die Annahme gibt, die Zustände des phänomenalen Bewusstseins seien kausal wirksam. Hierbei handelt es sich jedoch nur um ein abstraktes Postulat, das allenfalls zeigen kann, *dass* eine Lösung des Erklärungslückenproblems möglich sein müsste. Offen bleibt dabei, *wie* eine solche Lösung aussehen könnte: Erforderlich dazu wäre die konkrete Bestimmung der kausalen Rollen einzelner phänomenaler Zustände, doch genau hier sind bislang die größten Schwierigkeiten aufgetreten. Während unser Alltagsbegriff von Wasser sich tatsächlich in eine kausale Rolle übersetzen lässt, ist bislang nicht zu sehen, wie eine solche Übersetzung bei den Zuständen des phänomenalen Bewusstseins aussehen sollte.

Hier kommt nun eine zweite wichtige Beobachtung ins Spiel. Die an Levine (1993) und Kim (1998) angelehnte obige[12] Darstellung des Prozesses der wissenschaftlichen Erklärung von physischen Alltagsphänomenen greift in einem wesentlichen Punkt zu kurz. Unsere Alltagsbegriffe sind nämlich ständigen Veränderungen unterworfen.[13] Zu den

12 siehe S. 192 f.

13 Die Bedeutung dieser an sich nicht besonders neuen Erkenntnis für den hier diskutierten Zusammenhang ist insbesondere von Clark 1994 und Pauen 1999 hervorgehoben worden.

treibenden Kräften dieses Veränderungsprozesses gehören wissenschaftliche Erkenntnisse; sie gehen ein in unsere vorwissenschaftlichen Überzeugungen und beeinflussen dabei auch unsere Alltagsbegriffe. Verbunden damit dürfte eine gewisse Angleichung von wissenschaftlicher Sprache und Alltagssprache sein.

Es kann daher nicht ausgeschlossen werden, dass Alltagsbegriffe, die heute kaum einen Ansatzpunkt für eine wissenschaftliche Erklärung zu bieten scheinen, früher oder später einer Übersetzung in die wissenschaftliche Terminologie und damit auch einer Erklärung zugänglich werden. Umgekehrt heißt dies aber auch, dass die Plausibilität bestimmter Erklärungen von Alltagsbegriffen, die heute als Modelle angeführt werden, selbst das Produkt solcher Angleichungsprozesse sein könnte. Dies würde bedeuten, dass aus der Sicht früherer Beobachter auch in diesen heute völlig unproblematisch erscheinenden Fällen eine unüberwindbare Erklärungslücke bestanden haben könnte.

Tatsächlich bietet gerade die Geschichte der Erklärung der elementaren Eigenschaften von Wasser und der dazu notwendigen Identifikation von Wasser und H_2O ein Beispiel für einen solchen Angleichungsprozess. Die Identifikation von Wasser und H_2O setzt nämlich unter anderem voraus, dass Wasser selbst nicht als eine homogene Substanz verstanden wird, sondern als eine Verbindung aus zwei unterschiedlichen Elementen, Wasserstoff und Sauerstoff, die auch unabhängig voneinander als Gase oder aber in ganz anderen Zusammensetzungen auftreten können. Außerdem ist es zentral für diese Erklärung, dass Wasser in seinen unterschiedlichen Aggregatzuständen dieselbe chemische Zusammensetzung hat.

Beide Voraussetzungen widersprechen jedoch dem Alltagsbegriff von Wasser, so wie er bis ins 18. Jahrhundert geläufig war. Einerseits stellte man sich Wasser als eine elementare, nicht weiter analysierbare Substanz vor. Andererseits ging man davon aus, dass sich die unterschiedlichen Aggregatzustände von Wasser in ihrer chemischen Zusammensetzung unterschieden: Noch Kant behauptet, dass Wasserdampf mehr und Eis weniger Wärmestoff enthalte als flüssiges Wasser.[14] Unter diesen Voraussetzungen hätten die heutigen naturwissenschaftlichen Erklärungen einem Menschen des 17. oder 18. Jahrhunderts als unplausibel erscheinen müssen, sofern sie ihm durch irgendeinen Zufall zur

14 siehe Kant 1902 Bd. IV, 532; Bd. V, 348; Bd. IX, 185, 221.

Kenntnis gelangt wären. Niemand anders als John Locke diagnostiziert denn auch hier eine Erklärungslücke und vergleicht die dabei auftretenden Probleme ausdrücklich mit denen, die bei einer Erklärung mentaler Prozesse anfallen.[15]

Wenn wir heute im Gegensatz zu Locke solche Erklärungen problemlos akzeptieren können, dann liegt das nicht zuletzt an dem oben skizzierten Zusammenhang zwischen wissenschaftlichen Erkenntnissen und Alltagssprache: Die Erkenntnisse der modernen Chemie haben also nicht nur unsere vorwissenschaftlichen Auffassungen, sondern auch unseren Alltagsbegriff von Wasser beeinflusst. Nur weil es für uns mittlerweile intuitiv akzeptabel ist, dass Wasser sich aus Wasserstoff und Sauerstoff zusammensetzt und Wärme nicht auf eine spezifische Substanz, sondern auf die Bewegung von Molekülen zurückzuführen ist, erscheint uns die Erklärung, dass Eisbildung auf die Entstehung bestimmter Bindungen von Sauerstoff- und Wasserstoffatomen zurückgeht, plausibel.

Es ist nicht zu erkennen, warum ein ähnlicher Angleichungsprozess nicht auch im Verhältnis von Alltagspsychologie und Neurowissenschaften stattfinden sollte. Selbstverständlich würde ein solcher Prozess nicht den Kern unserer phänomenalen Erfahrung angreifen, aber er könnte unsere Überzeugungen über die funktionalen Eigenschaften solcher Zustände unter dem Eindruck neuro- und kognitionswissenschaftlicher Erkenntnisse verändern und damit auf die Dauer die Plausibilität naturwissenschaftlicher Erklärungen mentaler Prozesse vergrößern.

Doch wie kann man sich einen solchen Prozess konkret vorstellen? Und vor allem: Bieten unsere alltagspsychologischen Begriffe überhaupt

15 »Die kleinen Körperchen, welche das flüssige Wasser bilden, sind so außerordentlich klein, daß Niemand selbst durch ein Mikroskop … ihre Größe, Gestalt und Bewegung bestimmt gesehen zu haben behaupten wird, und ebenso sind sie so lose, daß die geringste Kraft sie trennt: ja, ihrer fortwährenden Bewegung nach kann man ihnen gar keinen Zusammenhang beilegen, und doch vereinen sich diese feinen Atome, verdichten sich und werden, wenn eine strenge Kälte eintritt, so zusammenhängend, daß nur große Gewalt sie trennen kann. Wer die Bande, welche diese Haufen kleiner Körper so fest zusammenbinden; wer den Kitt, der sie so zähe aneinanderklebt, fände, hätte ein großes, noch unbekanntes Geheimniss entdeckt, und doch würde er auch dann die Ausdehnung der Körper (welche der Zusammenhang seiner dichten Theile ist) nicht erklären können, wenn er nicht zeigen könnte, worin die Vereinung oder Befestigung der Bestandtheile dieser Bande, dieses Kittes oder der kleinsten Stofftheile besteht. Es scheint hiernach, daß diese erste, angeblich augenscheinliche Eigenschaft der Körper bei ihrer Prüfung uns so unbegreiflich wie irgend Etwas wird, und daß eine dichte, ausgedehnte Substanz ebenso schwer zu fassen ist, als eine denkende und stofflose, wenn man sich dem auch noch so sehr entgegenstellt.« Locke, Essay Buch II, Kap. 23 § 26.

die Voraussetzungen für eine derartige Entwicklung? Bei Farbempfindungen scheint es in der Tat schwierig, die Ansatzpunkte für funktionale Beschreibungen zu finden – nicht zuletzt deshalb klingt das Argument des invertierten Spektrums so plausibel. Ganz anders sieht es dagegen bei Emotionen und Schmerzen aus: Wie im Folgenden gezeigt werden soll, enthalten die alltagspsychologischen Begriffe *dieser* Zustände, so wie sie heute verwendet werden, bereits bestimmte Annahmen über funktionale Zusammenhänge. Diese Annahmen lassen sich in wissenschaftlichen Untersuchungen weiter konkretisieren und können dann eine Grundlage für die Bestimmung der relevanten neuronalen Aktivitäten bilden. Würden diese Erkenntnisse, so wie gerade skizziert, auf das Alltagsvokabular zurückwirken, dann dürfte dies die Kluft zwischen alltagssprachlichen Beschreibungen und wissenschaftlichen Erklärungen merklich verringern. In diesem Falle sollte es auf die Dauer möglich sein, naturwissenschaftliche Theorien über die Entstehung bestimmter neuronaler Eigenschaften als plausible Erklärung für die entsprechenden mentalen Zustände zu akzeptieren.

Drei Schritte

Innerhalb der angedeuteten Entwicklung lassen sich drei Schritte unterscheiden, die im Folgenden am Beispiel der Bestimmung von Emotionen kurz skizziert werden sollen. Dabei kommt es erstens darauf an, die funktionalen Implikationen der entsprechenden alltagspsychologischen Begriffe festzustellen. Nur wenn dies gelingt, gibt es überhaupt einen Ansatzpunkt für die gewünschten wissenschaftlichen Erklärungen; andernfalls würden die Vertreter des Erklärungslückenargumentes in einem wesentlichen Punkt Recht behalten. Doch auch im besten Falle werden die funktionalen Annahmen der Alltagspsychologie ungenau sein, vermutlich sind sie auch fehlerhaft. Es kommt daher in einem zweiten Schritt darauf an, diese Annahmen mit Hilfe der wissenschaftlichen Psychologie zu konkretisieren und gegebenenfalls auch zu korrigieren. Schließlich ist es drittens erforderlich, auf der Basis dieser Beschreibungen die neuronalen Zustände zu bestimmen, die diese funktionalen Rollen besetzen.

Zunächst also zu den alltagssprachlichen Begriffen. Wie schon gezeigt, stützt sich die Annahme, zumindest die ganz wesentlichen, ›intrinsischen‹ Eigenschaften von Farbempfindungen oder Schmerzen seien unabhängig von den faktischen Ursachen und Wirkungen dieser Zustände, auf eine weit verbreitete Intuition: Die phänomenalen Zustände von zwei Personen scheinen auch dann voneinander abweichen zu können, wenn die eine Person ein physisches Duplikat der anderen ist. Zwar hat diese Annahme, wie schon gezeigt, inakzeptable Konsequenzen, dennoch besitzt sie zumindest im Falle von Farbempfindungen eine unbestreitbare anfängliche Plausibilität: Wir können uns in der Tat mühelos vorstellen, dass zwei Personen sich völlig gleich verhalten, obwohl sie ganz gegensätzliche Farbempfindungen haben. Bei anderen phänomenalen Zuständen, insbesondere bei Emotionen und Schmerzzuständen, gilt dies jedoch offensichtlich *nicht*: Eine Person, die tiefe Trauer empfindet, wird sich nicht nur ganz anders verhalten als eine Person, die in einem euphorischen Glückszustand ist, vielmehr kann man sagen, dass gewisse Zusammenhänge zwischen Empfindung und Verhalten zur *Bedeutung* unserer alltagspsychologischen Begriffe gehören: Würde jemand behaupten, *aufgrund seiner Furcht* habe er sich dem gefürchteten Tier genähert oder *aufgrund seines Verlangens* nach einem Objekt habe er sich von diesem Objekt entfernt, dann würden wir vermuten, dass er uns entweder zum Narren hält oder aber die Bedeutung von Ausdrücken wie ›Furcht‹ oder ›Verlangen‹ nicht kennt.

Tatsächlich besäße ein Analogon zum Argument des invertierten Spektrums im Bereich der Emotionen noch nicht einmal eine anfängliche Plausibilität: Die Annahme, eine Verkehrung von Emotionen schlage sich nicht in den Verhaltenstendenzen[16] der betroffenen Person nieder, stünde in offensichtlichem Widerspruch zu unserer Alltagspsychologie. Nehmen wir an, bei einem Neugeborenen wären Schmerz- und Glücksempfindungen vertauscht, so dass beispielsweise Verletzungen angenehme Gefühle auslösen würden. Offenbar wäre das Kind zu einem ganz anderen Verhalten disponiert als seine normal empfindenden Altersgenossen: Es würde auf Schmerzempfindungen auch dann

16 Es scheint sinnvoll, hier von ›Verhaltenstendenzen‹ statt von ›Verhalten‹ zu sprechen, weil das Verhalten höherer Lebewesen in der Regel nicht von *einem* Motiv, sondern von einer Vielzahl von Determinanten abhängig ist. Jede dieser Determinanten verstärkt die Tendenz zu einem bestimmten Verhalten, d. h. sie vergrößert die Wahrscheinlichkeit, dass dieses Verhalten realisiert wird, sie vermag es jedoch in der Regel nicht zu erzwingen. Dies bedeutet auch, dass eine Person in Bezug auf Schmerzempfindungen ein Verhalten zeigen kann, das den Erwartungen geradewegs widerspricht: Sie könnte also diese Empfindungen direkt suchen. Dies geschieht nicht etwa, weil die Schmerzen selbst hier als

mit Abwehr reagieren, wenn sie von Erlebnissen ausgelöst werden, die ein normaler Mensch für angenehm hält.

Der Grund für den Unterschied zur Inversion von Farbempfindungen ist nicht schwer zu erkennen: Das Verhalten, auch das verbale Verhalten, das sich mit Farbempfindungen verbindet, ist Produkt eines Lernprozesses, innerhalb dessen wir erfahren, dass bestimmte Objekte als ›grün‹ bezeichnet werden oder dass man mit dem Auto anhalten muss, wenn die Ampel ›Rot‹ zeigt. Entscheidend ist nun, dass dieser Lernprozess abweichende Farbempfindungen offenbar zu ›kompensieren‹ vermag: Welche Farbempfindung wir auch immer haben, wenn wir zum ersten Mal hören, was man bei einer roten Ampel zu tun hat: Wir werden *diese* Farbempfindung in Zukunft als Haltesignal betrachten und wir werden Objekte, die in uns *diese* Farbempfindung auslösen, als ›rot‹ bezeichnen. Im Falle von Schmerzempfindungen sind solche Lernprozesse nicht erforderlich; hier bestehen offenbar feste, vermutlich angeborene Verbindungen. Empirische Erkenntnisse bestätigen diese Intuitionen: Das Verhalten von Personen, die kein normales Schmerzempfinden besitzen, weicht so weit von normalem Verhalten ab, dass sich daraus ernsthafte Gefahren für Leib und Leben ergeben.[17]

Die Behauptung, dass alltagspsychologische Begriffe wie ›Schmerz‹, ›Glück‹ oder ›Furcht‹ funktionale Implikationen besitzen, lässt sich noch etwas weiter konkretisieren. Sie beinhaltet zum Ersten, dass wir uns selbst oder einer anderen Person mit der Zuschreibung von Schmerz oder Furcht gleichzeitig die Tendenz zu einem bestimmten Verhalten zuschreiben. Verbunden sind damit zweitens in der Regel auch bestimmte Annahmen über kognitive Prozesse. So erwarten wir offenbar, dass eine Person, die intensive Furcht empfindet, das Objekt dieser Empfindung als gefährlich beurteilt und diesem Objekt auch ihre Aufmerksamkeit zuwendet. Würden diese Erwartungen nicht erfüllt, dann würde dies wiederum Zweifel heraufbeschwören, ob sich die Person wirklich in dem entsprechenden Zustand befindet. Schließlich beziehen

positiv erlebt würden, vielmehr wird die negative von einer positiven Empfindung überlagert, die die gegenteiligen Verhaltenstendenzen impliziert. Dies geschieht nicht nur bei Masochisten, die Schmerzempfindungen suchen, weil sie bei ihnen zusätzlich auch positive Erfahrungen auslösen, es geschieht auch dann, wenn wir Darstellungen von eigentlich schrecklichen Ereignissen gerne sehen, weil die unangenehmen von angenehmen Empfindungen überlagert werden. Dieses Phänomen der ›vermischten Empfindungen‹ ist seit der Antike ein wichtiges Thema der Rhetorik und Dramentheorie.

17 Pöppel 1995, 237.

wir uns mit der Zuschreibung von Emotionen drittens häufig auf bestimmte körperliche Zustände. Deutlich wird dies an Redensarten wie ›Ihr schlug das Herz bis zum Halse‹, ›Ihm stand der Schweiß auf der Stirn‹ – Redensarten, die bei der Umschreibung von Furchtzuständen eine wichtige Rolle spielen.

Offenbar lassen sich Handlungstendenzen, kognitive Prozesse und auch Körperzustände in funktionalen Beschreibungen erfassen; da diese Zustände Teil der Bedeutung der Alltagsbegriffe von Emotionen sind, wären Fragen nach der Entstehung dieser Emotionen zumindest teilweise beantwortet, wenn die Entstehung der entsprechenden Handlungstendenzen, kognitiven Prozesse und Körperzustände naturwissenschaftlich geklärt werden könnte.

Solche Erklärungen wären umso aufschlussreicher, je genauer wir emotionale Erfahrungen mit Hilfe solcher funktionaler Beschreibungen erfassen könnten. Bislang ist dies allenfalls in Ansätzen möglich. Die genannten funktionalen Implikationen sind recht ungenau und zum Teil vermutlich unzutreffend. Unser heutiges alltagspsychologisches Vokabular bietet also noch keine adäquate Basis für die Bestimmung der zugrunde liegenden neuronalen Prozesse; insofern ist es auch nicht verwunderlich, dass hier nach wie vor der Eindruck einer tiefgreifenden Erklärungslücke besteht.

Wie schon erwähnt, kann man hieraus noch nicht den Schluss ableiten, die Lücke sei *prinzipiell* nicht zu überwinden. Die derzeit verwendeten Anhaltspunkte mögen genauso unzulänglich sein wie die Vorstellungen, von denen frühere Generationen ausgingen, wenn sie Wasser als eine homogene Substanz betrachteten, deren Aggregatzustand vom Gehalt an Wärmestoff abhing: Auch in diesem Fall standen die Alltagsbegriffe einer wissenschaftlichen Erklärung zunächst im Wege, doch die Probleme wurden in dem Maße ausgeräumt, wie einzelne wissenschaftliche Erkenntnisse auf die alltäglichen Überzeugungen zurückwirkten.

Für den zweiten Schritt zur Lösung des Erklärungslückenproblems kommt es daher darauf an, ob die wissenschaftliche Forschung, in diesem Falle vor allem die Emotionspsychologie, zur Überwindung der Unzulänglichkeiten unseres alltagspsychologischen Vokabulars beitragen kann.

Es spricht einiges dafür, dass solche Korrekturen und Konkretisierungen unserer alltagssprachlichen Begriffe von der Emotionspsychologie ausgehen können. So ist es offenbar nicht ganz unmöglich, eine systematische Ordnung in die scheinbar völlig unübersichtliche Vielfalt der menschlichen Emotionen zu bringen.

Einen derzeit besonders weit verbreiteten Vorschlag zu diesem Punkt hat Robert Plutchik mit seinem ›Circumplex‹-Modell der Emotionen gemacht. Diesem Vorschlag zufolge lassen sich unsere Gefühle auf acht ›primäre Emotionen‹ zurückführen, nämlich Furcht, Ärger, Freude, Traurigkeit, Akzeptieren/Vertrauen, Ekel, Erwartung und Überraschung. Jede ›primäre Emotion‹ ist Bestandteil eines angeborenen Programms, das das Verhalten des Organismus in überlebensrelevanten Situationen steuert. So dient Trauer u.a. der Bindung zwischen der Mutter und dem allein nicht lebensfähigen Neugeborenen, das gegebenenfalls durch die zum Verhaltensprogramm gehörenden Lautäußerungen auf seinen Aufenthaltsort aufmerksam macht. Ekel hilft bei der Vermeidung ungenießbarer Speisen, und das Gefühl der Erwartung steuert das Verhalten in einer ungewohnten Situation, z.B. bei der Erkundung eines neuen Territoriums. Zwischen den primären Emotionen bestehen ähnlich wie zwischen unterschiedlichen Farbempfindungen systematische Beziehungen. Freude ist eng verwandt mit Vertrauen, gleichzeitig steht sie in einem Gegensatz zu Trauer.

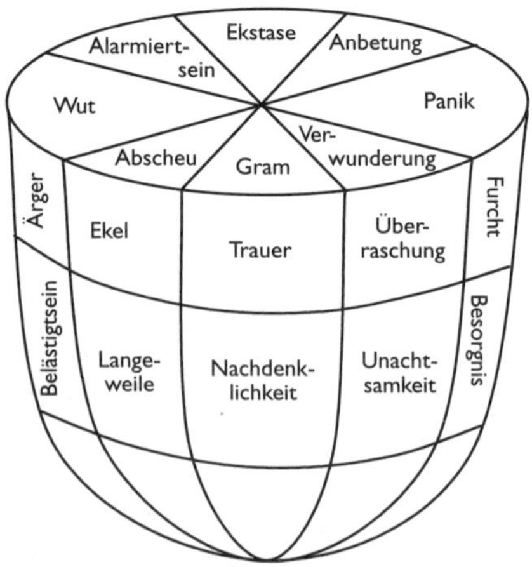

Plutchiks ›Circumplex-Modell‹. Die Systematik berücksichtigt Gegensätze und Verwandtschaften von Emotionen, aber auch die größere Ausdifferenzierung bei steigender Intensität (Vertikale). Nach Plutchik 1993, 57.

Es kommt hier nicht darauf an, ob sich der nach wie vor umstrittene Vorschlag Plutchiks letztlich durchsetzen wird. Deutlich wird hier in jedem Falle, wie eine Systematik emotionaler Zustände aussehen könnte; noch wichtiger ist allerdings, dass Plutchik den engen Zusammenhang von emotionaler Erfahrung und funktionalen Zusammenhängen erkennen lässt. Zumindest in *diesem* Punkt stimmen denn auch Alternativentwürfe wie die von Frijda (1993) und Rolls (1999) mit Plutchik überein; auch sie unterstellen, dass emotionale Zustände funktionale Bedeutung haben. Tatsächlich haben Untersuchungen von Frijda et al. (1989) oder Roseman et al. (1994) die alltagspsychologischen Annahmen über den Zusammenhang von emotionaler Erfahrung und Handlungstendenz grundsätzlich bestätigt, außerdem lassen sie erkennen, dass eine genauere Bestimmung dieses Zusammenhangs möglich ist.

Dabei geht es nicht nur darum, dass Emotionen zur *Ursache* eines bestimmten Verhaltens werden, so wie etwa Furchtzustände bewirken können, dass eine Person flüchtet: In diesem Falle könnte man immer noch zwischen dem phänomenalen Zustand (Furcht) als der Ursache und der Handlungstendenz (Flucht) als der Wirkung unterscheiden; eine Erklärung der Handlungstendenz könnte dann nicht als Teilerklärung des phänomenalen Zustandes aufgefasst werden.

Tatsächlich gibt es jedoch eine Reihe von Indizien dafür, dass solche funktional beschreibbaren Merkmale *konstitutive Bestandteile* phänomenaler Zustände sind. Dies würde bedeuten, dass die konkrete Erfahrung dieser Zustände aus der Perspektive der ersten Person unmittelbar von den funktional beschreibbaren Merkmalen abhinge: Die Tendenz, fliehen zu wollen, wäre somit nicht die *Wirkung*, sondern ein *Bestandteil* von bestimmten Furchterfahrungen, ebenso wäre eine Erhöhung der Pulszahl nicht nur einfach die *Folge* eines intensiven Glückserlebnisses, sondern selbst ein *Teil* dieser Empfindung. Selbstverständlich sind diese Indizien für sich genommen unzureichend; notwendig ist zudem eine weitere Konkretisierung der Handlungstendenzen, die für bestimmte emotionale Zustände charakteristisch sind.

Dasselbe gilt für die beiden anderen funktional beschreibbaren Momente alltagspsychologischer Emotionsbegriffe, also die kognitiven Aspekte und die Körperreaktionen; dies zeigen etwa die Untersuchungen von Dutton et al. (1974), Frijda (1993), Frijda et al. (1989) und Roseman et al. (1994). So konnten Dutton et al. nachweisen, dass die Erfahrung von Emotionen unter anderem von der Situationsbewertung abhängt. Männliche Versuchspersonen, die sich während eines Interviews einer Gefahr ausgesetzt sahen, erlebten die durch diese Gefahr verursachte Erregung als Anziehungskraft ihrer weiblichen Interviewpartnerin. Mitglieder einer Kontrollgruppe, die mit derselben Interviewpartnerin unter normalen Bedingungen zusammentrafen, glaubten diese Anziehungskraft weit schwächer zu empfinden.

Zu den für Emotionen relevanten körperlichen Aktivitäten gehören insbesondere Reaktionen des autonomen Nervensystems. Im Falle von Furchtzuständen erhöhen sich Puls und Blutdruck, der Hautwiderstand verringert sich, außerdem kommt es zu einer verstärkten Ausschüttung von Catecholaminen und Cortisol.

Wie Paul Ekman gezeigt hat, spielt hier auch die Gesichtsmuskulatur eine wichtige Rolle. Abermals scheint es sich nicht nur um eine Begleiterscheinung zu handeln, sondern um einen konstitutiven Bestandteil der Erfahrung selbst. So konnte Ekman zeigen, dass spezifische Bewegungen dieser Muskulatur Versuchspersonen in den dazugehörigen phänomenalen Zustand versetzten (Ekman 1992, 1993). Unterstützt wird diese Interpretation durch Befunde von Ehlers et al. (1988), die nachwiesen, dass Panik-Patienten eindeutige Furchtsymptome zeigten, nachdem man ihnen suggeriert hatte, ihr Puls habe sich beschleunigt.

Selbstverständlich ist die hier vorgeschlagene Interpretation noch längst nicht zweifelsfrei bestätigt; dennoch sprechen die bislang vorliegenden Erkenntnisse dafür, dass es sich bei den genannten Reaktionen in der Tat um die gesuchten funktional relevanten Konstituentien von emotionalen Zuständen handelt, also um Bestandteile der intrinsischen phänomenalen Qualität und nicht etwa um bloße Effekte dieser Zustände.

Würde sich die anvisierte Konkretisierung und Korrektur der funktionalen Implikationen unserer Alltagsbegriffe als durchführbar erweisen, dann müsste es auch möglich sein, in einem dritten Schritt schließlich die neuronalen Zustände zu bestimmen, die die skizzierten funktionalen Rollen besetzen. Dieser letzte Schritt ist aus philosophischer Sicht am wenigsten problematisch; auch von den Vertretern des Erklärungslückenargumentes wird im Allgemeinen nicht bezweifelt, dass neuronale Prozesse prinzipiell in einer funktionalen Terminologie erfasst werden können.

Am Beispiel von Erkenntnissen über die Amygdala lässt sich zumindest andeuten, wie die Verbindung von neurobiologischen und psychologischen Kenntnissen unter diesen Bedingungen aussehen könnte. Dabei ist von vornherein einzuräumen, dass die im Folgenden genannten Aktivitäten in der Amygdala für sich genommen noch keine zureichende Basis für die Erklärung von Furchtzuständen bieten – auch auf dieser Ebene sind also weitere Fortschritte erforderlich.

In jedem Falle ist es mittlerweile praktisch unumstritten, dass Aktivitäten der Amygdala, einer Gruppe von Kernen, die zum Limbischen System gerechnet werden, eine entscheidende Rolle bei der Entstehung von Furchtzuständen spielen. So erwies sich die Amygdala dann als besonders aktiv, wenn Versuchspersonen unangenehme, insbesondere Furcht auslösende Abbildungen betrachteten. Umgekehrt zeigten sich Menschen und Tiere mit funktionsunfähigen Amygdalae auf beiden Seiten des Gehirns Furcht einflößenden Situationen gegenüber besonders unempfindlich.

Neuere Arbeiten ermöglichen eine wesentlich genauere Bestimmung dieser Zusammenhänge. Dabei wird eine bemerkenswerte Übereinstimmung zwischen den Aktivitäten der Amygdala und den oben skizzierten funktionalen Beschreibungen von Furchtzuständen erkennbar. So besitzt die Amygdala, wie LeDoux (1996, 284–292) gezeigt hat, entscheidende Bedeutung für die Entstehung eben derjenigen Handlungstendenzen, die für Furchtzustände charakteristisch sind. Gleichzeitig hat sie Einfluss auf einige der kognitiven Aspekte von Furchtzuständen. So lenkt sie beispielsweise die Aufmerksamkeit auf Furcht erregende Objekte, außerdem sorgt sie über Verbindungen zum Hippocampus dafür, dass die Wahrnehmung Furcht auslösender Situationen Eingang ins Langzeitgedächtnis findet.

Es kommt hinzu, dass praktisch alle Körperreaktionen, die für Furchterfahrungen relevant sind,[18] durch Aktivitäten der Amygdala mitbestimmt werden. Dics betrifft die Erhöhung von Puls und Blutdruck, die Produktion von Schweiß und die Ausschüttung von Stresshormonen.[19] Offenbar gibt es also direkte Entsprechungen zwischen den Aktivitäten der Amygdala und der funktionalen Rolle von Furchtzuständen. Es scheint daher berechtigt, diese Aktivitäten selbst zu den Konstituentien von Furchtzuständen zu rechnen; eine Erklärung dieser Aktivitäten dürfte daher zu den Bestandteilen der gesuchten neurobiologischen Theorie phänomenaler Zustände zählen.

18 LeDoux 1996, 158.
19 LeDoux 1996, 285 f., 291 ff.

Dabei kann allerdings kein Zweifel daran bestehen, dass es sich hier nur um einen ersten Anfang handeln kann. Dies gilt für die alltagspsychologischen Annahmen über die funktionale Rolle von Furchtzuständen ebenso wie für die entsprechenden Erkenntnisse der Emotionspsychologie. In keinem Falle können die Aktivitäten der Amygdala alleine die Basis für die beabsichtigten Erklärungen bilden, schließlich spricht derzeit nichts dafür, dass Bewusstsein durch Zentren realisiert wird, die sich unterhalb der Hirnrinde befinden, so wie es bei der Amygdala der Fall ist. Notwendig ist vielmehr die Repräsentation dieser Aktivitäten in höheren Bereichen, beispielsweise im Arbeitsgedächtnis des präfrontalen Kortex. Auch die Handlungstendenzen und die relevanten kognitiven Operationen werden sich kaum ausschließlich auf Aktivitäten der Amygdala zurückführen lassen, schließlich bleibt zu klären, auf welche Weise die von der Amygdala ausgelösten Körperreaktionen bewusst empfunden werden und wie diese Empfindungen zur emotionalen Erfahrung beitragen.

Offenbar ist also noch eine ganze Reihe ernsthafter Hindernisse zu überwinden, bevor die beabsichtigte Erklärung möglich ist. Diese Hindernisse betreffen nicht nur die empirische Forschung; sie betreffen auch unser alltagspsychologisches Vokabular sowie die Vorstellungen und Intuitionen, die sich mit diesem Vokabular verknüpfen. Der Erfolg dieses Unternehmens ist – so wie auch bei anderen empirischen Forschungsprogrammen – keineswegs sicher; anders als es die Vertreter des Erklärungslückenargumentes behaupten, ist aber auch das Scheitern dieses Unternehmens alles andere als gewiss – im Gegenteil: Die bislang vorliegenden Erkenntnisse sprechen eher dafür, dass eine gute Chance besteht, zu wissenschaftlichen Erklärungen des phänomenalen Bewusstseins zu gelangen.

Phänomenale Differenz

Weiter vorangetrieben würde dieser Prozess allerdings auch dann, wenn es gelänge, eine Irritation auszuräumen, die eine wichtige Rolle zumindest für den *Erfolg* des Erklärungslückenargumentes gespielt haben dürfte. Die Irritation ergibt sich aus der PHÄNOMENALEN DIFFERENZ zwischen mentalen und neuronalen Prozessen. Die Identifikation von mentalen und neuronalen Prozessen ist nämlich nicht zuletzt deshalb so schwer nachzuvollziehen, weil nichts an den gleichförmigen Aktivitäten einfacher und bewusstloser Neuronen erkennen lässt, dass wir es hier mit der Basis der unterschiedlichen Qualitäten des phänomenalen Bewusstseins, mit Farbempfindungen, Geruchswahrnehmungen, Gefühlen oder Klangerfahrungen zu tun haben. Besonders deutlich kommt diese Irritation in einem Zitat von Colin McGinn zum Ausdruck:

> Wie können die Farben des phänomenalen Bewusstseins aus glitschiger, grauer Materie entstehen? Was unterscheidet das Organ, das wir als ›Gehirn‹ bezeichnen, so radikal von allen anderen körperlichen Organen, z. B. den Nieren, also von jenen Organen, die noch nicht einmal eine Spur von Bewusstsein haben? Wie kann die Anhäufung von Millionen jeweils für sich genommen unbewusster Neuronen so etwas wie subjektives Bewusstsein hervorbringen? Wir wissen, dass Gehirne *de facto* die kausale Basis des Bewusstseins darstellen, aber es scheint so, als hätten wir noch nicht einmal den Ansatz eines Verständnisses dafür, warum dies so sein kann (McGinn 1989, 99).

Zweifellos würde eine adäquate Antwort auf diese Fragen einen Rückgriff auf die oben skizzierte Erklärungsstrategie erfordern. Offenbar geht es hier jedoch nicht allein um die oben behandelten Probleme der Erklärung mentaler Zustände, sondern auch um die phänomenale Differenz zwischen der qualitativen Vielfalt von Bewusstseinsprozessen und der einförmigen Aktivität simpler Neuronen. Es scheint also, als würden diesen Aktivitäten genau *die* Eigenschaften fehlen, durch die sich Bewusstseinsprozesse auszeichnen. Hieraus würde sich ein weiterer schwerwiegender Einwand gegen die psychophysische Identitätsbehauptung ergeben.

Bei näherer Betrachtung zeigt sich allerdings, dass die Berücksichtigung einiger ganz offensichtlicher Unterschiede zwischen der Innenperspektive der ersten Person und der Außenperspektive der dritten Person einen entscheidenden Schritt weiterhelfen kann. Einer der wichtigsten Unterschiede besteht darin, dass ausschließlich beim Zugang aus der Außenperspektive Wahrnehmungsprozesse beteiligt sind. Es ist hier nicht der Ort, auf die Einzelheiten solcher Prozesse einzugehen. Kurz hervorheben möchte ich jedoch zwei zentrale und nicht besonders umstrittene Punkte. Zum einen kann man Wahrnehmung ganz allgemein als eine *Umwandlung* von relevanten Umweltreizen in eine dem kognitiven System angemessene Form, in der Regel also in irgendeine Art von elektrochemischer Aktivität, bezeichnen.[20] Notwendig ist diese Um-

20 Im Einzelnen wird dabei zwischen der TRANSDUKTION des Reizes in ein Sensorpotential und der darauffolgenden TRANSFORMATION des Sensorpotentials in ein neuronales Aktionspotential unterschieden. Vgl. Birbaumer & Schmidt 1999, 299 ff.

wandlung, weil Neuronen in der Regel nicht auf Lichtwellen, Schall oder Gerüche reagieren, sondern auf die Signale anderer Neuronen. Diese Umwandlung leisten Sinnesrezeptoren. So wandeln etwa die Sinnesrezeptoren in der Retina Lichtwellen in neuronale Aktivationsmuster um, die dann auf den weiteren Stufen des visuellen Systems so ausgewertet werden können, dass der Organismus adäquat auf die Situation in seiner Umwelt reagieren kann, von der diese Reize ursprünglich ausgingen.

Dabei ist zweitens wichtig, dass die Sinnesorgane jeweils selektiv für eine bestimmte Art von Reizen, sogenannte ADÄQUATE REIZE, empfindlich sind; die Zapfen und Stäbchen in der Retina beispielsweise für elektromagnetische Wellen mit einer Länge zwischen 400 und 800 nm, die Haarzellen des Innenohrs für Schallwellen zwischen 20 und 16 000 Hz. Dies bedeutet nicht nur, dass jedem dieser Organe viele Reize überhaupt nicht zugänglich sind, es heißt auch, dass die Differenzierungsfähigkeit sich in bestimmten Situationen sehr stark unterscheidet. So ist etwa das Schwingen der Saite eines Cellos sowohl dem auditorischen wie auch dem visuellen und dem taktilen Wahrnehmungssystem zugänglich; doch praktisch nur mit Hilfe des auditorischen Systems ist es möglich festzustellen, dass auf dem Cello gerade eine Suite von Bach gespielt wird.

Entscheidend für die Auflösung der obigen Irritation ist es nun, dass Wahrnehmung und die mit ihr verbundenen Umwandlungs- und Selektionsprozesse nur dann eine Rolle spielen, wenn wir einen Zugang zu unseren eigenen neuronalen Prozessen aus der Außenperspektive suchen. In der Innenperspektive haben wir dagegen einen nicht durch Wahrnehmung vermittelten Zugang; es findet also keine Transformation von Reizen in neuronale Prozesse statt. Hieraus ergibt sich eine Asymmetrie zwischen der Innen- und der Außenperspektive. Sie erklärt, dass wir aus der Außenperspektive auch dann etwas ganz anderes wahrnehmen als aus der Innenperspektive, wenn wir es mit dem gleichen Prozess zu tun haben.

Demonstrieren lassen sich die Konsequenzen dieser Asymmetrie an zwei kleinen Science-Fiction-Geschichten. Nehmen wir an, es wäre tatsächlich gelungen, Computer zu konstruieren, die nicht nur über Bewusstsein verfügen, sondern zu selbständiger, intelligenter Problemlösung in der Lage sind und außerdem so viel ›Neugier‹ besitzen, wie wir es von menschlichen Lebewesen kennen. Es ist mehr als unklar, ob es jemals solche Maschinen geben wird. In jedem Falle würden sie sich fundamental von allem unterscheiden, was heute den Namen ›Computer‹ trägt. Unterstellen wir nun außerdem, auch diese Computer bestünden im Wesentlichen aus Siliziumchips, außerdem könnten sie ihre Außenwelt durch licht- und schallempfindliche Subsysteme ›wahrnehmen‹, darüber hinaus hätten sie Scanner für Infrarot- und Röntgenstrahlen.

Was würde nun passieren, wenn diese Computer anfingen, sich nicht nur Gedanken über die Entstehung ihres Bewusstseins zu machen, sondern auch begännen, die Aktivität der Chips zu untersuchen, denen sie – wie *wir* wissen – ihr Bewusstsein verdanken? Zweifellos wären auch die Computer dabei auf ihre ›Wahrnehmungsorgane‹ angewiesen. Was würden sie also entdecken? Mit dem Röntgenscanner würden sie wohl Röntgenstrahlen finden, mit dem Scanner für Infrarotstrahlung würden sie Infrarotstrahlung entdecken, mit ihrem visuellen Subsystem würden sie auf Lichtwellen stoßen. Auf der anderen Seite wäre Bewusstsein, so wie es ihnen aus der Innenperspektive bekannt ist, sicherlich nicht unter ihren Entdeckungen, und zwar auch dann nicht, wenn sich ihre Untersuchung auf die relevanten Schaltkreise richtete.

Die Computer dürften daher irritiert sein, sie würden sich vielleicht fragen, ob sie nicht an einer ganz anderen Stelle ansetzen müssen, ja es könnte sein, dass einige von ihnen eine grundsätzliche Erklärungslücke diagnostizieren würden. Offenbar würde also auch für sie eine ›phänomenale Differenz‹ zwischen Innen- und Außenperspektive bestehen. Zustande kommt diese Differenz genauso wie oben beschrieben: Weil die Scanner oder ›Wahrnehmungsorgane‹ dieser Computer nur an der Außenwahrnehmung beteiligt sind, muss auch hier die oben skizzierte Asymmetrie zur Perspektive der ersten Person entstehen, in der solche Wahrnehmungs- und Transformationsprozesse *keine* Rolle spielen. Die Abhängigkeit von diesen ›Wahrnehmungsorganen‹ wird nicht zuletzt daran deutlich, dass die Computer, abhängig davon, welches Subsystem sie verwenden, auch völlig andere Erfahrungen machen.

Die Selektivität der Wahrnehmung erklärt zudem, dass die Computer auf diese Weise kein Bewusstsein entdecken können: Wenn Bewusstsein tatsächlich auf den Aktivitäten elektronischer Schaltkreise basiert, dann kann hier ein direkter Zugang wiederum nur für solche Systeme bestehen, die empfindlich sind für die entsprechenden Aktivitäten, in diesem Falle also für elektrische Impulse, und die zudem den entsprechenden Code beherrschen. In Frage kommen daher wohl nur andere elektrische Schaltkreise; Infrarot- oder Röntgenscanner sind dagegen für diese Reize nicht empfindlich, sie müssen hier genauso scheitern wie jemand, der den Ablauf eines Computerprogramms zu verfolgen sucht, indem er auf den Zentralprozessor starrt.

Ganz analog sind die Probleme, die bei der Erforschung der neuronalen Basis des menschlichen Bewusstseins auftreten. Nehmen wir also für das zweite Beispiel an, wir hätten die neuronalen Aktivitäten bestimmt, die einer bewussten Rotempfindung zugrunde liegen, und besäßen zudem ein beliebig weit reichendes Verständnis der hier wirksamen neurobiologischen Zusammenhänge. Nehmen wir außerdem an, eine Person, die eine solche Rotempfindung hat, würde gleichzeitig die entsprechenden neuronalen Aktivitäten im visuellen Kortex in Echtzeit mit Hilfe äußerst genauer bildgebender Verfahren verfolgen. Auch in diesem Falle würde die Person hier keine Rotempfindung und erst recht kein Bewusstsein entdecken, doch die obigen Überlegungen machen verständlich, warum dies so ist: Auch wenn Bewusstsein identisch ist mit einem bestimmten Typ neuronaler Aktivitäten, dann kann nicht erwartet werden, dass es aus der Perspektive der dritten Person mit Hilfe unserer Sinnesorgane oder mit anderen technischen Hilfsmitteln *als Bewusstsein* zu erkennen ist. Dies ist nur möglich für solche Prozesse innerhalb oder außerhalb des Gehirns, die den entsprechenden neuronalen ›Code‹ beherrschen: In diesem Falle fände allerdings keine ›objektive‹ Beobachtung aus der Perspektive der dritten Person mehr statt, vielmehr würden die entsprechenden Vorgänge aus der Innenperspektive erlebt.

In jedem Falle zeigt sich hier, dass die phänomenale Differenz entstehen *muss*, wenn man – wie Colin McGinn – Innen- und Außenperspektive einander gegenüberstellt. Die Differenz mag auf den ersten Blick irritierend wirken, tatsächlich aber lässt sich erklären, warum sie auch dann entstehen muss, wenn mentale und neuronale Aktivitäten miteinander identisch sind. Die phänomenale Differenz liefert daher *kein* Argument gegen die Identifikation von mentalen und neuronalen Prozessen.

Insgesamt spricht also einiges dafür, dass eine wissenschaftliche Erklärung mentaler Zustände *prinzipiell* möglich ist. Ob sie tatsächlich realisiert werden wird, lässt sich vom philosophischen Schreibtisch aus nicht vorhersagen. Entscheidend dürften die Resultate der empirischen Wissenschaften sein, insbesondere die der Emotionspsychologie und der Neurobiologie. Völlig unklar ist zudem, *wie* eine mögliche Lösung aussehen könnte. Doch selbst wenn wir durch einen Zufall plötzlich auf die richtige Lösung stießen, würde es uns heute noch schwer fallen, sie zu akzeptieren. Dies liegt weder an unserer Begriffsstutzigkeit noch an prinzipiellen Unzulänglichkeiten des menschlichen Erkenntnisvermögens. Es liegt vielmehr daran, dass eine solche Lösung, soweit sich das heute absehen lässt, eine Weiterentwicklung unseres alltagspsychologischen Vokabulars und der ihm zugrunde liegenden Annahmen über mentale Zustände einschließen muss. Unser heutiges alltagspsychologisches Vokabular scheint nicht viel weiterentwickelt zu sein als Lockes Begriff von Wasser. Doch genauso wie sich der Alltagsbegriff von Wasser unter dem Einfluss neuer naturwissenschaftlicher Erkenntnisse weiterentwickelt hat, genauso können sich auch unsere vorwissenschaftlichen Vorstellungen über mentale Phänomene verändern.

Sollte es also irgendwann einmal allgemein wissenschaftlich akzeptiert werden, dass emotionale Zustände bestimmte und genau beschreibbare funktionale Rollen spielen, dann hätte dies mit Sicherheit auch Konsequenzen für unsere alltagspsychologischen Überzeugungen. Unser Alltagsbegriff von ›Furcht‹ würde dann möglicherweise konkretere und wohl auch realistischere Annahmen über die funktionale Bedeutung dieser Zustände einschließen. Damit müsste auch die Behauptung an Plausibilität gewinnen, dass die diesen Funktionen zugrunde liegenden neuronalen Prozesse ihrerseits Konstituentien der Furchtzustände sind. Unter diesen Voraussetzungen könnten schließlich neurobiologische Theorien, die erklären, wie Neuronen diese Funktionen erfüllen, als Erklärungen für die entsprechenden Merkmale von Furchtzuständen akzeptiert werden. Je konkreter und umfassender also unsere funktionalen Beschreibungen von Furchtzuständen wären, desto größer wäre auch die Reichweite neurobiologischer Erklärungen dieser Zustände.

Es ist wie gesagt nicht sicher, ob es so weit kommen wird; entscheidend dafür ist der Erfolg empirischer Untersuchungen. In jedem Falle erweisen sich die von den Vertretern des Erklärungslückenargumentes angeführten theoretischen Einwände letztlich als zu schwach. Damit würde auch ein wichtiger theoretischer Vorbehalt gegen die Identitätstheorie entkräftet. Natürlich bedeutet dies nicht, dass diese Theorie gegen jeglichen Zweifel abgesichert wäre, vielmehr wird es auch hier auf die Resultate konkreter empirischer Untersuchungen ankommen: Dies betrifft neben der Suche nach stabilen und spezifischen Korrelationen auch die Frage, ob die von den Dualisten postulierten autonomen Einflüsse mentaler Zustände auf neuronale Prozesse nachzuweisen sind: Erweisen sich solche Nachweise als unmöglich, dann spricht dies wiederum für die Identitätstheorie, die solche Einflüsse bestreitet. Tatsächlich wird diese Position durch die bisherigen Ergebnisse gestützt; dennoch ist es für eine wirklich begründete Prognose noch zu früh – nicht zu reden von einer endgültigen Aussage.

II. Mentale Repräsentation

Es ist weitgehend akzeptiert, dass das Erklärungslückenproblem vor allem das phänomenale Bewusstsein betrifft. Dies bedeutet jedoch nicht, dass es bei den Zuständen des kognitiven bzw. intentionalen Bewusstseins keine vergleichbaren Schwierigkeiten gäbe. Tatsächlich sind viele Autoren der Meinung, der Vertreter einer physikalistischen Position müsse eine *naturalistische* Erklärung dafür abgeben, dass physische Prozesse überhaupt in der Lage sind, etwas zu repräsentieren, dass sie also einen *intentionalen* Charakter haben. Das Ziel einer solchen Erklärung wird daher auch häufig als NATURALISIERUNG VON INTENTIONALITÄT bezeichnet. Ein Unterschied zur Erklärungslückenproblematik, der sich noch als folgenreich erweisen wird, besteht insofern, als hier im Allgemeinen nicht verlangt wird, den Gehalt mentaler Repräsentationen ausschließlich aus neurobiologischen Daten abzuleiten; in der Regel wird vielmehr zugestanden, dass auch Erkenntnisse über die Lernerfahrungen eines Individuums, die Entwicklungsgeschichte der zugehörigen Art etc. in die Erklärung mit eingehen können.

Als problematisch werden solche Repräsentationsbeziehungen unter anderem deshalb aufgefasst, weil sie gewissen *Normen* unterliegen: Repräsentationen können *richtig*, sie können aber auch *fehlerhaft* sein. So kann eine vorbeilaufende Katze von mir fälschlicherweise als Hund wahrgenommen werden. Unklar ist jedoch, wie die Existenz solcher Normen innerhalb eines physikalistischen Ansatzes begründet werden kann, ohne einen NATURALISTISCHEN FEHLSCHLUSS vom Sein aufs Sollen zu begehen – immerhin werden nicht etwa die Gesetze der Physik verletzt, wenn ich eine Katze mit einem Hund verwechsle.

Besondere Brisanz hat diese Debatte deshalb, weil ein Scheitern dieser Erklärungsversuche einer verbreiteten Ansicht zufolge Zweifel an der Existenz mentaler Repräsentationen aufwerfen würde. Sollten wir also nicht zeigen können, wie mentale Repräsentationen in unserer physischen Welt möglich sind, dann drängt sich nach dieser Auffassung die Schlussfolgerung auf, sie seien hier eben *nicht* möglich. In einem physikalistischen Weltbild wäre dann kein Platz für mentale Repräsentationen.

Repräsentation

Sinnvoll erscheint zunächst wiederum eine Verständigung über die beiden zentralen Begriffe: Was ist also eine MENTALE REPRÄSENTATION und was meint man, wenn man von INTENTIONALITÄT oder von INTENTIONALEN ZUSTÄNDEN spricht?

Eine REPRÄSENTATIONSBEZIEHUNG ist eine asymmetrische Relation zwischen mindestens zwei Entitäten: dem REPRÄSENTANTEN bzw. der REPRÄSENTATION auf der einen Seite und dem repräsentierten Sachverhalt oder Objekt, also dem REPRÄSENTANDUM, auf der anderen. Aufgrund dieser Beziehung kann der Repräsentant die repräsentierte Entität ›vertreten‹ oder ›für sie stehen‹. Asymmetrisch ist die Beziehung, weil das Umgekehrte nicht gilt: Die repräsentierte Entität kann nicht gleichzeitig für ihren Repräsentanten bzw. die Repräsentation stehen.

Beispiele für Repräsentationsbeziehungen sind nicht schwer zu finden: So vertritt etwa eine Bundestagsabgeordnete ihren Wahlkreis oder die Anzeige auf dem Display eines Taschenrechners das Ergebnis einer Rechenoperation. Konstitutiv für diese Beziehung ist eine Regel, die das Verhältnis zwischen der Repräsentation und dem Repräsentandum festlegt. Im Falle der Abgeordneten sind dies u. a. die Wahlgesetze, die bestimmen, unter welchen Bedingungen eine Person zum Repräsentanten eines Wahlkreises wird. Auch für die Anzeige des Ergebnisses einer Rechenoperation auf dem Display eines Taschenrechners gibt es Regeln. Sie legen fest, dass das Resultat, das zunächst nur in der Form binärer Schaltzustände des Taschenrechners vorliegt, in arabische Ziffern auf dem Display umgewandelt wird. Die Kenntnis relevanter Teile dieser Regel[1] erlaubt dem menschlichen Benutzer dann die Interpretation dieser Anzeige.

1 Der Benutzer des Taschenrechners muss also nicht die Details des Schaltplans kennen, doch er muss wissen, dass die Zahl auf dem Display das Ergebnis der von ihm unmittelbar vorher über die Tastatur eingegebenen Aufgabe ist.

Repräsentationsbeziehungen mögen uns in manchen Fällen als ›natürlich‹ erscheinen, etwa dann, wenn wir auf einem Passfoto die verkleinerte, zweidimensionale Abbildung des Gesichtes einer Person sehen. Tatsächlich ist jedoch stets ein Interpret nötig, der diese Beziehung herstellt. Dieser muss mit den Regeln der Abbildung vertraut sein – auch wenn die Regeln im Fall der Zentralperspektive kein planmäßig erlerntes Wissen sind, sondern sich aus der Funktion des Wahrnehmungsapparates ergeben.[2] Deutlicher wird die Bedeutung des Interpreten und seiner Regelkenntnis, wenn man an das Display eines Taschenrechners denkt: Nur wenn der Benutzer des Gerätes mit dem Gebrauch arabischer Ziffern vertraut ist und außerdem die Grundzüge der Regel kennt, die die Anzeige im Display mit der von ihm zuvor eingegebenen Aufgabe verbindet, kann er erkennen, dass es sich hier nicht nur um eine zufällig entstandene Folge schwarzer Striche vor hellgrauem Hintergrund handelt, sondern um das Ergebnis einer Rechenoperation.

MENTALE REPRÄSENTATIONEN stimmen in den Grundzügen mit anderen Formen der Repräsentation überein: Repräsentanten sind hier mentale Zustände, die auf Objekte oder Sachverhalte gerichtet sind und als Bestandteile von kognitiven Operationen wie Schlussfolgerungen, Simulationen der Außenwelt, Wahrnehmungen etc. auftreten. Auch in diesem Falle unterliegt die Repräsentationsbeziehung einer Regel. Bei Wahrnehmungsrepräsentationen wird sie u. a. von den Mechanismen unserer Wahrnehmungssysteme bestimmt, in der visuellen Wahrnehmung beispielsweise von den bereits erwähnten Gesetzen der Zentralperspektive; bei verbalen Repräsentationen spielen Syntax und Semantik unserer Sprache eine zentrale Rolle. Die Regel stellt also auch hier eine stabile Beziehung zwischen Repräsentandum und Repräsentation her und sorgt damit dafür, dass letztere den fraglichen Sachverhalt z. B. in den kognitiven Operationen eines Individuums vertreten kann.

Zumindest in *einem* Punkt unterscheiden sich mentale Repräsentationen prinzipiell von anderen Formen der Repräsentation: Hier ist nämlich nicht zusätzlich zur Repräsentation noch ein Interpret erforderlich, der auf der Basis seiner Kenntnis der Repräsentationsregel einen Bezug zwischen der Repräsentation und dem repräsentierten Sachverhalt herstellt. In einem bewussten repräsentationalen Zustand zu sein heißt

2 Zu Zweifeln an dieser Annahme siehe Goodman 1976.

auch schon, diesen als Repräsentation eines bestimmten Sachverhaltes aufzufassen. Mentale Zustände, die eine Repräsentationsfunktion haben,[3] sind also schon ›von sich aus‹ auf die von ihnen repräsentierten Objekte ›gerichtet‹.

Diese für mentale Repräsentationen charakteristische Gerichtetheit wird auch als INTENTIONALITÄT bezeichnet. Der Begriff geht auf mittelalterliche Theorien zurück; in die neuere philosophische Diskussion ist er am Ende des 19. Jahrhunderts durch Franz v. Brentano (1973) eingeführt worden.

INTENTIONALITÄT ist nicht zu verwechseln mit den *Intentionen*, also den bewussten *Absichten* einer Person, die nur einen kleinen Teil der hier gemeinten Zustände ausmachen. Intentionalen Charakter haben vielmehr *sämtliche* mentalen Zustände, die auf etwas gerichtet sind, also auch Wahrnehmungen und insbesondere die Zustände des kognitiven Bewusstseins. Letztere richten sich auf einen Sachverhalt, der sich in einem Satz beschreiben lässt, der mit ›dass‹ beginnt. So kann ich ›glauben, *dass* Maria in Rom ist‹ oder ›hoffen, dass Josef die Prüfung bestehen wird‹. Der Gehalt, *auf den* der intentionale Zustand gerichtet ist (›Josef wird die Prüfung bestehen‹; ›Maria ist in Rom‹), wird auch als PROPOSITION bezeichnet. Von dieser Proposition wird die PROPOSITIONALE EINSTELLUNG unterschieden; gemeint ist damit die Art und Weise, *wie* sich der intentionale Zustand auf diesen Gehalt richtet. In Sätzen, die nach dem obigen Schema gebildet werden, wird die propositionale Einstellung durch das Verb des Hauptsatzes angegeben. So kann ich *hoffen*, dass Josef die Prüfung bestehen wird, ich kann es aber auch *glauben*, *wünschen* oder vielleicht auch *befürchten*.

Charakteristisch für intentionale Zustände ist schließlich, dass der Gegenstand, auf den sie sich richten, nicht existieren muss; Brentano spricht in diesem Zusammenhang von der ›intentionalen Inexistenz‹. Während ein physischer Akt das Vorhandensein des Gegenstandes erfordert, auf den er sich bezieht, ist dies bei mentalen Formen der Bezugnahme nicht notwendig: Ich kann einen Baum nicht absägen, wenn er nicht existiert, doch ich kann ihn mir *vorstellen* und ich kann *wünschen* oder fälschlicherweise *glauben*, dass er wieder da wäre.

3 Ich will hier nicht entscheiden, ob es Zustände gibt, die keine Repräsentationsfunktion haben. Kandidaten hierfür wären beispielsweise Stimmungen, die nicht als Repräsentationen externer Entitäten verstanden werden *müssen*. In diesem Falle würde aber auch ein Interpret ihnen keine Repräsentationsfunktion zuweisen können.

Brentano war sogar der Meinung, Intentionalität stelle den zentralen Unterschied zwischen physischen und psychischen Prozessen, also das ›Merkmal des Mentalen‹ dar. Wie oben bereits gezeigt, ist diese Annahme jedoch kaum zu halten: Es gibt mentale Zustände, etwa Stimmungen, bei denen man nicht von einer solchen ›Gerichtetheit‹ sprechen kann. Intentionalität scheint also keine *notwendige* Bedingung mentaler Zustände zu sein; es spricht jedoch bislang nichts dagegen, sie als eine *hinreichende* Bedingung solcher Prozesse aufzufassen.[4]

Mentale Repräsentationen haben aus nahe liegenden Gründen eine besondere Bedeutung in sogenannten REPRÄSENTATIONALISTISCHEN Ansätzen wie etwa der LANGUAGE OF THOUGHT-Theorie von Jerry Fodor (1975) erlangt. Für Fodor hat daher die theoretische Begründung und Rechtfertigung intentionaler Zustände zentrale Bedeutung, schließlich war die Existenz solcher Zustände z.B. von den oben bereits erwähnten Vertretern des Eliminativen Materialismus in Frage gestellt worden.

Bei seinem Versuch einer theoretischen Absicherung dieser Zustände greift Fodor auf zwei Modelle zurück, nämlich auf das der Sprache und auf das des konventionellen Computers mit einer Von-Neumann-Architektur. Mentale Repräsentationen sind in seinen Augen also Bestandteile einer Sprache, konkreter einer SPRACHE DES GEISTES (LANGUAGE OF THOUGHT), gleichzeitig sind sie Gegenstand von internen Verarbeitungsprozessen, die im Prinzip so ablaufen, wie man das von einem konventionellen Computer kennt.

Unsere alltagssprachliche Rede von intentionalen Zuständen lässt sich nach Fodor in die – kognitionswissenschaftlich akzeptable – Behauptung übersetzen, dass sich die Inhaberin eines solchen Zustandes in einer bestimmten Beziehung zu einer mentalen Repräsentation befindet. Dabei bestimmt der Inhalt der mentalen Repräsentation den propositionalen *Gehalt*. Fodors Begriff der mentalen Repräsentation unterscheidet sich nicht unerheblich von der sonst üblichen Verwendung: In enger Anlehnung an das oben (S. 144 ff.) bereits skizzierte Computermodell des Geistes fasst er mentale Repräsentationen als Symbole auf, ähnlich den binären Symbolen eines konventionellen Computers. Dagegen ist es die *Relation zu* diesen Symbolen, die über die propositionale Einstellung entscheidet;

4 Dies gilt selbstverständlich nur, sofern man berücksichtigt, dass der internationale Charakter von Artefakten wie Schriftzeichen oder Photos stets von einem Interpreten abhängig ist.

sie wird in Fodors Modell durch funktional unterschiedliche Speicher realisiert. Wenn ich also alltagssprachlich sage, ›Ich glaube, dass Josef die Prüfung bestanden hat‹, dann heißt dies, dass sich in meinem ›Glaubensspeicher‹ eine mentale Repräsentation mit dem Gehalt ›Josef hat die Prüfung bestanden‹ befindet; hoffe ich, dass Josef die Prüfung bestanden hat, dann befindet sich die Repräsentation in meinem ›Hoffnungsspeicher‹.[5]

Als zentralen Vorteil seines Modells wertet Fodor, dass es die Beziehung zwischen der Ebene der Bedeutung und der physisch-kausalen Ebene verständlich machen kann. Wie oben (S. 147 f.) bereits skizziert, geht es dabei zunächst um die Frage, wie sich Bedeutungsunterschiede in konkreten Verhaltensdifferenzen eines physischen Systems niederschlagen können. Entscheidend ist hier wiederum der Vergleich mentaler Repräsentationen mit dem binären Symbolsystem eines konventionellen Computers. Dort kommt die Verbindung zwischen semantischer der physische Ebene dadurch zustande, dass den inhaltlichen Unterschieden zwischen den beiden Symbolen ›0‹ und ›1‹ physische Differenzen zwischen den zugehörigen Schaltzuständen entsprechen, die ihrerseits dann unterschiedliche Auswirkungen auf die Funktion des Systems haben. Genauso kann man sich nach Fodor auch den Zusammenhang zwischen Bedeutung und Kausalkräften in kognitiven Systemen vorstellen: Mentale Repräsentationen mit unterschiedlichem Gehalt müssen sich ebenfalls in solchen physischen Merkmalen voneinander unterscheiden, die relevant für das Funktionieren des kognitiven Systems sind.

Fodors Vorschlag ist sicherlich akzeptabel; offensichtlich könnte ein informationsverarbeitendes System überhaupt nicht adäquat arbeiten, verfügte es nicht über geeignete Mechanismen zur systematischen Umwandlung von Informationen in funktionsrelevante physische Merkmale. Wie oben erwähnt, ist dies bereits an sehr einfachen ›Systemen‹ wie einer Balkenwaage erkennbar: Deren Gewichte sind nur dann brauchbar, wenn es eine direkte Entsprechung gibt zwischen der ›Bedeutung‹ (›2 kg‹) und der damit korrespondierenden physischen Eigenschaft, in diesem Falle also der Masse. Doch auch komplexere Systeme wie etwa neuronale Netze arbeiten nur dann korrekt, wenn solche Entsprechungen vorliegen: Nehmen wir an, ein neuronales Netz, das weibliche und männliche Gesichter unterscheiden soll, würde häufiger den ihm präsentierten weiblichen Gesichtern in der internen Verarbeitung dieje-

5 vgl. Fodor 1987, 135-154.

nigen physischen Merkmale zuordnen, die eigentlich männlichen Gesichtern entsprechen und umgekehrt. Offenbar müsste dieses System fehlerhafte Resultate hervorbringen. Auch solche neuronalen Netze funktionieren also nur dann, wenn es eine stabile Übereinstimmung zwischen Gehalt und physischen Merkmalen in der internen Verarbeitung gibt – auch wenn diese Korrespondenzen bei neuronalen Netzen sehr viel schwieriger zu erkennen sein mögen als bei den binären Schaltzuständen eines konventionellen Computers. Fodor hat also Unrecht, wenn er aus seiner Erklärung einen besonderen Vorzug des Vergleichs von Gehirn und konventionellem Computer ableiten zu können glaubt. Derselbe Mechanismus *muss* und er *kann* auch in ganz anderen Systemen bei der Umsetzung von Information in Funktion vorliegen.

Mentale Repräsentation

(1) Eine mentale Repräsentation basiert auf einer asymmetrischen Beziehung zwischen einem mentalen Zustand (dem Repräsentanten) und einem davon unterschiedenen Sachverhalt (dem Repräsentandum)
(2) Die Beziehung folgt einer Regel, die unter anderem festlegt, wie bestimmte Eigenschaften des repräsentierten Sachverhaltes durch Eigenschaften des mentalen Zustands abgebildet werden
(3) Aufgrund dieser Beziehung kann der mentale Zustand Informationen über den Sachverhalt enthalten und diesen in den kognitiven Operationen des mentalen Systems vertreten
(4) Physikalistischen Theorien zufolge besteht eine systematische Beziehung zwischen semantischen und physischen Eigenschaften mentaler Repräsentationen

Umstritten ist zudem, ob mentale Repräsentation, so wie von Fodor behauptet, grundsätzlich eine sprachähnliche Form haben muss. Mittlerweile gibt es nämlich eine ganze Reihe von empirischen Daten wie auch von theoretischen Argumenten, die für eine Unterscheidung zwischen bildähnlichen, analogen Repräsentationen und sprachähnlichen, symbolischen Repräsentationen sprechen. Es würde zu weit führen, diese Debatte hier im Einzelnen nachzuzeichnen,[6] in jedem Falle soll der Be-

6 Einen guten Überblick über die Debatte gibt Sachs-Hombach 1995; siehe auch Barlow et al. 1990; Tye 1991.

griff der mentalen Repräsentation im Folgenden nicht im spezifischen Fodorschen Sinne, sondern in der oben skizzierten allgemeinen Bedeutung verwendet werden.

Naturalisierung

Die bisherigen Ausführungen scheinen allerdings nur *einen* Aspekt der Beziehung von Gehalt und Kausalität geklärt zu haben. Fodor hat gezeigt, wie sich inhaltliche Unterschiede auf der physisch-funktionalen Ebene bemerkbar machen können; in seinen Augen bleibt jedoch noch offen, wie es *überhaupt* möglich ist, dass physische Prozesse wie die Aktivität von Neuronen im menschlichen Neokortex sich auf etwas richten können, dass sie also INTENTIONALITÄT besitzen. Nicht nur Fodor glaubt, dass hier ein schwerwiegendes Problem für den Physikalismus besteht. Offenbar kann ein Vertreter dieser Position nicht akzeptieren, dass Intentionalität eine Eigenschaft ist, die *nur* psychische Prozesse, nicht aber physische Prozesse aufweisen – andernfalls müsste er entweder seine Position aufgeben oder aber die Realität intentionaler Zustände bestreiten. Letzteres, so meint Fodor, hätte allerdings unabsehbare Konsequenzen:

> Wenn die intentionale Alltagspsychologie tatsächlich zusammenbrechen würde, dann wäre dies, über jeden Vergleich, die größte intellektuelle Katastrophe in der Geschichte unserer Gattung; wenn wir uns so über das Bewusstsein irrten, dann wäre dies der größte Irrtum, den wir jemals in irgendeiner Hinsicht begangen hätten.[7]

Verhindern könne der Physikalist diese Katastrophe nur dann, wenn ihm die NATURALISIERUNG VON INTENTIONALITÄT gelingt. Gefordert wird damit also eine naturalistische Erklärung dafür, dass physische Prozesse auf etwas anderes gerichtet sein können. Vertreter der Naturalisierungsforderung haben recht unterschiedliche Vorstellungen von einer solchen Erklärung. Einig sind sie sich jedoch in einer methodischen Minimalbedingung: Von einer adäquaten naturalistischen Theorie kann hier nur dann gesprochen werden, wenn diese die geforderte Erklärung gibt, ohne sich selbst wieder auf intentionale Zustände zu berufen.

7 Fodor 1987, XII; vgl. Fodor 1994c, 15.

Dabei sind allerdings zwei verschiedene, unterschiedlich weit reichende Varianten denkbar. In der schwächeren Variante wird nur eine Erklärung dafür verlangt, dass ein physisches System *überhaupt irgendwelche* mentalen Repräsentationen haben kann. Es geht also um eine reduktive Erklärung dafür, dass ein intelligentes System Zustände hervorbringen kann, die in der oben beschriebenen Weise auf Sachverhalte gerichtet sind.

Die stärkere Variante geht einen wesentlichen Schritt weiter. Sie verlangt nicht nur nach einer Erklärung für die Fähigkeit, intentionale Zustände *im Allgemeinen* hervorzubringen, vielmehr wird hier eine naturwissenschaftliche Begründung dafür gefordert, dass sich ein Organismus zu einem bestimmten Zeitpunkt in einem Zustand mit einem *ganz bestimmten* Gehalt befindet. Wir müssten also mit Hilfe dieser Erklärung jeweils genau *die* inhaltlichen Unterscheidungen nachvollziehen können, die auf der verbalen oder kognitiven Ebene getroffen werden. Fodor verdeutlicht dieses Ziel, indem er einen fiktiven göttlichen Beobachter einführt: Dieser soll allein auf der Basis eines ›vollständigen‹ naturwissenschaftlichen Wissens über einen Organismus und dessen Lerngeschichte erkennen können, welchen Gehalt der mentale Zustand des Organismus in diesem Moment gerade besitzt. Es müsste daher möglich sein zu zeigen, warum die Anwesenheit eines Hundes bei einer bestimmten Person den Gedanken an eine Katze bewirken kann.

Die schwächere Forderung scheint sinnvoll: Sollte es nämlich ernsthafte Indizien dafür geben, dass die neurobiologischen Prozesse im menschlichen Gehirn unfähig sind, die Repräsentationsleistungen zu vollbringen, die wir Menschen normalerweise zuschreiben, dann würde dies in der Tat entweder die Position des Physikalisten erschüttern oder aber Zweifel an der Realität mentaler Repräsentationen auslösen. Bislang sind solche Indizien jedoch nicht zu erkennen. Selbstverständlich hängt es, wie oben im Einzelnen ausgeführt, vom Ausgang empirischer Untersuchungen ab, ob die physikalistische Position in der Philosophie des Geistes aufrechterhalten werden kann oder nicht. Die Naturalisierung in der skizzierten, schwächeren Fassung scheint hier jedoch nicht zu den gravierenden Problemen zu zählen. Bislang spricht jedenfalls nichts dagegen, dass die neuronalen Prozesse in unserem Gehirn externe Sachverhalte zu repräsentieren vermögen und diese Repräsentationen Gegenstand weiterer kognitiver Operationen sein können. Insofern sollte es möglich sein, *dieser* Forderung gerecht zu werden.

Die Diskussion um die Naturalisierung von Intentionalität befasst sich jedoch im Allgemeinen mit der stärkeren Variante. Verlangt wird also eine naturalistische Erklärung dafür, dass ein Organismus sich zu einem bestimmten Zeitpunkt in einem *bestimmten* mentalen bzw. repräsentationalen Zustand befindet.

Es kann hier nicht darum gehen, die Diskussion in all ihren Details nachzuzeichnen.[8] Stattdessen sollen im Folgenden zwei besonders charakteristische Vorschläge skizziert werden, die von Jerry Fodor und Fred Dretske entwickelt worden sind. Für beide Autoren liefert der Informationscharakter mentaler Zustände den entscheidenden Schlüssel für die Lösung des Problems.

Unterstellt wird dabei ein direkter Zusammenhang zwischen *Kausalität* und *Information*. Dieser Annahme zufolge enthält ein Sachverhalt A genau dann *Informationen* über einen Sachverhalt B, wenn B die *Ursache* für das Auftreten von A ist. So kann man davon sprechen, dass eine Rauchsäule Informationen über ein Feuer enthält, weil das Feuer die Rauchsäule verursacht hat. Die Rauchsäule lässt sich daher auch als ein ›natürliches Zeichen‹ für Feuer ansehen. Im Prinzip scheint dieser Zusammenhang auch bei mentalen Repräsentationen vorzuliegen: Kühe in meiner Umgebung können die Entstehung von Gedanken an Kühe bewirken.

Das zentrale Problem dieses Ansatzes ergibt sich daraus, dass die fraglichen Repräsentationen auch in Abwesenheit der ›adäquaten‹ Ursachen auftreten können: Gedanken an Kühe können nämlich auch von Katzen verursacht werden. In diesem Falle lässt sich der Informationsgehalt nicht mehr aus der Kausalbeziehung ableiten. Erkennbar wird damit das bereits angesprochene *normative* Moment: Wir würden von einem *Irrtum* sprechen, wenn eine Katze bei uns die Wahrnehmungsrepräsentation einer Kuh bewirkt und uns damit zu einer Verwechslung beider Tiere verleitet hätte. Solche Fehlrepräsentationen scheinen für den Physikalisten vor allem deshalb ein Problem zu sein, weil dabei keine Naturgesetze verletzt werden: Selbstverständlich geht unter physikalischen Gesichtspunkten alles ›mit rechten Dingen‹ zu, wenn Katzen Wahrnehmungen von Kühen verursachen.

8 Ein guter Überblick über den Stand der Debatte findet sich bei Stich & Warfield 1994.

Fodors asymmetrische Kausaltheorie der Bedeutung

Fodor und Dretske verwenden hier unterschiedliche Lösungsstrategien. Fodor geht von der Annahme aus, dass zumindest bei der Entstehung eines bestimmten Typs intentionaler Zustände Information und Kausalbeziehung übereingestimmt haben müssen. Zunächst müssen es also Kühe gewesen sein, die Repräsentationen von Kühen bewirkt und damit den Gehalt dieses Typs mentaler Zustände festgelegt haben. Fälle, in denen solche Repräsentationen in Abwesenheit der adäquaten Ursache auftreten, versucht Fodor durch eine Asymmetriebedingung aufzufangen. Nur weil es *zunächst* einmal Kühe gegeben hat, die Gedanken an Kühe verursacht und damit den Gehalt der entsprechenden mentalen Repräsentation etabliert haben, kann es *später* Fälle geben, in denen Gedanken an Kühe auch in Abwesenheit realer Kühe auftreten. Asymmetrisch ist diese Bedingung, weil das Umgekehrte nicht gilt. Meine Gedanken an Kühe in der Gegenwart von Kühen sind nicht abhängig von meinen Gedanken an Kühe in der Gegenwart von Katzen etc.:[9]

> Kühe verursachen ›Kuh‹-Repräsentationen und (nehmen wir an) Katzen verursachen ›Kuh‹-Repräsentationen. Die Bedeutung von ›Kuh‹ ist jedoch *Kuh* und nicht *Katze* oder *Kuh oder Katze*, weil die Existenz von ›Kuh‹-Repräsentationen, die von Katzen verursacht wurden, davon abhängt, dass es ›Kuh‹-Repräsentationen gibt, die von Kühen verursacht wurden, aber nicht umgekehrt. ›Kuh‹ bedeutet *Kuh*, weil … nicht von Kühen verursachte ›Kuh‹-Repräsentationen *asymmetrisch abhängig sind von* ›Kuh‹-Repräsentationen, die von Kühen verursacht wurden.[10]

Katzen können also zuweilen durchaus unter den Ursachen für die Entstehung von Gedanken an Kühe sein, dasselbe mag für Milchflaschen und leere Weiden gelten. All dies würde jedoch nicht geschehen, wären es nicht zunächst einmal Kühe gewesen, die Gedanken an Kühe verursacht hätten. Fodor unterscheidet also zwischen derjenigen Ursache, von der ein Typ mentaler Repräsentationen *ursprünglich* abhängig ist

9 Die von Fodor betonte Asymmetrie ist also nicht zu verwechseln mit der generellen Asymmetrie von Repräsentationsbeziehungen. Mit letzterer ist nur die Einseitigkeit solcher Beziehungen gemeint, in denen der Repräsentant zwar das Repräsentandum, nicht aber umgekehrt das Repräsentandum den Repräsentanten vertreten kann. Im Gegensatz dazu betrifft die von Fodor bemerkte Asymmetrie, wie aus den folgenden Ausführungen deutlich werden sollte, das Verhältnis der Repräsentanten zur ihren unterschiedlichen Ursachen.

10 Fodor 1994a, 182.

und damit deren Gehalt begründet (im obigen Beispiel die Kuh), und den *sekundären* Ursachen einzelner Exemplare eines Typs, dessen Gehalt bereits feststeht (im obigen Beispiel handelt es sich bei diesen sekundären Ursachen um Katzen, Milchflaschen und leere Weiden).

Von zentraler Bedeutung ist diese Unterscheidung deshalb, weil sie es erlauben soll, den Gehalt einer mentalen Repräsentation auf der Basis naturwissenschaftlicher Verfahren zu bestimmen. Dazu muss in hypothetischen Alternativszenarien untersucht werden, welche der faktisch auftretenden Ursachen einzelner Exemplare des fraglichen Typs mentaler Repräsentationen *ursprünglich* dessen Entstehung bewirkt hat. Diese, so behauptet Fodor, lege gleichzeitig den Gehalt der jeweiligen Repräsentation fest. Mit Hilfe seines Verfahrens kann also allein auf der Basis naturwissenschaftlicher Erkenntnisse festgestellt werden, dass sich die mentale Repräsentation in dem obigen Beispiel auf Kühe und nicht auf Katzen bezieht, obwohl sie *de facto* von Katzen verursacht wurde.

Fodor gibt zu, dass uns in der Regel die Kenntnisse fehlen, solche Bestimmungen tatsächlich durchzuführen; zumindest im Prinzip sei dies jedoch möglich. Ein allwissender göttlicher Beobachter, der mit Fodors asymmetrischer Kausaltheorie der Bedeutung ausgerüstet ist, den Gehirnzustand und die Lerngeschichte einer Person kennt und schließlich auch die skizzierten hypothetischen Szenarien durchzuspielen vermag, sollte daher in der Lage sein, den Gehalt der mentalen Repräsentationen dieser Person zu bestimmen. Das würde bedeuten, dass die verlangte naturalistische Erklärung für die Entstehung intentionaler Zustände prinzipiell möglich und die Forderung nach einer Naturalisierung von Intentionalität auch in ihrer starken Form erfüllbar wäre.

Fodors Vorschlag wirft jedoch einige gravierende Probleme auf: Zum einen ist es nicht sicher, ob er hier wirklich eine *hinreichende* Bedingung für die Entstehung von Bedeutung geliefert hat. Adams und Aizawa (1994) haben auf Fälle asymmetrischer Abhängigkeit verwiesen, in denen sicherlich keine Repräsentationsbeziehung vorliegt. So ist die Existenz künstlicher Hühnereier in dem von Fodor gemeinten Sinne asymmetrisch abhängig von der Produktion echter Hühnereier durch Hühner – dennoch wird man solche Eier in der Regel nicht als Repräsentation von Hühnern auffassen, obwohl letztere die asymmetrisch wirksamen ›Ursachen‹ für die Entstehung von Hühnereiern darstellen.

Putnam[11] hat zudem betont, dass es unklar ist, ob die asymmetrische Abhängigkeit vom Referenten einer mentalen Repräsentation *notwendig* ist. So könnten wir uns z. B. darauf einigen, dass jeder, der ein Vermögen von mehr als 100 Milliarden Dollar besitzt, ›Supermilliardär‹ heißen soll. Offenbar würde in diesem Falle die Bedeutung entsprechender Äußerungen nicht von unserem Zusammentreffen mit echten Supermilliardären abhängen. Ähnliche Überlegungen gelten für Gedanken über Feen und Einhörner: Da es diese Wesen nicht gibt, können sie auch nicht zu den ursprünglichen Ursachen unserer Gedanken an Feen und Einhörner gehören.

Auch in anderen Fällen führt Fodors Ansatz in die falsche Richtung. Wie wiederum Putnam (1992) gezeigt hat, ist die Kausalgeschichte der Entstehung mentaler Repräsentationen in der Regel wesentlich komplizierter, als es Fodor mit seiner einfachen Gegenüberstellung von jeweils *einer* Ursache und *einer* Repräsentation suggeriert. So ist das Auftauchen von Gedanken an Kühe in der Gegenwart von Kühen in unserer Umgebung offenbar auch asymmetrisch abhängig von einer bestimmten Sprachpraxis unserer Vorfahren: Auch wenn es diese Sprachpraxis nicht gegeben hätte, dann würden wir das Wort ›Kuh‹ heute nicht in der Gegenwart von Kühen verwenden. Fodors Theorie könnte Gott damit zu dem geradezu teuflischen Irrtum verleiten, das Wort ›Kuh‹ bzw. die ihm entsprechende mentale Repräsentation beziehe sich auf die Sprachpraxis unserer Vorfahren.

Doch auch wenn Fodor solche Irrtümer ausschließen könnte, hätte er seine Theorie noch nicht gerettet. So dürften zu den ursprünglichen Ursachen dafür, dass ein Kind beim Auftauchen von realen Löwen z. B. in einem Zoo die mentale Repräsentation ›Löwe‹ hervorbringt, häufig gar keine realen Löwen gehören, sondern Abbildungen von Löwen in Kinderbüchern und Zeitschriften, Kreidezeichnungen auf Schiefertafeln und Projektionen auf Fernsehbildschirmen. Fodors Theorie würde hier zu dem Ergebnis führen, das Kind habe, abhängig von der jeweiligen Lerngeschichte, die Abbildungen in Kinderbüchern, Zeitschriften und auf Fernsehbildschirmen im Sinn und gerade *nicht* den realen Löwen – auch hier führt sein Ansatz also in die Irre. Zwar beziehen sich alle diese Abbildungen ohne Zweifel ihrerseits auf reale Löwen. Genau dies dürfte jedoch einer Beschreibung in einem physikalischen Vokabular entge-

11 siehe hierzu Putnam 1992, 35–59.

hen, da die physischen Unterschiede zwischen Kinderbüchern, Kreidezeichnungen und Fernsehröhren viel zu groß sind. Erkennbar ist der gemeinsame Bezug nur dann, wenn man schon weiß, was ein Löwe ist, doch genau das sollte ja erklärt werden.

Letztlich scheitert der Versuch, den Gehalt mentaler Repräsentationen aus dem asymmetrischen Abhängigkeitsverhältnis von physischen Ursachen abzuleiten, also vor allem daran, dass die Kausalgeschichte einer gegebenen mentalen Repräsentation im Allgemeinen wesentlich länger und unübersichtlicher ist, als es Fodor annimmt. Dies bedeutet, dass mentale Repräsentationen asymmetrisch auch von solchen Ursachen abhängig sein können, die für die Bedeutung völlig irrelevant sind und sich nur dann ausschließen lassen, wenn man die Bedeutung bereits kennt.

Dretske

Fred Dretske (1994a, 1994b, 1995) hat auf der Basis ähnlicher Annahmen über den Zusammenhang von Kausalität und Information eine andere Strategie entwickelt. Auch für Dretske geht es darum, die Entstehung von Bedeutung in einem rein naturalistischen Ansatz zu erklären, und auch hier sollen die Kausalbeziehungen zwischen Repräsentandum und Repräsentation den entscheidenden Ansatzpunkt für eine Erklärung bieten. Anders als Fodor dehnt Dretske seine Überlegungen auf nichtmenschliche Lebewesen aus und stützt sich zudem auch auf evolutionstheoretische Überlegungen.

In Dretskes Augen spielen vier Gesichtspunkte eine entscheidende Rolle für die repräsentationalen Fähigkeiten höherer Organismen: (1.) Die Kausalbeziehung zwischen der Repräsentation und dem Repräsentandum, (2.) die Funktion der Repräsentation für den Organismus, (3.) die Entwicklungsgeschichte, innerhalb derer ein Organismus diese repräsentationale Fähigkeit erworben hat, und schließlich (4.) das Vermögen des Organismus, diese Fähigkeit aufgrund von Lernerfahrungen zu verändern oder gegebenenfalls neu auszubilden.

(1.) In Dretskes Augen vermag eine reine Kausalbeziehung nur ein ›natürliches Zeichen‹ zu stiften, wie es etwa im Verhältnis von Feuer und Rauchsäule der Fall ist. Bei natürlichen Zeichen kann man jedoch nicht von Missrepräsentation sprechen; das für mentale Repräsentationen charakteristische normative Moment hat hier also keinen Platz:

Wenn sich die scheinbare Rauchsäule als Staubwolke erweist, die von einem Sandsturm aufgewirbelt worden ist, liegt hier kein Fehler auf Seiten der Staubwolke vor. Einen Fehler macht allenfalls der menschliche Interpret, der die Staubwolke mit einer Rauchwolke verwechselt und sie damit als Zeichen für ein Feuer missdeutet.

(2.) Die normative Unterscheidung zwischen einer *richtigen* und einer *falschen* Repräsentation kommt allerdings dann ins Spiel, wenn ein Gerät oder ein Organ die *Funktion* erhält, einen anderen Sachverhalt anzuzeigen. So wird etwa eine Tankanzeige ihrer Funktion nicht gerecht, wenn sie auf ›voll‹ steht, obwohl der Benzintank leer ist. Man könnte in diesem Zusammenhang auch davon sprechen, dass die Tankuhr – beispielsweise aufgrund eines Defektes – von ihrer *normalen Funktion* abweicht. Offensichtlich ist diese Funktion jedoch noch abhängig von einem menschlichen Konstrukteur, der dem Gerät diese Funktion zugewiesen hat, und von einem Interpreten, der die Anzeige des Gerätes aufgrund seiner Kenntnis der Funktion bzw. der hierfür relevanten Regeln interpretiert.

(3.) Doch wie können Organismen, bei denen man weder einen externen Konstrukteur noch einen Interpreten zur Verfügung hat, Repräsentationen ausbilden, die sich wirklich auf etwas anderes beziehen? Hier kommt die Entwicklungsgeschichte des Organismus ins Spiel. Nehmen wir als Beispiel magnetotaktische Bakterien. Diese im Wasser lebenden Organismen verfügen über einen sogenannten ›Magnetosomen‹, das ist ein inneres Organ, das besonders empfindlich auf Magnetfelder reagiert. Die Bakterien können sich am magnetischen Feld der Erde orientieren, um so die für sie überlebenswichtigen sauerstoffarmen Wasserschichten zu finden. Offensichtlich haben diese Organe also die *Funktion,* den Bakterien die Auffindung sauerstoffarmer Wasserschichten zu erleichtern. Diese Funktion scheint nicht vom Eingreifen eines externen Beobachters oder Konstrukteurs abhängig zu sein, vielmehr ist es offenbar der Magnetosom *selbst,* der diese Funktion besitzt. Es scheint daher auch möglich zu sein, in bestimmten Fällen von einer ›*Fehlfunktion*‹ dieses Organs zu sprechen. Dies könnte etwa geschehen, wenn ein magnetotaktisches Bakterium von der Süd- auf die Nordhalbkugel gebracht wird und dann aufgrund andersartiger magnetischer Felder die sauerstoff*reichen* Schichten aufsucht. Hier bliebe jedoch unklar, was genau der Gegenstand der Repräsentation ist: Sind es die Magnetfelder, sind es bestimmte Wasserschichten oder ist es die

Sauerstoffkonzentration, die letztlich allein relevant für die Bakterien ist?

Dretske räumt ein, dass die Frage bei einfachen Organismen wie den magnetotaktischen Bakterien schwer zu entscheiden ist. Dies ist jedoch nicht sehr gravierend, schließlich haben wir auch sonst wenig Neigung, einfachen Bakterien mentale Repräsentationen zuzuschreiben. Bei komplizierteren Lebewesen lässt sich das Problem jedoch vermeiden: Solche Organismen verfügen nämlich in der Regel über mehrere Zugänge zu einem Sachverhalt. So kann die Gegenwart eines Feindes bei einem bestimmten Tier immer den gleichen repräsentationalen Zustand bewirken, unabhängig davon, ob das Tier den Feind sieht, hört oder riecht. In diesem Falle verschwindet die skizzierte Unklarheit: Selbst wenn das Tier den Feind aufgrund eines akustischen Reizes erkennt, kann letzterer nicht das Repräsentandum sein, schließlich tritt die Repräsentation ja auch regelmäßig in *Abwesenheit* dieses Stimulus auf, nämlich dann, wenn das Tier den Feind sieht oder riecht. Da die Repräsentation andererseits im Normalfall nur in der Gegenwart des Feindes auftritt, scheint es berechtigt, von einer Repräsentation des Feindes zu sprechen.

(4.) Möglich scheint allenfalls der Einwand, nicht der Feind, sondern die Disjunktion aller Stimuli sei Gegenstand der Repräsentation, also ›*entweder der akustische Reiz oder der optische Reiz oder der olfaktorische Reiz*‹. Hier ist die Lernfähigkeit von Bedeutung. Dretske kann dem Einwand nämlich entgegenhalten, dass höhere Lebewesen ein Objekt auch aufgrund neu erlernter Reize erkennen können. Bei einer Identifikation des Feindes aufgrund eines solchen neuen Stimulus würde der repräsentationale Zustand in Abwesenheit sämtlicher in der Disjunktion genannten bisherigen Reize auftreten; insofern kommt auch diese nicht als Repräsentandum in Frage.

Auch Dretske vermag jedoch nicht sämtliche Zweifel auszuräumen. So ist ein Sonnenbrand sicherlich das Produkt einer natürlichen Funktion der Haut in der Gegenwart von intensiver Sonneneinstrahlung, dennoch würde man den Sonnenbrand nicht als Repräsentation der Sonne oder ihrer Strahlung bezeichnen. Immerhin könnte Dretske sich noch darauf berufen, dass hier im Gegensatz zu seiner Forderung nur *eine* Art von Reiz, nämlich die ultraviolette Strahlung, die Verbindung zwischen dem Objekt und der vermeintlichen Repräsentation herstelle; tatsächlich lässt sich aber auch diese Bedingung leicht erfüllen. Es gibt eine Reihe von körperlichen Reaktionen, die auf sehr komplexe Reizkonstellationen antworten: Magenverstimmungen werden, vermittelt durch eine Vielzahl unterschiedlicher Substanzen, von ungenießbaren Speisen bewirkt, dennoch handelt es sich bei Magenverstimmungen offenbar nicht um Repräsentationen von ungenießbaren Speisen.

Es kann nicht ausgeschlossen werden, dass die skizzierten Schwierigkeiten bei der ›Naturalisierung von Intentionalität‹ irgendwann einmal überwunden werden.[12] Wichtiger dürfte zunächst jedoch die Frage nach den Konsequenzen sein, die sich aus einem dauerhaften Scheitern dieser Versuche ergeben würden. Wäre es also tatsächlich zu erwarten, dass wir in diesem Falle – so wie von Fodor prognostiziert – an der Existenz mentaler Repräsentationen zweifeln müssten?

Im Prinzip geht es hier wieder um das Verhältnis unterschiedlicher Theorien zueinander. Wie oben bereits in der Diskussion über den Eliminativen Materialismus gezeigt, wäre es völlig verfehlt, wollten wir unsere Annahmen über die Existenz psychischer Prozesse von der Zurückführung psychologischer Theorien auf naturwissenschaftliche Ansätze abhängig machen. Die Psychologie auf der einen Seite und die Physik bzw. die Neurobiologie auf der anderen sind voneinander unabhängige wissenschaftliche Programme, deren Existenzannahmen in dem Maße als gesichert gelten können, wie sie sich *innerhalb* dieser Theorien bewähren und die Theorien ihrerseits zu zuverlässigen Prognosen und Erklärungen führen.

Selbstverständlich ist der Versuch sinnvoll, Entitäten und Gesetzmäßigkeiten einer höherstufigen Theorie wie der Psychologie auf Entitäten

12 Immerhin gibt es mittlerweile einen sehr interessanten Vorschlag für die Erklärung normativer Implikationen intentionaler Zustände. Nach Ros (im Druck, Kap. II 4.3) lassen sich diese Implikationen darauf zurückführen, dass derjenige, der einem Individuum einen dieser Zustände zuschreibt, damit gleichzeitig zu dem Sachverhalt Stellung nimmt, auf den sich der Zustand bezieht. Zum Ausdruck kommt diese Stellungnahme typischerweise in der propositionalen Einstellung. Der Unterschied zwischen den Sätzen ›Josef *weiß,* dass Peter in Wien ist‹, ›Josef *glaubt,* dass Peter in Wien ist‹ und ›Josef *meint irrtümlicherweise,* dass Peter in Wien ist‹, ergibt sich also nicht etwa aus Differenzen auf Seiten der Person, der die intentionale Einstellung zugeschrieben wird – insofern kann eine naturalistische Erklärung auch nicht allein hier ansetzen. Differenzen bestehen vielmehr auf Seiten des Zuschreibenden. Dieser nimmt im ersten Fall positiv, im zweiten Fall neutral-distanzierend und im dritten verneinend zu dem betreffenden Sachverhalt Stellung. Eine Erklärung hätte daher an dem *Verhältnis* anzusetzen, das zwischen den Propositionen besteht, die derjenige für wahr hält, dem eine intentionale Einstellung zugeschrieben wird (hier: Josef), und der Person oder Gruppe, die diese Zuschreibung vollzieht.

und Gesetze einer Grundlagenwissenschaft wie der Physik zurückzuführen, schließlich gewinnen wir damit bessere Möglichkeiten, die Ressourcen einer Theorie für die Fragestellungen einer anderen zu nutzen. Doch wie Fodor (1975, 9–26) selbst gezeigt hat, *müssen* wir davon ausgehen, dass solche Versuche häufig scheitern. Schon allein deshalb wäre es verfehlt, die Existenzannahmen einer höherstufigen Wissenschaft wie der Psychologie von deren Reduktion auf eine Basiswissenschaft wie die Physik abhängig zu machen. Zumindest aus der Sicht eines Physikalisten wäre dies auch deshalb widersinnig, weil psychische Prozesse in seinen Augen ja gleichzeitig physische Prozesse sind. Bezweifelte man also die Existenz der psychischen Entitäten, dann würde man gleichzeitig auch die Existenz der korrespondierenden physischen Prozesse in Frage stellen.

Dennoch stellt sich die Frage, ob sich aus einem Scheitern dieser Versuche nicht doch ein Argument gegen die Identitätstheorie ergeben würde, schließlich scheinen die hier vorliegenden Schwierigkeiten eng mit dem Erklärungslückenproblem verwandt zu sein. Warum sollte also das Scheitern einer naturalistischen Erklärung bei phänomenalen Zuständen einen Einwand gegen die Identitätstheorie begründen, bei intentionalen Zuständen aber nicht?

Von Bedeutung sind hier zwei Punkte. Zum einen wird auch in der Diskussion über das Erklärungslückenargument in der Regel nicht die Erklärung *sämtlicher* phänomenaler Zustände gefordert. Der Verdacht, die psychophysische Identitätsthese sei falsch, kann hier[13] ja nur dann auftreten, wenn sich eine Erklärung psychischer Eigenschaften aus unserem Wissen über neuronale Eigenschaften *prinzipiell* als unmöglich erweist. Erforderlich, so wurde oben gezeigt, ist daher lediglich eine Erklärung bestimmter, besonders charakteristischer Typen phänomenaler Zustände. Eine vollständige Reduktion der Psychologie auf die Neurobiologie ist daher nicht notwendig; aus den gerade noch einmal genannten Gründen dürfte sie zudem unmöglich sein.

Mit der Forderung nach einer direkten Zurückführung des spezifischen Gehaltes einzelner mentaler Repräsentationen auf neuronale Zustände würde man allerdings noch einen Schritt weitergehen. Es ist da-

13 Diese Einschränkung ist wichtig: natürlich gibt es eine Reihe anderer möglicher Einwände gegen die Identitätsthese. Hierzu würde insbesondere ein Nachweis psychophysischer Interaktionen zählen.

her nicht verwunderlich, dass *diese* Forderung in der skizzierten Debatte nicht erhoben wird – insbesondere nicht von erklärten Antireduktionisten wie Jerry Fodor. Auch in seiner stärkeren Fassung zielt das Programm der Naturalisierung von Intentionalität nicht darauf ab, den konkreten intentionalen Gehalt eines mentalen Zustandes ausschließlich aus neurobiologischen Erkenntnissen über Prozesse des Zentralnervensystem abzuleiten, vielmehr wird von vornherein zugestanden, dass hier Daten über die Lerngeschichte und das Zusammentreffen mit den die Repräsentationen auslösenden Objekten, Erkenntnisse über die Entwicklungsgeschichte etc. verwendet werden können. Die Folgerung, die sich hieraus ergibt, ist nicht schwer zu erkennen: Wenn keine Notwendigkeit besteht, den Gehalt mentaler Repräsentationen aus neurobiologischen Daten abzuleiten, dann können aus einem Scheitern dieser Versuche auch keine Konsequenzen für das Verhältnis von mentalen Repräsentationen und neuronalen Prozessen abgeleitet werden.

Sollte die Identitätstheorie also empirisch und theoretisch gut etabliert sein, dann würden sich aus einem Fehlschlag des Naturalisierungsprojektes in seiner stärkeren Variante keine ernsthaften Argumente gegen diese Theorie ergeben. Vorausgesetzt wird dabei, dass neuronale Prozesse generell als Basis mentaler Repräsentationen in Frage kommen, so dass die Naturalisierungsforderung in ihrer schwächeren Variante erfüllt ist. Wie bereits erwähnt, gibt es zumindest in diesem Punkt keinen Anlass zu ernsthaften Zweifeln.

Insofern dürften die von Fodor geäußerten Befürchtungen unbegründet sein. Unser Recht, von mentalen Repräsentationen zu sprechen, hängt nicht von dem Gelingen des Pogramms der Naturalisierung von Intentionalität in seiner strengeren Variante ab. Es gibt daher keinen Grund, um jeden Preis an dieser Variante festzuhalten, auch wenn man einen Erfolg dieser Bemühungen für wünschenswert halten mag.

III. Subjektivität und Willensfreiheit

Abschließend sollen noch zwei Themenkomplexe zur Sprache kommen, die praktisch seit dem Beginn der neuzeitlichen Philosophie immer wieder für lebhafte Auseinandersetzungen gesorgt haben: Das Problem der Subjektivität und die Frage nach der Freiheit des Willens. Beide Themen haben durch die Fortschritte der Neuro- und Kognitionswissenschaften an Beachtung gewonnen. Sollte sich herausstellen, dass Akte des Selbstbewusstseins und Willensentscheidungen letztlich auf physischen Prozessen beruhen, die ihrerseits den Naturgesetzen unterworfen sind, kann man dann überhaupt noch einen grundsätzlichen Unterschied zwischen menschlichen Lebewesen und anderen komplexen physischen Systemen wie etwa Computern machen? Werden wir unsere Vorstellungen von Subjektivität, Willensfreiheit und Personalität also nicht prinzipiell revidieren müssen, wenn wir erkennen, dass die von uns so gern in Anspruch genommene Sonderstellung innerhalb der physischen Realität völlig unbegründet ist? Ist es also nicht fraglich, ob wir uns noch – im Gegensatz zu Maschinen und anderen physischen Objekten – als frei und verantwortlich handelnde Personen begreifen können?

Nach einem kurzen Rückblick auf traditionelle Vorstellungen von Subjektivität werde ich im Folgenden zunächst die wichtigsten neueren Ansätze zu diesem Problem vorstellen. Anschließend sollen dann Fragen der Willensfreiheit erörtert werden, bevor ich zum Schluss kurz auf den Begriff der Person eingehen werde. Um die Antwort vorwegzunehmen: Ich glaube nicht, dass unser Status als frei und verantwortlich handelnder Personen von den derzeit vorliegenden bzw. den für die absehbare Zukunft zu erwartenden Erkenntnissen grundsätzlich in Frage gestellt wird – auch wenn in einigen Punkten eine mehr oder minder tiefgreifende Revision notwendig sein dürfte.

Subjektivität

Begriffliche Vorklärung

Die Debatte über den Status der Subjektivität wird dadurch erschwert, dass auch die zentralen Begriffe unterschiedlich verwendet werden. Das Fehlen solcher begrifflichen Klärungen behindert nicht nur den Zugang zu dieser Debatte, es führt zudem zu Missverständnissen und erschwert einen Vergleich der unterschiedlichen Ansätze. Insofern scheint es sinnvoll, hier zunächst wiederum gewisse begriffliche Festlegungen zu treffen.

Als Oberbegriff für sämtliche Phänomene, die Selbst und Selbstbewusstsein betreffen, soll der Begriff SUBJEKTIVITÄT verwendet werden. Subjektivität umfasst also einzelne Akte des SELBSTBEWUSSTSEINS ebenso wie ein über einen gewissen Zeitraum stabiles SELBST oder SELBSTKONZEPT. Ein einzelner Akt des SELBSTBEWUSSTSEINS lässt sich ganz allgemein beschreiben als die Bezugnahme eines Individuums auf seine eigenen geistigen oder körperlichen Zustände. Diese Bezugnahme sollte ›transparent‹ oder ›explizit‹ sein, d.h. das Individuum sollte sich der Tatsache bewusst sein, dass es sich auf sich selbst und nicht etwa auf eine andere Person bezieht. Für einen Akt des Selbstbewusstseins reicht es also nicht, dass sich ein Individuum *de facto* oder ›implizit‹ auf einen eigenen Zustand bezieht, notwendig ist vielmehr, dass der eigene Zustand auch *als eigener Zustand* erkannt wird.

Beispiele für Akte des Selbstbewusstseins sind die Erinnerung an einen eigenen Schmerz, die Irritation über die eigene Ungeduld oder aber die Selbstvergewisserung bezüglich einer bestimmten Überzeugung. Erwirbt eine Person in einer solchen reflexiven Bezugnahme gleichzeitig auch ein Wissen über sich bzw. einen ihrer Zustände, dann kann man auch von einem Akt der SELBSTERKENNTNIS sprechen. Als SELBST, SELBSTKONZEPT oder auch als EMPIRISCHES ICH werde ich schließlich die Gesamtheit der zeitlich stabilen Selbstzuschreibungen bezeichnen, die aus solchen momentanen Akten von Selbstbewusstsein und Selbsterkenntnis hervorgehen. Wenn sich eine Person also in unterschiedlichen Situationen immer wieder als besonders ungeduldig erlebt hat, dann wird sie sich möglicherweise Ungeduld als ein Wesensmerkmal zuschreiben, sie wird also Ungeduld zum Bestandteil ihres Selbstkonzeptes machen. Das SELBST muss daher nicht notwendigerweise ein homogenes inneres ›Objekt‹ sein, es kann sich vielmehr um einen mehr oder minder stabilen Komplex von Merkmalen handeln, die sich die betreffende Person zuschreibt. Es geht zunächst wiederum nur um eine begriffliche Konvention, die keine Festlegungen über die Existenz eines in sich einheitlichen inneren Objektes mit den entsprechenden ›Wesensmerkmalen‹ enthält. Die Existenz eines solchen Objektes ist auf diese Weise also nicht ausgeschlossen, allerdings wird sie damit auch nicht postuliert.

Selbstbewusstsein

(1) Selbstbewusstsein basiert auf dem direkten Zugang eines intelligenten, bewusstseinsfähigen Wesens oder Systems zu seinen eigenen mentalen Zuständen

(2) Selbstbewusstsein setzt voraus
  a. die Fähigkeit, die eigenen Zustände de facto von fremden Zuständen zu unterscheiden
  b. die Fähigkeit, die eigenen Zustände als eigene Zustände zu erkennen
  c. langfristig stabile Selbstzuschreibungen bestimmter Eigenschaften (Selbstkonzept)

Tradition

Immerhin hat die Ansicht, das Ich sei ein in sich einheitliches Objekt, das einen direkten Zugang zu seinen eigenen Zuständen besitzt und somit als interner Beobachter seiner selbst auftreten kann, in der Vergangenheit eine wichtige Rolle gespielt. Ihre Quelle dürfte diese Auffassung wohl in religiösen Vorstellungen von der Seele als einer eigentümlichen ›Substanz‹ haben. Ursprünglich wurde dabei angenommen, diese Substanz bestehe aus einer besonders feinen Materie. Dies legte die Auffassung nahe, sie könne auch aus der Perspektive der dritten Person beobachtet werden, etwa dann, wenn die Seelensubstanz dem Körper eingehaucht wird, wie es in der biblischen Genesis geschieht, oder wenn sie den Körper im Moment des Todes verlässt.

Der neuzeitliche Dualismus gibt die Außenperspektive auf: Für ihn existiert ein Zugang zur Seele als der ›denkenden Substanz‹ nur noch aus der Perspektive der ersten Person. Auch hier ist das Ich aber Gegenstand einer *Vorstellung*, das Selbstbewusstsein bleibt ein Spezialfall des Bewusstseins von etwas anderem. Dabei besteht allerdings nicht nur die Besonderheit, dass Subjekt und Objekt des Bewusstseinsaktes miteinander identisch sind, vielmehr soll das Bewusstsein dieser Identität, also das Selbstbewusstsein, überhaupt erst durch den Akt der Reflexion zustande kommen.

Gesamtbild

Die neuere Debatte über das Problem der Subjektivität ist – aus Gründen, die noch zu nennen sein werden – ganz entschieden von dieser Vorstellung abgerückt. Die Skepsis beschränkte sich nicht auf einzelne Merkmale dieser Konzeption, häufig wurde die Existenz des Ich selbst in Zweifel gezogen: In den Augen von Autoren wie Minsky oder Dennett handelt es sich hier um eine bloße Fiktion. Vor dem Hintergrund der traditionellen Konzeption ist diese Kritik verständlich: Wenn das Ich als ein erkenn- oder beobachtbares Objekt mit bestimmten Eigenschaften aufgefasst wird, dann müssen wir von einer Fiktion sprechen, sobald sich herausstellt, dass es Objekte mit den fraglichen Eigenschaften nicht gibt. So wie wir im Alltag auf die Idee verfallen mögen, wir würden ein UFO oder das Ungeheuer von Loch Ness beobachten, obwohl – wie uns die Wissenschaft zeigen kann – solche Objekte nicht existieren, könnten wir eben auch meinen, wir würden ein Ich beobachten, das es in Wirklichkeit nicht gibt. Schon jetzt möchte ich jedoch darauf verweisen, dass auch anders auf das Scheitern der traditionellen Ich-Vorstellung reagiert werden kann: Möglich ist nämlich auch der Versuch, eine neue Konzeption von Subjektivität zu entwickeln, die die Kritik an der Tradition aufgreift, ohne dabei die Existenz des Ich rundweg abzustreiten.

Auch wenn man die grundsätzlichen Differenzen zwischen den genannten Optionen im Blick behält, ist eine klare systematische Zuordnung der Auffassungen, die derzeit die Diskussion über das Problem des Selbstbewusstseins bestimmen, wesentlich schwieriger als die Unterscheidung von Grundpositionen in der Gehirn-Bewusstseins-Debatte. Dies dürfte nicht zuletzt mit der weitaus größeren Komplexität des Problems zusammenhängen. Tatsächlich stellt das Verhältnis von psychischen und physischen Prozessen nur *einen* Aspekt des Problems der

Subjektivität dar. Hinzu kommen noch Fragen nach Status und Voraussetzungen von Selbsterkenntnis und Selbstzuschreibung sowie empirische Erkenntnisse über die Entstehung des Selbstbewusstseins und der ihm zugrunde liegenden Eigenschaften und Fähigkeiten. Es ist daher kein Zufall, dass auch die Autoren selbst ihre Auffassungen in der Regel nicht einer bestimmten Richtung zuordnen – auch dies ein Unterschied zur Debatte um das Gehirn-Bewusstseins-Problem, wo solche systematisierenden Selbsteinschätzungen recht häufig zu finden sind.

Im Folgenden wird daher nur grob nach mehr oder minder subjektskeptischen Auffassungen unterschieden, ansonsten sollen die vorgestellten Positionen jedoch für sich selbst sprechen. Ich werde zunächst eher skeptische Positionen vorstellen, um dann solche Autoren zu Wort kommen zu lassen, die auf der Basis einer Neukonzeption an der Realität des Selbst festzuhalten suchen; dabei werden Beiträge aus der deutschsprachigen Diskussion eine größere Rolle spielen. Den Abschluss soll eine kurze Skizze wichtiger empirischer Erkenntnisse bilden.

Skeptische Positionen

Die Skepsis gegenüber der Realität des Selbst ist in der Gegenwart sehr weit verbreitet. Kenny (1988) z. B. sieht hier nur ein Stück ›Philosophenunsinn‹, der aus dem Missverständnis eines Reflexivpronomens entstanden sei. Entschiedene Vorbehalte gegenüber der Realität des SELBST äußern auch Marvin Minsky (1988/1990) und Daniel Dennett (1991), deren Auffassungen ich im Folgenden etwas ausführlicher vorstellen möchte: Ihrer Ansicht nach ist das Selbst eine bloße Fiktion. Sie mag unter pragmatischen Gesichtspunkten für das handelnde Subjekt im Alltag sinnvoll sein, der Wissenschaftler erkennt jedoch, dass sich hinter der vermeintlichen Einheitlichkeit des Selbst eine nicht mehr integrierbare Vielfalt unterschiedlicher Motive, Handlungstendenzen und Charakterzüge verbirgt.

Minsky

Minskys Skepsis gegenüber der traditionellen Konzeption des Subjekts setzt gleich an mehreren Stellen an. Zum einen erweise sich das, was in der Tradition als ein monolithisches Ich aufgefasst wird, als eine ganze

›Gesellschaft der Geister‹ (society of mind), eine Vielzahl unterschiedlicher und voneinander weitgehend unabhängiger Agenten, die mehr oder minder gut zusammenarbeiten, obwohl sie oft ganz unterschiedliche Erfahrungen machen:

> Wie die Mitglieder einer Familie könnten diese [Geister] zusammenarbeiten, um sich gegenseitig zu helfen, und doch ihre eigenen mentalen Erfahrungen machen, von denen die Übrigen nichts wissen. Mehrere solcher Agenturen könnten viele Agenten gemeinsam haben und doch nicht mehr über die internen Aktvitäten der anderen erfahren als Leute, die Wand an Wand wohnen (Minsky 1988/1990, 290).

Minsky wendet sich zweitens gegen die Vorstellung, wir hätten einen direkten Zugang zu unseren eigenen mentalen Zuständen: In Wirklichkeit ist dieser Zugang durch eine ganze Reihe zwischengeschalteter Prozesse vermittelt. Unsere scheinbar direkte Introspektion funktioniert also nach ganz ähnlichen Prinzipien wie unsere Kenntnis der Außenwelt: Wir müssen uns regelrecht um Informationen bemühen, wir entwickeln Theorien über unsere eigenen Zustände und machen sogar Experimente, um diese Theorien zu überprüfen (Minsky 1988/1990, 60).

Doch auch auf diese Weise kommen wir allenfalls zu einer lückenhaften Kenntnis unserer geistigen Prozesse; nur ein kleiner Teil der faktisch ablaufenden Vorgänge wird so aus der Perspektive der ersten Person zugänglich. Dies hat seinen guten Sinn: Jedes Bemühen um Vollständigkeit würde unser kognitives System zwingen, sich allein mit sich selbst zu befassen, und so eine Selbstblockade heraufbeschwören.

Aus all diesen Gründen ist der traditionelle Ich-Begriff in Minskys Augen nicht zu halten. Zwar bestreitet der Autor nicht, dass die Vorstellung eines Ich insofern nützliche Dienste leistet, als sie unseren Motiven und Selbsteinschätzungen eine gewisse Stabilität verleiht. Außerdem bietet sie einen Bezugspunkt, der uns erlaubt, eine letzte Ursache unserer Handlungen und Entscheidungen anzugeben. All dies kann jedoch nichts an der Unhaltbarkeit dieser Vorstellung ändern. Das Ich sei eine reine Fiktion, mit der sich die ernsthafte Forschung nicht befassen könne: Aus der Sicht der Wissenschaft existiert nur die unhintergehbare Vielfalt jener ›Agenten‹ mit ihren stets wechselnden Konflikten und Koalitionen.

Keinen Einwand vermag Minsky darin zu sehen, dass seine Theorie im Gegensatz zu den Erfahrungen steht, die wir aus der Perspektive der ersten Person machen; letztlich zeigt sich hier in seinen Augen nur noch einmal, wie unvollständig unsere Kenntnis der eigenen mentalen Prozesse ist. Die Vorstellung eines monolithischen Ich verdankt sich allein der Tatsache, dass uns die wirkliche Vielfalt der ›Gesellschaft der Geister‹ nicht bewusst ist; die Illusion einer direkten Selbstgegenwart demonstriert lediglich unsere Ignoranz gegenüber den komplizierten Vermittlungsmechanismen, auf denen die Kenntnis unserer eigenen mentalen Prozesse beruht.

Dennett

Minskys Zweifel an der Realität des ›Selbst‹ sind unter anderem von Daniel Dennett aufgegriffen worden. Dennetts Theorie des Selbstbewusstseins basiert auf einigen grundsätzlichen Annahmen über die Funktion kognitiver Prozesse (siehe oben S. 139). Diesen Annahmen zufolge beruht schon die scheinbar unproblematische, ›direkte‹ Wahrnehmung von Alltagssituationen auf komplexen internen Interpretations- und Hypothesenbildungsprozessen, die, wie Dennett an vielen Beispielen demonstriert, keineswegs fehlerlos sind. Wichtiger noch, dass sich bei der Interpretation einer bestimmten Situation ganz unterschiedliche Entwürfe (MULTIPLE DRAFTS) abwechseln können, ohne dass dies aus der Perspektive der ersten Person erkennbar wäre. Neue Interpretationen ›überschreiben‹ vorangehende Entwürfe, die aus unserem Gedächtnis ›verschwinden‹ und die letzte Interpretation als scheinbar unmittelbare Erfahrung der fraglichen Situation zurücklassen.

Mit seinem Hinweis auf den illusionären Charakter dieser Unmittelbarkeit untergräbt Dennett die Vertrauenswürdigkeit von Selbstzuschreibungen: Wenn wir uns derart über diese Zustände täuschen können, dann kann es den von der Tradition postulierten privilegierten Zugang zu unseren eigenen mentalen Zuständen nicht geben. Es wundert daher nicht, dass Dennett ebenso wie Minsky die Realität des Selbst massiv in Frage stellt: In seinen Augen handelt es sich hier um eine Fiktion zweiter Ordnung. Das Selbst ist das fiktive Gravitationszentrum jener ›Geschichten‹, die aus der Interpretation von Wahrnehmungsbefunden hervorgehen und ihrerseits auf der Fiktion der Unmittelbarkeit beruhen. Dennett räumt ein, dass ein solches Zentrum einen beträchtlichen pragmatischen Wert bei der Selbstzuschreibung von Handlungen oder Beobachtungen haben kann, dies ändere jedoch nichts an seinem illusionären Charakter:

Das Selbst ist nach meiner Theorie … eine Abstraktion, die bestimmt wird durch die Unzahl der Zuschreibungen und Interpretationen, aus denen sich die Biographie desjenigen lebendigen Körpers zusammensetzt, dessen narratives Gravitationszentrum es ist. Als solches spielt es eine einzigartig bedeutsame Rolle in der fortwährenden kognitiven Ökonomie dieses lebendigen Körpers, weil unter all denjenigen Dingen in der Umgebung, von denen ein lebendiger Körper mentale Modelle anfertigen muss, keines wichtiger ist als das Modell, das der Handelnde von sich selbst hat. … Das Selbst erweist sich so als eine wertvolle Abstraktion, eine theoretische Fiktion und nicht etwa als ein interner Beobachter oder ›Boss‹ (Dennett 1991, 426–431).

Auch Dennett meint also, dass die traditionelle Vorstellung eines unmittelbar zugänglichen, monolithischen Ich im Wesentlichen auf die Unkenntnis der relevanten kognitiven Mechanismen zurückzuführen sei. Nicht weniger verfehlt ist aus seiner Sicht die Annahme, das Ich stelle die letzte Entscheidungs- oder Handlungsinstanz dar: In Wirklichkeit werden unsere Handlungen durch eine Vielzahl unterschiedlicher Zentren bestimmt. Deren Entscheidungen – so glaubt Dennett den Experimenten von Benjamin Libet entnehmen zu können – finden in der Regel auf einer vorpersonalen Ebene statt; sie sind also schon längst gefallen, wenn sie uns schließlich bewusst werden.

Dennett hat seine Theorie des Selbstbewusstseins später (Dennett 1996) noch etwas weiter zugespitzt. Dabei greift er – ähnlich wie kürzlich Susan Blackmore – auf Richard Dawkins' Theorie der MEME zurück. Nach Dawkins (1976) stellen Meme so etwas wie die kulturellen Analoga von Genen dar. Meme sind also die kleinsten Einheiten selbständiger Information, die sich durch Kommunikation unter den Angehörigen einer Kultur verbreiten können. Abhängig davon, ob sie ihrer kulturellen Umwelt angepasst sind oder nicht, verbreiten sie sich mehr oder minder schnell oder sterben aus, sofern sie dieser Umgebung nicht entsprechen. Unsere Meinungen, Überzeugungen, unser Wissen und unsere Wünsche sind also jeweils veränderliche Komplexe solcher Meme, die ihren Ursprung irgendwo in unserer sozialen und intellektuellen Umgebung haben.

Auch unser Selbst ist dieser Konzeption zufolge ein – noch dazu recht instabiler – Komplex von Memen, die in der Konzeption Dennetts eine ganz ähnliche Rolle spielen wie die ›Agenten‹ in Minskys ›Gesellschaft der Geister‹. Genauso wie dort die einzelnen Agenten in wechselnden Konstellationen Einfluss auf das Handeln des Individuums nahmen, sind es hier wechselnde Koalitionen von Memen, die Präferenzen und Handeln einer Person bestimmen:

Was eine Person zu der Person macht, die er oder sie ist, sind die Koalitionen von Memen, die regieren, die die langfristig wirksamen Rollen spielen und dabei die Entscheidungen bestimmen, die unterwegs gemacht werden (Dennett 1996, 368).

Die Konsequenzen dieser Annahme sind nicht schwer zu erkennen: Das Ich verliert seine Eigenständigkeit; es wird zu einer Durchlaufstation der Meme und gerät damit in die Abhängigkeit von jener kaum durchschaubaren sozialen Dynamik, der die Meme Existenz und Verbreitung verdanken.

Blackmore und Metzinger

Dennetts Position ist kürzlich von Susan Blackmore (1999) aufgegriffen und weiterentwickelt worden. Auch Blackmore geht davon aus, dass unser Wissen und unsere Überzeugungen nichts anderes sind als Akkumulationen von Memen. Dies gilt nicht zuletzt für unser Ich: Auch hier haben wir es nur mit einem Komplex von Memen zu tun, der einem ständigen, von außen gesteuerten Wandel unterliegt. Die Vorstellung eines stabilen Ich, das als Zentrum unserer Entscheidungen und Handlungen fungieren könnte, ist also auch für Blackmore eine bloße Illusion.

Anders als Minsky und Dennett streitet Blackmore zudem den pragmatischen Wert der Vorstellung des Selbst ab. Die Befreiung von dieser Illusion sei nicht nur ein Akt *wissenschaftlicher* Vernunft, vielmehr soll sie auch im *Alltag* eindeutig positive Folgen haben. Erst durch die Fiktion des Selbst werden wir nämlich abhängig von der Achtung bzw. Missachtung anderer, aber auch von den Festlegungen durch unsere eigenen Wünsche, Abneigungen und Selbsteinschätzungen. Mit dem Verzicht auf ein solches Selbst würden wir uns von diesen Zwängen und Abhängigkeiten befreien und könnten uns statt dessen der unbelasteten Erfahrung der Gegenwart überlassen:

In Wirklichkeit sind es der Wunsch nach bestimmten Dingen und die Abneigung gegen andere, was uns unglücklich macht. Wenn wir nur unsere wahre Natur erkennen würden, dann würden wir uns auch vom Leiden befreien, weil wir wüssten, dass es kein Ich gibt, das hier leiden kann (Blackmore 1999, 230).

Zweifellos hat Blackmore Recht, wenn sie darauf hinweist, dass viele Religionen Glück mit der ekstatischen Aufgabe des Ich verknüpft haben. Man wird jedoch zweifeln können, ob dies allein schon Grund genug ist, im Ich die Wurzel des Unheils zu sehen. Auch nach Blackmores eigener Konzeption ist das Ich nicht der Ursprung unserer Wünsche, Bedürfnisse und sonstigen Eigenschaften, vielmehr scheint es eher die Funktion zu haben, diese zu bündeln und ihnen – für uns selbst und für andere – Kontinuität zu verschaffen. Schon allein deshalb ist es mehr als fraglich, ob der Verzicht auf das Selbst wirklich so positive Konsequenzen haben würde, wie von Blackmore behauptet. Abgesehen davon kann das Urteil anderer über uns dann und wann auch einmal positiv ausfallen, unsere Wünsche gehen zuweilen in Erfüllung, und unsere längerfristigen Bedürfnisse kommen hin und wieder zu ihrem Recht. Wichtiger ist allerdings, dass wir mit dem Verzicht auf das Selbst auch die Voraussetzungen für langfristige Anstrengungen und Strategien aufgeben würden, wie sie für ein adäquates Handeln in modernen Industriegesellschaften unvermeidlich sind. Wie sollten ohne die Festlegung einzelner Individuen auf langfristige Wünsche oder Zielvorgaben noch künstlerische oder wissenschaftliche Anlagen ausgebildet werden?

Es ist daher mehr als fraglich, ob die ›Befreiung‹ von der vermeintlichen Illusion des Ich wirklich die positiven Konsequenzen hätte, die Blackmore ihr zuschreibt. Entscheidend ist allerdings nicht die Frage, ob die Befreiung vom Ich nun wünschbar ist oder nicht, entscheidend ist vielmehr, ob die diesem Postulat zugrunde liegende Theorie überhaupt einen adäquaten Ansatz zur Analyse des Selbstbewusstseins bietet. Eine eindeutige Antwort fällt hier wegen des metaphorischen Charakters dieser Theorie nicht leicht. Gut nachvollziehbar ist die auch bei Blackmore artikulierte Skepsis gegenüber den traditionellen Vorstellungen von Subjektivität; fraglich ist allerdings, ob menschliche Subjekte wirklich in dem von ihr und Dennett behaupteten Maße von externen Entwicklungen abhängen. Gegen eine solche Abhängigkeit spricht zum einen die vergleichsweise große Stabilität persönlicher Eigenschaften, die offenbar kein bloßer Spielball im Kommen und Gehen der Meme sind. Gegen Blackmores Theorie spricht aber zweitens *prima facie* auch die Tatsache, dass Individuen ganz unterschiedlich auf die gleichen gesellschaftlichen und intellektuellen Veränderungen reagieren können, und zwar auch dann, wenn sie derselben sozialen Gruppe angehören. Solche Unterschiede wären nur schwer zu erklären, wenn der Einzelne wirklich so weitgehend, wie von Blackmore behauptet, von externen Entwicklungen abhinge, die in diesem Fall ja weitgehend identisch wären.

Bevor ich diese Überlegungen weiterführe, möchte ich noch eine letzte, besonders gut begründete subjektskeptische Position vorstellen, nämlich die von Thomas Metzinger. Metzinger knüpft an die Theorien von Craik und Johnson-Laird (1983) an, wenn er MENTALE MODELLE als die Basis unserer Repräsentation der Wirklichkeit bezeichnet. Eine besondere Bedeutung haben hier Wahrnehmungsmodelle. Sie integrieren Informationen aus unterschiedlichen Sinnesorganen zu einer Repräsentation z. B. eines wahrgenommenen Objektes. Dabei entspricht die Struktur des mentalen Modells der des abgebildeten Ausschnittes der Wirklichkeit. So können etwa die visuellen Informationen über Objekte in unserer Umgebung zu einem dreidimensionalen Szenario verbunden werden, das u. a. die räumlichen Relationen zwischen diesen Objekten abbildet. Mentale Modelle erlauben die Simulation realer Abläufe, außerdem können sie ineinander ›eingebettet‹ werden. Sie ermöglichen damit die Erzeugung komplexerer Repräsentationen, in die neben Informationen aus unterschiedlichen Sinnesmodalitäten auch Hintergrundwissen über eine bestimmte Situation eingehen kann. So vermag ich etwa das mentale Modell meines Körpers in das des Zimmers einzubetten, in dem ich mich gerade aufhalte. Ein besonders wichtiger Fall der Einbettung ist der der METAREPRÄSENTATION. Werden mentale Modelle zum Gegenstand einer solchen Metarepräsentation, dann erlangen sie Bewusstsein. Abgeschlossen wird die Hierarchie der ineinander einbettbaren Modelle vom sogenannten REALITÄTSMODELL, also dem Modell der Welt insgesamt, das alle anderen Modelle enthält.

Entscheidend für Metzingers Theorie der Subjektivität ist es nun, dass sie auch das Selbstbewusstsein auf ein solches mentales Modell zurückführt, nämlich auf das SELBSTMODELL, das jeweils ein Subjekt von sich selbst entwirft. Das Selbstmodell kann in das Realitätsmodell, also das Modell der externen Wirklichkeit, eingebettet werden und sorgt damit für dessen Ausrichtung auf eine bestimmte Perspektive, nämlich auf die Perspektive des Subjekts, das dieses Modell erzeugt:

Ein Selbstmodell ist ein in ein internes Modell der Welt eingebundenes Analogrepräsentat des es konstruierenden Systems in seiner Umwelt. Sein Gegenstand ist ein diskretes physikalisches System, und hierbei handelt es sich genau um dasjenige – künstliche oder natürliche – Repräsentationssystem, welches das Selbstmodell in sich erzeugt. Mental sind diejenigen Partitionen des Selbstmodells, die prinzipiell durch Metarepräsentation zu Inhalten von phänomenalem Bewusstsein werden können (Metzinger 1993, 158).

Metzinger hebt eine Eigenschaft dieses Selbstmodells besonders hervor. Ähnlich wie alle anderen mentalen Modelle auch repräsentiert es bestimmte Gehalte, nicht aber die Mechanismen seiner eigenen Entstehung. Das Modell ist ›transparent‹ nur bezüglich dieser Gehalte, nicht aber bezüglich seiner eigenen Mechanismen. Das hat eine wichtige Konsequenz: Aus der Perspektive der ersten Person ist nämlich gar nicht mehr erkennbar, dass es sich hier nur um ein *Modell* des Ich und nicht um dieses selbst handelt. Wir können daher das Selbstmodell in einem naiv realistischen Missverständnis mit dem Selbst verwechseln oder umgekehrt: Das, was wir als ›Selbst‹ bezeichnen, ist eine ›repräsentationale Fiktion‹. In Wirklichkeit haben wir es nur mit einem Modell zu tun, das uns auf Grund jenes naiven Realismus darüber hinwegtäuscht, dass ihm kein reales Objekt gegenübersteht:

Die ›Perspektive der ersten Person‹ ist ausschließlich ein Darstellungsphänomen, dem nichts in der objektiven Struktur der Welt entspricht. Wir sind nicht auf mysteriöse Weise mit einer besonderen innerweltlichen Person und ihrem Standpunkt identisch, sondern wir besitzen in diesem Sinne *überhaupt keine Identität:* Wir sind eine intern mehr oder weniger stark korrelierte Menge aus physischen und psychologischen Eigenschaften, die sich durch die Zeit bewegt. Die *Einheit* des Selbstbewusstseins ist eine repräsentationale Fiktion (Metzinger 1996, 151).

Metzingers Theorie des Selbstmodells erscheint durchaus plausibel. Sie liefert überzeugende Einwände gegen die klassische Vorstellung einer homogenen Ich-Substanz, Einwände, die in wesentlichen Punkten mit den Überlegungen von Minsky, Dennett und Blackmore übereinstimmen. Metzinger trägt damit bei zur Entlarvung der Illusion eines unmittelbar zugänglichen Ich-Objektes, gleichzeitig macht er einleuchtende Vorschläge bezüglich der psychischen Mechanismen, die der Ichvorstellung zugrunde liegen.

Zweifeln kann man allerdings, ob damit das Ich schon als eine Fiktion ausgewiesen ist. Unklar ist dabei vor allem, ob es wirklich die direkte Introspektion ist, die uns zu der Fiktion eines monolithischen Ich führt. Immerhin weist Metzinger selbst auf die Multimodalität des Selbstmodells hin und hebt damit dessen vielfältigen Charakter hervor, so wie er offenbar aus der Perspektive der ersten Person erfahren wird. Dies würde für die Annahme sprechen, dass die Vorstellung eines einheitlichen Ich- oder Selbst-Objektes nicht etwa aus unserer ›unmittelbaren Erfahrung‹ hervorgeht, vielmehr scheint es sich um das Produkt einer nachträglichen Theoriebildung zu handeln. Die Täuschung würde also die Perspektive der ersten Person noch gar nicht betreffen. Hier würde man schon deshalb nur schwerlich von einer Fiktion sprechen können, weil der Körper und die qualitativen Empfindungen als Gegenstände des Selbstmodells ja keineswegs illusorisch sind: *Diese* Gegenstände gibt es ja.

Die Zweifel, ob die Vorstellung eines einheitlichen Ich-Objektes wirklich eine Fiktion der Introspektion ist, können sich auf einen wichtigen Gewährsmann berufen, nämlich auf David Hume.[1] Schon Hume hatte nämlich zu zeigen versucht, dass Gegenstand der direkten Erfahrung nicht etwa ein inneres Ich-Objekt ist, sondern ein Bündel von unterschiedlichen Vorstellungen:

> Ich meines Teils kann, wenn ich mir das, was ich als ›mich‹ bezeichne, so unmittelbar als irgend möglich vergegenwärtige, nicht umhin, jedesmal über die eine oder die andere bestimmte Perzeption zu stolpern, die Perzeption der Wärme oder Kälte, des Lichtes oder Schattens, der Liebe oder des Hasses, der Lust oder Unlust. Niemals treffe ich *mich* ohne eine Perzeption an und niemals kann ich etwas anderes beobachten als eine Perzeption. … Wenn ich aber von einigen Metaphysikern, die sich eines solchen Ich zu erfreuen meinen, absehe, so kann ich wagen, von allen übrigen Menschen zu behaupten, daß sie nichts sind als ein Bündel oder ein Zusammen verschiedener Perzeptionen, die einander mit unbegreiflicher Schnelligkeit folgen und beständig in Fluß und Bewegung sind (Hume 1739/1989 Bd. I, 326 f.).

1 Ganz ähnliche Zweifel finden sich übrigens auch in Fichtes *Bestimmung des Menschen:* »Es gibt überall kein Dauerndes, weder außer mir, noch in mir, sondern nur einen unaufhörlichen Wechsel. Ich weiß überall von keinem Seyn, und auch nicht von meinem eigenen. Es ist kein Seyn. – Ich selbst weiß überhaupt nicht, und bin nicht. Bilder sind: sie sind das einzige, was da ist, und sie wissen von sich, nach Weise der Bilder: … Ich selbst bin eins dieser Bilder; ja, ich bin selbst dies nicht, sondern nur ein verworrenes Bild von den Bildern.« Fichte 1971, 179 (Ich verdanke den Hinweis auf dieses Zitat Lars Schuster).

Neuere Konzeptionen des Selbstbewusstseins

Das Subjekt-Objekt-Modell des Selbstbewusstseins und die Konzeption der ›Heidelberger Schule‹

Hume stützt damit die Vermutung, dass die Vorstellung eines einheitlichen Ich-Objektes nicht aus der direkten Selbstwahrnehmung stammt, sondern der theoretischen Auseinandersetzung mit dem Problem der Subjektivität entspringt. Diese Theorie überträgt das für die Erkenntnis der externen Realität charakteristische Subjekt-Objekt Modell auf das Problem des Selbstbewusstseins: Das Ich wird dabei einerseits als ein in sich einheitliches inneres *Objekt* aufgefasst. Gleichzeitig tritt es – im Unterschied zu den uns vertrauten Objekten – aber auch als *Subjekt* auf, das einen direkten Zugang zu seinen eigenen Zuständen besitzt.

Die Strategie der bislang vorgestellten Positionen bestand im Wesentlichen in dem Nachweis, dass ›Objekte‹ mit den genannten Eigenschaften nicht existieren; das Ich, so die Folgerung, müsse also eine Fiktion sein. Wie bereits angedeutet, gibt es jedoch noch eine andere Strategie. Sie setzt nicht auf der empirischen, sondern auf der begrifflichen Ebene an.[2] In diesem Falle geht es nicht um den Nachweis, dass es die ›Objekte‹, von denen die traditionelle Ich-Vorstellung spricht, nicht gibt oder dass die Inhalte unseres Selbstbewusstseins eine wesentlich komplexere Struktur haben, als es jene Vorstellung eines monolithischen Ich will. Gezeigt werden soll hier vielmehr, dass das traditionelle Modell selbst unzulänglich ist, so dass es durch eine andere Konzeption ersetzt werden muss.

Auch die Vertreter dieser Strategie würden behaupten, dass es ein Ich, das dem traditionellen Begriff entspricht, nicht gibt. Dies berechtigt in ihren Augen jedoch nicht zu der Behauptung, das Ich sei *generell* eine bloße Fiktion, schließlich sei man nicht grundsätzlich auf diesen Begriff festgelegt. Gebe man die begrifflichen Fesseln der philosophischen und theologischen Tradition zugunsten einer sinnvollen Neukonzeption auf, dann könne man sehr wohl auch die notwendigen empirischen Nachweise zugunsten einer solchen Neukonzeption erbringen. Hierfür spricht auch, dass der Begriff des Selbst sich in der empirischen Psychologie als unverzichtbar erwiesen hat.

Gerade hier ist daher eine theoretische Auseinandersetzung mit dem traditionellen Subjekt-Objekt-Modell des Selbstbewusstseins notwen-

2 vgl. hierzu grundsätzlich Ros 1999.

dig. Erst auf der Basis einer solchen Auseinandersetzung ist dann in einem zweiten Schritt die geforderte Neukonzeption möglich.

Verfolgt wird diese zweite Strategie unter anderem von den Vertretern der sogenannten ›Heidelberger Schule‹, insbesondere von Dieter Henrich und Manfred Frank. Beide Autoren meinen, dass es gute Gründe gibt, das traditionelle Subjekt-Objekt-Modell aufzugeben, und zwar ganz unabhängig von der Frage, ob man der dualistischen Ontologie von Descartes und seinen Nachfolgern zustimmt oder nicht.

Entscheidend ist dabei, dass dieses Modell mit der Annahme, Selbstbewusstsein entstehe aus der Erkenntnis der Identität von Subjekt und Objekt, ein unlösbares Problem aufwirft. Die Erkenntnis dieser Identität setzt nämlich voraus, dass sich das Subjekt, das sich – *de facto* – reflektierend oder beobachtend auf sich selbst bezieht, auch der Tatsache *bewusst* ist, dass *es selbst* das Objekt seiner Reflexion oder Beobachtung ist. Es muss also schon ein Bewusstsein seiner selbst haben, *bevor* es dieses Selbst mit dem Objekt seiner Reflexion identifizieren kann, so wie man ein Bewusstsein seiner selbst benötigt, wenn man sich beispielsweise auf einem Foto oder in einem Spiegel wiedererkennen will. Doch welchen Erklärungswert kann das Reflexionsmodell dann noch für die Entstehung des Selbstbewusstseins besitzen? Offenbar setzt der Akt der Reflexion schon die Existenz desjenigen Selbstbewusstseins *voraus*, das dem Modell zufolge erst das *Produkt* dieses Aktes sein soll – das Reflexionsmodell verfängt sich also in einem Zirkel:

> Ob durch Reflexion oder wie immer in Beziehung zu sich selbst, – das Ich muss in jedem Falle im Selbstbewusstsein *sich selber* erfassen. Da nun dieses Erfassen den eigentümlichen Charakter des wissenden Erfassens haben soll, muss das Ich irgendeine Vorstellung davon haben, dass es es selber ist, dessen es gewahr wird. Dazu ist zwar nicht erforderlich, dass es ein irgendwie geartetes begriffliches Wissen von sich besitzt oder dass es imstande ist, von sich eine *Beschreibung* zu geben. Es muss aber in jedem Falle dazu imstande sein, mit Gewissheit auszusagen, dass es im Selbstbewusstsein mit sich selbst vertraut ist. ... Diese Eigentümlichkeit des Selbstbewusstseins lässt sich nun aber auf keine Weise mit Hilfe irgendeiner Rückbeziehung des Ich auf sich erklären. Jenseits aller Sonderprobleme in der Annahme einer Reflexionsaktivität fällt diese Erklärung notwendig zirkulär aus: Um zu einer Identifikation mit sich selber zu kommen, muss das Subjekt nämlich schon wissen, unter welchen Bedingungen es etwas, dem es begegnet oder mit dem es vertraut ist, sich selber zuschreiben kann. Diese Kenntnis kann es niemals durch Selbstbeziehung allererst gewinnen (Henrich 1970, 266 f.).

Die Zurückweisung des Subjekt-Objekt-Modells hat wichtige Konsequenzen für die Diskussion über die Realität des Ich. Gibt man die Vorstellung vom Ich als einem Objekt auf, dann muss man auch nicht mehr die Existenz eines solchen mysteriösen Objektes nachweisen. Außerdem kann man dann nicht mehr einfach behaupten, das Ich sei eine Fiktion, nur weil es dergleichen Objekte nicht gibt, weil die Inhalte des Selbstbewusstseins also wesentlich komplexer sind, als es die Vorstellung eines monolithischen Ich-Objekts suggeriert. Notwendig ist dann aber wie gesagt eine Alternativkonzeption, die deutlich macht, was mit ›Subjektivität‹ und ›Selbstbewusstsein‹ gemeint sein soll und – wenn möglich – empirische Erkenntnisse nennt, die für diese Konzeption sprechen würden.

Bezüglich der ersten Forderung haben die Autoren der ›Heidelberger Schule‹ einen konkreten Vorschlag gemacht. Dabei ist der ursprünglich von Dieter Henrich (1970, 1982, 1989) entwickelte Ansatz in den letzten Jahren vor allem von Manfred Frank (1991, 1994a, 1994b) weiterentwickelt worden; seine Arbeiten bilden daher die Grundlage der folgenden Ausführungen.

Frank geht davon aus, dass die Argumente, die gegen das Subjekt-Objekt-Modell sprechen, auch dem Versuch entgegenstehen, Selbstbewusstsein als Selbstzuschreibung einer Eigenschaft oder eines Komplexes von Eigenschaften zu begründen. Sicherlich trifft es in der Regel zu, dass eine bestimmte Konstellation solcher Eigenschaften *de facto* für mich charakteristisch ist. Doch wenn ich erkennen will, dass *ich* es bin, auf den diese Eigenschaften zutreffen, ist es – aus den oben genannten Gründen – erforderlich, dass ich bereits über Selbstbewusstsein verfüge.

Frank zufolge kann Selbstbewusstsein daher generell nicht als Relation von etwas zu etwas anderem expliziert werden, und zwar unabhängig davon, ob es sich nun um das Verhältnis eines Subjektes zu sich selbst oder aber um das Verhältnis eines Subjektes zu einer Konstellation von Eigenschaften handelt. Egal was die Relata im Einzelnen sind: Das Subjekt muss immer schon über eine zumindest rudimentäre Form von Selbstbewusstsein verfügen, damit es weiß, dass die Beziehung, die es eingeht, eine Beziehung zu *sich selbst* ist. In den Augen von Frank[3]

3 Hier gibt es eine Abweichung von den früheren Vorstellungen Henrichs; siehe dazu das obige Zitat aus Henrich 1970.

bedeutet dies auch, dass sich Selbstbewusstsein nicht als Wissen von einem Sachverhalt erklären lässt. Was immer der Sachverhalt sein mag: Wenn ich verstehen soll, dass *ich* derjenige bin, auf den dieser Sachverhalt zutrifft, muss ich bereits über Selbstbewusstsein verfügen. Dieses wird also bereits vorausgesetzt und nicht etwa erklärt.

Natürlich glauben auch die Vertreter der ›Heidelberger Schule‹, dass ein Subjekt *Wissen* über sich selbst erwerben kann, dass es sich also auf seine eigenen Eigenschaften und Zustände zu beziehen vermag. Selbst*bewusstsein* kann also zur Selbst*erkenntnis* werden. Zentral für die Position von Frank ist allerdings die Behauptung, dass jede Form von reflexiver Selbsterkenntnis immer schon eine ursprüngliche, prä-reflexive Vertrautheit des Subjekts mit sich selbst voraussetze:

> Will die Theorie vom Selbstbewusstsein sich nicht in Zirkeln verstricken, muss sie der Möglichkeit reflexiven Sich-zu-sich-Verhaltens ein selbst prä-reflexives Bewusstsein vom Selbst vorordnen. ›Prä-reflexiv‹ meint dann auch, dass im ursprünglichen Selbstbewusstsein nicht so etwas wie eine Subjekt-Objekt-Unterscheidung anzutreffen ist; denn Bewusstsein hat, um von sich Kenntnis zu haben, nicht nötig, zum Objekt für ein es thematisierendes zweites Bewusstsein (eben ein Bewusstseins-Subjekt) zu werden. Subjektivität ist darüber, zu sein, was sie ist, im Nu im Bilde; und für diese Sachlage steht der zweite Prädikator ›unmittelbar‹. Es gibt im Selbstbewusstsein keine Vermittlung zwischen etwas und noch etwas (Frank 1991, 14).

In der Konzeption von Frank zeichnet sich das ›ursprüngliche‹ oder ›prä-reflexive‹ Selbstbewusstsein also offenbar durch drei Besonderheiten aus: Zum einen stellt es keine Form des *Wissens* dar, es basiert zweitens auch nicht auf der Anwendung von *Kriterien*. Das bedeutet, dass kein Maßstab existiert, anhand dessen sich das ›Subjekt‹ des Selbstbewusstseins mit einem von ihm vorgestellten ›Objekt‹ identifizieren und damit erkennen könnte, dass es sich selbst zum Gegenstand hat. Das ursprüngliche Selbstbewusstsein ist vielmehr drittens ›*unmittelbar*‹, es basiert nicht auf der Beziehung des Subjekts zu irgendetwas anderem.[4]

4 So betont Frank, »dass wir Selbstbewusstsein anders zu beschreiben haben denn als ein Bewusstsein von etwas, wobei ›etwas‹ hier für einen einzelnen Gegenstand namens Selbst (oder Ich oder auch Person) stünde. Selbstbewusstsein ist nicht gegenständlich, seine Vertrautheit ist über kein zweites Glied vermittelt, sein ursprünglicher Vollzug geschieht irreflexiv, kriterienfrei und beruht auch nicht auf teilbaren Wahrnehmungsbefunden.« Frank 1991, 5.

Franks Überlegungen scheinen zunächst einleuchtend, dennoch sind die Vorschläge der ›Heidelberger Schule‹ vielfach skeptisch aufgenommen worden. Die Einwände betreffen zum einen die Frage, ob dieser Ansatz – insbesondere in seiner ursprünglichen Form – nicht doch in dem traditionellen Subjekt-Objekt-Modell befangen bleibt,[5] bezweifelt wird zudem, ob sich der Begriff des ›präreflexiven Selbstbewusstseins‹ kohärent explizieren lasse.[6] Unklarheiten ergeben sich aber auch daraus, dass hier einerseits ein erkennender Bezug des Subjekts auf sich selbst unterstellt, gleichzeitig aber angenommen wird, dass sich diese Bezugnahme in ganz wesentlichen Punkten von geläufigen Formen der Erkenntnis unterscheidet.[7] Zum Ausdruck kommt dies nicht nur in den drei oben genannten Merkmalen; es zeigt sich auch darin, dass das Ergebnis dieser Bezugnahme allein darin bestehen soll, dass dem Subjekt seine Vertrautheit mit sich selbst zu Bewusstsein gelangt. Dies bedeutet überdies, dass sich aus der Existenz des präreflexiven Selbstbewusstseins keine weiteren inhaltlichen Konsequenzen für das Selbstkonzept des Subjekts ergeben, das über dieses Selbstbewusstsein verfügt. Da das präreflexive Selbstbewusstsein nicht auf bestimmte Inhalte festgelegt ist, von keinen spezifischen Eigenschaften abhängt und auch kein Wissen impliziert, könnte es auch bei einem fortwährenden, tiefgreifenden Wandel der konkreten Eigenschaften des Subjekts erhalten bleiben. Sofern man die nicht ganz unplausible Voraussetzung macht, dass von einem ›Ich‹ in einem interessanten Sinne nur dann gesprochen werden kann, wenn das fragliche Subjekt eine gewisse Stabilität hinsichtlich seiner Dispositionen, Eigenschaften, Überzeugungen aufweist, dann bietet sich ein ernüchterndes Bild: Eine solche Stabilität kann das präreflexive Selbstbewusstsein gerade *nicht* gewährleisten.

5 Tugendhat 1979, 54 f.: »Henrich rekurriert also so explizit, wie man es sich nur wünschen kann, auf das Subjekt-Objekt-Modell: das Subjekt ist sich selbst Objekt.« Vgl. Habermas 1988 Bd. I, 527 ff.

6 Mohr 1988, 70.

7 In diesem Sinne verweist z. B. Soldati (1988, 95) zustimmend darauf, dass die Heidelberger Tradition bei ihrer Explikation des Selbstbewusstseins davon ausgehe, »eine Erkenntnisrelation Subjekt-Subjekt sei so grundsätzlich verschieden von einer Erkenntnisrelation Subjekt-Objekt, dass die Begriffe, die wir gebrauchen, um die eine zu erklären, nie zur Erklärung der anderen ausreichen werden«.

Präreflexives Selbstbewusstsein

(1) Präreflexives Selbstbewusstsein besteht in der ursprünglichen und unmittelbaren Vertrautheit eines Ich mit sich selbst

(2) Präreflexives Selbstbewusstsein
   a. ist nicht durch ein Wissen vermittelt
   b. basiert nicht auf Kriterien
   c. beruht nicht auf einer Beziehung von etwas zu etwas anderem

Tugendhat

Eine der wichtigsten Alternativen zur Konzeption der Heidelberger Schule stammt von Ernst Tugendhat (1979), der seine Theorie in einer kritischen Auseinandersetzung mit den frühen Entwürfen vor allem von Henrich entwickelt hat. Tugendhat glaubt zeigen zu können, dass die Heidelberger Schule einen Großteil der Probleme, die sie zu lösen vorgibt, mit falschen Grundannahmen selbst geschaffen habe.

Diese Schwierigkeiten sind nach Tugendhat jedoch vermeidbar, wenn wir uns zunächst einmal ansehen, wie wir den Ausdruck ›Ich‹ in der Alltagssprache verwenden. Genau hier setzt Tugendhat an: Seine Theorie ist also nicht das Ergebnis empirischer Untersuchungen, vielmehr befasst sie sich mit der *Bedeutung* von Selbst- und Fremdzuschreibungen. Im Mittelpunkt steht die Frage, was wir *meinen*, wenn wir uns selbst oder anderen Personen einen bestimmten mentalen Zustand zuschreiben.

Dabei stellt sich heraus, dass der Ausdruck ›Ich‹ in der Alltagssprache normalerweise nicht als Substantiv, sondern als Personalpronomen verwendet wird. Wenn wir dagegen von ›*dem Ich*‹ sprechen, dann verwenden wir einen philosophischen Kunstausdruck. Dieser Kunstausdruck habe viele der Probleme überhaupt erst heraufbeschworen, mit denen sich die Philosophie des Selbstbewusstseins in der Vergangenheit auseinandergesetzt hat. In Wirklichkeit sprechen wir im Alltag jedoch nicht von *dem* Ich oder *dem* Selbst, das wir beobachtet, gesehen oder bemerkt hätten, vielmehr gebrauchen wir den Ausdruck als Pronomen in Selbstzuschreibungen wie ›*Ich* spüre Schmerzen‹.

Bei seiner konkreten Analyse solcher Selbstzuschreibungen folgt Tugendhat der Wittgensteinschen Auffassung, derzufolge es sich hier nicht um *kognitive*, sondern um *expressive* Sätze handle. Äußerungen des Typs

›Ich fühle Schmerzen‹ treten nach Wittgenstein nur an die Stelle von Äußerungen wie ›au!‹. Sie beruhen also nicht auf einer Beobachtung oder Erkenntnis des Sachverhalts, der in ihnen ausgesagt wird, vielmehr bringen sie diesen zum Ausdruck und sind damit Bestandteile des fraglichen Sachverhaltes selbst.

Im Gegensatz zu Wittgenstein sieht Tugendhat jedoch einen wesentlichen Unterschied zwischen einfachen Ausrufen wie ›au!‹ auf der einen Seite und prädikativen Sätzen wie ›Ich fühle Schmerzen‹ auf der anderen. Selbstzuschreibungen in Form ganzer Sätze bringen nämlich, anders als einfache Ausrufe, eine Form des *Wissens* zum Ausdruck. Sie lassen sich grundsätzlich in die Form ›Ich weiß, dass ich mich in dem und dem Zustand befinde‹ bringen oder – setzt man für den betreffenden Zustand das Symbol ›φ‹ ein – in die Form ›Ich weiß, dass ich φ‹. Seine Annahme, solche Sätze enthielten ein Wissen, stützt Tugendhat u. a. darauf, dass sich derartige Aussagen – anders als einfache Ausrufe – bejahen oder verneinen lassen, außerdem können sie richtig oder unrichtig verwendet werden.[8] So behauptet Tugendhat,

> dass ›ich habe Schmerzen‹ sich vom Ausruf ›au‹ dadurch unterscheidet, dass auf den ersten Ausdruck im Gegensatz zum zweiten mit ›Ja‹ oder ›Nein‹, mit ›das ist wahr‹ oder ›das ist falsch‹ geantwortet werden kann, und das hat dann weiterhin zur Folge, dass man beim ›ich φ‹-Satz im Unterschied zum Ausruf nicht nur von Verstellung, sondern von Lüge sprechen kann (Tugendhat 1979, 130).

Selbstzuschreibungen stellen allerdings eine eigenständige Form des Wissens dar. Tugendhat erläutert die charakteristischen Besonderheiten durch einen Vergleich solcher Selbstzuschreibungen mentaler Zustände aus der Perspektive der ersten Person mit den Fremdzuschreibungen dieser Zustände aus der Perspektive der dritten Person.

Ein wesentlicher Unterschied ergibt sich daraus, dass Selbstzuschreibungen auf anderen Erkenntnissen basieren als Fremdzuschreibungen: Während letztere – so wie andere Behauptungen über externe Sachverhalte auch – auf Beobachtungen und Schlussfolgerungen beruhen, basieren Selbstzuschreibungen auf der direkten Erfahrung dieser Zustän-

8 Tugendhat geht allerdings davon aus, dass der Satz nicht *irrtümlich* falsch verwendet werden kann. Sätzen über externe Sachverhalte liegt nämlich grundsätzlich eine Erkenntnis dieser Sachverhalte zugrunde und diese Erkenntnis kann falsch sein. Eine solche Erkenntnis entfällt bei Selbstzuschreibungen; insofern kann ich mich hier auch nicht im Irrtum über diese Zustände befinden.

de aus der Perspektive der ersten Person. Tugendhat spricht angesichts dieses Unterschiedes von einer *›epistemischen Asymmetrie‹* zwischen Selbst- und Fremdzuschreibungen. Auf der anderen Seite liegt hier eine *›veritative Symmetrie‹* vor: Selbstzuschreibungen sind genau dann wahr, wenn auch die entsprechenden Fremdzuschreibungen wahr sind. Wenn ich selbst mir wahrheitsgemäß einen Schmerzzustand zuschreiben kann, dann ist auch eine andere Person im Recht, die mir einen solchen Zustand zuschreibt.

Beide Merkmale ergeben sich wie gesagt nicht aus empirischen Untersuchungen, vielmehr handelt es sich um direkte Implikationen unserer Verwendung der entsprechenden Ausdrücke. Wenn ich mir also einen bestimmten mentalen Zustand zuschreibe, dann *meine* ich damit unter anderem, dass eine andere Person mir gleichzeitig denselben Zustand zuschreiben könnte. Gleichzeitig setzte ich damit voraus, dass diese Person dabei – anders als ich selbst – keinen direkten Zugang zu meinen Zuständen hätte, sondern auf Beobachtungen meines Verhaltens und hieraus abzuleitende Schlussfolgerungen angewiesen wäre.

Ein weiterer wichtiger Punkt betrifft die Bezugnahme auf das *Subjekt* solcher Selbstzuschreibungen, also das Problem, das im Mittelpunkt der Überlegungen der ›Heidelberger Schule‹ steht. Tugendhat weist zunächst darauf hin, dass es bei Ausdrücken wie ›ich‹, ›hier‹ oder ›jetzt‹ von der Sprechsituation abhängt, auf welchen Gegenstand sie sich beziehen. Ausdrücke dieses Typs werden im Allgemeinen auch als INDEXIKALISCHE Ausdrücke bezeichnet. Charakteristisch für die Verwendung des Wortes ›ich‹ ist es, dass es sich stets auf dasjenige Subjekt bezieht, das dieses Wort gebraucht. Dabei weiß diejenige, die sich mit ›ich‹ auf sich selbst bezieht, gleichzeitig, dass andere sich auf dieselbe Person mit dem Ausdruck ›sie‹ beziehen können.

Doch wie kommen wir überhaupt dazu, uns auf uns selbst zu beziehen? Es ist von entscheidender Bedeutung für Tugendhats Ansatz, dass er den Gebrauch des Wortes ›ich‹ nicht von einer Identifikation abhängig macht. Solche Identifikationen sind typischerweise dann erforderlich, wenn man einen externen Sachverhalt (›singt falsch‹) beobachtet hat und diesen dann einem von mehreren Kandidaten (Helmut? Hans-Dietrich? Willy?) zuschreiben muss. Genau dies ist beim Selbstbewusstsein aufgrund des direkten Zuganges zu meinen eigenen Zuständen jedoch gar nicht notwendig. Die Erfahrung dieser Zustände aus der Perspektive der ersten Person ist nämlich überhaupt nicht abzulösen von dem Bewusstsein, dass *ich* es bin, der diesen Schmerz empfindet.

Wie vor Tugendhat schon Sydney Shoemaker gezeigt hat, stellt sich also bei der Selbstzuschreibung mentaler Eigenschaften überhaupt nicht das Problem, *wem* diese Eigenschaften zugeschrieben werden können. Für mich selbst existiert gar kein Zweifel, dass ich *mir* die Schmerzen zuschreiben kann, die *de facto* von mir empfunden werden: Wenn ich *Schmerzen* spüre, dann ist für mich gleichzeitig klar, dass *ich* Schmerzen spüre. Shoemaker, der die zugehörigen Prädikate als P*-Prädikate bezeichnet, meint dazu:

> Es gibt eine wichtige und zentrale Klasse psychologischer Prädikate, wir wollen sie ›P*-Prädikate‹ nennen, wobei für jedes Prädikat dieser Klasse gilt, wir können auf eine Weise wissen, dass es exemplifiziert ist, derart, dass auf diese Weise zu wissen, es ist exemplifiziert, soviel heißt wie zu wissen, es ist in einem selbst exemplifiziert (Shoemaker 1984, 56).

Das für die ›Heidelberger Schule‹ zentrale Problem des Selbstbezugs scheint hier also auf eine elegante Weise aufgelöst zu werden, ohne dass dazu die Existenz eines ›präreflexiven Selbstbewusstseins‹ postuliert werden müsste. Dabei spielt eine wichtige Rolle, dass Tugendhat die Rede von ›dem‹ Ich von vornherein vermeidet. Damit kann auch nicht mehr die Frage auftauchen, wie sich denn unser Zugang zu diesem Ich erkläre. In Tugendhats Augen hat sich die Heidelberger Schule dieses Problem ohne Not eingehandelt; es verschwindet, wenn man sich von den falschen Voraussetzungen dieses Ansatzes löst. Genauso wenig muss Tugendhat Auskunft darüber geben, wie dieses Ich entsteht. Damit entgeht er den Schwierigkeiten, die – wie Frank gezeigt hat – bei solchen Erklärungsversuchen auftreten müssen. So kann man die Entstehung des Ich nicht auf die Selbstzuschreibung von Eigenschaften zurückführen, schließlich setzt eine solche Selbstzuschreibung schon die Existenz eben jenes Selbstbewusstseins voraus, dessen Zustandekommen überhaupt erst erklärt werden soll. Tugendhat ist von diesem Einwand jedoch nicht betroffen, schließlich erhebt er gar nicht den Anspruch, die Entstehung ›des Ich‹ zu erklären.

Eine Alternativkonzeption[9]

Darüber hinaus gibt es jedoch noch ein weiteres Problem. Es tritt auf unabhängig von der Auseinandersetzung Tugendhats mit Frank und Henrich, und es entsteht auch dann, wenn man akzeptiert, dass sich bei der Erfahrung mentaler Zustände aus der Perspektive der ersten Person gewöhnlich keine Zweifel bezüglich des Subjekts dieser Erfahrung einstellen. Von grundsätzlicher Bedeutung ist hier allerdings die Annahme, dass ein Sachverhalt erst dann *als ein bestimmter* Sachverhalt zu erkennen ist, wenn er von anderen Sachverhalten unterschieden wird. Man kann also erst dann davon sprechen, dass jemand ein Objekt ›als schön‹ erkannt hat, wenn er dessen Differenz von Objekten, die nicht schön sind, anzugeben vermag. Sollte die Person hingegen alle Objekte als schön bezeichnen oder sollte sie einfach außerstande sein, irgendwelche Unterschiede zwischen schönen und nicht schönen Objekten zu benennen, und seien diese auch noch so nebulös, dann könnte man nicht davon sprechen, dass sie hier irgendetwas erkannt hat. Wichtig ist vor allem, dass die bloße Abwesenheit des Zweifels, ob ein Objekt hässlich ist, noch nicht den Umkehrschluss rechtfertigt, die Person halte es eben für schön. Tritt ein solcher Zweifel niemals auf und fällt die Person auch ansonsten keine Geschmacksurteile, dann spricht dies eher dafür, dass sie das entsprechende Unterscheidungsvermögen nicht besitzt und damit kein Objekt als ›schön‹ zu erkennen vermag.

Bezogen auf die Frage nach der Möglichkeit von Selbstzuschreibungen mentaler Zustände bedeutet dies, dass eine Person einen solchen Zustand nur dann *als ihren* Zustand erkennen kann, wenn sie ihn von Zuständen zu unterscheiden vermag, die *nicht* ihre eigenen sind. Sie muss also fähig sein, anderen Personen diesen Zustand zuzuschreiben, sie muss sich also zumindest vorstellen können, dass Dritte ebenfalls Erfahrungen dieses Typs zu machen vermögen. Unzureichend wäre dagegen der bloße Verweis darauf, dass für einen Organismus, der sich in einem bestimmten psychischen Zustand befindet, ja gar kein Zweifel daran aufkommen könne, dass es sich um seinen eigenen Zustand handle.

Verdeutlichen lässt sich dies am Beispiel von Tieren wie Hunden oder Katzen: Natürlich wäre es abwegig anzunehmen, solche Tiere bezweifelten zuweilen, dass sie selbst die Subjekte ihrer eigenen Schmerzen sind. Dennoch wird man nicht davon sprechen wollen, dass sie die

9 vgl. hierzu ausführlicher Pauen 2000b.

Schmerzen ausdrücklich *als ihre eigenen* Schmerzen begreifen. Offenbar fehlt ihnen das gesamte Bezugssystem, innerhalb dessen zwischen eigenen und fremden Schmerzen, zwischen eigenen und fremden Wahrnehmungen bzw. Vorstellungen unterschieden werden kann.

Das Problem, von dem hier die Rede ist, ergibt sich also gerade nicht daraus, dass für den Empfindenden Zweifel entstehen könnten, ob er denn tatsächlich mit dem Subjekt des psychischen Zustandes identisch ist oder nicht. Tugendhat ist, zumindest soweit es um gesunde Individuen geht, völlig im Recht, wenn er die Existenz solcher Zweifel bestreitet – es wird sich im Folgenden (S. 263) allerdings herausstellen, dass solche Zweifel nicht generell ausgeschlossen werden können. Bei bestimmten neurologischen Störungen *können* sie auftreten; es gibt also Umstände, unter denen es nicht selbstverständlich ist, dass wir uns unsere eigenen Zustände auch tatsächlich selbst zuschreiben. Für den Normalfall gesunder Individuen ist jedoch entscheidend, dass eine *explizite* Selbstzuschreibung – wie sie Tugendhat ja annimmt – und damit auch der Gebrauch des entsprechenden Vokabulars aus der Sicht einer Person erst dann sinnvoll und verständlich sein kann, wenn diese den Unterschied zwischen Selbst- und Fremdzuschreibungen versteht. Tugendhat setzt dies selbst voraus, indem er beide Arten der Zuschreibung aneinander bindet. Seine Argumentation greift jedoch zu kurz, wenn sie den Eindruck erweckt, es handle sich lediglich um eine sprachliche Konvention, der man sich einfach anschließen könne. Folgen kann dieser Konvention vielmehr nur derjenige, der eine Vorstellung davon hat, was es heißt, einer anderen Person z. B. einen bestimmten psychischen Zustand zuzuschreiben.

Doch wie erwirbt man diese Fähigkeit und welche Bedeutung hat sie für die Entstehung von Selbstbewusstsein in dem oben[10] skizzierten Sinne? Von zentraler Bedeutung sind hier drei systematisch und ontogenetisch aufeinander aufbauende Bedingungen, in denen jeweils die Unterscheidung zwischen Selbst- und Fremdzuschreibungen eine besondere Rolle spielt. Zusammengenommen ergeben diese Bedingungen den Ansatz zu einem Modell, das eine Erklärung der Grundlagen des Selbstbewusstseins liefern könnte. Attraktiv ist dieses Modell unter anderem deshalb, weil es einen Bezug zu empirischen Forschungen herstellen kann; außerdem liefert es konkrete Prognosen, die sich empirisch überprüfen lassen.

10 siehe den Abschnitt ›Begriffliche Vorklärung‹ oben S. 237 f.

Zunächst zur ersten Bedingung: Wenn für die Entstehung von Selbstbewusstsein die Unterscheidung von Selbst- und Fremdzuschreibungen psychischer Eigenschaften grundlegend ist, dann setzt dies die Fähigkeit voraus, diejenigen Lebewesen zu identifizieren, die prinzipiell als Objekte solcher Zuschreibungen bzw. als Träger der entsprechenden Eigenschaften in Frage kommen. Soll der skizzierte Prozess also überhaupt in Gang kommen, dann müssten menschliche Lebewesen sehr früh in der Lage sein, zwischen belebten und unbelebten Objekten, vor allem aber zwischen menschlichen und nichtmenschlichen Lebewesen zu unterscheiden. Hier handelt es sich offenbar um eine empirische Frage; ich werde hierauf weiter unten zurückkommen.

Von zentraler Bedeutung ist zweitens die Fähigkeit zu perspektivischer Unterscheidung. Mit ›Perspektive‹ sind hier generell die für eine Person spezifischen bewussten Zustände gemeint. Eine Unterscheidung zwischen eigener und fremder Perspektive liegt dann vor, wenn wir erkennen, dass andere Personen wahrnehmen können, was uns verborgen ist, dass sie Empfindungen besitzen, die wir nicht spüren, und dass sie über Erkenntnisse verfügen, die uns unbekannt sind, oder umgekehrt, wir etwas wissen, das einer anderen Person verborgen ist. Diese Fähigkeit, die Perspektive anderer einzunehmen, setzt, wie unten (S. 266 f.) noch zu zeigen sein wird, eine regelrechte Theorie über die mentalen Zustände anderer Personen, eine sogenannte THEORY OF MIND voraus. Der Erwerb dieser Fähigkeit schließt also einen vergleichsweise komplizierten Lernprozess ein, dessen Mechanismen aber zumindest in ihren Grundzügen verstanden sind.

Tatsächlich bietet unser alltägliches Zusammenleben nicht nur eine Fülle von Gelegenheiten, diesen Lernprozess weiterzutreiben, vielmehr könnten wir uns in vielen Situationen überhaupt nicht adäquat verhalten, wären wir nicht imstande, zwischen eigener und fremder Perspektive zu unterscheiden. Dies ist bereits dann der Fall, wenn wir mit einer Person zusammentreffen, die heftige Schmerzen empfindet, von denen wir selbst nicht betroffen sind: Eine adäquate Reaktion, etwa eine Hilfeleistung, setzt voraus, dass wir uns in die Lage dieser Person ›hineinversetzen‹ können. Ein Beispiel für die Unfähigkeit, die Perspektive eines anderen einzunehmen, bietet ein Kind, das sich ›versteckt‹, indem es seine eigenen Augen zuhält: Das Kind begreift die eigene Wahrnehmung nicht *als eigene* Wahrnehmung, sondern verwechselt sie mit den für jeden geltenden, objektiven Gegebenheiten. Passieren kann dies, weil das Kind noch nicht zwischen seiner eigenen Wahrnehmungsperspektive und der Wahrnehmungsperspektive anderer zu unterscheiden vermag. Insofern kann es auch nicht erkennen, dass es mit dem Abdecken seiner Augen nur die eigene visuelle Wahrnehmung einschränkt, nicht jedoch die anderer Personen. Die Reaktionen von Eltern und Spielkameraden führen aber im Allgemeinen dazu, dass das Kind diese und andere perspektivische Unterschiede früher oder später erkennt. Dies dürfte auch den Erwerb eines bestimmten Hintergrundwissens bezüglich der Indizien einschließen, die für Fremdzuschreibungen relevant sind. Bei Schmerzen wären dies äußerlich sichtbare Verletzungen, bei Wahrnehmungen die Bedingungen, unter denen eine andere Person einen Gegenstand sehen oder hören kann.

Möglich sind damit zwar explizite Selbst- und Fremdzuschreibungen in einzelnen Situationen, von Selbstbewusstsein im oben skizzierten engeren Sinne kann hier allerdings noch nicht gesprochen werden. Dazu ist drittens noch die Entstehung eines längerfristig stabilen Selbstkonzeptes notwendig, das die Selbstzuschreibung dauerhaft wirksamer Dispositionen und Eigenschaften einschließt. Offenbar spielen hier perspektivische Differenzen wiederum eine wichtige Rolle. Wenn jemand sich regelmäßig als ungeduldiger erlebt als die Personen, mit denen er im Alltag zu tun hat, dann liegt es für ihn nahe, ›Ungeduld‹ zum Bestandteil seines Selbstkonzeptes zu machen. Voraussetzung für die Entstehung eines solchen Selbstkonzeptes ist offenbar die perspektivische Unterscheidung zwischen eigener und fremder Erfahrung, in diesem Falle also der Ungeduld; gleichzeitig stellt das Selbstkonzept seinerseits wiederum einen Bezugspunkt für derartige Zuschreibungen dar: Die zuletzt genannte Person könnte also ihre aktuelle Erfahrung sich selbst als einer Person zuschreiben, die sie bereits als ungeduldig kennt.

Dabei dürfte die Reichhaltigkeit des Selbstkonzeptes nicht zuletzt davon abhängen, wie viele Dimensionen das Bezugssystem hat, in dem die Person ihr Verhältnis zu anderen Subjekten bestimmt. So wird man bei einem Kind, das nur Alter und Geschlecht berücksichtigt, wenn es nach seinen Unterschieden von anderen Personen gefragt wird, allenfalls von einem rudimentär ausgebildeten Selbstkonzept sprechen. Anders dagegen bei einem Erwachsenen, der eine solche Selbstbestimmung in einer Vielzahl unterschiedlicher Bereiche treffen kann. Wie weit dieser Prozess bei einem einzelnen Individuum fortschreitet, dürfte von einer Reihe von Faktoren abhängen, die hier nicht im Detail erörtert werden können: Das Interesse für die Situation anderer und die Fähigkeit, sich in deren Perspektive zu versetzen, spielen hier aber sicherlich eine wichtige Rolle.

Die besonderen Vorteile dieser – hier nur grob skizzierten – Konzeption liegen darin, dass sie Entstehung und Funktion von Selbstbewusstsein auf vergleichsweise einfache Unterscheidungsleistungen zurückführen kann. Zumindest auf den ersten Blick sieht es so aus, als könnten diese Fähigkeiten von menschlichen Individuen im Alltag ohne größere Schwierigkeiten erworben werden. Die Erklärung reicht über diejenige Tugendhats hinaus, indem sie nicht nur zeigt, dass ein sinnvoller Gebrauch des für Selbst- und Fremdzuschreibungen relevanten Vokabulars an bestimmte Bedingungen geknüpft ist, sondern gleichzeitig auch deutlich macht, wie diese Bedingungen erfüllt werden können. Dabei stellt auch das von der ›Heidelberger Schule‹ postulierte ›präreflexive Selbst‹ keine unabdingbare Voraussetzung dar: Die notwendigen Unterscheidungen zwischen Selbst- und Fremdperspektive können getroffen werden, ohne dass dazu bereits die Bezugnahme auf ein solches präreflexives Selbst erforderlich wäre. Auf der anderen Seite spricht allerdings nichts dagegen, Subjekten, die die Fähigkeit zu solchen Selbstzuschreibungen besitzen, auch ein präreflexives Selbst zuzubilligen.

Die Zurückführung auf eine Reihe vergleichsweise einfacher, jedoch aufeinander aufbauender Fähigkeiten schafft gleichzeitig die Basis für den Anschluss an empirische Erkenntnisse, insbesondere für eine Überprüfung des skizzierten Modells anhand empirischer Daten. Möglich ist dies vor allem deshalb, weil sich aus diesem Modell eine Reihe konkreter Prognosen ableiten lässt. Da die genannten Bedingungen aufeinander aufbauen, müssten menschliche Individuen zunächst lernen, zwischen Lebewesen und unbelebten Objekten zu unterscheiden, sie müssten *danach* ihre Fähigkeit zur Übernahme der Perspektive anderer ausbilden, und erst später dürften dann Indizien dafür vorhanden sein, dass sie auch über Selbstbewusstsein verfügen.

Empirische Erkenntnisse

Vor einer empirischen Überprüfung dieser Prognosen scheint es sinnvoll, kurz darauf hinzuweisen, dass auch die impliziten Selbstzuschreibungen wesentlich problematischer sind, als dies z. B. von Tugendhat angenommen wird. Sicherlich sind solche Zweifel aus der Perspektive eines gesunden, selbstbewussten Individuums nur schwer nachvollziehbar: Die Frage, ob es sich bei den Schmerzen, die ich im Moment empfinde, um *meine* Schmerzen handelt, erscheint schlechterdings abwegig. Das Gleiche gilt für die Selbstzuschreibung von Gliedern oder Zuständen des eigenen Körpers: Kaum vorstellbar, dass eine Person im Unklaren darüber sein sollte, wem ihre eigenen Körperglieder gehören, oder dass es ihr entgehen sollte, wenn sie die Kontrolle über eines dieser Glieder verloren hätte. Wenn wir überhaupt bei Bewusstsein sind, dann, so scheint es, müssen uns diese einfachen Sachverhalte intuitiv gewiss sein.

Dies ist jedoch nicht der Fall. Es gibt einen Typus neurologischer Störungen, die sogenannte ANOSOGNOSIE, die Selbstzuschreibungen verhindert, welche wir unter normalen Bedingungen ganz selbstverständlich vollziehen. Die betroffenen Patienten, häufig Opfer von Schlaganfällen, leiden unter schwerwiegenden Störungen, die sie jedoch ignorieren. Der älteste bekannte Fall von Anosognosie wird von Seneca überliefert. Er berichtet von einer Patientin, die ihre eigene Blindheit ignoriert: Dass sie nicht sehen kann, erklärt sie damit, dass es bei ihr zu Hause so dunkel sei. Typischerweise kommt es bei Anosognosiepatienten zu linksseitigen Lähmungen und Ausfällen der Empfindung; häufig können die Patienten die linke Gesichtshälfte nicht mehr bewegen, nicht gehen und auch nicht stehen. Dennoch behaupten sie, es gehe ihnen gut, wenn man sie nach ihrem Befinden fragt. Fordert man sie auf, ihre bewegungsunfähige linke Hand zu bewegen, dann ignorieren sie die Aufforderung oder versuchen abzulenken.[11] Selbst wenn man sie ausdrücklich auf ihre Einschränkungen hinweist, haben sie dies wenige Minuten später wieder vergessen: Offenbar lassen sich die Ausfälle also nicht bewusst kompensieren.

Ursache ist in der Regel die Zerstörung eines neuronalen Areals im rechten Scheitellappen, das für die Repräsentation des Körperschemas verantwortlich ist und normalerweise für eine ›automatische‹ Selbstzuschreibung unserer Körperzustände sorgt (Damasio 1999, 210 f.). Eine Schädigung dieses Areals untergräbt die biologische Basis des Selbstbewusstseins. Dabei erklärt die Tatsache, dass diese – impliziten – Zuschreibungen vorbewusst erfolgen, einerseits die Selbstverständlichkeit, mit der wir sie normalerweise vollziehen; nicht zuletzt aus diesem

11 siehe Roth 1994, 194–98.

Grunde kann man sich den Verlust dieser Fähigkeit so schwer vorstellen. Andererseits wird dadurch aber auch verständlich, warum ein Versagen dieser Funktion nicht einfach bewusst kompensiert werden kann; da die betroffenen Glieder nicht mehr Teil des Körperschemas sind, können sie den betroffenen Patienten intuitiv so fremd erscheinen wie die Körperteile ganz anderer Personen.

Aufschlussreich sind diese Erkenntnisse auch deshalb, weil sie noch einmal die Komplexität der Prozesse demonstrieren, die der Entstehung von Selbstbewusstsein zugrunde liegen, und damit, wie Roth (1994, 292–295) gezeigt hat, ein zusätzliches Argument gegen die traditionelle Vorstellung eines monolithischen Ich liefern.

Entscheidend für die Bestätigung des oben skizzierten Modells sind allerdings nicht die grundlegenden biologischen Funktionen, sondern die höheren kognitiven Fähigkeiten. Konkret ist dabei zu erwarten, dass sich die behauptete Abhängigkeit des Selbstbewusstseins von der Fähigkeit zur Unterscheidung zwischen Eigen- und Fremdperspektive in der Ontogenese nachvollziehen lässt. Trifft das Modell zu, dann müssten Kinder zum einen relativ früh zwischen Lebewesen und unbelebten Objekten unterscheiden können; zum Zweiten müssten Kleinkinder zur Übernahme der Fremdperspektive in der Lage sein, *bevor* sie so etwas wie Selbstbewusstsein ausbilden.

Tatsächlich gibt es eine ganze Reihe von Daten, die diese Erwartungen bestätigen. So lernen Kinder sehr früh die Unterscheidung zwischen Lebewesen und insbesondere Menschen auf der einen Seite und unbelebten Objekten auf der anderen und erfüllen damit die erste Bedingung. Schon im Alter von 2–3 Monaten sind Säuglinge zu derartigen Differenzierungen in der Lage.[12] Mit fünf Monaten verbindet sich diese Unterscheidung mit der selektiven Zuschreibung von Fähigkeiten, die für die Übernahme der Fremdperspektive relevant sind: Kinder in diesem Alter erwarten, dass sich Personen im Gegensatz zu Maschinen auf die Bewegung eines Objektes einstellen, nach dem sie greifen. Tut eine Person das nicht, dann reagiert das Kind überrascht; die Überraschung bleibt dagegen aus, wenn dasselbe Verhalten bei einem mechanischen Greifarm beobachtet wird.[13] Gegen Ende des ersten Lebensjahres lässt

12 Legerstee 1992.
13 Woodward 1996.

sich dann eine Steigerung der Differenzierungsfähigkeit innerhalb der Klasse der Lebewesen beobachten: Mit 7–9 Monaten können Kinder zwischen Menschen und Säugetieren unterscheiden und verfügen damit über eine wichtige *Voraussetzung* für die Fähigkeit, anderen Menschen eine eigene Perspektive zuzuschreiben.[14]

Doch wie sieht es mit der Fähigkeit aus, die Perspektive anderer Personen einzunehmen und somit die zweite Bedingung zu erfüllen? Auch hier bestätigen die vorliegenden Untersuchungen die Annahmen des skizzierten Modells. Schon recht früh sind Kinder beispielsweise in der Lage, die Stimmungen und Emotionen anderer Personen einzuschätzen: Etwa zwischen 6 Wochen und 4 Monaten beginnen Babys, einen fröhlichen von einem neutralen oder einem ärgerlichen Gesichtsausdruck zu unterscheiden. Sie schauen bevorzugt auf fröhliche Gesichter, haben allerdings offenbar noch kein weitergehendes Verständnis für den emotionalen Ausdruck. Vom 4. Monat an erkennen sie Zusammenhänge zwischen Stimme und Gesichtsausdruck hinsichtlich der emotionalen Färbung und reagieren selbst mit dem entsprechenden Ausdruck (EMOTIONALE RESONANZ). Mit 9 Monaten vermögen sie dann den ängstlichen oder fröhlichen Gesichtsausdruck eines Erwachsenen zu berücksichtigen, wenn sie darüber urteilen, ob eine Situation oder ein Ereignis gefährlich ist (SOZIALE RÜCKVERSICHERUNG – SOCIAL REFERENCING).[15]

Tatsächlich scheinen sich mit etwa 9 Monaten besonders wichtige Veränderungen zu vollziehen. Von diesem Alter an, so hat etwa Tomasello gezeigt, beginnen Kinder, andere Personen als intentionale Wesen mit eigenen Wahrnehmungen und Gefühlen zu begreifen, und entwickeln so ein Verständnis für den Unterschied zwischen der eigenen Perspektive und der Perspektive anderer:

> Vom Alter von 9 Monaten an sind Menschen in der Lage, ... die Rolle eines anderen zu übernehmen, ... die Perspektive eines anderen zu übernehmen, ... anderen mentale Zustände zuzuschreiben, ... die mentalen Zustände eines anderen zu simulieren (Tomasello 1993, 175).

Mit zwölf Monaten beginnen Kinder dann, sich selbst als aktiv Handelnde von anderen zu unterscheiden und zu begreifen, dass sie selbst Bewegungen im Raum bewirken können.

14 Pauen & Zauner 1999.
15 Oerter & Montada 1995, 230.

Entscheidend für die Bestätigung des oben skizzierten Modells ist es, dass diese Fähigkeiten entwickelt werden, *bevor* Kinder verlässliche Indizien dafür zeigen, dass sie über Selbstbewusstsein verfügen. Solche Indizien werden etwa vom 15. Monat an erkennbar, also wesentlich später als die genannten Entwicklungsschritte. Dies gilt für den sogenannten ROUGE-TEST,[16] den Kinder im Allgemeinen erst zwischen fünfzehn und einundzwanzig Monaten bestehen.[17] Bei diesem Test wird das Kind mit einem auffälligen roten Fleck auf der Nase vor einen Spiegel gesetzt. Erkennt das Kind sich nicht, dann sollte es nach dem Fleck auf der Nase des ihm scheinbar gegenübersitzenden ›fremden‹ Kindes greifen; greift es dagegen nach seiner eigenen Nase, dann deutet dies darauf hin, dass es sich selbst erkennt und also zumindest ein rudimentäres Selbstkonzept besitzt. Im Alter von 18–24 Monaten lernen Kinder dann den Gebrauch des Ausdrucks ›Ich‹, etwa wenn sie sich selbst im Spiegel erkennen oder aber ein Bild von sich selbst sehen.

Im Alter von zwei Jahren zeigen sich dann auch Indizien dafür, dass Kinder die dritte Bedingung erfüllen, also mit der Ausbildung eines längerfristig stabilen Selbstkonzeptes beginnen: So können sie sich ein Geschlecht zuordnen, allerdings betrachten sie noch äußere Eigenschaften wie die Kleidung als zentrale Merkmale der Geschlechtszugehörigkeit. Später, im Alter von etwa drei Jahren, lernen sie, sich selbst mit Hilfe einer ganzen Reihe von Eigenschaften (neben dem Geschlecht auch Größe oder Augenfarbe) zu charakterisieren (Fogel 1997, 380). Kinder in diesem Alter sind zudem in der Lage, ihre Gefühle korrekt zu bezeichnen und sich auf zukünftige oder vergangene Gefühlszustände zu beziehen; sie kennen Ursachen und Wirkungen solcher Gefühlszustände und zeigen sich auch sichtbar von den emotionalen Zuständen anderer betroffen (Fogel 1997, 381).

Auch in der weiteren Entwicklung von Selbstkonzept und Selbstbewusstsein ist die Fähigkeit, die Perspektive anderer einzunehmen, von herausragender Bedeutung. Eine wichtige Rolle spielt hier die – zunächst noch sehr einfache – Theorie, die ein Kind über die mentalen Zustände anderer besitzt, die bereits erwähnte THEORY OF MIND. Ansätze dazu zeigen sich darin, dass Kinder ihre Stimme verändern, wenn sie

16 Zur Problematik des Rouge-Tests siehe Loveland 1986; Neisser 1993a.

17 »A systematic study by Lewis and Brooks-Gunn (1979) showed that children begin to pass the rouge test between 15 and 21 months of age.« Neisser 1993a, 16.

mit Babys sprechen; sie zeigen sich, wenn Kinder Anstalten machen, eigene Lügen vor ihrem Gesprächspartner zu verbergen, oder bewusst versuchen, ihn zu täuschen, und dabei offensichtlich Überlegungen vorwegzunehmen suchen, die der Getäuschte selbst in ihren Augen anstellen könnte.

Besonders aufschlussreich sind hier Versuche zur Selbst- und Fremdzuschreibung von Überzeugungen und Glaubenszuständen. Wimmer, Perner und Gopnik[18] konnten dabei zeigen, dass Kleinkinder bis zu einem Alter von etwa drei Jahren hier noch massive Schwierigkeiten haben. So vermuten Kinder erwartungsgemäß, dass sich in einer ihnen präsentierten Bonbonschachtel Bonbons befänden. Nachdem sie aber erfahren hatten, dass die Schachtel in Wirklichkeit Bleistifte enthielt, behaupteten sie nicht nur, sie selbst hätten dies immer schon geglaubt, vielmehr erklärten sie außerdem, dass auch ein anderes Kind, welches die Schachtel zum ersten Mal sieht, ebenfalls Bleistifte in ihr vermuten würde.

Offenbar, so hat insbesondere Alison Gopnik[19] gezeigt, haben die Kinder in diesem Alter noch keine klare Konzeption des Unterschieds zwischen ihren eigenen Überzeugungen und Meinungen auf der einen Seite und den Überzeugungen Dritter bzw. der Realität auf der anderen Seite. Sie vermögen offenbar noch nicht zu sehen, dass es sich bei ihren Wünschen, Überzeugungen und Glaubenszuständen um *ihre eigenen* Vorstellungen handelt, die inhaltlich von den Vorstellungen anderer, aber auch von den realen Sachverhalten abweichen können.

Mit dem Erwerb dieser Fähigkeit gewinnen Kinder den Zugang zu einem weiteren wichtigen Aspekt von Selbstbewusstsein, nämlich der Fähigkeit, sich selbst und anderen eigene Meinungen und Überzeugungen zuzuschreiben. Voraussetzung ist dafür eine weitere Ausdifferenzierung von Fremd- und Eigenperspektive, deren gegenseitige Abhängigkeit damit abermals offenbar wird: Je genauer die Kenntnisse über die Besonderheiten anderer sind, desto klarer bilden sich auch die spezifischen Merkmale der eigenen Person heraus. Es zeigt sich damit, dass die Kernthese des oben skizzierten Modells mit den entwicklungspsychologischen Befunden übereinstimmt. In diesem Sinne resümiert etwa Fogel den gegenwärtigen Forschungsstand:

18 Perner et. al. 1987; Wimmer & Perner 1983.
19 Gopnik 1993.

Dies spricht dafür, dass sich das Selbstkonzept als Teil eines Netzwerkes interpersonaler Beziehungen entwickelt, so dass Individualität stets durch die eigenen Verbindungen, Beziehungen, Ähnlichkeiten und Unterschiede definiert wird (Fogel 1997, 382).

Die bislang zur Verfügung stehenden empirischen Erkenntnisse bestätigen also die These, dass Selbstbewusstsein und Selbstkonzept über verschiedene Stufen hinweg[20] in der Auseinandersetzung mit der sozialen Umwelt entstehen. Besondere Bedeutung besitzt dabei die Unterscheidung zwischen eigenen und fremden Perspektiven, Intentionen und Charaktermerkmalen. Dazu passt, dass Kleinkinder mit einem weit entwickelten Sozialverhalten nicht nur ein besseres Verständnis der Rolle Dritter zeigen, sondern auch ein weiter entwickeltes Selbstkonzept.[21] »Die entscheidenden Schritte in der Entwicklung des Selbstkonzepts«, so Tomasello, »werden alle initiiert durch Veränderungen in der Konzeption des Anderen.«[22]

Willensfreiheit

Festzuhalten bleibt daher, dass die Befürchtung unbegründet ist, die Erforschung der neuronalen Grundlagen des Bewusstseins *müsse* früher oder später zu der Erkenntnis führen, dass Selbstbewusstsein eine bloße Illusion sei. Selbstverständlich kann sich nicht nur das skizzierte Modell als inadäquat erweisen; es könnte sich auch herausstellen, dass menschliche Subjekte einfach nicht die Eigenschaften besitzen, die für einen einigermaßen sinnvollen Begriff von Subjektivität vorausgesetzt werden müssen, etwa weil ihr Selbstkonzept sich bei näherem Betrachten als völlig instabil erweist. Die bislang vorliegenden Erkenntnisse sprechen jedoch gegen derartige Befürchtungen.

Wesentlich schwieriger scheint dagegen eine Antwort auf die letzte hier aufzuwerfende Frage, die das Problem der menschlichen Willensfreiheit betrifft. Die Schwierigkeiten ergeben sich aus einem scheinbar klar zutage liegenden Konflikt zwischen monistischen Auffassungen

20 vgl. hierzu allgemein Tomasello 1993, 178–79.
21 Fogel 1997, 344.
22 Tomasello 1993, 179; vgl. Neisser 1993a.

über das Verhältnis von Gehirn und Bewusstsein auf der einen Seite und unseren Intuitionen bezüglich der Willensfreiheit auf der anderen. Es sieht nämlich so aus, als müsste der Monist annehmen, geistige Prozesse und damit auch Willensakte seien, sofern sie nicht durch bloßen Zufall zustande kommen, von Naturgesetzen ›diktiert‹: Wenn unser Handeln also nicht sowieso vollkommen festgelegt ist, dann allenfalls deshalb, weil die Naturgesetze an manchen Stellen nur mit Wahrscheinlichkeiten arbeiten und daher einen gewissen Spielraum lassen, so dass eine Handlung ›zufällig‹ auch anders hätte ausfallen können.

Die Existenz von *freien* Handlungen scheint unter diesen Voraussetzungen ausgeschlossen: Ich kann eine meiner Handlungen nur dann als frei bezeichnen, wenn ich auch anders hätte handeln können. Dazu reicht es offenbar nicht, dass die Handlung, aus welchen Gründen auch immer, einfach anders hätte ausfallen können, vielmehr muss *ich* die Möglichkeit gehabt haben, diesen anderen Ausgang zu bewirken. Dieses Kriterium würde offenbar nicht nur bei einer determinierten Handlung verfehlt, sondern auch dann, wenn der Ausgang lediglich von einem Zufall abhängt. In den Worten Marvin Minskys:

> Die moderne wissenschaftliche Betrachtungsweise lässt einfach keinen Platz für die ›Freiheit des menschlichen Willens‹. Alles, was in unserem Universum geschieht, wird entweder lückenlos durch die Ereignisse der Vergangenheit bestimmt, oder es hängt teilweise vom Zufall ab (Minsky 1988/1990, 306).

Minskys Argumentation erscheint zunächst sehr einleuchtend: Wenn unser Tun entweder durch Ereignisse der Vergangenheit oder aber durch bloße Zufälle bestimmt wird, dann kann von Freiheit offenbar keine Rede mehr sein. Bei näherer Betrachtung, so soll weiter unten gezeigt werden, stellt sich dieses Urteil allerdings als voreilig heraus. Zuvor ist es jedoch nötig, verschiedene begriffliche Fragen zu klären. Im zweiten Abschnitt sollen dann einige der wichtigsten aktuellen Auffassungen zum Problem der Freiheit vorgestellt werden, bevor im dritten Abschnitt wiederum ein eigener Vorschlag kurz zu Wort kommen wird.

Begriffliches

Zunächst kann man sich ganz allgemein fragen, was überhaupt gemeint ist, wenn man von ›Freiheit‹ spricht. Bei näherer Betrachtung erweisen sich zwei Grundsätze als bedeutsam, die ich als das AUTONOMIEPRINZIP und das URHEBERPRINZIP bezeichnen werde. Was auch immer man unter Freiheit im Einzelnen versteht, so wird man als ›frei‹ erstens nur solche Handlungen bezeichnen, die nicht unter *Zwang* vollzogen worden sind. Das AUTONOMIEPRINZIP fordert daher, dass freie Handlungen in einem noch näher zu bestimmenden Sinne *autonom*[23] gegenüber externen Determinanten sind; sie dürfen also nicht einfach die notwendige Folge äußerer Umstände darstellen.

Zweitens ist Freiheit aber auch gegen bloßen *Zufall* abzugrenzen. Dem URHEBERPRINZIP zufolge muss sich eine freie Handlung daher, anders als ein bloß zufällig zustande gekommenes Geschehen, auf einen *Urheber* zurückführen lassen: Der Bezug auf den Urheber sollte dabei verständlich machen, warum *diese* und nicht irgendeine andere Handlung zustande gekommen ist.

Beiden Kriterien gerecht wird die Auffassung von Freiheit als der SELBSTBESTIMMUNG des handelnden Individuums, schließlich würden wir eine Handlung nur dann als ›selbstbestimmt‹ bezeichnen, wenn diese weder von außen erzwungen wurde noch bloß zufällig zustande kam.

Freiheit (allgemein)

(1) Freiheit ist die Fähigkeit eines Subjekts zu selbstbestimmtem Handeln

(2) Eine selbstbestimmte Handlung
   a. ist autonom gegenüber externen Determinanten (Autonomieprinzip)
   b. kann auf einen Urheber zurückgeführt werden (Urheberprinzip)

23 Der hier gebrauchte Begriff der Autonomie ist nicht zu verwechseln mit demjenigen, der oben S. 36 zur näheren Bestimmung des Dualismus verwendet wurde. Während es dort um das Verhältnis von geistigen und physischen Eigenschaften allgemein ging, steht hier das Verhältnis von Willensakten zu möglichen äußeren Einflüssen zur Debatte.

Handlungsfreiheit und Willensfreiheit

Umstritten ist dabei allerdings, unter welchen konkreten Voraussetzungen diese Kriterien als erfüllt zu gelten haben. Grundsätzlich ist hier zunächst die HANDLUNGSFREIHEIT von der weiter reichenden WILLENSFREIHEIT zu unterscheiden. Wesentlich für die Konzeption der HANDLUNGSFREIHEIT, wie sie bereits von Autoren wie Locke, Hume und Hobbes vertreten wird, ist die Forderung, dass eine Person so handeln kann, wie es ihrem Willen entspricht.

Als Urheber gilt hier das wollende Subjekt, Autonomie wird verstanden als die Unabhängigkeit von äußeren Determinanten, insbesondere von physischen Zwängen, die außerhalb des Körpers des Handelnden entspringen. Ein typisches Beispiel für die Einschränkung von Handlungsfreiheit ist die Situation eines Gefangenen, der nicht die Möglichkeit hat, seinen Willen zum Verlassen der Zelle umzusetzen.

Dabei ist es nicht erforderlich, dass eine Person explizit einen bestimmten Willensakt vollzieht; von einer Einschränkung der Handlungsfreiheit kann man vielmehr schon unter der hypothetischen Bedingung sprechen, dass eine Person nicht anders hätte handeln können, hätte sie einen solchen Willensakt vollzogen: Die Handlungsfreiheit des Gefangenen ist also auch dann eingeschränkt, wenn er selbst noch nie den Entschluss gefasst hat, sein Gefängnis zu verlassen; es reicht aus, dass er hierzu nicht imstande wäre, sollte er einen solchen Entschluss fassen.

Unerheblich und von vielen Vertretern des Konzeptes der Handlungsfreiheit auch als sinnlos abgelehnt ist dagegen die Frage, ob denn die Willensentscheidung selbst frei war: Da die Übereinstimmung mit der Willensentscheidung überhaupt erst das Kriterium der Freiheit liefert, kann diese Entscheidung selbst nicht noch einmal als frei oder unfrei beurteilt werden.

Handlungsfreiheit

(1) Handlungsfreiheit ist die Fähigkeit eines Subjekts, dem eigenen Willen entsprechend zu handeln

(2) Eine faktisch vollzogene Handlung entspricht der Handlungsfreiheit, wenn der Handelnde sie hätte unterlassen können, sofern sie seinem Willen widersprochen hätte

Löst man sich jedoch von den Voraussetzungen dieser Konzeption, dann scheint es nicht mehr in jedem Falle unplausibel zu sein, auch die Freiheit von Willensakten in Frage zu stellen. So gibt es beispielsweise rein innerlich wirksame psychische Zwänge und Abhängigkeiten, die es gar nicht mehr zulassen, dass sich eine Person für bestimmte, objektiv vorhandene Optionen entscheidet. Solche Abhängigkeiten können unbeabsichtigt entstehen, sie können aber auch von Organisationen oder einzelnen Personen ganz bewusst erzeugt werden, um das Verhalten einer Person in einem bestimmten Sinne zu lenken.

Insofern erscheint es nicht abwegig, wenn viele Autoren strengere Kriterien anlegen und Freiheit als WILLENSFREIHEIT verstehen. In diesem Falle geht es nicht in erster Linie um die Übereinstimmung von Handlung und Willensakt; entscheidend ist vielmehr, ob nicht der Willensakt selbst durch Faktoren determiniert wird, die unseren Intuitionen von Freiheit zuwiderlaufen. Das Autonomiepostulat wird hier also strenger gefasst; es sind nicht mehr nur von außen auf den Körper einwirkende physische Zwänge, sondern auch psychische Merkmale, die zu den die Freiheit einschränkenden Determinanten gezählt werden können.

Zugrunde liegt dabei häufig die auf den ersten Blick plausible Annahme, dass die Verantwortung für ein Ereignis, das am Ende einer Kausalkette geschieht, nicht einem der Glieder dieser Kette angelastet werden kann. Verantwortlich für einen Mord ist nicht die Kugel, nicht das Pulver und auch nicht die Pistole, sondern allenfalls derjenige, der willentlich den Abzug betätigt hat. Wenn also ein Willensakt determiniert ist, dann kann er dieser Vorstellung zufolge grundsätzlich nicht mehr als frei beurteilt werden, und zwar ganz unabhängig davon, um welche determinierenden Faktoren es sich im Einzelnen handelt.

Willensfreiheit

(1) Willensfreiheit ist die Fähigkeit eines Subjekts, autonom über die eigenen Willensakte zu verfügen

(2) Eine faktisch vollzogene Handlung entspricht der Willensfreiheit, wenn der Handelnde den zugrunde liegenden Willensakt hätte unterlassen können

Das ›Prinzip der alternativen Möglichkeiten‹

Der Begriff der Willensfreiheit wird häufig durch das sogenannte PRINZIP DER ALTERNATIVEN MÖGLICHKEITEN (Frankfurt 1969)[24] erläutert. Frei ist ein Subjekt diesem Prinzip zufolge dann, wenn es unter identischen Umständen auch anders hätte handeln können. In dem oben genannten Beispiel hätte der Mörder also nur dann frei gehandelt, wenn ihm die Möglichkeit, den Abzug *nicht* zu betätigen, ebenso offen stand wie die *de facto* gewählte Option, den Schuss abzugeben. Der Handelnde muss also zumindest an einer Stelle innerhalb des Prozesses, der schließlich zu seinem Tun führte, die Möglichkeit gehabt haben, zu einer anderen als der tatsächlich ausgeführten Handlung zu gelangen. Verhindert werden kann dies nicht nur durch psychische Zwänge. Auch ganze Komplexe von psychisch wirksamen Faktoren, wie etwa erworbene Charakterzüge, vererbte Anlagen oder durch Erziehung erworbene Überzeugungen, die jeweils für sich genommen die Handlung nicht determinieren, können unvereinbar mit der Willensfreiheit sein, wenn sie zusammengenommen nur noch *ein* bestimmtes Tun zulassen. Selbst wenn man also sämtliche handlungswirksamen Faktoren berücksichtigte, dürfte man nicht zu einer vollständigen Erklärung der Handlung kommen, sofern man nicht den Urheber der Willensentscheidung selbst mit berücksichtigte. In diesem Sinne heißt es bei Schopenhauer:

Ein freier Wille also wäre ein solcher, … dessen einzelne Aeußerungen (Willensakte) also schlechthin und ganz ursprünglich aus ihm selbst hervorgiengen, ohne durch vorhergängige Bedingungen nothwendig herbeigeführt, also auch ohne durch irgend etwas, einer Regel gemäß, bestimmt zu seyn. … [Dies bedeutet; M.P.], daß einem damit begabten menschlichen Individuo, unter gegebenen, ganz individuell und durchgängig bestimmten äußern Umständen, zwei einander diametral entgegengesetzte Handlungen gleich möglich sind.[25]

24 Frankfurt sucht zu zeigen, dass dieses Prinzip zur Begründung von Verantwortlichkeit ungeeignet ist. Es gibt Fälle, in denen wir eine Person für ihre Tat verantwortlich machen würden, obwohl sie *keine* Möglichkeit hatte, anders zu handeln. Hier handelt es sich allerdings zum einen um Spezialfälle, in denen aufgrund äußerer Umstände, die dem Handelnden unbekannt sind, diejenigen Optionen ausgeschlossen werden, *gegen* die er sich bereits von sich aus entschieden hat. Der Fall würde eintreten, wenn ich mich zu einer verwerflichen Tat entschlossen hätte, zu der eine böse Macht mich in jedem Falle zwingen würde, sofern ich sie nicht aus eigenem Antrieb begehen würde. Die Reichweite des Einwandes ist jedoch schon insofern begrenzt, als – unabhängig von allen Einschränkungen auf der Handlungsebene – unklar ist, ob sich der Handelnde unter den gegebenen Umständen überhaupt anders hätte *entscheiden* können.

25 Schopenhauer 1988 Bd. III, 366.

Determinismus

Von besonderer Bedeutung ist in diesem Zusammenhang der Begriff des DETERMINISMUS.[26] Gemeint ist damit die Vorstellung, dass jedes Ereignis in unserer physischen Welt zumindest im Prinzip auf einen Komplex von Ursachen zurückzuführen ist, die dieses Ereignis bestimmten Naturgesetzen zufolge hervorbringen müssen. Der Determinismus steht also für die These, dass sich aus einer vollständigen Beschreibung des Zustandes der Welt zu einem beliebigen Zeitpunkt *t* bei einer vollständigen Kenntnis sämtlicher Naturgesetze der Zustand der Welt zu einem beliebigen späteren Zeitpunkt *t'* ableiten lasse (Van Inwagen 1982, 47). Es ist mehr als umstritten, ob das Prinzip des Determinismus auf unsere physische Realität zutrifft; wäre dies der Fall, dann hätte hier niemals etwas anderes passieren können, als tatsächlich passiert ist. Es scheint also, als hätten wir dann niemals anders handeln können, als wir tatsächlich gehandelt haben; das Prinzip der alternativen Möglichkeiten wäre also grundsätzlich verletzt.

Kompatibilismus und Inkompatibilismus

Vertreten wird diese Position insbesondere von den Verfechtern des sogenannten INKOMPATIBILISMUS. In ihren Augen sind Freiheit und Determinismus miteinander unvereinbar oder eben ›inkompatibel‹. Wenn unsere Handlungen vollständig von Ereignissen in der Vergangenheit determiniert sind, dann *können* sie dem Inkompatibilismus zufolge nicht frei sein.

Im Gegensatz dazu versucht der KOMPATIBILISMUS die Vereinbarkeit von Freiheit und Determinismus zu erweisen. Die Vertreter dieser Position glauben also, dass freie Handlungen auch in einer vollständig deterministischen Welt möglich sind.

26 Der Determinismus ist keine Implikation der oben S. 28 f. erläuterten Prinzipien des Physikalismus. Für das erste dieser Prinzipien, das PRINZIP DER KAUSALEN GESCHLOSSENHEIT, ist dies leicht zu sehen, schließlich behauptet dieses Prinzip nur, dass zur Erklärung physikalisch beschreibbarer Prozesse nur solche Ereignisse herangezogen werden dürfen, die ihrerseits physikalisch beschreibbar sind. Damit ist nicht gesagt, dass das Verhältnis zwischen Ursache und Wirkung stets deterministisch sein muss. Unterschiede bestehen auch gegenüber dem zweiten Prinzip, dem der PHYSISCHEN DETERMINATION. Auch dieses Prinzip macht keine Aussage über die Notwendigkeit bestimmter Kausalketten, sondern fordert lediglich, dass es zu jeder beliebigen Veränderung, die in einer höherstufigen Wissenschaft beschrieben werden kann, eine physikalisch beschreibbare Veränderung gibt.

Kompatibilistische Ansätze

Konditionalanalyse: G. E. Moore

Ein auch heute noch einflussreicher Ansatz stammt von G. E. Moore (1978), der sich hier auf die sogenannte KONDITIONALANALYSE stützt. Moore geht aus von dem Konflikt, der nach inkompatibilistischer Auffassung zwischen Determinismus und Willensfreiheit besteht. Doch berechtigt uns der Determinismus wirklich schon zu der Behauptung ›Es hätte niemals etwas anderes geschehen können, als tatsächlich geschehen ist‹? Moore bestreitet, dass diese Behauptung uneingeschränkt gilt. Grund hierfür ist die Mehrdeutigkeit des Wortes ›können‹. Zweifellos gibt es ein Verständnis des Wortes, dem zufolge der Determinismus ausschließt, dass jemals etwas anderes hätte passieren können, als tatsächlich passiert ist.

Doch es gibt noch eine andere Bedeutungsvariante des Wortes. Sie kommt zum Tragen, wenn wir unseren realen Handlungsspielraum gegenüber solchen Aktivitäten oder Leistungen abgrenzen, die uns prinzipiell verschlossen sind. Dies geschieht etwa dann, wenn ich sage ›Ich hätte heute zwei Kilometer in zwanzig Minuten gehen *können*‹, obwohl ich *de facto* zu Hause geblieben bin. Im Gegensatz dazu wäre es falsch zu behaupten, ›Ich hätte heute vier Kilometer in fünf Minuten laufen *können*‹. Der erste Satz zeigt nun, dass ich doch in einem bestimmten Sinne anders hätte handeln *können,* als ich es tatsächlich getan habe. Gemeint ist dabei offenbar, dass ich anders gehandelt hätte, *wenn ich mich anders entschieden hätte.* Für den zweiten Satz gilt das nicht, weil die damit bezeichnete Handlung die durch das Wort ›können‹ bezeichneten Grenzen – in diesem Falle die meiner körperlichen Leistungsfähigkeit – überschreiten würde: Auch wenn ich mich entschieden hätte, vier Kilometer in fünf Minuten zu laufen, wäre dies nicht geschehen.

Moore glaubt nun, dass wir das *Prinzip der alternativen Möglichkeiten,* also die zur Explikation der Willensfreiheit gebrauchte Formel ›Ich hätte anders handeln können‹, ganz allgemein genauso übersetzen können wie den ersten Satz. Wir können sie also ersetzen durch die Formel: ›Ich hätte anders gehandelt, *wenn ich mich anders entschieden hätte*‹. Von Bedeutung scheint diese Übersetzung vor allem deshalb zu sein, weil es so aussieht, als würde sie das Prinzip der alternativen Möglichkeiten mit dem Determinismus versöhnen. Selbst wenn die Ereignisse des heutigen Morgens durch die Geschehnisse in der vorangegangenen Nacht vollständig determiniert waren, schließt dies nicht aus, dass ich einen Spaziergang gemacht hätte, *wenn ich mich dazu entschlossen hätte.* Es scheint also, als hätte Moore in der Tat zeigen können, dass selbst eine strenge (und vermutlich zu strenge) Form des Determinismus der Willensfreiheit nicht widerspricht.

Ist Moore hier tatsächlich eine Quadratur des Kreises gelungen? Die nachfolgende Diskussion hat gezeigt, dass dies wohl nicht der Fall ist. Nach Moore hängt nämlich meine Möglichkeit, anders zu handeln, von der Fähigkeit ab, eine andere Entscheidung zu treffen. Wie die oben erwähnten Einwände gegen die klassische Konzeption der Handlungsfreiheit zeigen, lässt sich diese Fähigkeit jedoch in vielen Fällen anzweifeln. Dies heißt, dass der Spielraum, den der Hauptsatz (›Ich hätte anders gehandelt‹) zu eröffnen scheint, durch den Nebensatz (›*wenn* ich mich anders entschieden hätte‹) gleich wieder in Frage gestellt wird, weil es alles andere als sicher ist, ob ich mich anders entscheiden konnte. Deutlich machen lässt sich dies am Beispiel einer Person, deren Entscheidungen von psychischen Zwängen determiniert werden: Offenbar könnte man von dieser Person in vielen Fällen sagen, dass sie anders gehandelt hätte, wenn sie sich anders entschieden hätte. Doch weil sie sich nicht anders entscheiden konnte,[27] hatte sie auch nicht die Möglichkeit, anders zu handeln – Moores Konditionalanalyse würde die Handlung also als frei bezeichnen, obwohl das Prinzip der alternativen Möglichkeiten verletzt wäre.

Die Konditionalanalyse führt also nicht nur zu Ergebnissen, die unseren Intuitionen bezüglich freier Handlungen widersprechen, vielmehr stellt sie offenbar auch keine adäquate Übersetzung des Prinzips der alternativen Möglichkeiten dar. Dieser Eindruck kann auch nicht dadurch beseitigt werden, dass Moore die Konditionalanalyse über die Handlungsebene hinaus auch auf die Ebene der Entscheidung ausdehnt, indem er die Freiheit einer Entscheidung (erster Ordnung) von einer Entscheidung zweiter Ordnung abhängig macht.[28] Verlangt wird damit, dass wir uns anders entschieden hätten, *sofern wir den Entschluss gefasst hätten,* uns anders zu entscheiden.

27 Dieser Einwand wäre auch nicht durch ein anderes Verständnis des Wortes ›können‹ zu entkräften. In dem obigen Beispiel liegt eine andere Entscheidung offenbar außerhalb des Handlungsspielraums der betreffenden Person.

28 »Ich glaube, es trifft zweifellos oft zu, dass wir uns entschieden haben würden, etwas Bestimmtes zu tun, wenn wir uns entschieden hätten, diese Entscheidung zu treffen.« Moore 1978, 154.

Den oben skizzierten Einwänden wird man hiermit allerdings schon allein deshalb nicht gerecht, weil das Problem so nur auf eine Entscheidung zweiter Ebene verlagert wird, ohne dass deutlich würde, welcher Spielraum auf dieser Ebene besteht: Warum also sollte eine Entscheidung zweiter Ordnung nicht genauso von außen bestimmt sein wie eine Entscheidung erster Ordnung? Gleichzeitig entsteht die Gefahr eines Regresses: Die Freiheit der Entscheidung zweiter Ordnung hängt ab von einer Entscheidung dritter Ordnung etc. Das bedeutet, dass ein Urteil über die Freiheit einer Handlung stets durch die Berufung auf die nächsthöhere Ebene in Frage gestellt werden kann. Es gibt somit kein eindeutiges Kriterium für die Freiheit einer Handlung mehr. Auch wenn Moores Theorie also einige interessante Ansätze zeigt – die Probleme der Willensfreiheit vermag sie offenbar nicht zu lösen.

Volitionen zweiter Ordnung: Harry Frankfurt

Der für die neuere Diskussion wohl wichtigste Versuch, die Vereinbarkeit von Willensfreiheit und Determinismus nachzuweisen, dürfte Harry Frankfurts Theorie der VOLITIONEN ZWEITER ORDNUNG sein. Frankfurt (1993) bestimmt zunächst Willensakte als bewusste, handlungswirksame Wünsche: Mein bewusster Wunsch, in zehn Minuten vom Schreibtisch aufzustehen, wäre also ein Willensakt, sofern er dazu beiträgt, dass ich wirklich zu dem fraglichen Zeitpunkt vom Schreibtisch aufstehe. Erweist sich der Wunsch als nicht handlungswirksam oder war mir der Wunsch aufzustehen zuvor nicht bewusst, dann würde man nicht von einem Willensakt sprechen.

Gegenstand solcher Willensakte ist im Allgemeinen die Realisierung alltäglicher Sachverhalte. Ein typischer Willensakt wäre etwa der handlungswirksame Wunsch nach einem Glas Wein. Neben gewöhnlichen Wünschen, die sich auf externe Sachverhalte beziehen, gibt es jedoch noch eine besondere Art von Wünschen, nämlich solche, die sich ihrerseits wieder auf Willensakte beziehen. Frankfurt bezeichnet sie als ›Volitionen zweiter Ordnung‹. Eine solche Volition zweiter Ordnung könnte in dem Wunsch bestehen, kein Bedürfnis mehr nach einem Glas Wein zu verspüren – etwa weil man seinen Alkoholkonsum reduzieren will. Während die gewöhnlichen Willensakte erster Ordnung eher situationsspezifischen Charakter haben und von den primären Bedürfnissen abhängen, spielen bei den Volitionen zweiter Ordnung grundsätzliche

Überzeugungen und Dispositionen eine wichtige Rolle. Die Fähigkeit zu solchen Volitionen zweiter Ordnung ist daher für Frankfurt das zentrale Kriterium, durch das sich Personen vor anderen Lebewesen auszeichnen.[29]

Die Volitionen zweiter Ordnung bieten Frankfurt allerdings nicht nur eine Möglichkeit zur Bestimmung des Begriffs der Person, vielmehr glaubt er auf diese Weise auch deutlich machen zu können, was Willensfreiheit ist. Frankfurt orientiert sich dabei an den üblichen Explikationen der Handlungsfreiheit: Wenn diese in der Freiheit besteht, so zu handeln, wie man handeln möchte, dann liegt es nahe, Willensfreiheit zu verstehen als die Freiheit, (auf der ersten Stufe) so zu wollen, wie man (auf der zweiten Stufe) wollen möchte:

> Genauso wie die Frage nach der Freiheit einer Handlung darauf zielt, ob sie auch die Handlung ist, die der Betreffende ausführen möchte, so bezieht sich die Frage nach der Willensfreiheit darauf, ob der Wille, den einer hat, der Wille ist, den er haben möchte (Frankfurt 1993, 296).

Frei wäre eine Handlung also dann, wenn die Volition zweiter Ordnung mit dem Willensakt erster Ordnung übereinstimmt, wenn ich also meinen Willensakt erster Ordnung in einer Volition zweiter Ordnung billigen kann. Frankfurt gesteht zu, dass der Willensbildungsprozess nicht mit einer eindeutigen Volition zweiter Stufe zu Ende kommen muss. Er glaubt allerdings, dass sich eine Person ihrer Volition zweiter Stufe völlig sicher sein könne, so dass sich die Frage nach möglichen Wünschen dritter oder vierter Stufe gar nicht stelle.

Tatsächlich gerät Frankfurt hier jedoch in ein Dilemma, das dem Moores ähnelt. Indem er die Möglichkeit von Wünschen dritter oder vierter Stufe einräumt, eröffnet auch er eine prinzipiell unendliche Reihe voneinander abhängiger Wünsche und gibt damit das ursprünglich eindeutige Kriterium freier Handlungen auf: Auch wenn man sich ver-

29 »Es scheint aber eine besondere Eigentümlichkeit von Menschen zu sein, dass sie, wie ich sie nennen werde, ›Wünsche zweiter Stufe‹ zu bilden fähig sind. Neben wünschen und wählen und bewegt werden, dies oder das zu *tun*, können Menschen außerdem wünschen, bestimmte Wünsche oder Motive zu haben (oder nicht zu haben). Sie können, was ihre Vorlieben und Zwecke angeht, gern anders sein wollen, als sie sind. Viele Tiere scheinen durchaus zu, wie ich sagen will, ›Wünschen erster Stufe‹ fähig zu sein. Kein Tier außer dem Menschen scheint dagegen die Fähigkeit zur reflektierenden Selbstbewertung zu haben, die sich in der Bildung von Wünschen zweiter Stufe ausdrückt.« Frankfurt 1993, 288.

gewissert hat, dass eine Harmonie bis zu den Wünschen dritter Stufe hinauf besteht, kann man immer noch fragen, ob nicht ein Widerspruch auf der vierten oder fünften Stufe vorliegt.[30] Auf der anderen Seite kann Frankfurt aber auch nicht einfach auf die höherstufigen Wünsche verzichten, weil auch die Volitionen zweiter Ordnung von außen induziert sein und damit als unfrei erscheinen können. Warum also sollte die bewusste Billigung meines Wunsches nach einem Glas Wein nicht ebenso das Produkt äußerer Umstände sein wie der zugrunde liegende Wunsch erster Stufe? Warum ist es nicht möglich, dass mein Wunsch zweiter Ordnung, den Alkoholkonsum zu reduzieren, nicht einfach von einer rigiden Erziehung erzwungen wurde?

Trotz dieses Dilemmas gelingt es Frankfurt, einen zentralen Unterschied zwischen bewussten, an Normen gebundenen Entscheidungen auf der einen Seite und affektgebundenem, auch pathologisch bedingtem Verhalten auf der anderen deutlich zu machen. Dennoch bleibt seine Gleichsetzung von Freiheit mit der Harmonie von Wünschen und Volitionen zweiter Ordnung vor allem deshalb problematisch, weil sich bei den Volitionen zweiter Ordnung eben *die* Probleme wiederholten, die die Zweifel an der traditionellen Theorie der Handlungsfreiheit begründet hatten. Ohne eine Antwort auf diese Frage dürfte Frankfurts Theorie der Willensfreiheit unvollständig bleiben. Dennoch stellt dieser Ansatz zweifellos einen wichtigen Schritt in der Entwicklung der letzten Jahre dar; es ist also kein Wunder, dass er großen Einfluss vor allem auf solche Autoren ausgeübt hat, die wie Frankfurt selbst überzeugt sind, dass Freiheit und Determinismus miteinander vereinbar sind.[31]

Inkompatibilistische Ansätze

Es gibt jedoch eine ganze Reihe von Autoren, die die Kompatibilität von Freiheit und Determinismus prinzipiell bestreiten: In einer Welt, die von deterministischen Naturgesetzen beherrscht wird, so die Behauptung, habe Freiheit prinzipiell keinen Platz.

30 Dabei kann nicht von vornherein erwartet werden, dass Widersprüche auf solchen entfernten Ebenen dem Individuum jeweils bewusst sind; die Abhängigkeit der Ebenen voneinander schließt es dennoch aus, dass die eigentliche Handlung frei ist.

31 siehe Frankfurt 1993, 300; 1969, 838.

Besonders klar sind die hier zugrunde liegenden Überlegungen von Peter van Inwagen formuliert worden. Van Inwagen stützt sich dabei auf das PRINZIP DER ALTERNATIVEN MÖGLICHKEITEN, demzufolge Freiheit voraussetzt, dass man auch anders hätte handeln können, als man tatsächlich gehandelt hat. Gleichzeitig bestimmt er – im Einklang mit der oben (S. 274) erfolgten Begriffsklärung – Determinismus als die These, dass sich aus einer vollständigen Beschreibung des Zustandes der Welt zu einem beliebigen Zeitpunkt *t* bei einer vollständigen Kenntnis der relevanten Naturgesetze der Zustand der Welt zu einem beliebigen späteren Zeitpunkt *t'* ableiten lasse (Van Inwagen 1982, 47).

Stellen wir uns also vor, ein Richter habe im Vollbesitz seiner geistigen und körperlichen Kräfte im entscheidenden Moment eines Strafverfahrens bewusst ein bestimmtes Zeichen *nicht* gegeben und damit dafür gesorgt, dass der Angeklagte verurteilt wurde. Dem Determinismus zufolge müsste es im Prinzip[32] möglich sein, diesen Ausgang des Verfahrens mit Hilfe aller relevanten Naturgesetze aus einer vollständigen Beschreibung des Zustandes der Welt zu einem beliebigen Zeitpunkt vor der Geburt des Richters abzuleiten. Damit scheint das Prinzip der alternativen Möglichkeiten eindeutig verletzt zu werden. Der Richter hatte offenbar keine Möglichkeit, anders zu handeln, da seine Tat ja bereits vor seiner Geburt feststand.

Soll dagegen das Prinzip der alternativen Möglichkeiten gewahrt bleiben, soll dem Richter also auch eine andere Option offen stehen, dann, so van Inwagen, müsse es im Prinzip unmöglich sein, den Ausgang des Verfahrens aus einer vollständigen Beschreibung des Weltzustandes vor der Geburt des Richters abzuleiten – der Determinismus müsste also falsch sein.

Insofern sieht es so aus, als wären Determinismus und Willensfreiheit doch inkompatibel: Wenn in unserer Welt deterministische Naturgesetze herrschen, dann können wir keine Willensfreiheit besitzen. Umgekehrt scheinen sich die Chancen für die Willensfreiheit zumindest zu vergrößern, sollte es sich herausstellen, dass der Determinismus ›Lücken‹ hat, die es dem subjektiven Willen ermöglichen, in den physischen Geschehensablauf einzugreifen. Diese Vorstellung dürfte nicht nur vor-

32 Der Determinist muss also nicht behaupten, dass wir irgendwann einmal wirklich zu derartigen Voraussagen in der Lage sein werden; er behauptet nur, dass dies nicht ausgeschlossen werden kann, da *de facto* der Zustand der Welt zu einem Zeitpunkt *t* den Zustand zu allen beliebigen späteren Zeitpunkten $t_{1 \dots n}$ festlegt.

wissenschaftlich sehr weit verbreitet sein; sie liegt auch den – ansonsten recht unterschiedlichen – Auffassungen von Autoren wie Karl Popper und John C. Eccles (1989), Roderick Chisholm (1982), Ulrich Pothast (1987), Eduard Dreher (1987) oder Gottfried Seebaß (1993) zugrunde. So ist für Popper »die Offenheit der physischen Welt für die Erklärung menschlicher Freiheit … notwendig« (Popper & Eccles 1989, 78). Auch Gottfried Seebaß hält den Versuch, die Kompatibilität von Freiheit und Determinismus nachzuweisen, für ›gescheitert‹:

> Denn dem Determinismus zufolge ist *jedes* zukünftige Geschehen ebenso ontologisch fixiert wie das vergangene. Folglich gibt es in einer determinierten Welt kein praktisches Können und keine Freiheit, jedenfalls nicht im zugrunde gelegten Sinne der willensabhängigen Realisierbarkeit von räumlich und zeitlich datierten Sachverhalten (Seebaß 1993, 228).

Seebaß' Vergleich von zukünftigen und vergangenen Handlungen bringt die intuitive Plausibilität der zugrunde liegenden Auffassung sehr gut zum Ausdruck. Wie soll eine meiner zukünftigen Handlungen unter den Prämissen des Determinismus frei sein, schließlich steht bereits heute fest, was ich in Zukunft tun werde? Offenbar bleibt mir überhaupt keine Wahl.

In einer deterministischen Welt, so scheint es, sind menschliche Entscheidungen genauso festgelegt wie das Verhalten einer Maschine. Von Freiheit kann also keine Rede mehr sein, auch wenn uns die konkreten Ursachen im Einzelfall verborgen bleiben mögen: Wenn der Determinismus zutrifft, dann *muss* es derartige Ursachen geben, egal ob wir sie nun zur Kenntnis nehmen oder nicht.

Akteurskausalität

Die konsequenteste Umsetzung der Intuitionen, die dieser Auffassung zugrunde liegen, dürfte wohl die Theorie der AKTEURSKAUSALITÄT darstellen, die unter anderem durch Roderick Chisholm vertreten worden ist. Zentral ist dabei die bereits von Kant[33] erhobene Forderung, das

33 »Denn diese [praktische Freiheit; M.P.] setzt voraus, daß, obgleich etwas nicht geschehen ist, es doch habe geschehen *sollen*, und seine Ursache in der Erscheinung also nicht so bestimmend war, daß nicht in unserer Willkür eine Causalität liege, unabhängig von jenen Naturursachen und selbst wider ihre Gewalt und Einfluß etwas hervorzubringen, was in der Zeitordnung nach empirischen Gesetzen bestimmt ist, mithin eine Reihe von Begebenheiten *ganz von selbst* anzufangen.« Kant 1902 Bd. III, 364 (KrV B 534).

Subjekt müsse *Ausgangspunkt* von Kausalketten sein, ohne doch selbst von derartigen Verknüpfungen abzuhängen. Wer eine freie Handlung vollzieht, der tritt auf als autonome, erste Ursache einer neuen Kette von Ereignissen und nimmt damit eine Position ein, die Chisholm mit derjenigen Gottes vergleicht:

> Wenn wir verantwortlich sind, ... dann haben wir ein Privileg, das einige nur Gott zuschreiben würden: jeder von uns ist, wenn wir wirklich handeln, ein erster, seinerseits unbewegter Beweger. Indem wir tun, was wir tun, verursachen wir, dass bestimmte Ereignisse geschehen, und nichts und niemand außer uns selbst bewirkt, dass wir diese Ereignisse bewirken.[34]

Offenkundig wird das Autonomieprinzip hier besonders streng gefasst. Es sind nicht nur äußere Einflüsse wie Vererbung, Erziehung und Umwelt, die die Freiheit bedrohen, vielmehr gelten auch die *eigenen* Überzeugungen, Wünsche und Bedürfnisse des Akteurs hier als Faktoren, die seine Autonomie in Frage stellen.[35]

Akteurskausalität

(1) Akteurskausalität ist die Fähigkeit eines Urhebers (Akteurs), aus sich selbst heraus eine völlig neue Kausalkette zu beginnen

(2) Der Akteur ist dabei autonom gegenüber sämtlichen Einflussfaktoren, einschließlich seiner eigenen Wünsche und Überzeugungen

(3) Eine faktisch vollzogene Handlung entspricht der Akteurskausalität, wenn der Handelnde sie unter identischen internen und externen Umständen hätte unterlassen können

Weiterhin scheint es einleuchtend, dass derartige Handlungen, wenn es sie denn gäbe, dem Prinzip der alternativen Möglichkeiten in seiner strengsten Fassung entsprechen würden: Eine Handlung, die die Forderungen Chisholms erfüllt, könnte auch unter völlig identischen Umständen unterlassen werden.

34 Chisholm 1978, 82 (Übersetzung verändert).

35 »Wenn wir also erste, selbst unbewegte Beweger sind, und wenn unsere Handlungen oder diejenigen Handlungen, für die wir verantwortlich sind, nicht kausal determiniert sind, dann sind sie auch nicht durch unsere *Wünsche* kausal determiniert.« Chisholm 1978, 82.

Nagel und Strawson

Chisholm scheint davon auszugehen, dass derartige Handlungen im Prinzip möglich sind – auch wenn sich auf unserer Welt vielleicht keine Beispiele hierfür finden mögen. In den letzten Jahren sind jedoch Zweifel an dieser Annahme aufgetaucht. Dabei geht es nicht um die empirische Frage, ob unsere Welt so beschaffen ist, dass sie den für freies Handeln nötigen Spielraum bietet, oder ob wir nicht irgendwann einmal feststellen müssen, dass wir doch unter dem Diktat des Determinismus stehen. Die Zweifel betreffen vielmehr ein theoretisches Problem: Schließen sich die Anforderungen, die die Vertreter der Akteurskausalität an eine freie Handlung stellen, nicht gegenseitig aus? Müssen also nicht bereits theoretische Erwägungen zu dem Ergebnis führen, dass es freie Handlungen im Sinne der Akteurskausalität *grundsätzlich* nicht geben kann?

Genau diese These ist in den letzten Jahren von Thomas Nagel und Galen Strawson vertreten worden. Das von ihnen hervorgehobene Problem ergibt sich aus einem grundsätzlichen Konflikt zwischen der Forderung nach Urheberschaft und der strengen Forderung nach Autonomie, so wie sie etwa von den Vertretern der Akteurskausalität erhoben wird. In diesem Falle schließt das Autonomiepostulat nämlich *sämtliche* handlungsbestimmenden Faktoren als Einschränkungen der Freiheit aus. Eine faktisch vollzogene Handlung ist daher nur dann frei, wenn sie unter *identischen* Umständen auch hätte unterlassen werden können. Andernfalls wäre die Handlung determiniert und damit den verursachenden Umständen, nicht aber dem Akteur zuzurechnen: Es lag ja offenbar nicht an ihm, die Handlung zu vollziehen oder zu unterlassen.

Nicht weniger wichtig ist das Urheberprinzip. Ihm zufolge müssen sich freie Handlungen auf einen Urheber zurückführen lassen. Nur so – dies wurde oben (S. 270) bereits gezeigt – lassen sie sich gegenüber bloß zufällig zustande gekommenen Geschehnissen abgrenzen. Hiervon kann offenbar nur dann die Rede sein, wenn konkrete Merkmale des Urhebers, also etwa seine Überzeugungen, Wünsche, Gewohnheiten und Handlungsdispositionen eine Erklärung dafür bieten, dass er sich unter den vorliegenden Umständen so und nicht anders entschieden hat.

Diese Merkmale schließen nun aber aus, dass unter ansonsten gleichen Bedingungen etwas anderes hätte geschehen können: Das Autonomieprinzip in seiner strengen Form wäre also verletzt. Aus diesem Grunde fordert Chisholm ja, dass Überzeugungen und Wünsche keinen Einfluss auf eine freie Handlung haben dürfen. Besteht der Einfluss nicht, gibt es also keine Kausalbeziehung zwischen konkreten Merkmalen des Urhebers und der Handlung, dann kann letztere zwar dem Autonomiepostulat entsprechen, doch das Urheberprinzip wäre verletzt. Die Handlung wäre entweder das Werk äußerer Umstände oder es handelte sich um ein zufällig zustande gekommenes Geschehen.

Der Konflikt ist also offensichtlich: Das Urheberpostulat kann nur dann erfüllt werden, wenn das Autonomiepostulat in seiner strengen Form verletzt wird, und umgekehrt. Gibt es eine dem Urheberpostulat entsprechende Erklärung, dann war die Entscheidung *nicht* offen und das Autonomieprinzip ist verletzt; besteht dagegen eine solche Offenheit, dann lässt sich die Handlung nicht mehr in der durch das Urheberpostulat geforderten Art und Weise auf den Handelnden zurückführen.

Verdeutlichen lässt sich das Dilemma an einem Beispiel: Nehmen wir an, die Verwerflichkeit des Ladendiebstahls gehöre zu meinen festen Überzeugungen, und nehmen wir ferner an, ich hätte einen Lebensmittelladen entsprechend dieser Überzeugung erst nach der Bezahlung aller Waren verlassen. Das Urheberpostulat scheint erfüllt, schließlich lässt sich die Handlung auf ein für mich zentrales Merkmal zurückführen, nämlich auf die genannte Überzeugung. Dem Autonomiepostulat in seiner strengen Fassung wäre dagegen nur dann Genüge getan, wenn ich die Handlung unter *identischen* Umständen auch hätte unterlassen können. Dies aber wird bei einer festen Überzeugung kaum der Fall sein. Wenn ich wirklich im Innersten von der Verwerflichkeit des Ladendiebstahls überzeugt bin, dann werde ich unter ansonsten *identischen* Umständen immer wieder so handeln: Meine gesamte Motivlage wird dann ja stets eindeutig für den Gang zur Kasse und ebenso eindeutig gegen den Diebstahl sprechen. Soll dagegen das Autonomiepostulat erfüllt sein, dann müsste es tatsächlich offen sein, ob ich nun zur Kasse gehe oder nicht; tatsächlich würde man in diesem Falle jedoch kaum von einer festen Überzeugung sprechen können. Oder umgekehrt: Gerade diejenigen Handlungen, die aus einer festen Überzeugung hervorgehen, würden das Autonomiepostulat nicht erfüllen und wären demzufolge nicht frei.

Man könnte allerdings meinen, die Forderungen nach Autonomie und Urheberschaft ließen sich miteinander vereinbaren, wenn man eine Abhängigkeit der Handlung von den Überzeugungen, Handlungsdispositionen und Charaktereigenschaften des Einzelnen zugesteht, gleichzeitig aber fordert, das Subjekt müsse für diese Merkmale verantwortlich sein, weil es sich irgendwann einmal selbst für sie entschieden habe. Damit scheint der Widerspruch aufgehoben: Als Urheber dieser Eigenschaften wäre der Handelnde einerseits autonom gegenüber äußeren Einflüssen; auf der anderen Seite verfügte er jedoch über spezifische Merkmale, die seine konkreten Entscheidungen verständlich machten.

Dabei ist es noch nicht einmal notwendig, eine explizite Entscheidung für jede einzelne handlungsbestimmende Eigenschaft zu treffen. Diese Eigenschaften können vielmehr ihrerseits von einer ganzen Kette anderer Eigenschaften und Entscheidungen abhängig sein. Notwendig ist lediglich, dass am Beginn dieser Kette ein freier Willensakt gestanden hat, also eine freie Entscheidung für die Merkmale, die dann fortan das Handeln bestimmen.

Letztlich liegt diesem Lösungsvorschlag so etwas wie die Vorstellung eines Urhebers seiner selbst zugrunde. Strawson zeigt jedoch, dass auch dieser Vorschlag gravierende Probleme aufwirft:

> Damit man wirklich oder in letzter Konsequenz dafür verantwortlich sein kann, wie man ist, so dass man wirklich moralisch verantwortlich sein kann für das, was man tut, muss etwas Unmögliches wahr sein: Es muss – aber es kann nicht – einen Ausgangspunkt in der Abfolge der Handlungen geben, die dazu führen, dass man ein bestimmtes Wesen hat, einen Ausgangspunkt, der einen Akt der ursprünglichen Selbstverursachung darstellt.[36]

Tatsächlich müsste unter den genannten Voraussetzungen ja wenigstens der ursprüngliche Willensakt, also die Entscheidung für die handlungsbestimmenden Merkmale, im emphatischen Sinne frei sein. Zumindest dieser Akt muss also den Prinzipien von Urheberschaft und Autonomie im strengen Sinne entsprechen. Damit aber würde der oben skizzierte Widerspruch von Autonomie und Urheberschaft wieder auftreten: Eine Handlung, die beiden Prinzipien entspricht, ist nicht nur unter den in unserer Welt herrschenden empirischen Bedingungen nicht zu erwarten, sie ist vielmehr undenkbar, weil sich die Kriterien widersprechen, die sie zu erfüllen hätte. Das bedeutet nicht nur, dass der ursprüngliche Willensakt nicht frei im Sinne dieser Kriterien sein kann; unfrei wären auch die von diesem Akt abhängigen Handlungen.

36 Strawson 1998; vgl. Strawson 1989, 10.

Auch diese Strategie scheitert also; die Unvereinbarkeit des Urheberpostulates mit dem strengen Autonomieprinzip bleibt bestehen. In den Augen von Nagel und Strawson hat diese Unvereinbarkeit zur Folge, dass freie Handlungen prinzipiell unmöglich sind. Wie aus dem oben stehenden Zitat hervorgeht, bedeutet dies für Strawson auch, dass die Verantwortung des Einzelnen für sein Handeln in Frage gestellt wird: Wenn wir nicht die freien Urheber unseres Tuns sind, dann können wir für dessen Folgen auch nicht verantwortlich sein.

Ein Vorschlag: Personale Freiheit

Auch wenn die Prämissen der Argumentation von Nagel und Strawson, also die Unvereinbarkeit von Urheberschaft und der strengen Autonomieforderung, nur schwer anzuzweifeln sind, stellt sich die Frage, ob auch ihre Schlussfolgerung unausweichlich ist oder ob es nicht vielleicht doch eine Möglichkeit gibt, die Realität der Willensfreiheit zu verteidigen.[37]

Das Dilemma, in dem die Ansätze von Nagel und Strawson enden, lässt sich nämlich auch als Indiz dafür betrachten, dass man den Begriff ›Willensfreiheit‹ und die dazugehörigen Intuitionen nicht so analysieren kann, wie dies neben den Vertretern der Akteurskausalität auch Nagel und Strawson tun. In keinem Falle ist eine solche Analyse geeignet, empirische Urteile über die Existenz willensfreier Handlungen in unserer Welt zu fällen. Dies gilt nicht nur deshalb, weil unter diesen Voraussetzungen die Behauptung ›Es gibt keine freien Handlungen‹ prinzipiell nicht durch empirische Erkenntnisse zu falsifizieren ist. Weil wir es hier mit einem begrifflichen Problem zu tun haben, kann derjenige, der eine solche Behauptung aufstellt, auch gar nicht deutlich machen, was er denn überhaupt vermisst. Tatsächlich würde sich unter diesen Bedingungen jeder Versuch einer Darlegung dessen, was einem nicht willensfreien Menschen abgeht, notwendigerweise wieder in den Widersprüchen der Explikation von Nagel und Strawson verfangen und muss daher letztlich unverständlich bleiben.

Nun könnte es sein, dass unsere Intuitionen von Willensfreiheit einfach derart widersprüchlich sind, dass auch eine sorgfältige Analyse

37 vgl. hierzu ausführlicher Pauen 2001.

diese Gegensätze nicht zu beseitigen vermag. In diesem Falle hätten Aussagen über die Existenz von freien Handlungen einen ähnlichen Status wie Aussagen über die Existenz viereckiger Kreise, also über Objekte, die gleichzeitig kreisförmig und nicht kreisförmig, weil eckig, sind. Solche Aussagen sind offenbar sinnlos. Unbefriedigend wäre dieses Ergebnis nicht zuletzt deshalb, weil man damit generell das begriffliche Instrumentarium zur Unterscheidung zwischen freien und unfreien Handlungen verlieren würde: Da sich ja der *Begriff* der Willensfreiheit als unhaltbar erwiesen hätte, wäre es auch nicht mehr möglich, Handlungen durch die Verneinung dieses Begriffes als ›unfrei‹ zu kennzeichnen.[38]

Bevor man es jedoch bei einem derart unbefriedigenden Ergebnis belässt und den Begriff der Willensfreiheit und damit auch die Unterscheidung von Freiheit und Unfreiheit *de facto* aufgibt, dürfte es sich lohnen, noch einmal zu fragen, ob unser Alltagsbegriff von Freiheit nicht doch eine andere Analyse zulässt. Dieser vorwissenschaftliche Begriff von Freiheit, so war oben behauptet worden, lässt sich auch als ›SELBSTBESTIMMUNG‹ umschreiben. Das Autonomiepostulat wird dabei insofern erfüllt, als die Selbstbestimmung gegenüber der Fremdbestimmung bzw. der Heteronomie abgegrenzt wird. Gleichzeitig tritt das ›Selbst‹, das sich hier bestimmt, als Urheber auf: Die Unterscheidung von Freiheit und Zufall ist damit ebenfalls gewährleistet.

Es ist von zentraler Bedeutung, dass man mit der Unterscheidung von Selbst- und Fremdbestimmung bereits die Existenz eines ›Selbst‹ voraussetzt, das sich bestimmen kann und damit über diejenigen Eigenschaften und Merkmale verfügen muss, die zu einer solchen Selbstbestimmung erforderlich sind. Welche Eigenschaften und Merkmale das auch immer sein mögen – es wäre offenbar schon rein begrifflich widersinnig, wollte man Handlungen, die sich aus diesen Eigenschaften ergeben, als fremdbestimmt bezeichnen.

Will man also an der Unterscheidung von Selbst- und Fremdbestimmung und damit auch an der von Freiheit und Unfreiheit festhalten, dann muss man zugestehen, dass es ein ›Selbst‹ oder besser: eine Person geben kann, die die Fähigkeit zur Selbstbestimmung besitzt. Welche

38 Offen bliebe auch unter diesen Voraussetzungen die Möglichkeit, die Unterscheidung von Freiheit und Unfreiheit im Sinne der Handlungsfreiheit weiter zu verwenden. Dies wäre jedoch, wie oben gezeigt, aufgrund der Schwächen der Konzeption der Handlungsfreiheit ebenfalls unbefriedigend.

Merkmale wir auch immer als Merkmale dieser Person oder eben als ›personale Merkmale‹ ansehen mögen: Sollten sich Handlungen der Person auf diese ›personalen Merkmale‹ zurückführen lassen, dann müssten wir sie als ›selbstbestimmt‹ und daher ›frei‹ bezeichnen, weil sonst der Begriff des Selbst sinnlos und damit die Unterscheidung von Selbst- und Fremdbestimmung aufgehoben würde.

Es ist daher notwendig, die strenge Fassung des Autonomiepostulates aufzugeben: Eine selbstbestimmte Handlung muss nicht autonom gegenüber sämtlichen handlungsbestimmenden Faktoren sein; erforderlich ist lediglich die Unabhängigkeit gegenüber denjenigen Faktoren, die nicht dem ›Selbst‹ zuzurechnen sind. Die personalen Merkmale *sollen* dagegen handlungsbestimmend sein – andernfalls könnte man eben auch nicht mehr von ›Selbstbestimmung‹ sprechen und der Unterschied zwischen freien Handlungen und bloß zufälligen Geschehnissen würde entfallen. Folgt man dagegen diesen Überlegungen, dann löst sich der Widerspruch zwischen Urheber- und Autonomieprinzip: Da hier nur Autonomie gegenüber den nicht personalen Faktoren gefordert wird, kann der Einfluss personaler Merkmale und damit die Urheberschaft erhalten bleiben.

Diese zunächst nur in groben Zügen angedeutete Konzeption soll wegen ihrer Orientierung an den personalen Merkmalen als PERSONALE FREIHEIT bezeichnet werden. Zwei besonders wichtige Punkte wurden bislang allerdings noch nicht behandelt: Zum einen ist unklar, welche konkreten Merkmale als personale Merkmale zu gelten haben und welche nicht. Hier dürfte ein längerer, vermutlich niemals ganz abzuschließender Klärungsprozess erforderlich sein. Insofern wird es immer eine ganze Reihe von Fällen geben, bei denen unklar ist, ob es sich nun um eine freie Handlung handelt oder nicht. Unklar ist zweitens aber auch, ob menschliche Subjekte über die relevanten Eigenschaften verfügen. Dies ist eine empirische Frage, die nicht mit Hilfe theoretischer Überlegungen beantwortet werden kann.

Ungeachtet dieser Unklarheiten dürfte die Erwartung, dass beispielsweise fest verwurzelte Überzeugungen, mit denen sich eine Person dauerhaft und bewusst identifiziert, zu den personalen Merkmalen gezählt werden können, nicht ganz unbegründet sein. Insofern gäbe es gute Gründe, eine Handlung, die aus einer solchen Überzeugung hervorgeht, als ›frei‹ zu bezeichnen. Um auf das oben bereits genannte Beispiel zurückzukommen: Wenn die Verwerflichkeit von Ladendiebstählen zu meinen festen Überzeugungen gehört, dann kann man meine aus dieser Überzeugung resultierende Entscheidung, zur Kasse zu gehen, als frei bezeichnen.

Doch welche Bedeutung bliebe unter diesen Voraussetzungen dem ›Prinzip der alternativen Möglichkeiten‹, das unsere Intuitionen in Bezug auf die Freiheit des Willens doch offenbar recht genau trifft? Kann man noch behaupten, ich hätte anders handeln können, als ich in einer bestimmten Situation *de facto* gehandelt habe?

Wichtig für eine zutreffende Antwort dürfte zunächst ein adäquates Verständnis des Prinzips sein. Aufgeworfen wird hier nämlich nicht einfach nur die unspezifische Frage, ob aus irgendwelchen Gründen etwas anderes hätte passieren können, als tatsächlich passiert ist. Gefragt wird vielmehr, ob *ich* anders hätte handeln können. Diese Frage müsste unter zwei Bedingungen verneint werden: Zum einen dann, wenn die Handlung durch äußere, also nicht mir selbst zuzurechnende Umstände festgelegt wird. Verneint werden müsste sie aber auch dann, wenn nur durch bloßen Zufall etwas anderes hätte passieren können, etwa durch eine zufällig stattfindende neuronale Reaktion im Rückenmark: In diesem Falle könnte man nicht davon sprechen, dass *ich* die Wahl hatte, dass *ich* also anders hätte handeln können.

Auch das Prinzip der alternativen Möglichkeiten setzt also voraus, dass die Handlung aus Merkmalen hervorgegangen ist, die mir selbst zuzurechnen sind, also aus *personalen Merkmalen*. Das würde allerdings bedeuten, dass die Handlung *ohne* eine Veränderung dieser Merkmale nicht anders ausfallen kann. Wenn wir also davon sprechen, dass mein Gang zur Kasse das Produkt *meiner* Überzeugung ist, dann meinen wir damit unter anderem, dass sich diese Handlung unter gleich bleibenden äußeren Umständen nur verändern würde, wenn sich auch diese Überzeugung änderte. Soll das Prinzip der alternativen Möglichkeiten erfüllt sein, dann muss sie bei einer Veränderung meiner Überzeugungen auch anders ausfallen *können,* die äußeren Umstände dürfen mich also nicht auf diese Handlung festlegen.

Eine etwas genauere, allerdings auch umständlichere Formulierung des Prinzips der alternativen Möglichkeiten könnte also lauten: ›Ich hätte anders handeln können, wenn die faktisch vollzogene Handlung meinen personalen Merkmalen widersprochen hätte.‹

Spätestens hier wird deutlich, dass es keinen Widerspruch zwischen der Forderung nach Selbstbestimmung und dem Prinzip der alternativen Möglichkeiten gibt: Wenn wir von einer selbstbestimmten Handlung sprechen, dann meinen wir damit auch, dass wir die Handlung bei gleichbleibenden äußeren Umständen unterlassen könnten. Gleichzeitig impliziert das Prinzip der alternativen Möglichkeiten einen Bezug auf den Urheber, der es nicht zulässt, dass die Handlung unter gleich bleibenden externen Umständen anders ausfällt, sofern sich nicht die personalen Eigenschaften geändert haben. Sollte eine andere Handlung möglich sein, obwohl sich weder die internen noch die externen Bedingungen verändert haben, dann würde man nicht von einer freien Handlung, sondern von einem Zufall oder einem schlechthin unerklärlichen Geschehen sprechen.

Ähnlich wie die Autonomieforderung wird also auch das Prinzip der alternativen Möglichkeiten hier abgeschwächt, da die Möglichkeit, anders handeln zu können, nur noch bei gleich bleibenden *äußeren* Bedingungen gefordert wird. Diese Abschwächung ist nicht etwa ein Kompromiss, der das Prinzip der alternativen Möglichkeiten mit der personalen Freiheit vereinbar machen soll. Die Abschwächung ist vielmehr sachlich notwendig, weil sonst das Urheberprinzip verletzt würde und man nicht mehr mit Recht davon sprechen könnte, dass *ich* anders hätte handeln können.

Wichtig ist, dass mit der obigen Formel der Unterschied zur traditionellen Konzeption der Handlungsfreiheit nicht aufgegeben wird: Kriterium der Freiheit ist nicht ein faktisch vollzogener Willensakt, maßgeblich sind vielmehr die personalen Merkmale der Urheberin. Auf diese Weise können auch Willensakte und die daraus folgenden Handlungen, sofern sie etwa von Affekten oder psychischen Zwängen bestimmt sind, als unfrei erkannt werden; die klassischen Einwände gegen die Theorie der Handlungsfreiheit treffen den skizzierten Vorschlag also nicht.

Dennoch besteht zweifellos eine enge Verwandtschaft zu Ansätzen wie denen von Moore und Frankfurt, die ebenfalls zumindest implizit davon ausgehen, dass es dem Subjekt zuzurechnende Handlungsmotive gibt, deren Wirksamkeit die Freiheit nicht in Frage stellen.

Im Unterschied zu diesen beiden Ansätzen macht die vorliegende Konzeption allerdings zum einen deutlich, warum weitergehende Forderungen nicht erhoben werden können, warum also die Theorie der Akteurskausalität oder die Forderungen Nagels und Strawsons grundsätzlich unplausibel sind. Zum Zweiten begnügt sie sich nicht mit formalen Merkmalen, wenn es darum geht, die Motive zu bestimmen, die mit einer freien Handlung vereinbar sind. Das Urteil darüber, ob eine Handlung frei ist, stützt sich nicht – wie bei Frankfurt – auf die formale Besonderheit, dass ein Wunsch (zweiter Ordnung) mit einem anderen handlungswirksamen Wunsch (erster Ordnung) übereinstimmt, sondern auf die wesentlich konkretere Forderung, dass eine Handlung im Einklang z. B. mit den für eine Person zentralen Überzeugungen steht. Zwar dürfte das Modell von Frankfurt seine Plausibilität nicht zuletzt der Annahme verdanken, dass die Volitionen zweiter Ordnung Ausdruck solcher personalen Merkmale sind, *de facto* vermag es jedoch nicht auszuschließen, dass hier auch ganz andere Motive eine Rolle spielen. So ist beispielsweise nicht erkennbar, warum sich Affekte, Zwangsvorstellungen oder andere psychisch wirksame, externe Einflussfaktoren nicht auch auf Volitionen zweiter Ordnung auswirken sollen. Unter diesen Voraussetzungen könnte es auch dann zu einer Übereinstimmung zwischen Wünschen erster und zweiter Ordnung kommen, wenn die fragliche Handlung von außen induziert ist und im Widerspruch zu den personalen Merkmalen steht.

Natürlich kann sich Frankfurt – wie auch Moore – immer darauf berufen, dass dieser externe Einfluss auf der nächsten Ebene sichtbar gemacht werden könne, weil der Wunsch zweiter Ordnung möglicherweise im Widerspruch zu einem Wunsch dritter Ordnung stehe. Wie oben gezeigt, handelt sich Frankfurt damit ein neues Problem ein. Er gibt nämlich das ursprünglich eindeutige Freiheitskriterium, die Harmonie von Wünschen erster und zweiter Ordnung, auf. Ein Urteil über die Freiheit einer Handlung kann nun immer wieder durch die Berufung auf die nächsthöhere Ebene in Frage gestellt werden, ohne dass abzusehen wäre, wo die Suche in dieser Reihe sinnvollerweise ein Ende finden könnte.

Ebenso wie die Ansätze von Frankfurt und Moore vermag auch der obige Vorschlag zu erklären, warum die Erkenntnis der neuronalen Basis von Willensbildungsprozessen keine Gefahr für die Freiheit bedeuten muss. Dies würde auch dann gelten, wenn die entsprechenden neuronalen Prozesse streng deterministisch funktionieren würden.

Zu beachten ist dabei zunächst, dass das Vokabular von Wille, Freiheit und Zwang völlig unangemessen ist, wenn man über Naturgesetze spricht. Es kann keine Rede davon sein, dass diese Gesetze Planeten, fallenden Körpern oder eben den Neuronen im Neokortex irgendwelche Verhaltensweisen ›aufzwingen‹, die diese eigentlich gar nicht ›wollten‹.

Wenn man überhaupt eine solche anthropomorphistische Ausdrucksweise für angemessen hält, dann müsste man sagen, dass die Naturgesetze nur dasjenige Verhalten beschreiben, das diese Objekte ›von sich aus‹ zeigen. Doch ganz abgesehen davon wird man neuronale Prozesse, die die Basis von handlungswirksamen personalen Merkmalen darstellen, wohl kaum als Einschränkung unserer Freiheit betrachten können: Sollte meine Überzeugung von der Verwerflichkeit des Ladendiebstahls zu meinen personalen Merkmalen zählen, dann würde meine Freiheit durch eine neuronale Realisierung dieser Überzeugung nicht etwa gefährdet, vielmehr würden die neuronalen Aktivitäten die Voraussetzung dafür bilden, dass die Überzeugung überhaupt handlungswirksam werden kann.

Dem würde auch eine vollständige Beschreibung dieser Prozesse in deterministischen Gesetzen nicht widersprechen. Solche – aus heutiger Sicht fantastisch anmutenden – Vorhaben könnten allenfalls zeigen, dass die Auswirkung der betreffenden Überzeugung auf Handlungszusammenhänge bestimmten Regeln folgt. Dies entspricht unseren Erwartungen zumindest an feste Überzeugungen. Würden solche Regeln nicht existieren, dann hätte dies nicht etwa eine Steigerung der Freiheit zur Folge, sondern würde uns allenfalls unberechenbarer machen.[39]

Personale Freiheit

(1) Personale Freiheit ist die Fähigkeit eines Subjekts, so zu handeln, wie es der Gesamtheit seiner personalen Merkmale entspricht

(2) Eine faktisch vollzogene Handlung entspricht der personalen Freiheit, wenn der Handelnde sie hätte unterlassen können, sofern sie der Gesamtheit seiner personalen Merkmale widersprochen hätte

Empirische Erkenntnisse

Auch wenn die Erkenntnisse der Neurobiologie also keineswegs zwangsläufig die Realität der Willensfreiheit in Frage stellen müssen, so könnten wir hier doch früher oder später zu Ergebnissen kommen, die mit unseren zentralen Intuitionen von Willensfreiheit nicht zu vereinba-

39 Dabei ist allerdings zu berücksichtigen, dass Gesetzmäßigkeiten ebenso wie die Abweichungen von diesen Regeln nicht direkt aus der Alltagsperspektive erkennbar sein müssen.

ren wären. In diesem Falle müssten wir die Vorstellung aufgeben, wir seien freie und verantwortliche Subjekte.

In diesem Sinne wird häufig auf die bereits mehrfach erwähnten Experimente Benjamin Libets zur zeitlichen Abfolge von Entschluss und Ausführung einfacher Bewegungen verwiesen. Dieser Verweis scheint um so aktueller, als die Erkenntnisse Libets im Grundsatz kürzlich durch eine Arbeit von Haggard und Eimer (1999) bestätigt worden sind.

Von Bedeutung sind diese Experimente deshalb, weil sie zu zeigen scheinen, dass der bewusste Entschluss zu einem bestimmten Tun zumindest unter gewissen Bedingungen erst eintritt, *nachdem* das Tun schon eingeleitet worden ist. Dies würde nicht nur, wie oben bereits gezeigt, grundsätzlichen Annahmen des interaktionistischen Dualismus widersprechen, sondern auch gravierende Probleme für die meisten Konzeptionen von Willensfreiheit aufwerfen: Auch ein Vertreter physikalistischer Vorstellungen wird annehmen, dass bei einer freien Handlung *zuerst* der Willensakt und die diesem Akt zugrunde liegenden neuronalen Prozesse stattfinden müssen, *bevor* das entsprechende Verhalten initiiert werden kann. Andernfalls würde man das Tun nicht auf den Willensakt und damit auch nicht auf den Urheber zurückführen können.

Doch wie sehen die Experimente von Libet genau aus? Aufgabe der Versuchspersonen war es, eine einfache Fingerbewegung auszuführen. Libet registrierte dabei Entstehungszeitpunkt und Intensität des so genannten ›Bereitschaftspotentials‹, einer vermutlich im supplementär motorischen Areal auftretenden neuronalen Aktivität, die willkürlichen Bewegungen vorausgeht und damit ein Indiz für die Einleitung solcher Bewegungen auf der neuronalen Ebene darstellt. Der Zeitpunkt der Entstehung dieser Aktivität wurde verglichen mit dem Zeitpunkt des bewussten Entschlusses zur Ausführung der Bewegung. Libet stellte fest, dass das Bereitschaftspotential bereits etwa 550 ms vor der Bewegung einsetzte, während der bewusste Entschluss erst ca. 200 ms vor der Bewegung erfolgte. Dies scheint darauf hinzudeuten, dass die Person ihren Entschluss erst 350 ms *nach* der Einleitung der Bewegung durch neuronale Prozesse gefällt hat. Der bewusste Willensakt wäre daher *nicht* unter den Ursachen für die Einleitung der Bewegung, sondern selbst ein Effekt unbewusster, vorpersonaler Prozesse – vermutlich derjenigen Prozesse, die auch für die Entstehung des Bereitschaftspotentials verantwortlich sind.

Dies heißt allerdings nicht, dass das Bewusstsein völlig machtlos wäre. Libet glaubt vielmehr nachweisen zu können, dass die Bewegung noch bis ca. 100 ms vor der eigentlichen Ausführung durch ein bewusstes ›Veto‹ zu verhindern ist. Dennoch scheint es, als würden seine Ergebnisse zu einer tiefgreifenden Veränderung unserer Vorstellungen von der Funktion bewusster Entscheidungen zwingen: Stimmen seine Resultate, dann würde unsere Entscheidung nicht – so wie es unseren vorwissenschaftlichen Vorstellungen entspräche – am Beginn eines offenen Willensbildungsprozesses wirksam, vielmehr bliebe ihr nur eine gewisse Kontrolle am *Ende* eines praktisch abgeschlossenen Prozesses, der allenfalls noch blockiert werden kann.

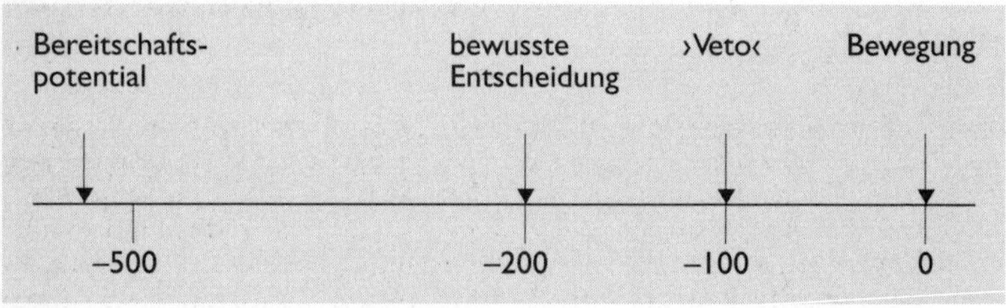

Schematische Darstellung der Ergebnisse von Libet: Ca. 550 ms vor der eigentlichen Bewegung setzt der Aufbau des Bereitschaftspotentials ein, 200 ms vor der Bewegung fällt die Versuchsperson ihre bewusste Entscheidung, bis ca. 100 ms vor der eigentlichen Bewegung besteht die Möglichkeit eines Vetos. Nach Libet 1999, verändert.

Bei näherer Betrachtung stellt sich allerdings die Frage, ob derartige Schlussfolgerungen aus Libets Experimenten nicht ein wenig voreilig sind. Unterstellt wird nämlich durch eine solche Interpretation, dass ein ›Willensakt‹ ein singuläres, zeitlich genau bestimmbares Ereignis sei. Dagegen spricht jedoch bereits die vorwissenschaftliche Erfahrung: Willensbildungsprozesse sind zuweilen äußerst komplex und langwierig, und es kann keine Rede davon sein, dass sie sich bis auf Millisekunden genau datieren lassen. Ein solcher Willensbildungsprozess dürfte auch in den Experimenten Libets eine Rolle gespielt haben. Dem ›spontanen Entschluss‹, die Bewegung zu vollziehen, muss nämlich die Entscheidung der Probandin vorausgegangen sein, der Instruktion zu folgen und die verlangte Handlung auszuführen. Der von Libet gemessene ›Willensakt‹ ließe sich so als letzte Stufe eines Entscheidungsprozesses verstehen, der wesentlich früher begonnen haben kann. Auf diese Weise wäre auch die Entstehung des Bereitschaftspotentials zu erklären: Sie könnte einfach eine Folge des Entschlusses sein, der Instruktion zu folgen.

Formuliert worden ist dieser Verdacht bereits von Walter (1998) sowie von Keller & Heckhausen (1990), die sich dabei auf konkrete Experimente stützen. Aus diesen Experimenten ergibt sich, dass die eigentliche Entscheidung bereits fällt, wenn die Versuchsperson einwilligt, der Instruktion zu folgen. Der von Libet gemessene vermeintliche Willensakt hat dagegen nur die Funktion, die bereits geplante Bewegung auszulösen. Konkret handle es sich dabei um einen normalerweise unbewussten, spontanen Bewegungsimpuls, der nur aufgrund der Experimentalsituation Bewusstsein erlangt und dann die bereits geplante Bewegung auslöst:

> Unsere Ergebnisse zeigen, dass die allgemeine Absicht zu handeln bereits durch die Instruktion am Beginn des Experiments hervorgebracht wurde. Immer wenn eine normalerweise unbewusste motorische Reaktion auf einen sensorischen Reiz durch einen Mechanismus der selektiven Aufmerksamkeit entdeckt wurde, dann … wurde das Startsignal für die Bewegung ausgelöst. … Es war die Anweisung, interne Prozesse introspektiv zu überwachen, die die Probanden dazu veranlasste, ein Gefühl des ›Sich-bewegen-Wollens‹ wahrzunehmen.[40]

Angesichts dieser Einwände ist es mehr als fraglich, ob Libet in seinen Experimenten wirklich Willensakte gemessen hat. Insofern wird man aus diesen Befunden kaum eine Widerlegung der Willensfreiheit ableiten können, auch wenn die Experimente eine Reihe von Fragen z. B. bezüglich der Rolle des von Libet gemessenen Entscheidungsaktes aufwerfen, die in Zukunft beantwortet werden müssen.

Ein weiteres wichtiges Beispiel dafür, wie empirische Untersuchungen unsere Auffassung über die Struktur von Willensbildungsprozessen beeinflussen können, bieten die Arbeiten von Antonio R. Damasio. Damasio zeigt, dass auch bei scheinbar rein rationalen Entscheidungen Emotionen eine zentrale Rolle spielen: Versuchspersonen, deren Fähigkeit, emotionale Erfahrungen zu machen, schwerwiegend eingeschränkt war, vermochten adäquate rationale Entscheidungen nicht zu treffen

40 Keller & Heckhausen 1990, 360; cf. Walter 1998, 307.

bzw. sie auch dann nicht in die Tat umzusetzen, wenn ihnen die Lösung bereits bewusst war. Damasio (1997) beruft sich zum einen auf Fallstudien an Patienten, die nach dem Verlust ihrer emotionalen Empfindungsfähigkeit in Beruf und Privatleben in massive Schwierigkeiten geraten waren, obwohl sie unter keinen intellektuellen Einschränkungen litten. Die Patienten tendierten zu äußerst sprunghaftem Verhalten und verloren insbesondere die Fähigkeit, längerfristig angelegte rationale Strategien und Verhaltensweisen zu verfolgen.

Aufschlussreicher noch ist zweitens ein Experiment, das Bechara, Hanna Damasio und Mitarbeiter (1997) anstellten, um die Annahme zu überprüfen, dass Probleme der emotionalen Erfahrung für das Verhalten der Patienten verantwortlich waren. An diesem Experiment nahm neben den Patienten auch eine Kontrollgruppe gesunder Versuchspersonen teil. Beide Gruppen hatten die Aufgabe, beim Aufdecken von Karten, die sich auf vier verschiedenen Stapeln befanden, einen möglichst hohen Gewinn zu erzielen. Dabei schienen die Karten von zwei Stapeln auf den ersten Blick sehr attraktiv zu sein, konnte mit ihnen doch ein sehr hoher Gewinn erzielt werden; allerdings brachten diese Karten zuweilen auch einen besonders hohen Verlust. Bei den beiden anderen Stapeln waren nicht nur die Gewinne, sondern auch die Verluste geringer, so dass es auf die Dauer wesentlich vorteilhafter war, diese Karten zu wählen.

Die gesunden Versuchspersonen begannen etwa mit dem 10. Durchgang, die zuletzt genannten, ›besseren‹ Stapel zu bevorzugen. Ihnen war zunächst weder dieses Verhalten noch dessen Ursache bewusst, allerdings wurden bei ihnen eindeutige emotionale Reaktionen gemessen. Erst wesentlich später, nämlich vom 50. Durchgang an, berichteten die Personen von einem ›Gefühl‹, dass zwei Stapel besser seien als die beiden anderen, doch erst ab dem 80. Durchgang waren sich die meisten Probanden wirklich im Klaren über den Unterschied und die von ihnen selbst schon längst praktizierte Strategie.

Die Vermutung, dass Emotionen eine zentrale Rolle bei den zugrunde liegenden Entscheidungen gespielt haben, wird durch das Abschneiden der emotional geschädigten Patienten bestätigt. Diese bevorzugten bis zum Schluss generell die beiden schlechteren Stapel. Bemerkenswerterweise galt dies auch für diejenigen Patienten, die rational erkannt hatten, dass ein anderes Verhalten vorteilhafter für sie wäre. Offenbar waren sie jedoch durch ihre emotionalen Einschränkungen daran gehindert, die Entscheidungen zu treffen, die ihren Erkenntnissen adäquat gewesen wären.

Zweifellos weichen diese Befunde weit von unseren vorwissenschaftlichen Vorstellungen über das Zustandekommen rationaler Entscheidungen ab; dennoch lassen sie sich problemlos in die oben vorgeschlagene Konzeption der Willensfreiheit integrieren. Offenbar werden bestimmte personale Eigenschaften vor allem durch die Vermittlung von Emotionen, und zwar insbesondere durch die sogenannter ›Hintergrundempfindungen‹, entscheidungswirksam.[41] Die bloße Vermittlung durch emotionale Empfindungen ändert allerdings nichts daran, dass die Präferenzen und Überzeugungen, die hier zum Ausdruck kommen, zu den personalen Merkmalen gehören können. Insofern spricht nichts dagegen, eine unter dem Einfluss solcher Emotionen zustande gekommene Entscheidung als ›selbstbestimmt‹ zu bezeichnen. Sollte also die Theorie von Damasio zutreffen, dann könnte es sein, dass meine Überzeugung von der Verwerflichkeit des Ladendiebstahls sich in konkreten Entscheidungssituationen als emotionale Abneigung gegen diese Verhaltensweisen bzw. die entsprechenden Handlungsoptionen manifestiert; dennoch wird man von einer freien Handlung sprechen können, wenn ich mich dieser Überzeugung entsprechend verhalte.

41 Ein besonders gut ausgearbeiteter Versuch, die Wirksamkeit emotionaler Momente in eine Theorie der Willensfreiheit zu integrieren, findet sich bei Walter 1998. Walters Theorie der ›natürlichen Autonomie‹ stimmt allerdings in einigen wichtigen Punkten nicht mit dem obigen Vorschlag der ›personalen Freiheit‹ überein.

IV. Fazit

Angesichts einer Forschungslage, die in der Philosophie wie in den Naturwissenschaften nach wie vor äußerst unübersichtlich ist, fällt es nicht leicht, ein Fazit zu ziehen. Drei Punkte möchte ich jedoch abschließend noch einmal hervorheben: Der erste Punkt betrifft die Aussichten für eine zufriedenstellende Erklärung der Entstehung bewusster Prozesse. Zweifellos sind wir zur Zeit noch sehr weit von einer solchen Erklärung entfernt, ja es ist noch nicht einmal abzusehen, wie sie konkret aussehen könnte. Insofern ist es verständlich, wenn sich der Eindruck einstellt, es sei prinzipiell unmöglich, die Entstehung von Bewusstsein aus der Aktivität einfacher Neuronen zu erklären. Verwiesen wird in diesem Zusammenhang nicht nur auf die gravierenden Lücken in unserem psychologischen und neurobiologischen Wissen, vielmehr sind es auch sehr tief verwurzelte Intuitionen, die gegen eine naturwissenschaftliche Erklärung von Bewusstsein sprechen.

Bei näherer Betrachtung hatte sich jedoch gezeigt, dass diese Argumente einer Überprüfung nicht standhalten: Entscheidend ist dabei zum einen, dass unsere Intuitionen bei bestimmten mentalen Zuständen wie Emotionen schon heute einen gewissen Ansatzpunkt für wissenschaftliche Erklärungen bieten, zum Zweiten zeigt der historische Rückblick, dass wissenschaftliche Erkenntnisse Einfluss auf unsere Intuitionen gewinnen können. Die Kluft zwischen beiden Ebenen kann sich daher auf die Dauer so weit verringern, dass plausible wissenschaftliche Erklärungen mentaler Zustände möglich werden. Dennoch ist es selbstverständlich nicht auszuschließen, dass unsere Erklärungsversuche auf die Dauer scheitern: Dabei handelt es sich jedoch um ein Risiko, dem jede Wissenschaft ausgesetzt ist. Entscheidend ist hier nur, dass es keine theoretischen Argumente dafür gibt, dass solche Erklärungen zwangsläufig oder mit hoher Wahrscheinlichkeit scheitern *müssen*.

Der zweite Punkt betrifft die Konsequenzen einer solchen Erklärung.

Immer noch weit verbreitet ist die Befürchtung, eine naturwissenschaftliche Erklärung mentaler Prozesse müsse nicht nur die wissenschaftliche Psychologie überflüssig machen, sondern würde uns auch dazu zwingen, unser Selbstverständnis als bewusster, frei und verantwortlich handelnder Subjekte aufzugeben. Soweit die Psychologie betroffen ist, sind diese Befürchtungen schon allein deshalb unbegründet, weil psychologische Beschreibungen zu den unverzichtbaren *Grundlagen* einer naturwissenschaftlichen Erklärung von Bewusstsein zählen. Es wäre völlig unklar, *was* naturwissenschaftlich erklärt wird, besäßen wir nicht zunächst einmal zuverlässige psychologische und alltagspsychologische Beschreibungen der zu untersuchenden mentalen Prozesse.

Äußerst zweifelhaft ist auch, ob aus naturwissenschaftlichen Erkenntnissen Zweifel an der Realität von Selbstbewusstsein und Willensfreiheit hervorgehen müssen. Sicherlich ist es notwendig, sich von tradierten Vorstellungen wie der eines monolithischen Ich oder einer absoluten Freiheit des Willens zu lösen. Hierzu werden wir nicht etwa durch empirische Erkenntnisse gezwungen, sondern durch die innere Unstimmigkeit der überkommenen Auffassungen. Gibt man diese Auffassungen zugunsten in sich stimmiger Konzeptionen von Selbstbewusstsein und Willensfreiheit auf, dann schwindet die Grundlage der skizzierten Befürchtungen. Dies gilt vor allem für das Selbstbewusstsein, das von vielen Psychologen und Neuropsychologen als konstitutiver Bestandteil einer Erklärung psychischer Funktionen angesehen wird. Wie im letzten Abschnitt gezeigt, gibt es aber auch gute Argumente dafür, dass die Willensfreiheit durch eine naturwissenschaftliche Erklärung des Bewusstseins nicht in Frage gestellt werden muss: Begreift man Freiheit als ›Selbstbestimmung‹, dann wird man die neuronalen Aktivitäten, die die Basis dieser Selbstbestimmung bilden, nur schwer als Einschränkung der Freiheit betrachten können, vielmehr scheinen sie freie Handlungen überhaupt erst zu ermöglichen.

Betonen möchte ich drittens aber auch die Grenzen und Möglichkeiten einer philosophischen Auseinandersetzung mit Problemen des Bewusstseins. Eine prinzipielle Schranke besteht hier insofern, als philosophische Überlegungen nicht an die Stelle empirischer Erkenntnisse treten können. Die Philosophie bleibt daher stets auf die Erkenntnisse der Wissenschaften angewiesen. Dies gilt insbesondere für die Entscheidung zwischen Monismus und Dualismus, die viele Philosophen in der Vergangenheit häufig allein auf der Basis theoretischer Argumente glaubten treffen zu können. Hält man jedoch Monismus und Dualismus für Positionen, die sich auf die empirische Realität beziehen, dann verbietet sich ein solches Vorgehen zumindest zum jetzigen Zeitpunkt: Eine Entscheidung kann erst dann erfolgen, wenn klare wissenschaftliche Belege für die eine oder die andere Alternative vorliegen.

Dies bedeutet aber wie gesagt nicht etwa, dass die Theoretiker einfach nur die Hände in den Schoß legen müssten, um demütig zu warten, bis die Wissenschaften diese Belege gefunden hätten. Die Philosophie kann sich nämlich nicht nur um die Klärung zentraler Begriffe bemühen. Darüber hinaus vermag sie deutlich zu machen, welche Lösungsoptionen überhaupt in Frage kommen und welche systematischen Beziehungen zwischen diesen Optionen bestehen: Dies betrifft beispielsweise den grundsätzlichen Gegensatz zwischen monistischen und dualistischen Ansätzen ebenso wie die konkreten Differenzen zwischen den einzelnen Varianten dieser Positionen. Die Philosophie kann überdies eine Vorauswahl unter diesen Optionen treffen, indem sie zeigt, dass bestimmte theoretisch mögliche Konzeptionen wie etwa der Epiphänomenalismus oder der Eliminative Materialismus höchst problematische Konsequenzen haben, die bei anderen Ansätzen nicht auftreten. Die Philosophie kann außerdem versuchen, möglichst genau zu bestimmen, welche empirischen Daten nötig wären, um die eine oder andere Alternative zu stützen. Hinzu kommen Überlegungen über den wissenschaftstheoretischen Rahmen der Hirnforschung sowie über die Konsequenzen, die sich aus den Erfolgen dieser Forschung ergeben könnten.

Es spricht im Moment sehr viel dafür, dass die Neurowissenschaften auf die Dauer unser Verständnis für die Entstehung von Bewusstsein entscheidend erweitern werden. Vielleicht sind die spektakulären Prognosen, die diesen Prozess begleiten, unvermeidlich – auch früher wurden vergleichbare Unternehmungen von ganz ähnlichen Spekulationen begleitet. Eine nüchterne Analyse der heute zur Verfügung stehenden Erkenntnisse deutet allerdings eher darauf hin, dass uns – bei allen Überraschungen, die diese Entwicklung bereithalten dürfte – die ganz großen Sensationen, aber auch wirkliche Katastrophen erspart bleiben werden, sofern wir uns selbst verantwortlich verhalten. Keineswegs heißt dies, dass die Entwicklung der nächsten Jahre langweilig sein wird – ganz im Gegenteil: Gerade weil es hier um ein Thema geht, das das menschliche Selbstverständnis im Kern berührt, dürfte diese Entwicklung für jeden Einzelnen auch dann von höchstem Interesse sein, wenn die großen Umstürze ausbleiben.

Literaturempfehlungen

Die folgende Liste stellt eine – zweifellos subjektive – Auswahl der wichtigsten Texte zu den im Buch behandelten Themen dar. Größere Bibliographien enthalten die Sammlungen von Bieri (Analytische Philosophie des Geistes) und Metzinger (Bewusstsein).

Einführende Texte

Ansgar Beckermann: Analytische Einführung in die Philosophie des Geistes. Berlin New York 1999.

Gerhard Roth: Das Gehirn und seine Wirklichkeit. Kognitive Neurobiologie und ihre philosophischen Konsequenzen. Frankfurt 1994.

Jaegwon Kim: Philosophie des Geistes. Wien 1998.

Lexika/Handbücher

Samuel Guttenplan (Hrsg.): A Companion to the Philosophy of Mind. Oxford 1994.

Robert A. Wilson, Frank C. Keil (Hrsg.): The MIT Encyclopedia of the Cognitive Sciences. Cambridge MA 1999.

Lexikon der Neurowissenschaft. Heidelberg 2000.

Textsammlungen

Peter Bieri (Hrsg.): Analytische Philosophie des Geistes. Bodenheim [2]1993 *(Sehr gute Einführungen zu den einzelnen Themen).*

Thomas Metzinger: Bewusstsein. Beiträge aus der Gegenwartsphilosophie. Paderborn [2]1996 *(Guter Überblick über die neuere Diskussion, mit Einführungen).*

Frank Esken, Heinz-Dieter Heckmann: Bewusstsein und Repräsentation. Paderborn 1998.

Michael Pauen, Gerhard Roth: Neurowissenschaft und Philosophie. Eine Einführung. Paderborn München 2001 (*Wissenschaftsgeschichtliche, philosophische und neurowissenschaftliche Texte zur Einführung*).

Interaktionistischer Dualismus

Karl R. Popper, John C. Eccles: Das Ich und sein Gehirn. München 1989.

Martin Carrier, Jürgen Mittelstraß: Geist, Gehirn, Verhalten. Das Leib-Seele-Problem und die Philosophie der Psychologie. Berlin New York 1989.

Epiphänomenalismus

Frank Jackson: Epiphenomenal Qualia. In: Philosophical Quarterly 32 (1982) S. 127–136.

Peter Bieri: Trying Out Epiphenomenalism. In: Erkenntnis 36 (1992) S. 283–309.
Michael Pauen: Painless Pain. Property Dualism and the Causal Role of Phenomenal Consciousness. In: American Philosophical Quarterly 37 (2000) S. 51–64.

Eliminativer Materialismus

Paul K. Feyerabend: Mentale Ereignisse und das Gehirn. In: Bieri, Analytische Philosophie des Geistes S. 121–122.
Richard Rorty: Leib-Seele Identität, Privatheit und Kategorien. In: Bieri, Analytische Philosophie des Geistes S. 93–120.
Paul M. Churchland: Scientific Realism and the Plasticity of Mind. London New York Melbourne 1979.
Michael Pauen: Mythen des Materialismus. Die Eliminationstheorie und das Problem der psychophysischen Identität. In: Deutsche Zeitschrift für Philosophie 44 (1996) S. 77–100.
Scott M. Christensen, Dale R. Turner (Hrsg.): Folk Psychology and the Philosophy of Mind. Hillsdale 1993 *(Wichtige Texte zum Thema)*.

Identitätstheorie

Ullin T. Place: Is Consciousness a Brain Process? In: British Journal of Psychology 47 (1956) S. 44–50 (dt. in Pauen & Stephan, Phänomenales Bewusstsein).
Herbert Feigl: The ›Mental‹ and the ›Physical‹. The Essay and the Postscript. Minneapolis 1967.
Christopher S. Hill: Sensations. A Defense of Type Materialism. Cambridge New York 1991.
Michael Pauen: Das Rätsel des Bewusstseins: eine Erklärungsstrategie. Paderborn 1999.

Funktionalismus

David K. Lewis: An Argument for the Identity Theory. In: The Journal of Philosophy 63 (1966) 17–25.
Hilary Putnam: The Nature of Mental States. In: ders., Mind Language and Reality. Philosophical Papers Bd. II. Cambridge S. 429–440.
Ned Block: Troubles with Functionalism. In: ders., Readings in Philosophy of Psychology. 2 Bde. London 1980, Bd. I S. 268–305.
Daniel C. Dennett: Consciousness Explained. Boston New York Toronto 1991 (dt. Philosophie des menschlichen Bewusstseins. Hamburg 1994).

Erklärungslücke

Thomas Nagel: What Is It Like to Be a Bat? In: Philosophical Review 83 (1974) S. 435–450 (dt. in Bieri, Analytische Philosophie des Geistes).
Joseph Levine: Materialism and Qualia: The Explanatory Gap. In: Pacific Philosophical Quarterly 64 (1983) S. 354–361 (dt. in Pauen & Stephan, Phänomenales Bewusstsein).

David J. Chalmers: Das Rätsel des bewussten Erlebens. In: Spektrum der Wissenschaft, Februar 1996 S. 40–47.
David J. Chalmers: The Conscious Mind. In Search of a Fundamental Theory. New York Oxford 1996.

Phänomenales Bewusstsein – Farben – Emotionen

Peter Lanz: Das phänomenale Bewusstsein. Eine Verteidigung. Frankfurt 1996.
Martine Nida-Rümelin: Farben und phänomenales Wissen. Wien 1993.
Michael Pauen, Achim Stephan (Hrsg.): Phänomenales Bewusstsein – Rückkehr der Identitätstheorie? Paderborn 2001 *(Sammlung mit klassischen und neueren Texten zum Thema).*
Evan Thompson: Colour Vision. A Study in Cognitive Science and the Philosophy of Perception. London New York 1995.
Antonio R. Damasio: Descartes' Irrtum. Fühlen, Denken und das menschliche Gehirn. München 1997.

Mentale Repräsentation

Jerry A. Fodor: Psychosemantics. The Problem of Meaning in the Philosophy of Mind. Cambridge MA 1987.
Stephen P. Stich, Ted A. Warfield (Hrsg.): Mental Representation. A Reader. Oxford 1994.
Klaus Sachs-Hombach (Hrsg.): Bilder im Geiste. Zur kognitiven und erkenntnistheoretischen Funktion piktorialer Repräsentationen. Amsterdam Atlanta 1995.

Person und Subjektivität

Peter F. Strawson: Einzelding und logisches Subjekt. Ein Beitrag zur deskriptiven Metaphysik. Übers. v. Freimut Scholz. Stuttgart 1972.
Thomas Metzinger: Subjekt und Selbstmodell. Die Perspektivität phänomenalen Bewusstseins vor dem Hintergrund einer naturalistischen Theorie mentaler Repräsentation. Paderborn München Wien 1993.
Manfred Frank: Selbstbewusstsein und Selbsterkenntnis. Essays zur analytischen Philosophie der Subjektivität. Stuttgart 1991.
Kai Vogeley, Albert Newen (Hrsg.): Selbst und Gehirn: Menschliches Selbstbewusstsein und seine neurobiologischen Grundlagen. Paderborn 2000 *(Gute Sammlung neuerer philosophischer und neurobiologischer Texte zum Thema Subjektivität).*

Willensfreiheit

Harry G. Frankfurt: Willensfreiheit und der Begriff der Person. In: Bieri, Analytische Philosophie des Geistes S. 287–302.
Ulrich Pothast (Hrsg.): Seminar: Freies Handeln und Determinismus. Frankfurt 1978 *(Gute Textsammlung zum Thema).*
Henrik Walter: Neurophilosophie der Willensfreiheit. Von libertarischen Illusionen zum Konzept natürlicher Autonomie. Paderborn 1998.

Galen Strawson: Consciousness, Free Will, and the Unimportance of Determinism. In: Inquiry XXXII (1989) 3–27.

Michael Pauen: Freiheit und Verantwortung. Wille, Determinismus und der Begriff der Person. In: Allgemeine Zeitschrift für Philosophie (2001).

Wichtige Einzelthemen

David E. Rumelhart, James L. McClelland (Hrsg.): Parallel Distributed Processing. Explorations in the Microstructure of Cognition. 2 Bde. Cambridge MA 1986 (*Eine der wichtigsten Textsammlungen zum Thema neuronale Netze*).

Barbara Montero: The Body Problem. In: Nous 33 (1999) S. 183–200 (*Wichtiger Aufsatz zur Bestimmung des Bereichs physischer Phänomene*).

V. Literatur

Adams, Fred & Aizawa, Ken, 1994: Fodorian Semantics. In: Stich & Warfield, Mental Representation S. 223–242.

Augustinus 397/1982: Bekenntnisse. Eingeleitet und übertragen von Wilhelm Timme. München.

Barlow, Horace, Blakemore, Colin, Weston-Smith, Miranda (Hrsg.), 1990: Images and Understanding. Cambridge.

Battermann, Robert W., 2000: Multiple Realizability and Universality. In: British Journal for the Philosophy of Science 51 S. 115–145.

Bechara, Antoine, Damasio, Hanna, Tranel, Daniel, Damasio, Antonio R., 1997: Deciding Advantageously Before Knowing the Advantageous Strategy. In: Science 275 S. 1293–1295.

Beckermann, Ansgar, 1996: Eigenschafts-Physikalismus. In: Zeitschrift für philosophische Forschung 50 S. 3–25.

– 1999: Analytische Einführung in die Philosophie des Geistes. Berlin New York.

Beckermann, Ansgar, Flohr, Hans, Kim, Jaegwon (Hrsg.), 1992: Emergence or Reduction? Essays on the Prospects of Nonreductive Physicalism. Berlin New York.

Bieri, Peter, 1992: Trying Out Epiphenomenalism. In: Erkenntnis 36 S. 283–309.

Bieri, Peter (Hrsg.), 1993: Analytische Philosophie des Geistes. Bodenheim.

Birbaumer, Niels & Schmidt, Robert F., 1999: Biologische Psychologie. Vierte vollständig überarbeitete und ergänzte Auflage. Berlin Heidelberg New York.

Birnbacher, Dieter, 1990: Das ontologische Leib-Seele-Problem und seine epiphänomenalistische Lösung. In: Bühler, Aspekte des Leib-Seele-Problems S. 59–79.

– 1995: Die philosophische Brisanz der Neurowissenschaften wird unterschätzt. In: Ethik und Sozialwissenschaften 6 S. 83–85.

Blackmore, Susan, 1999: The Meme Machine. Oxford.

Block, Ned, 1975: Troubles with Functionalism. In: ders., Readings in Philosophy of Psychology Bd. I S. 268–305.

Block, Ned (Hrsg.), 1980: Readings in Philosophy of Psychology. 2 Bde. London.

Bothe, Hans-Werner & Engel, Michael, 1998: Neurobionik. Zukunftsmedizin mit mikroelektronischen Implantaten. Frankfurt.

Brentano, Franz von, 1973: Psychologie vom empirischen Standpunkt. Hrsg. v. Oskar Kraus. Hamburg.

Broad, C. D., 1925: The Mind and its Place in Nature. London.

Cabanis, Pierre-Jean-Georges, 1844: Rapports du physique et du moral de l'homme. Paris.

Carnap, Rudolf, 1931: Die physikalische Sprache als Universalsprache der Wissenschaft. In: Erkenntnis 2 S. 432–465.

– 1932: Psychologie in physikalischer Sprache. In: Erkenntnis 3 S. 107–142.

Carrier, Martin & Mittelstraß, Jürgen, 1989: Geist, Gehirn, Verhalten. Das Leib-Seele-Problem und die Philosophie der Psychologie. Berlin New York.

Chalmers, David J., 1996a: Das Rätsel des bewußten Erlebens. In: Spektrum der Wissenschaft, Februar 1996 S. 40–47.

– 1996b: The Conscious Mind. In Search of a Fundamental Theory. New York Oxford.

Chisholm, Roderick M., 1978: Is There a Mind-Body Problem. In: Philosophical Exchange 2 S. 25–34.

– 1982: Human Freedom and the Self. In: Watson, Free Will S. 24–35.

Christensen, Scott M. & Turner, Dale R. (Hrsg.), 1993: Folk Psychology and the Philosophy of Mind. Hillsdale.

Churchland, Patricia Smith, 1986: Neurophilosophy. Toward a Unified Science of the Mind-Brain. Cambridge MA.

– 1996: The Hornswoggle Problem. In: Journal of Consciousness Studies 3 S. 402–408.

Churchland, Paul M., 1979: Scientific Realism and the Plasticity of Mind. London.

– 1981: Eliminative Materialism and the Propositional Attitudes. In: Goldman, Readings in Philosophy S. 255–270.

– 1985: Reduction, Qualia, and the Direct Introspection of Brain States. In: Journal of Philosophy 82 S. 8–28.

– 1989: Eliminative Materialism and the Propositional Attitudes. In: ders., A Neurocomputational Perspective. The Nature of Mind and the Structure of Science. Cambridge S. 1–23.

– 1992: Matter and Consciousness. A Contemporary Introduction to the Philosophy of Mind. Cambridge MA.

– 1995: The Engine of Reason, the Seat of the Soul. A Philosophical Journey into the Brain. Cambridge MA (dt.: Die Seelenmaschine. Eine philosophische Reise ins Gehirn. Heidelberg 1997).

– 1998: Folk Psychology. In: Paul M. Churchland & Patricia S. Churchland, On the Contrary. Critical Essays 1987–1997. Cambridge MA S. 3–15.

Clark, Austen, 1993: Sensory Qualities. Oxford.

– 1994: I am Joe's Explanatory Gap. Paper, presented at the APA symposium on Color vision.

Damasio, Antonio R., 1997: Descartes' Irrtum. Fühlen, Denken und das menschliche Gehirn. München.

– 1999: The Feeling of What Happens. Body and Emotion in the Making of Consciousness. New York San Diego London (dt. Ich fühle, also bin ich. Die Entschlüsselung des Bewusstseins. München 2000).
Dawkins, Richard. 1976: The Selfish Gene, Oxford.
Davidson, Donald, 1980: Mental Events. In: ders., Essays on Actions and Events. Oxford S. 207–224 (dt. in Bieri, Analytische Philosophie des Geistes S. 73–92).
– 1993: Thinking Causes. In: John Heil & Alfred Mele (Hrsg.): Mental Causation. Oxford S. 3–17.
Dennett, Daniel C., 1988: Quining Qualia. In: Goldman, Readings in Philosophy S. 381–414.
– 1991: Consciousness Explained. Boston New York Toronto (dt. Philosophie des menschlichen Bewusstseins. Hamburg 1994).
– 1996: Darwin's Dangerous Ideas. Evolution and the Meanings of Life. New York (dt. Darwins gefährliches Erbe. Die Evolution und der Sinn des Lebens. Hamburg 1997).
Dennett, Daniel C. & Kinsbourne, Marcel 1992: Time and the observer: The where and when of consciousness in the brain. In: The Behavioral and Brain Sciences 15 S. 183–247.
Descartes, René, 1637/1953: La Dioptrique. In: ders., Œuvres et lettres S. 180–244.
– 1637/1960: Von der Methode des richtigen Vernunftgebrauchs und der wissenschaftlichen Forschung. Übers. v. Lüder Gäbe. Hamburg.
– 1641/1953: Méditations. In: ders., Œuvres et lettres S. 253–547.
– 1644/1953: Les principes de la philosophie. In: ders., Œuvres et lettres S. 551–690.
– 1649/1984: Die Leidenschaften der Seele. Hrsg. und übers. v. Klaus Hammacher. Hamburg.
– 1953: Œuvres et lettres. Textes présentés par André Bridoux. Paris.
Dreher, Eduard, 1987: Die Willensfreiheit. Ein zentrales Problem mit vielen Seiten. München.
Dretske, Fred, 1994a: If You Can't Make One, You Don't Know How It Works. In: Midwest Studies in Philosophy 19, S. 468-482.
– 1994b: Misrepresentation. In: Stich & Warfield, Mental Representation S. 157–173.
– 1995: Naturalizing the Mind. Cambridge MA.
Dubois-Reymond, Emil, 1972/1974: Vorträge über Philosophie und Gesellschaft. Eingeleitet und mit erklärenden Anmerkungen hrsg. v. Siegfried Wollgast. Hamburg.
Dutton, Donald G. & Aron, Arthur P., 1974: Some Evidence for Heightened Sexual Attraction Under Conditions of High Anxiety. In: Journal of Personality and Social Psychology 30 S. 510–517.
Eccles, John C. & Popper, Karl R., 1989: Das Ich und sein Gehirn. München.
Eccles, John C., 1996: Wie das Selbst sein Gehirn steuert. München.
Ehlers, A., Margraf, J., Roth, W. T., Taylor, C. B., Birbaumer, N., 1988: Anxiety

Induced by False Heart Rate Feedback in Patients With Panic Disorder. In: Behaviour Research and Therapy 26 S. 1–11.
Ekman, Paul, 1992: Facial Expressions of Emotion: New Findings, New Questions. In: Psychological Science 3 S. 34–38.
– 1993: Facial Expression and Emotion. In: American Psychologist 48 S. 384–92.
Engel, Andreas K., Fries, Pascal, König, Peter, Brecht, Michael, Singer, Wolf, 1999: Temporal Binding, Binocular Rivalry, and Consciousness. In: Consciousness and Cognition 8 S. 128–151.
Esken, Frank & Heckmann, Heinz Dieter (Hrsg.), 1998: Bewusstsein und Repräsentation. Paderborn.
Feigl, Herbert, 1967: The 'Mental' and the 'Physical'. The Essay and the Postscript. Minneapolis.
Feyerabend, Paul K., 1963: Mentale Ereignisse und das Gehirn. In: Bieri, Analytische Philosophie des Geistes S. 121–122.
Fichte, Johann Gottlieb, 1971: Werke. Hrsg. v. Immanuel Hermann Fichte. Berlin.
Flohr, Hans, 1995: Die physiologischen Bedingungen des Bewusstseins. In: Hans Lenk & Hans Poser (Hrsg.): Neue Realitäten – Herausforderung der Philosophie. XVI. Deutscher Kongreß für Philosophie. Vorträge und Kolloquien. Berlin S. 222–235.
Fodor, Jerry A., 1975: The Language of Thought. New York.
– 1985: Fodor's Guide to Mental Representation: The Intelligent Auntie's Vade-Mecum. In: Stich & Warfield, Mental Representation S. 9–33.
– 1987: Psychosemantics. The Problem of Meaning in the Philosophy of Mind. Cambridge MA.
– 1994a: A Theory of Content, II: The Theory. In: Stich & Warfield, Mental Representation S. 180–223.
– 1994b: The Mind-Body Problem. In: Warner & Szubka, The Mind-Body Problem S. 24–40.
– 1994c: The Elm and the Expert. Mentalese and Its Semantics. Cambridge MA.
Fogel, Alan, 1997: Infancy. Infant, Family, and Society. Third Edition. Minneapolis St. Paul.
Frank, Manfred, 1991: Selbstbewusstsein und Selbsterkenntnis. Essays zur analytischen Philosophie der Subjektivität. Stuttgart.
– 1994a: Selbstbewusstsein und Rationalität. In: Petra Kolmer & Harald Korten (Hrsg.): Grenzbestimmungen der Vernunft. Philosophische Beiträge zur Rationalitätsdebatte. Freiburg München S. 389–438.
– 1994b: Vorwort. In: ders., Analytische Theorien S. 7–34.
Frank, Manfred (Hrsg.), 1994: Analytische Theorien des Selbstbewusstseins. Frankfurt.
Frank, Manfred, Raulet, Gérard, v. Reijen, Willem (Hrsg.), 1988: Die Frage nach dem Subjekt. Frankfurt.
Frankfurt, Harry W., 1969: Alternate Possibilities and Moral Responsibility. In: Journal of Philosophy 46 S. 828–39.

– 1993: Willensfreiheit und der Begriff der Person. In: Bieri, Analytische Philosophie des Geistes S. 287–302.
Frege, Gottlob, 1956: The Thought: A Logical Inquiry. Mind 65 S. 289-311.
Frijda, Nico H., Kuipers, Peter, ter Schure, Elisabeth, 1989: Relations Among Emotion, Appraisal, and Emotional Action Readiness. In: Journal of Personality and Social Psychology 57 S. 212–228.
Frijda, Nico H., 1993: Moods, Emotion Episodes, and Emotions. In: Lewis & Haviland, Handbook of Emotions S. 381–403.
Gazzaniga, Michael S. & LeDoux, Joseph E., 1978: The Integrated Mind. New York London.
Gazzaniga, Michael S., 1988: Brain Modularity: Towards a Philosophy of Conscious Experience. In: Marcel & Bisiach, Consciousness S. 218–238.
Glasenapp, Helmut v., 1985: Die Philosophie der Inder. Eine Einführung in ihre Geschichte und ihre Lehren. Stuttgart.
Goldman, Alvin I., 1993a: The Psychology of Folk Psychology. In: ders., Readings in Philosophy and Cognitive Science S. 347–380.
Goldman, Alvin I. (Hrsg.), 1993b: Readings in Philosophy and Cognitive Science. Cambridge MA.
Goodman, Nelson, 1976: Languages of Art. An Approach to a Theory of Symbols. Indianapolis.
Gopnik, Alison, 1993: How We Know Our Minds: The Illusion of First-person Knowledge of Intentionality. In: Goldman, Readings in Philosophy S. 315–346.
Guttenplan, Samuel (Hrsg.), 1994: A Companion to the Philosophy of Mind. Oxford.
Habermas, Jürgen, 1988: Theorie des kommunikativen Handelns. 2 Bde. Frankfurt.
Haggard, Patrick & Eimer, Martin, 1999: On the Relation Between Brain Potentials and the Awareness of Voluntary Movements. In: Experimental Brain Research 126 S. 128–133.
Hardcastle, Valery Gray, 1997: When a Pain is Not. In: Journal of Philosophy 94 S. 381–409.
Hardin, Clyde L., 1997: Reinverting the Spectrum. In: Alex Byrne & David R. Hilbert (Hrsg.), Readings on Color. Bd. I: The Philosophy of Color. Cambridge MA S. 289–302.
Hasted, Heiner, 1988: Das Leib-Seele-Problem. Zwischen Naturwissenschaft des Geistes und kultureller Eindimensionalität. Frankfurt.
Hempel, Carl G., 1980: The Logical Analysis of Psychology (1935). In: Block, Readings in the Philosophy Bd. I S. 14–24.
Henrich, Dieter, 1970: Selbstbewusstsein. Kritische Einleitung in eine Theorie. In: Rüdiger Bubner (Hrsg.), Hermeneutik und Dialektik. Aufsätze (H.-G. Gadamer zum 70. Geburtstag). Tübingen Bd. I S. 257–284.
– 1982: Fichtes ›Ich‹. In: ders., Selbstverhältnisse. Gedanken und Auslegungen zu den Grundlagen der klassischen deutschen Philosophie. Stuttgart S. 57–82.
– 1989: Dimensionen und Defizite einer Theorie der Subjektivität. In: Philosophische Rundschau 36 S. 1–24.

Hill, Christopher S., 1997: Imaginability, Conceivability, Possibility, and the Mind-Body Problem. In: Philosophical Studies 87 S. 61–85.
Hinton, G. E., McClelland, James L., Rumelhart, David E., 1986: Distributed Representations. In: Rumelhart & McClelland, Parallel Distributed Processing Bd. I S. 77–109.
Hume, David, 1739/1989: Ein Traktat über die menschliche Natur in 2 Bänden. Hamburg.
Huxley, Thomas H., 1874: On the Hypothesis that Animals are Automata. In: ders., Collected Essays Bd. I. London 1904 S. 199–250.
Inwagen, Peter van, 1982: The Incompatibility of Free Will and Determinism. In: Watson, Free Will S. 46–58.
Jackson, Frank, 1982: Epiphenomenal Qualia. In: Philosophical Quarterly 32 S. 127–136.
Johnson-Laird, Philip N., 1983: Mental Models. Towards a Cognitive Science of Language, Inference, and Consciousness. Cambridge MA.
Kant, Immanuel, 1902: Gesammelte Schriften. Hrsg. v. d. Königlich Preußischen Akademie der Wissenschaften. Berlin.
Keller I. & Heckhausen H., 1990: Readiness Potentials Preceding Spontaneous Motor Acts: Voluntary vs. Involuntary Control. In: Electroencephalography and Clinical Neurophysiology 76 S. 351–361.
Kenny, Anthony, 1988: The Self. Milwaukee.
Kim, Jaegwon, 1989: The Myth of Nonreductive Materialism. In: Warner & Szubka, The Mind-Body-Problem S. 242–260.
– 1992: Emergentism and Nonreductive Physicalism. In: Beckermann et al., Emergence or Reduction S. 119–138.
– 1996: Philosophy of Mind. Boulder.
– 1998: Mind in a Physical World. An Essay on the Mind-Body Problem and Mental Causation. Cambridge.
Kolers, Paul A. & Grünau, Michael v., 1976: Shape and Color in Apparent Motion. In: Vision Research 16 S. 329–335.
Krämer, Sybille (Hrsg.), 1996: Bewusstsein. Philosophische Beiträge. Frankfurt.
Lange, Friedrich Albert, 1873: Geschichte des Materialismus und Kritik seiner Bedeutung in der Gegenwart. Leipzig.
Lanz, Peter, 1996: Das phänomenale Bewusstsein. Eine Verteidigung. Frankfurt.
LeDoux, Joseph E., 1996: The Emotional Brain. The Mysterious Underpinnings of Emotional Life. New York (dt. Das Netz der Gefühle. Wie Emotionen entstehen. München 1998).
Legerstee, M., 1992: A Review of the Animate-Inanimate Distinction in Infancy: Implications for Models of Social and Cognitive Knowing. In: Early Development and Parenting 1 S. 59–67.
Leibniz, Gottfried Wilhelm 1710/1968: Die Theodizee. Übers. v. Arthur Buchenau, Einf. v. Morris Stockhammer. Hamburg.
– 1714/1979: Monadologie. Übers. und eingel. v. Hermann Glockner. Stuttgart 1979.

– 1965: Kleine Schriften zur Metaphysik. Hrsg. v. Hans Heinz Holz. Frankfurt.
Lenzen, Wolfgang, 1997: Zombies, Zimbos und das ›schwierige Problem‹ des Bewusstseins. In: Esken & Heckmann, Bewusstsein und Repräsentation S. 255–281.
Levine, Joseph, 1983: Materialism and Qualia: The Explanatory Gap. In: Pacific Philosophical Quarterly 64 S. 354–361.
– 1993: On Leaving Out What It's Like. In: Martin Davies & Glyn W. Humphreys (Hrsg.): Consciousness. Psychological and Philosophical Essays. Oxford S. 121–136.
Lewis, David, 1972: Psychophysical and Theoretical Identifications. In: Block, Readings in Philosophy of Psychology Bd. I S. 207–215.
– 1978: Mad Pain and Martian Pain. In: ders., Philosophical Papers. 2 Bde. New York. Bd. I S. 122–129.
– 1994: Reduction of the Mind. In: Guttenplan, A Companion to the Philosophy of Mind S. 412–431.
Lewis, Michael & Haviland, Jeannette M., 1993: Handbook of Emotions. New York London.
Libet, Benjamin, 1985: Unconscious Cerebral Initiative and the Role of Conscious Will in Voluntary Action. In: The Behavioral and Brain Sciences 8 S. 529–539.
– 1994: A Testable Field Theory of Mind-Brain Interaction. In: Journal of Consciousness Studies 1 S. 119–126.
– 1999: Do We Have Free Will? In: Journal of Consciousness Studies 6 S. 47–57.
Loveland, Katherine A., 1986: Discovering the Affordances of a Reflecting Surface. In: Developmental Review 6 S. 1–24.
Lycan, William G., 1995: Eine eingeschränkte Verteidigung phänomenaler Information. In: Metzinger, Bewusstsein S. 283–304.
Mach, Ernst, 1918: Die Analyse der Empfindungen und das Verhältnis des Physischen zum Psychischen. Jena.
MacKay, D. M., 1978: Selves and Brains. In: Neuroscience 3 S. 599–606.
Marcel, Anthony J. & Bisiach, Edoardo (Hrsg.), 1988: Consciousness in Contemporary Science. New York.
McCauley, Robert N., 1986: Intertheoretic Relations and the Future of Psychology. In: Christensen & Turner, Folk Psychology S. 63–81.
McClelland, James L., Rumelhart, David E., Hinton, G. E., 1986: The Appeal of Parallel Distributed Processing. In: Rumelhart & McClelland, Parallel Distributed Processing Bd. I S. 3–44.
McGinn, Colin, 1989: Can We Solve the Mind-Body Problem? In: Warner & Szubka, The Mind-Body Problem S. 99–120.
McLaughlin, Brian P., 1994: Epiphenomenalism. In: Guttenplan, Companion to the Philosophy of Mind S. 277–288.
– 1999: Epiphenomenalism. In: Robert A. Wilson & Frank C. Keil: MIT Encyclopedia of the Cognitive Sciences. Cambridge MA S. 275–277.
Melzack, Ronald & Wall, Patrick, 1988: The Challenge of Pain. Revised Edition. New York.

Mertens, Karl, 1996: Metapher und Kategorienfehler in Ryles Philosophie des Geistes. In: Allgemeine Zeitschrift für Philosophie 21 S. 175–200.
Metzinger, Thomas, 1993: Subjekt und Selbstmodell. Die Perspektivität phänomenalen Bewusstseins vor dem Hintergrund einer naturalistischen Theorie mentaler Repräsentation. Paderborn.
– 1996: Niemand sein. Kann man eine naturalistische Perspektive auf die Subjektivität des Mentalen einnehmen? In: Krämer, Bewusstsein S. 130–154.
Metzinger, Thomas (Hrsg.), 1995: Bewusstsein. Beiträge aus der Gegenwartsphilosophie. Paderborn.
Minsky, Marvin, 1988: The Society of Mind. New York.
– 1990: Mentopolis. Stuttgart (= Übersetzung von Minsky 1988).
Mohr, Georg, 1988: Vom Ich zur Person. Die Identität des Subjekts bei Peter F. Strawson. In: Frank et al., Die Frage nach dem Subjekt S. 29–84.
Montero, Barbara, 1999: Barbara Montero, In: Nous 33 S. 183–200.
Moore, George Edward, 1978: Freier Wille. In: Ulrich Pothast (Hrsg.), Seminar: Freies Handeln und Determinismus. Frankfurt 1978 S. 142–156.
Nagel, Ernest, 1961: The Structure of Science. Problems in the Logic of Explanation. London.
Nagel, Thomas, 1974: Wie ist es, eine Fledermaus zu sein? In: Frank, Analytische Theorien S. 135–152.
Nagel, Thomas, 1979: Mortal Questions. Cambridge.
– 1986: The View from Nowhere. New York Oxford (dt. Der Blick von Nirgendwo. Frankfurt 1992).
Neisser, Ulric, 1993a: The Self Perceived. In: ders., The Perceived Self S. 3–21.
Neisser, Ulric (Hrsg.), 1993b: The Perceived Self. Ecological and Interpersonal Sources of Self-Knowledge. Cambridge.
Nida-Rümelin, Martine, 1993: Farben und phänomenales Wissen. Wien.
– 1998: Vertauschte Sinnesqualitäten und die Frage der Erklärbarkeit von Bewusstsein. In: Esken & Heckmann, Bewusstsein und Repräsentation S. 299–324.
Nisbett, Richard E. & Wilson, Timothy DeCamp, 1977: Telling More Than We Can Know: Verbal Reports on Mental Processes. In: Psychological Review 84 S. 231–59.
Oerter, Rolf & Montada, Leo, 1995[3]: Entwicklungspsychologie. Weinheim.
Pauen, Michael, 1996: Mythen des Materialismus. Die Eliminationstheorie und das Problem der psychophysischen Identität. In: Deutsche Zeitschrift für Philosophie 44 S. 77–100.
– 1999: Das Rätsel des Bewusstseins: eine Erklärungsstrategie. Paderborn.
– 2000a: Painless Pain. Property Dualism and the Causal Role of Phenomenal Consciousness. In: American Philosophical Quarterly 37 S. 51–64.
– 2000b: Selbstbewusstsein: Ein metaphysisches Relikt? Philosophische und empirische Befunde zur Konstitution von Subjektivität. In: Kai Vogeley & Albert Newen: Selbst und Gehirn: Menschliches Selbstbewusstsein und seine neurobiologischen Grundlagen. Paderborn S. 101–122.

– 2001: Freiheit und Verantwortung. Wille, Determinismus und der Begriff der Person. In: Allgemeine Zeitschrift für Philosophie.
Pauen, Michael & Roth, Gerhard (Hrsg.), 2001: Neurowissenschaft und Philosophie: Eine Einführung. Stuttgart.
Pauen, Sabina & Zauner, Nicola, 1999: Differenzieren Kinder im vorsprachlichen Alter auf konzeptueller Ebene zwischen Menschen und Säugetieren? In: Zeitschrift für Entwicklungspsychologie und pädagogische Psychologie 31 S. 78–85.
Perner, J., Leekam, S. R. & Wimmer, H., 1987: Three-year-olds' Difficulty With False Belief: The Case For a Conceptual Deficit. In: British Journal of Developmental Psychology 5 S. 125–137.
Plutchik, Robert, 1993: Emotions and their Vicissitudes: Emotions and Psychopathology. In: Lewis & Haviland, Handbook of Emotions S. 53–66.
Pöppel, Ernst, 1995: Lust und Schmerz. Über den Ursprung der Welt im Gehirn. München.
Popper, Karl R. & Eccles, John C., 1989: Das Ich und sein Gehirn. München.
Pothast, Ulrich, 1987: Die Unzulänglichkeit der Freiheitsbeweise. Zu einigen Lehrstücken aus der neueren Geschichte von Philosophie und Recht. Frankfurt.
Putnam, Hilary, 1975: The Mental Life of Some Machines. In: ders., Mind, Language, and Reality. Philosophical Papers Bd. II. Cambridge S. 408–428.
– 1992: Renewing Philosophy. Cambridge MA.
Quine, Willard Van Orman, 1966: On Mental Entities. In: ders., The Ways of Paradox and Other Essays. New York S. 208–214.
Rainville, Pierre, Duncan, Gary H., Price, Donald D., Carrier, Benoît, Bushnell, M. Catherine, 1997: Pain Affect Encoded in Human Anterior Cingulate But Not Somatosensory Cortex. In: Science 277 S. 968–971.
Rojas, Raúl, 2001: Künstliche neuronale Netze als neues Paradigma der Informationsverarbeitung. In: Pauen & Roth, Neurowissenschaften und Philosophie S. 264–287.
Roland, Per, 1992: Cortical Representation of Pain. In: Trends in Neurosciences 15 S. 3–5.
Rorty, Richard, 1965: Leib-Seele Identität, Privatheit und Kategorien. In: Bieri, Analytische Philosophie des Geistes S. 93–120.
– 1970: In Defense of Eliminative Materialism. In: Review of Metaphysics 24 S. 112–121.
Ros, Arno, 1999: Was ist Philosophie? In: Richard Raatzsch, Philosophieren über Philosophie. Leipzig S. 36-58.
– Im Druck: Materie und Geist. Eine philosophische Untersuchung (vorläufiger Titel).
Roseman, Ira J., Wiest, Cynthia, Swartz, Tamara S., 1994: Phenomenology, Behaviors, and Goals Differentiate Discrete Emotions. In: Journal of Personality and Social Psychology 157 S. 206–221.
Rosenthal, David M., 1994: Identity Theories. In: Guttenplan, Companion to the Philosophy of Mind, S. 348–355.

– 1995: Mehrfache Entwürfe und unumstößliche Tatsachen. In: Metzinger, Bewusstsein S. 423–438.

Roth, Gerhard, 1994: Das Gehirn und seine Wirklichkeit. Kognitive Neurobiologie und ihre philosophischen Konsequenzen. Frankfurt.

Rumelhart, David E. & McClelland, J. L. (Hrsg.), 1986: Parallel Distributed Processing. Explorations in the Microstructure of Cognition. 2 Bde. Cambridge MA.

Ryle, Gilbert, 1969: Der Begriff des Geistes. Stuttgart.

Sachs-Hombach, Klaus, 1995: Die Bilddebatte. Eine historische Einführung. In: ders., Bilder im Geiste. Zur kognitiven und erkenntnistheoretischen Funktion piktorialer Repräsentationen. Amsterdam Atlanta S. 7–18.

Schlick, Moritz, 1991: Positivism and Realism. In: Richard Boyd, Philip Gasper, J. D. Trout (Hrsg.), The Philosophy of Science. Cambridge MA S. 37–57.

Schopenhauer, Arthur, 1988: Werke in fünf Bänden. Nach den Ausgaben letzter Hand herausgegeben von Ludger Lütkehaus. Zürich.

Searle, John R., 1980: Minds, Brains, and Programs. In: The Behavioral and Brain Sciences 3 S. 417–457.

Seebaß, Gottfried, 1993: Freiheit und Determinismus. In: Zeitschrift für philosophische Forschung 47 S. 1–22; 223–245.

Sellars, Wilfrid, 1956/1997: Empircism and the Philosophy of Mind. With an Introduction by Richard Rorty and a Study Guide by Robert Brandom. Cambridge MA.

Shoemaker, Sydney 1984: Selbstbezug und Selbstbewusstsein. In: Frank, Analytische Theorien des Selbstbewusstseins S. 43–59.

Soldati, Gianfranco, 1988: Selbstbewusstsein und unmittelbares Wissen bei Tugendhat. In: Frank et al. Die Frage nach dem Subjekt S. 85–100.

Specht, Rainer, 1966: Commercium mentis et corporis. Über Kausalvorstellungen im Cartesianismus. Stuttgart-Bad Cannstatt.

Spinoza, Baruch de, 1677/1976: Die Ethik nach geometrischer Methode dargestellt. Übers. v. Otto Baensch, Einl. v. Rudolf Schottlaender. Hamburg.

Staudacher, Alexander, 2001: Phänomenales Bewusstsein als Problem für den Materialismus. Berlin.

Sterelny, Kim, 1991: The Representational Theory of Mind. An Introduction. Oxford.

Stich, Stephen P. & Warfield, Ted A. (Hrsg.), 1994: Mental Representation. A Reader. Oxford.

Strawson, Galen, 1989: Consciousness, Free Will, and the Unimportance of Determinism. In: Inquiry 32 S. 3–27.

– 1998: Free Will. Artikel in: Routledge Encyclopedia of Philosophy.

Suppes, Patrick, 1993: The Plurality of Science. In: ders., Models and Methods in the Philosophy of Science. Dordrecht S. 41–54.

Taylor, J. G., 1998: Cortical Activity and the Explanatory Gap. In: Consciousness and Cognition 7 S. 109–148.

Tetens, Holm, 1986: Transzendentale Argumente in der Debatte um das Leib-Seele-Problem. In: Conceptus 20 S. 59–68.

– 1994: Geist, Gehirn, Maschine. Philosophische Versuche über ihren Zusammenhang. Stuttgart.

Thompson, Evan, 1995: Colour Vision. A Study in Cognitive Science and the Philosophy of Perception. London New York.

Tomasello, Michael, 1993: On the Interpersonal Origins of Self-Concept. In: Neisser, The Perceived Self S. 174–184.

Tugendhat, Ernst, 1979: Selbstbewusstsein und Selbstbestimmung. Sprachanalytische Interpretationen. Frankfurt.

Turing, Alan M., 1950: Computing Machinery and Intelligence. In: Mind 59 S. 433–460.

Tye, Michael, 1991: The Imagery Debate. Cambridge MA.

Walter, Henrik, 1998: Neurophilosophie der Willensfreiheit. Von libertarischen Illusionen zum Konzept natürlicher Autonomie. Paderborn.

Warner, Richard & Szubka, Tadeusz (Hrsg.), 1994: The Mind-Body Problem. A Guide to the Current Debate. Oxford.

Watson, Gary (Hrsg.), 1982: Free Will. Oxford.

Wilkes, Kathy, 1995: Das Bewusstsein verlieren. In: Metzinger, Bewusstsein S. 119–132.

Wimmer, Heinz & Perner Josef, 1983: Beliefs about Beliefs: Representation and Constraining Function of Wrong Beliefs in Young Children's Understanding of Deception. In: Cognition 13 S. 103–128.

Wittgenstein, Ludwig, 1984: Tractatus logico-philosophicus. Tagebücher 1914–1916. Philosophische Untersuchungen. Frankfurt (= Werkausgabe Bd. I).

Wittich, Dieter (Hrsg.), 1971: Vogt, Moleschott, Büchner. Schriften zum kleinbürgerlichen Materialismus in Deutschland. 2 Bde. Berlin.

Woodward, Amanda, 1996: Infants Pay Special Attention to an Actor's Goal. Vortrag, International Conference on Infant Studies, Providence, RI, April 1996.

Zoglauer, Thomas, 1998: Geist und Gehirn. Das Leib-Seele-Problem in der aktuellen Diskussion. Göttingen.

Schlussbemerkung

Hervorgegangen ist dieses Buch aus einer Vorlesung, die ich zuerst im Sommersemester 1996 in Marburg, drei Jahre später dann noch einmal in Magdeburg gehalten habe. Für die Publikation wurde der gesamte Text gründlich umgearbeitet und zu einem großen Teil völlig neu geschrieben.

Begonnen haben diese Arbeiten während meiner Zeit am Hanse-Wissenschaftskolleg in Delmenhorst, wo Diskussionen mit Gerhard Roth, Hans Flohr, Achim Stephan, Thomas Metzinger und Jürgen Schröder mir wichtige Impulse gegeben haben. Eingeflossen sind aber auch die Ergebnisse eines Seminars, das ich im Wintersemester 1999/2000 zusammen mit Thomas Sturm in Marburg gehalten habe, sowie die Diskussionen im philosophischen Kolloquium von Arno Ros in Magdeburg. Von Arno Ros, Alexander Staudacher, Lars Schuster und Klaus Sachs-Hombach habe ich viele wichtige Hinweise für die endgültige Überarbeitung des Manuskriptes erhalten; Frank Rietz und Ingrid Rehme haben mir bei der Korrektur und der Erstellung des Literaturverzeichnisses geholfen. Bedanken möchte ich mich schließlich auch bei Thomas Egel, der den ursprünglichen Anstoß für dieses Projekt gab.

Magdeburg, Januar 2001

Michael Pauen

Personenregister

Sachregister